国家“十五”863节水农业重大科技专项课题

河南省旱作节水农业建设的技术途径

武继承　王志和　徐建新　编著

黄 河 水 利 出 版 社

内 容 提 要

本书是"十五"国家高技术研究发展计划(863计划)重大专项课题"北方半干旱集雨补灌旱作区节水农业综合技术体系集成与示范(河南辉县)"(2002AA2Z4291)的部分研究内容。针对制约旱地高效持续发展的主要因素,对雨水集蓄关键技术、营养型抗旱保水剂的研制与应用、土壤水分动态变化特征及节水技术、旱地降水高效利用技术、水资源系统评价模型与应用、集雨补灌工程综合效益评价指标体系及旱地优势作物高效栽培技术与模式等方面进行了研究与应用。可供从事旱作农业、节水农业、水土保持、生态环境建设与保护等方面的科技工作者阅读参考。

图书在版编目（CIP）数据

河南省旱作节水农业建设的技术途径/武继承，王志和，徐建新编著. —郑州：黄河水利出版社，2006.11

ISBN 978-7-80734-202-1

Ⅰ.河… Ⅱ.①武…②王…③徐… Ⅲ.旱作农业-节约用水-研究-河南省 Ⅳ.S275

中国版本图书馆CIP数据核字（2006）第137620号

出 版 社：黄河水利出版社

地址：河南省郑州市金水路11号 邮政编码：450003

发行单位：黄河水利出版社

发行部电话:0371-66026940 传真:0371-66022620

E-mail:hhslcbs@126.com

承印单位:黄河水利委员会印刷厂

开本:787mm×1 092mm 1/16

印张:17

字数:390千字 印数:1—1 000

版次:2006年11月第1版 印次:2006年11月第1次印刷

书号:ISBN 978-7-80734-202-1/S·91 定价:35.00元

编辑委员会名单

前　言

水资源短缺是一个世界性的问题，在我国表现的尤其突出，而农业用水占社会总用水量的70%以上，日益增长的人口和生活水平的不断提高对农畜产品的需求量不断增加，促使节水农业、旱地农业和雨养农业成为21世纪我国农业发展的重要研究内容。

国家科技部根据我国农业持续发展和“三农”经济发展的实际需要，适时开展了“十五”国家高技术研究发展计划(863计划)节水农业重大专项的研究与应用，“北方半干旱集雨补灌旱作区节水农业综合技术体系集成与示范”作为专项的重要研究内容之一，在国家、省、院和相关市、县、乡各级领导的大力支持下，通过课题组的共同努力，经4年攻关研究与应用，顺利地完成国家下达的各项技术任务指标。为尽快将研究的新技术、新方法、新模式和新产品服务于“三农”经济和新农村建设，特将本课题的研究进展与技术整理成册，第1章涵盖了整个课题的主要研究内容，并详细分析了课题的进展情况与问题；第2章则对营养性抗旱保水剂的研制、农业应用效果和技术应用体系进行了系统研究与应用；第3章对旱区农田土壤水分变化特征、主要农作物需水指标及相关的节水技术进行了研究与应用；第4章建立了区域水资源的评价方法、模型和数据库；第5章系统总结了旱作区降水资源的高效利用技术；第6章建立了旱作区集雨补灌示范工程综合效益评价方法与模型；第7章对旱作优势作物高效用水栽培技术与模式进行了分析与总结。可供从事旱作农业、节水农业、水土保持、生态环境建设与保护等方面的科技工作者参考使用。

本书第1章由武继承、王志和和徐建新执笔完成，第2章由武继承、刘万兴、王志勇和郑惠玲撰写，第3章由杨占平、姚宇卿和武继承撰写，第4章由陈南祥和徐贵新撰写，第5章由武继承、张长明和郑惠玲撰写，第6章由徐建新和曹玉升撰写，第7章由武继承、杨占平和潘晓东撰写。编撰人员虽然尽了最大努力，但书中仍有这样或那样的不足，敬请广大读者批评指正。同时，希望本书能起到抛砖引玉的作用，促进河南省乃至全国旱作节水农业综合技术的优化、完善、提高与广泛应用，促进我国旱作区“三农”经济发展和新农村建设。

在国家863节水农业项目支持的同时，我们得到了河南省科技攻关项目、河南省农业科学院重点项目等相关课题的大力资助，以及相关单位专家、领导的不懈指导与支持，在此一并表示衷心的感谢！

武继承

2006年6月于郑州

序

旱地农业，又称旱作农业、雨养农业或雨育农业，是指在干旱、半干旱和半湿润易旱地区，主要利用天然降水，通过建立合理的旱地农业结构和采取一系列旱作农业技术措施，不断提高地力和天然降水的有效利用率，实现农业高产稳产，使农、林、牧综合发展的农业。

我国旱地农业主要分布于淮河、秦岭及昆仑山以北年水分收不抵支的广大区域。涉及16个省（市、自治区），面积约542万km^2，占国土面积一半以上，其中有耕地0.52亿hm^2，约占全国总耕地面积的52%，耕地中没有灌溉条件的旱地约占本区耕地的65%。河南省的半干旱、半湿润易旱区耕地面积440万hm^2，占全省耕地面积的63.9%，其中京广线以西典型旱作农业面积254万hm^2，占全省耕地面积的36.7%。同时，在河南省440万hm^2的旱作农业区域中，丘陵、山旱地180万hm^2，占旱地面积的41%。限制旱作农业发展的主要因子是水资源匮乏、土壤贫瘠、水土流失严重，不仅制约着农林牧业的健康发展，而且产生一系列的生态、环境问题，其实质是水资源问题。因此，解决水资源的利用，尤其是降水的高效利用，是解决生态环境问题的本质所在。

该书借助"十五"国家高技术研究发展计划（863计划）课题"北方半干旱集雨补灌旱作区节水农业综合技术体系集成与示范"（2002AA2Z4291）的资助，在河南省科技厅和河南省农科院等相关部门的大力支持下，针对河南省和我国北方丘陵浅山地旱作区农业生产的实际需求，围绕集雨补灌和当地旱地农业的生产特点，通过雨水集蓄材料引进与应用、天然和人工集雨面应用、地下管道修建、远距离输水工程利用、水池（窖）修缮与建设、新型防渗堵漏材料及相关雨水集蓄技术、雨水高效利用技术和节水补灌技术的引进与应用，解决了雨水分散集蓄与多水源联合调控一体化问题，逐步形成了土地平整就地拦蓄与远距离输水、地面覆盖与化学节水、土壤增容扩蓄与节水灌溉、雨水与矿水利用、集雨工程与地下水管网一体化、雨水综合调控等雨水高效利用的多元化组合模式；将雨水的保蓄（地面覆盖、土壤增容和保水剂）、储存（水池、水窖）和高效利用（抗旱节水品种、果药间作、农果间作、关键生育期补水、多技术集成等）等农艺、工程、生物和管理措施有机地结合在一起，通过技术引进与筛选、技术创新与集成应用，建立了土壤蓄水、覆盖保墒、节水品种、粮经果药、工程蓄水、生育期补水和节灌模式等为一体的旱作区雨水利用节水补灌综合技术体系；总结提出了以抗旱节水品种为主体的小麦/谷子、小麦/黑糯玉米、小麦/地膜红薯、小麦/玉米、果药和果农间作高效种植模式及相配套的集雨补灌节水增产的栽培技术体系与技术实施规程。以GIS为平台，结合区域实际，研制和开发了区域水资源评价、雨水利用实时灌溉决策支持系统软件，建立了集雨补灌节水农业综合效益的评价指标体系及评价方法，完善和提高了示范区建设与管理水平。研制开发出具有营养与保水双重功能的营养型抗旱保水剂，并将其与传统农艺节水措施相结合，建立了地面覆盖+抗旱保水剂+关键生育期补水+补灌量+补灌模式为一体的综合节水应用技术体系，为当地旱作农业的高效持续发展提供了科学依据。

希望通过本书的出版，将旱作节水农业的的新模式、新技术、新产品尽快地在旱作农区示范推广与应用，使旱作节水技术发挥更大的效益，促进河南省和我国旱作节水农业的高效持续发展，为旱作区“三农”经济和新农村建设做出新的贡献。

中国工程院院士 卢良恕

2006年10月

目　录

第1章　综　述

水资源紧缺，已成为我国国民经济和社会可持续发展的重要限制因素。我国的农业缺水问题在很大程度上要靠节水解决，发展现代农业节水高技术是保障我国粮食安全、生态安全及国家安全的重大战略。

全国旱作耕地0.52亿hm^2，占耕地面积的60%。抗旱保苗几乎成为大部分地区农业生产每年的中心任务，全国每年为抗旱支付的费用高达数百亿元，20世纪90年代全国年均受旱面积达到3 000万hm^2以上，直接经济损失达100亿～200亿元。到2004年，全国沙化土地面积为263.42万km^2，每年风蚀损失有机质及氮、磷、钾达5 590万t，折合标准化肥2.7亿t。全国灌溉用水利用系数0.4～0.5，与发达国家相差0.3～0.5；粮食作物水分生产率0.87kg/m^3，与以色列2.32kg/m^3相比(90年代)相差1.45kg/m^3。降水利用率仅为35%～45%，具有很大的发展潜力。

就河南省而言，全省旱灾面积由20世纪70年代的118.1万hm^2增加到2001年约300万hm^2；全省每年用于抗旱的费用高达数亿元，干旱造成直接经济损失10多亿元甚至几十亿元。同时，水土流失面积3.2万km^2，水土流失量达1.2亿t/a。如果集雨补灌节水农业技术集成与产品开发的研究成果使河南省的降水利用率从目前的35%提高到55%，则河南省440万hm^2旱地可节水52.8亿m^3。若按实现降水利用效益提高0.1～0.15$kg/(mm \cdot hm^2)$计算，则单位面积将增加粮食180～270kg/hm^2。按20%推广面积计算，全省将增加粮食1.6亿～2.4亿kg，增加经济收入1.08亿～1.92亿元，从而促进旱地农业区域"三农"经济的良性发展。

因此，只有发展节水农业，才能够实现农业结构调整，提高水分利用率和利用效益，促进水资源利用、经济发展与环境治理的有机统一，并最终实现社会的全面发展与小康社会建设的宏伟目标。

1.1　目标、思路、框架结构和主要技术内容

1.1.1　总体目标

通过集雨补灌旱作区节水农业技术的筛选、集成与应用研究，建立生物、工程、农艺相结合的集雨补灌旱作节水农业综合技术体系，建立旱地以冬小麦、红薯等优势作物为主的各种作物集雨补灌节水技术体系和以GIS为平台的信息管理与实时决策系统，筛选出适合该类地区采用的抗旱节水的作物品种1～2个，单位产量提高15%～20%，建立土壤水和降水资源高效利用与优化栽培组合模式；研制开发出土壤水分增容和抗旱保苗节水的新型生化材料1～2种，提高土壤水分蓄积能力10%～15%，提高作物幼苗成活率20%～30%，苗木成活率提高25%～30%。建立集雨补灌旱作节水农业综合技术效益评估方法与指标体系，建设技术集成万亩(666.7hm^2)综合示范区和10万亩(6 666.7hm^2)技术辐射区。示范区降水利用率提高15%以上，作物水分利用效率提高0.2～0.3kg/m^3，综合

产量或产值提高 20%～25%。

1.1.2 总体思路

将水—土壤—作物—生态环境作为一个整体进行系统研究。以技术集成为前提，推动理论研究、生物工程措施、农艺节水技术的有机结合及其应用，建立集雨补灌旱作高效节水农业示范样板。以提高水分利用率和利用效率为中心，研究开发集雨补灌的新技术、新产品和新材料，建立集水—保水—高效用水的技术体系。以提高旱地集雨补灌节水农业的经济、社会与环境效益为目标，实现旱作农业降水利用与生态环境改善的有机整合，建立集雨补灌旱作节水农业的综合效益评估方法和指标体系：①重视多专业、多学科、多部门的联合与协作，建立多学科的课题研究与示范区建设的技术队伍，提高整体研究与示范建设的技术水平。②充分利用现有集雨补灌技术、节水灌溉技术、水肥耦合技术以及课题研究基础和科研设备条件，结合我国集雨补灌的生产实际与技术现状，重点突出集雨补灌旱作农业节水综合技术体系的集成与示范，同时，加强集雨节水补灌、集水材料、土壤水分增容等新产品、新技术的研究，并建立相关的技术指南、工艺流程等，争取获得专利技术。③以理论研究及集成技术研究思路为基础，以 GIS 为平台，采用可视化语言，分别建立不同功能决策软件子程序库，最后进行集成。④在研究方法上，重视试验研究与技术示范、技术集成与关键技术研究、技术集成与产业化示范等方面的有机结合。完善雨水集蓄技术体系集成和评价指标体系；加大新产品、新技术、新材料的开发与应用，提高降水资源的利用率和利用效率。

1.1.3 总体框架

围绕河南辉县农业雨水高效利用模式的筛选和示范区建设，通过提高降水利用率和利用效率技术、补充灌溉技术和示范区运行管理模式的筛选与应用，逐步形成具有区域特色的土壤增容扩蓄、减少土壤水无效蒸发、土壤水存贮保墒等土壤增容扩蓄和减蒸保水模式，建立适宜于当地的抗旱节水、增产、增效高效利用雨水的种植模式和新型的旱地高效用水作物栽培技术体系与模式，提供适宜于不同农作物及其配置模式的雨水集蓄补充灌溉模式及配套技术体系，探讨旱作区节水农业综合技术集成体系应用的评价指标体系和管理运行模式，实现工程利用效益和农业雨水利用效益的共同提高，促进区域降水资源高效利用和旱作农业高效持续发展的有机结合。河南辉县雨水综合利用模式总体构想框架见图 1-1。

1.1.4 主要技术研究内容

围绕技术体系集成、模式筛选与示范区建设，重点开展化学节水技术产品与应用技术体系、集雨补灌技术与模式和土壤水高效利用技术等方面的研究与应用，最终建立适宜于河南辉县及北方浅山丘陵区的集雨补灌旱作节水农业综合技术体系与雨水高效利用模式。

1.1.4.1 集雨补灌关键技术研究与应用

在对目前集雨、集雨补灌、雨水汇集技术、节水灌溉技术研究成果系统总结分析基础上，以作物非充分供水条件下耗水规律研究为前提，提出不同作物全生育期的最佳补灌时间和补水量，建立旱地小麦、红薯及经济作物的集雨补灌节水技术灌溉管理模式和以 GIS 为平台的信息管理与实时监控软件系统；研究提高雨水汇集效率和节水补灌的新技术及

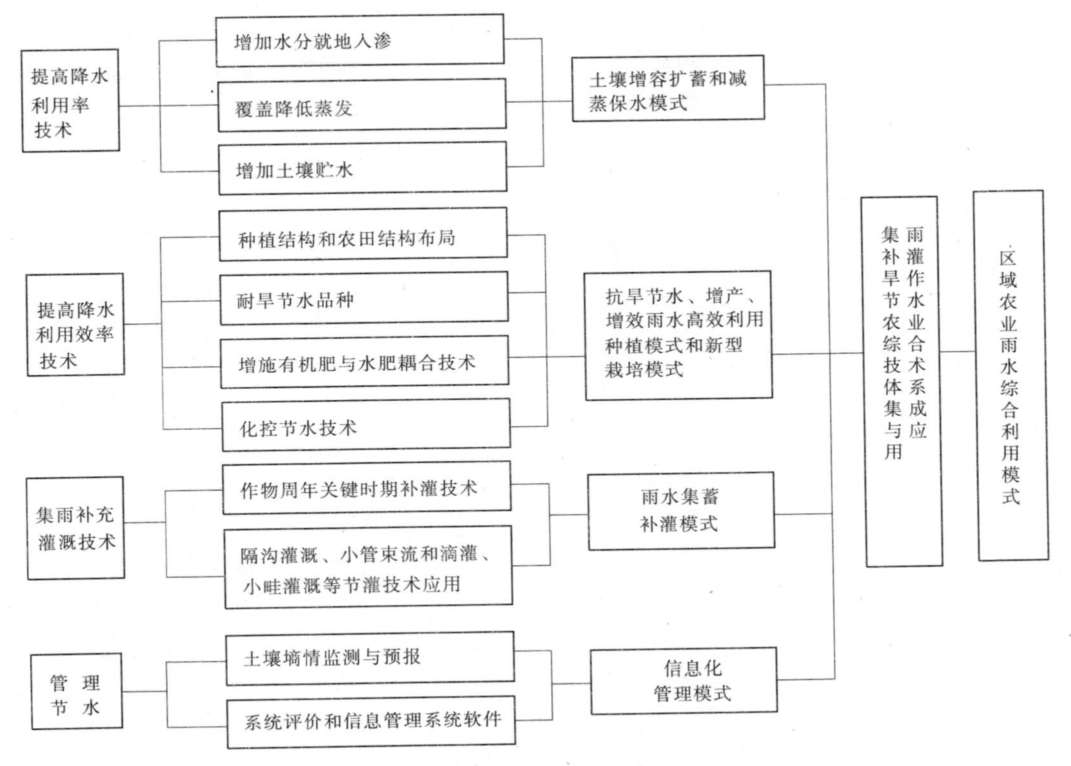

图 1-1　河南辉县雨水综合利用模式总体构想框架

新方法;筛选出适宜研究区域土壤、地形、经济状况的新型坡面(田间)集雨材料与抗旱节水作物品种。

1.1.4.2　旱地土壤水库增容与土壤水高效利用技术研究

以土壤水分灌、蓄、补一体化调控理论为基础,将传统的土壤蓄水、保水技术与高新技术产品相结合,研究旱地土壤水库扩蓄增容技术;揭示不同技术条件下的农田土壤水分变化规律及分布特征,建立理论分析模型;探讨采用集雨补灌、保护性耕作技术后丘陵旱地的水土流失特征和环境效应;研究提出土壤水和降水水分高效利用的新技术与高效栽培模式。

1.1.4.3　建立集雨补灌旱作节水农业综合技术集成体系与综合示范样板

充分利用目前的集水利用、集雨补灌、水资源一体化调控旱作节水、耕作栽培等相关技术和手段,进行技术集成,建立起集雨补灌旱作节水农业的综合技术集成体系和示范样板,并根据技术集成的结果,研究开发新型的集雨节水补灌技术、节水材料和节水补灌方法。探讨集雨补灌高效节水农业示范区的建设途径、运行管理机制、工程产权转让理论与组织方式,及其相配套的效益评估方法和指标体系。

1.1.4.4　化学节水技术产品研制与应用技术体系研究

针对旱地作物出苗率低、苗不齐、抗旱性差和抗旱种衣剂品种少、成本高的问题,研制开发新型的低成本、高保水的抗旱保水剂或抗旱种衣剂,通过与传统农业节水技术的结合和应用，建立区域保水、节水和高效用水的化学节水应用技术体系。

总之，通过以上四个方面的重点研究，拟解决三个方面的技术难点：①雨水分散集蓄与总水资源一体化调蓄的结合问题；②GIS操作平台类型选择与相应软件配合调试问题；③集雨工程与灌溉技术在不同管理体制条件下的适宜配额问题。

1.2 执行效果评价

在河南省人民政府的直接领导下，河南省科技厅统一组织和协调，辉县市人民政府及相关职能部门大力配合，河南省农业科学院、华北水利水电学院和河南省农村科学技术开发中心等课题执行单位通力协作，围绕示范区的建设，开展了相应关键技术、产品的引进、筛选、研究、开发与应用，较好地完成了合同规定的计划任务和技术经济指标：建成集雨补灌核心示范区 26.7hm^2、中心示范区 709.3hm^2 和技术辐射区 0.82 万 hm^2，增加产值2 070万元；中心示范区降水利用率由 36.2%提高到 52.9%，提高 16.7%；作物水分利用效率由 1.00kg/m^3 提高到 1.23kg/m^3，提高 0.23kg/m^3；小麦产量由 3 750kg/hm^2 增加到 4 545kg/hm^2，增产 21.2%；玉米产量由 5 250kg/hm^2 增加到 6 150kg/hm^2，增产 17.1%；谷子产量由 3 000kg/hm^2 增加到 4 680kg/hm^2，增产 56.0%；人均纯收入提高 458 元。

同时，筛选出抗旱节水丰产小麦品种 6 个、谷子品种 4 个、玉米品种 3 个、黑玉米品种 1 个、红薯品种 3 个、新型集雨材料 1 种、新型防渗堵漏材料 1 种；建立了以抗旱作物品种为主体的小麦/谷子、小麦/黑玉米、小麦/地膜红薯、小麦/玉米和果药、果农间作高效种植模式；研制开发了集雨补灌灌区信息管理与实时灌溉决策支持系统软件以及具有营养与保水双重功能的营养型抗旱保水剂，建立了集雨补灌旱作区节水农业综合技术效益评估指标体系和多层次模糊数学评估模型及水资源评价模型，制定了营养型抗旱保水剂产品生产的企业标准和不同作物增产、节水、增效高效栽培技术规程，总结提出了工程措施、农艺措施、生物措施和管理措施等相结合的集雨补灌旱作区节水农业综合技术集成体系。

其技术经济指标完成情况见表 1-1。

1.2.1 示范区建设达到预期目标

1.2.1.1 建成了集雨节水补灌核心示范区 400 亩(26.67hm^2)

课题组和当地政府与职能部门密切协作，把“863”节水农业项目与小流域治理、扶贫工程等项目有机结合，通过项目规划、任务洽谈和全市招标，在中心示范区张村乡砂锅窑村全面完成了 26.67hm^2 典型集雨补灌节灌核心示范样板，建起雨水集蓄、田间节灌、化控节水和水土流失治理以及土壤水、雨水与地下水在内多种水源联调及种植业结构合理调整，并采用计算机管理的示范性工程。

雨水集蓄工程方面，建成了蓄水窖 58 个、蓄水池 2 座，总蓄水容积 5 020m^3，蓄水池、窖与地下水之间采用可联调的管网连接，年调节总水量可达 15 000m^3 以上，为实现降水资源与有限地下水资源的联合调度提供了工程保证；引进有机硅、固化土等雨水集蓄新材料 3 种，建成示范样板 2 000m^2，雨水收集效率提高 18%。

田间节灌工程方面，建成了小管束流节灌面积 1.33hm^2、滴灌节灌面积 2.53hm^2、自压管道地面节灌面积 16.4hm^2；水土流失治理改良坡耕地面积 19.2hm^2，完成梯田石方5 000m^3，土方工程 10 000m^3 左右。区内减少雨水径流损失 50%以上，提高土壤保水率

15%以上,且明显改善了种植与灌溉条件。

表 1-1　技术经济指标完成情况

项目	合同任务	2005 年完成情况
中心示范区	666.67hm^2	核心区 26.67hm^2、中心区 709.33hm^2,共 736.00hm^2
技术辐射区	6 666.67hm^2	技术辐射区 0.82 万 hm^2
降水利用率	15%以上	由 36.2%提高到 52.9%,提高 16.7%
综合产量	20%~25%	提高 21.2%
小麦产量		由 3 750kg/hm^2 提高到 4 545kg/hm^2,增产 21.2%
玉米产量		由 5 250kg/hm^2 提高到 6 150kg/hm^2,增产 17.1%
谷子产量		由 3 000kg/hm^2 提高到 4 680kg/hm^2,增产 56.0%
作物水分利用效率	0.2~0.3kg/m^3	由 1.00kg/m^3 提高到 1.23kg/m^3,提高 0.23kg/m^3
筛选抗旱作物品种	3 个以上	小麦 6 个、玉米 3 个、谷子 4 个、黑玉米 1 个、红薯 3 个
节水、增产、增效种植模式	2~3 种	建立了以抗旱品种为主体、节水技术相配套的小麦/谷子、小麦/黑玉米、小麦/地膜红薯、小麦/玉米等高效种植模式
新型集雨材料(形式)	1~2 种	1 种(有机硅)
防渗堵漏材料		1 种(DF325)

引进黑玉米、优质小香米、小麦、玉米等优良抗旱丰产节水作物品种 6 个,中药材与果树品种正在试验之中,初步实现了典型示范区的种植业结构调整与改善。据 2004 年和 2005 年核心示范区农作物产量调查,2004 年区内小麦平均产量5 475kg/hm^2,谷子产量 5 130kg/hm^2,玉米产量 5 520kg/hm^2,小麦、玉米产量分别比建成前增产 21.7% 和 15.0%。2005 年区内小麦平均产量 5 280kg/hm^2(核心区产量),比示范区建成前提高 17.3%;2004 年和 2005 年两年小麦单产平均提高 19.5%。

同时,新开发利用撂荒地 2.67hm^2。

1.2.1.2　中心示范区蓄水工程进一步优化

雨水蓄积工程是发展旱作高效节水农业的基础保证,如何提高水池、水窖等蓄水工程的蓄水量和蓄水性能是提高降水利用率、实现水分利用效率提高和农业结构调整的根本保证。但中心示范区的主体蓄水工程——水池基本上都是 20 世纪 70、80 年代修建的,以人畜饮水为主。目前,全区 18 个蓄水池中有 17 个严重漏水,1 个局部漏水,基本上处于废弃状态,如何发挥现有雨水蓄积工程的利用效益,提高“863”节水农业项目在当地的影响力度,提高旱作节水农业的产出效益和降水利用率,课题组通过多次调查研究和考察对比分析,结合当地集雨补灌节水农业发展和农业种植结构调整的实际需要,与河南省水利科学研究院有关人员合作,通过防渗堵漏新型材料引进、技术培训、现场指导,在中心示范区的山前、樊庄、郗庄和滑峪等村修缮样板蓄水池 5 座,总蓄水容积 3.15 万 m^3,与使用常规防渗堵漏材料的工程相比,总投资节约 60%以上,增加节水补灌面积 100hm^2 左右,有效地保证了中心示范区旱作节水高效农业的良性发展。

1.2.1.3 抗旱节水作物品种在农业结构调整中发挥了巨大的效力

在前期研究基础上,进行了济麦2号、新麦12、洛旱2号和豫麦2号等抗旱节水丰产优良小麦品种的大面积示范应用。在节水、丰产小麦品种千亩(66.67hm^2)示范方中,济麦2号和新麦12产量分别达到6 930.0kg/hm^{2}和6 504.0kg/hm^2,比当地品种增产62.1%和52.1%;抗旱节水优良品种郑州9023、新麦11、豫麦2号和洛旱2号产量分别达到5 670.0、5 352.0、5 269.5kg/hm^{2}和4 860.0kg/hm^2,分别比当地品种提高32.63%、25.19%、23.26%和13.68%。

在秋季作物种植中压缩高耗水作物面积,加大节水作物和特色品种种植。通过技术对接,中心示范区进行了冀优1号、冀优2号、小香米和谷丰2号等抗旱节水优良谷子品种的筛选与示范,并取得显著成效。据大田测产和农户产量调查,小香米、冀优1号、冀优2号和谷丰2号产量分别达到3 390、4 065、4 395kg/hm^{2}和4 305kg/hm^2,增产14.1%~48.0%,增收1 008~3 420元/hm^2。

通过不同农作物抗旱节水丰产品种的引进、筛选、示范和推广应用,3年来共筛选出抗旱节水丰产小麦品种6个(郑州9023、开麦18、新麦12、济麦2号、豫麦2号、洛阳9505)及有潜力的品种2个(科旱1号和石家庄8号),玉米品种3个(郑单958、豫玉22、豫玉32),黑玉米品种1个(郑黑糯1号),红薯品种3个(脱毒徐薯18、梅营1号、豫薯13)和谷子品种4个(冀优1号、冀优2号、小香米和谷丰2号),2005年中心示范区夏季作物良种覆盖率达到78.1%,秋季作物良种覆盖面积达到709.33hm^2,覆盖率95%。

1.2.1.4 进一步强化中心示范区旱作节水技术的应用

在项目实施的4年中,通过节水技术培训、品种推广和节灌工程建设等,中心示范区6个行政村的技术覆盖面达到100%,圆满完成了万亩(666.67hm^2)中心示范区的工程建设与技术推广任务。在相邻的南村、常村、后庄、拍石头、黄水等乡镇及偃师山化、邙岭等乡镇建立集雨补灌旱作节水农业综合技术辐射区0.82万hm^2;同时,营养型抗旱保水剂及其综合配套技术在河南省典型旱作区辉县、禹州、偃师等河南省农业科学院旱作节水农业基地的小麦、红薯和玉米等作物上示范应用2万hm^2,至2005年6月,增加社会经济效益1 500万元。

项目组在技术应用、技术推广等方面实现了五个转变:一是节水农业技术的推广应用由原来的单项技术逐步向集成技术方向转变,二是作物品种由单纯的本地品种逐步向国内优势品种方向转变,三是种植结构由单一的农作物向多元化的农林牧药复合经营方向发展,四是雨水利用的形式更加丰富多样,五是灌溉管理从经验管理向科学管理及计算机管理转变。

1.2.2 初步形成了具有区域特色的雨水高效利用模式和旱作节水农业综合技术集成体系

1.2.2.1 解决了区域雨水集蓄与多水源一体化问题,初步形成了具有区域特色的雨水高效利用模式

通过节灌工程、集雨工程的建设和实施,结合当地农业种植结构、模式和降水资源、水资源利用特点,解决了区域雨水集蓄与多水源联合调控一体化问题,初步形成了具有区域特色的雨水资源高效利用模式。

1)集雨工程与地下水管网一体化利用模式

该模式是建立在项目核心示范样板建设的基础上,总覆盖面积 26.67hm^2,两年实现小麦产量总增长 39.0%,平均年增长 19.5%,累计增加社会经济效益 11.86 万元,平均增加纯收入 4 447.5 元/hm^2。

2)土壤水库增容和节水灌溉一体化利用模式

该模式总覆盖面积 233.33hm^2,通过秸秆还田、土壤培肥、季节性雨水的土体蓄积和地面节水灌溉工程等综合技术的应用以及输配水工程的建设实施,2005 年小麦比 2002 年平均增产 16.82%。

3)雨水和矿水净化联合应用模式

该模式是以充分提高有限水资源的利用率和利用效率、充分发挥雨水集蓄工程的利用效益为前提,把本地区小煤矿生产中的废弃地下水进行分散收集与沉淀、净化并与收集降水混合复配,最后采取节水灌溉的形式在农作物关键生育期进行补充灌溉,至 2005 年该模式在全区覆盖面积达到 101.33hm^2,小麦分别在返青、拔节两个关键时期补充灌水 450～600m^3/hm^2,小麦单产达到 5 310kg/hm^2,与示范区建成前的 2002 年小麦单产相比,平均增产 41.6%。

4)蓄水工程联合调控高效利用模式

该模式是将雨水集蓄工程收集的雨水通过管网实行综合调控,发展节水灌溉,推进农作物的结构调整,至 2005 年示范区建成双池联调利用模式样板 1 个,两个雨水集蓄水池蓄水量 2.25 万 m^3,覆盖耕地面积 53.33hm^2;经在 33.33hm^2 面积的小麦上实际应用,补充灌溉一水(4 月 1 日前后)的情况下,与样板建成前相比,小麦平均单产增加 19.8%。

1.2.2.2 形成了以抗旱节水品种为主的节水、增产、增效种植模式和新型的栽培技术体系

1)建立了以抗旱节水品种为主的节水、增产、增效种植模式

针对当地种植结构调整和节水农业发展的实际,经过 3 年的筛选应用,初步形成了以抗旱品种为主体的小麦/谷子、小麦/玉米、小麦/黑糯玉米、小麦/地膜红薯、果药和农果间作等节水、增效种植模式。

2004 年,中心示范区发展抗旱小麦/黑玉米丰产模式 10hm^2,小麦平均单产达到5 475 kg/hm^2,黑玉米平均单产达到 6 180kg/hm^2,与常规小麦/玉米种植相比,增收 3 750～4 500 元/hm^2;抗旱小麦/谷子丰产高效种植模式 33.33hm^2,小麦平均单产达到5 025 kg/hm^2,谷子平均单产达到 5 430kg/hm^2,与传统小麦/谷子种植方式相比,平均增产小麦 825kg/hm^2 和谷子 1 680kg/hm^2,增收 4 261.5 元/hm^2;小麦/丰产玉米高效种植模式 253.33hm^2,通过采用秸秆覆盖、化控技术等保水节水技术,小麦平均单产达到 5 025 kg/hm^2,玉米平均单产达到 7 140kg/hm^2,与传统技术条件的小麦/玉米种植模式相比,小麦平均增产 825kg/hm^2,玉米平均增产 1 380kg/hm^2,增产率分别达到 19.3%和 24.0%,增收达到 3 031.5 元/hm^2。

2005 年,小麦抗旱节水丰产品种覆盖面积达到 523.73hm^2,小麦平均单产 4 680kg/hm^2,比示范区建设前平均增产 24.8%,纯收入增加 1 395.0 元/hm^2,增加经济效益 73.06 万元。

2)总结提出了具有地域特色的节水、增产、增效栽培技术体系

通过传统节水农业技术和现代节水农业技术及雨水利用工程的有机结合与应用,总结提出了具有不同特色的节水、增产、增效栽培技术体系,并在示范区和技术辐射区建设中取得了良好的生产效果。

(1)地面覆盖+作物品种+补充灌溉高效栽培技术。通过试验示范,将地面覆盖(地膜覆盖、秸秆覆盖)、抗旱节水丰产优良作物品种和关键生育期补充灌溉等单个的节水增产技术有机地结合在一起,形成不同农作物及其相互配置的高效栽培技术,实现降水利用率和工程利用效益的有机提高。采用该技术(秸秆覆盖 6 000kg/hm^2)在正常年份不补充灌水时,小麦单产 4 500kg/hm^2 以上,拔节期补灌一水 600m^3/hm^2,单产达到 5 250kg/hm^2 以上;轻度缺水年份不补充灌水时,单产 3 750kg/hm^2 以上,拔节期补灌 1 水 600m^3/hm^2,单产达到 4 500kg/hm^2 以上;丰水年份达到 5 250~6 000kg/hm^2。比传统栽培增产 750~1 500kg/hm^2。

(2)化学节水+传统节水+优良品种+补充灌溉高效栽培技术。在前期试验示范的基础上,通过新型营养型抗旱保水剂配方的熟化和产业化生产,根据不同的农作物品种进行条施、穴施、蘸根、拌种等不同使用方式、用量和补充灌溉量、补灌时期的研究与探讨,通过前期和近 3 年的田间试验、盆栽试验和田间示范,在河南省辉县示范区及其他主要旱作农业县逐步形成了营养型抗旱保水剂条施(拌种、条施+拌种)+地膜覆盖+小麦品种+关键生育期补充灌水、地膜覆盖+营养型抗旱保水剂穴施+脱毒红薯+补充灌水、营养型抗旱种衣剂拌种+小麦品种+营养型抗旱保水剂+脱毒红薯+补充灌水、营养型抗旱保水剂穴施+脱毒红薯+秸秆覆盖+关键生育期补充灌水、营养型抗旱保水剂玉米条施+秸秆覆盖+补充灌水等,不同形式的化学节水技术与传统旱作节水技术相结合的不同农作物抗旱节水丰产品种+关键生育期补充灌溉的新型高产、节水、增效栽培技术。采用该技术在正常年份不补充灌水时,单产 5 250kg/hm^2 以上,拔节期补灌一水 600m^3/hm^2,小麦单产达到 6 000kg/hm^2 以上;轻度缺水年份不补充灌水时,单产 4 500kg/hm^2 以上,拔节期补灌一水 600m^3/hm^2,单产达到 5 250kg/hm^2 以上;丰水年份达到 6 000~6 750kg/hm^2。比传统栽培增产 750~1 500kg/hm^2。

(3)不同节水技术+抗旱节水丰产品种组合高效栽培技术。在新技术、新产品、新方法引进应用的试验、示范中,通过不同抗旱节水技术和作物抗旱节水丰产品种的筛选与应用,逐步形成了不同抗旱节水农业技术应用条件下的小麦、红薯、玉米、谷子、果树和中药材相互组合配置的抗旱节水、增产、增效栽培模式,并逐步形成了不同栽培模式组合的高效栽培技术,如抗旱小麦品种+地膜脱毒红薯、小麦+谷子、小麦+不同播期黑糯玉米、果树+小麦+谷子(玉米或红薯)、小麦+红薯+玉米等栽培模式抗旱节水综合技术的应用,进一步促使抗旱节水丰产品种组合高效栽培技术的成熟和优化。

1.2.2.3 形成了适宜于本地区和北方丘陵浅山区旱作节水农业的综合技术集成体系

通过技术研究与应用,将雨水保蓄(地面覆盖、土壤增容和化学保水)、储存(水池、水窖)和高效利用(抗旱节水品种、果药间作、农果间作、关键生育期补水、水肥耦合、限量灌溉等)等农艺、工程、生物和管理措施有机地结合在一起,河南辉县试区初步形成了适宜于本地区及北方旱作区的集雨补灌旱作区节水农业综合技术集成体系,该体系集土壤蓄水、

覆盖保墒、化学增容、节水品种、种植模式、雨水利用工程、关键生育期补水等为一体(见图 1-2),在农业生产中发挥越来越重要的作用,实现了高新节水技术产品与传统节水技术的有机结合,如营养型抗旱保水剂与地面覆盖、土地整治与新型集水材料、水池修缮与新型防渗堵漏材料、水池(窖)修建与节灌模式筛选、新品种引进与农艺技术的结合等,推动了降水资源高效利用与农业可持续发展的有机结合。

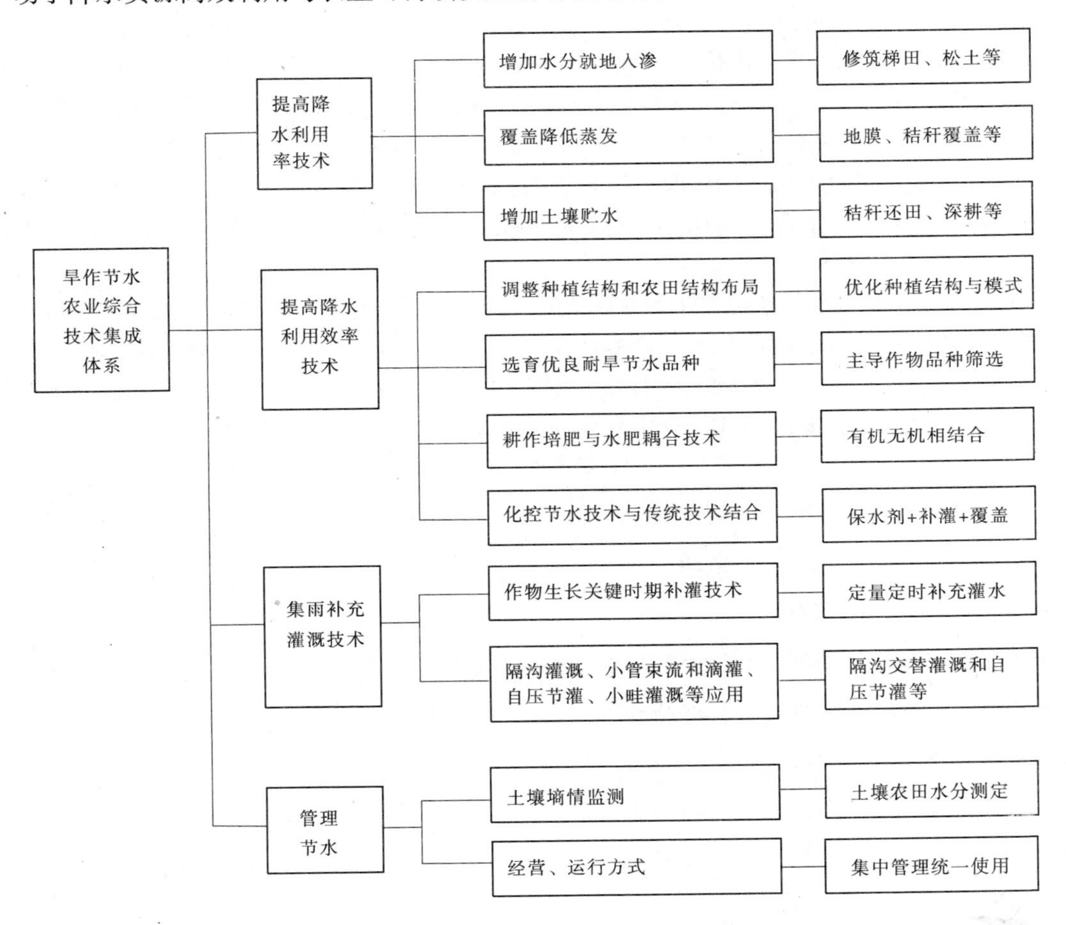

图 1-2　河南辉县示范区旱作节水农业综合技术集成体系

在技术集成的前提下,以提高单位产出效益和工程利用效益为目的,截至 2005 年 6 月底,河南辉县示范区通过雨水集蓄工程的兴建、修缮和节水灌溉工程的建设实施,在充分利用集蓄雨水、合理利用季节性山地洪水的基础上,累计新增加蓄水容积 3.75 万 m^3,发展各类节水灌溉面积 368hm^2,增产幅度达 16.82%～41.60%,平均增产 21.2%,实现了降水利用效率和工程利用效益的双重提高。

1.2.3　关键技术与创新

围绕示范区的建设,几年来相继开展了营养型抗旱保水剂、土壤水分变化动态特征、关键生育期补充灌溉、多水源联合调控技术等关键技术的研究,并取得突破性进展。

1.2.3.1 研制开发出营养型抗旱保水剂，建立了旱地优势作物化学节水应用技术体系

针对目前土壤保水剂研究与开发中的热点和难点技术问题，结合我国干旱半干旱地区农业生产的实际需要，以保水剂产品研制开发与农业利用研究为主线，以市场为导向，以节约成本、提高效益为目标，进行营养型抗旱保水剂产品的研制与开发；重视产品的应用研究与示范，引进国内外的同类型产品进行产品性能的比较研究，不断改进产品的配方，逐步实现成本与性能的有机结合。采用配方筛选－样品研制－试验应用－配方优化－产品熟化→促进产品的产业化→农业利用→建立化学节水技术应用体系的总体研究思路，创造性地解决了高分子吸水材料与土壤矿物质、粉煤灰、纤维素、稀土、植物营养等物质的有机复配问题，使所开发的产品具有保水与营养双重功能。研发的产品与国内同类型产品相比成本降低 50％以上，增产效果提高 10％以上。同时，解决了产品生产的主要工艺流程“分项控制合成法”中的关键问题，制定了营养型抗旱保水剂的企业生产标准(Q/41BA4355—2005)。

同时，通过不同水分条件抗旱保水剂增产效应、不同农作物营养型抗旱保水剂用量、保水剂＋秸秆覆盖(或地膜覆盖)增产效应等技术研究与应用，确定了营养型抗旱保水剂在旱地小麦、红薯、玉米等作物上的有效施用方法、使用量和补水灌溉时期，初步建立了营养型抗旱保水剂与补充灌溉相结合的化学节水应用技术体系(见表 1-2)。

表 1-2 化学节水产品应用技术

节水产品	作物	方法	施用量(kg/hm^2)	补灌时间	补灌量($m^3/(hm^2·次)$)
保水剂	红薯	穴施	30～60		
保水球	红薯	穴施	45～90		
保水剂	小麦	条施	45～60	拔节期或拔节期＋灌浆期	300～450
保水剂	小麦	拌种	2％稀释	拔节期或拔节期＋灌浆期	450～675
保水球	小麦	条施	60～120	拔节期或拔节期＋灌浆期	300～600
保水剂	玉米	条施	45～60	大喇叭口期	300～600
保水剂	玉米	拌种	2％稀释	大喇叭口期	300～600
保水球	玉米	条施	60～120	大喇叭口期	300～600
保水剂	绿化	蘸根	1％～2％稀释		

通过技术应用，建成化学节水技术产品与地面覆盖、小麦品种、补充灌溉等传统节水技术相结合的小麦示范样板 $80hm^2$，小麦平均产量达到 5 205kg/hm^2，平均增产 15.7％；建成营养型抗旱保水剂穴施与农作物秸秆还田相结合的红薯示范样板 66.67hm^2，红薯平均产量达到 35 280kg/hm^2，增产 16.4％。

2004 年 11 月 20 日，“营养型抗旱保水剂研制及增产效应研究”通过了河南省科技厅组织的省内外专家组鉴定，研究成果整体达到国际先进水平。相关的“营养型抗旱保水球及其制造方法”正在申请国家发明专利，申请号为 200410009413.2。

1.2.3.2 揭示了旱作区农田土壤水分周年变化规律及分布特征研究，确定了小麦、玉米的最佳补灌时期和补灌量

1)旱作区农田土壤水分周年变化规律及分布特征研究

研究和揭示农田土壤水分周年变化规律及分布特征，对于确定作物补灌时期、提高灌水利用率具有重大的生产意义。根据课题研究和当地农业生产的实际需要，我们开展了0～120cm土壤水分定位试验研究，结果表明：

(1)土壤表层土壤水分变化幅度较大(见图1-3、表1-3)，与农业耕作、季节性气候变化、降雨等因素有密切相关性，表层土壤水分含量一般在15%～35%之间，而土壤水分含量较低的时期出现在6月中旬、2月中旬、4月中旬。有时在10月份含量也较低。说明在旱作区，墒情制约着夏秋作物的播种和小麦的返青。

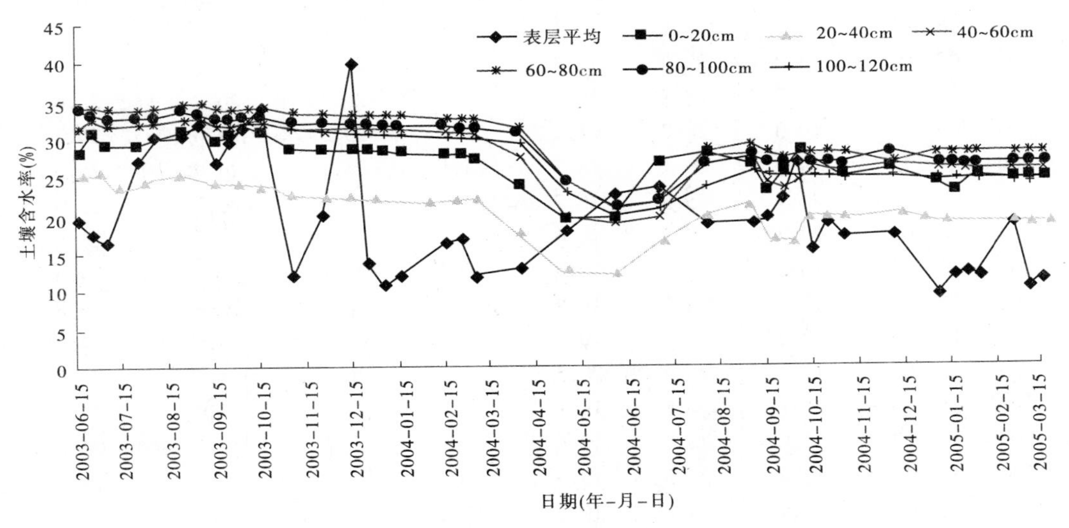

图1-3 土壤水分变化特征

表1-3 土壤水分动态变化特征

日期(年-月-日)	表层平均	0～20cm	20～40cm	40～60cm	60～80cm	80～100cm	100～120cm
2003-06-15	19.6	28.3	25.7	31.2	34.3	33.8	31.4
2003-06-25	17.4	30.7	26.0	33.1	34.5	33.3	32.6
2003-07-05	16.2	29.3	24.5	31.9	33.8	32.6	31.7
2003-07-25	27.2	29.3	24.5	32.1	34.0	32.9	31.9
2003-08-05	30.2	30.0	24.8	32.1	34.0	32.9	32.1
2003-08-25	30.4	31.0	25.5	32.9	34.8	33.9	32.6
2003-09-05	32.9	31.7	25.7	32.9	34.8	33.3	32.6
2003-09-15	26.9	29.8	24.8	31.7	34.0	32.6	31.9
2003-09-25	29.6	30.2	24.8	31.4	33.8	32.4	31.7
2003-10-05	32.2	31.4	25.5	32.4	34.3	32.9	32.1
2003-10-15	34.2	31.0	25.3	32.4	34.3	32.9	32.1
2003-11-05	12.0	28.8	23.8	31.4	33.6	32.1	31.4

续表 1-3

日期(年－月－日)	表层平均	0～20cm	20～40cm	40～60cm	60～80cm	80～100cm	100～120cm
2003－11－25	20.2	28.6	23.6	31.4	33.3	32.1	31.0
2003－12－15	40.3	28.8	23.6	31.4	33.1	31.9	30.7
2003－12－25	13.7	28.6	23.6	31.4	33.1	31.9	30.7
2004－01－05	10.8	28.6	23.4	31.2	33.1	31.7	30.5
2004－01－15	12.2	28.3	23.4	31.2	33.1	31.7	30.5
2004－02－15	16.5	27.9	22.9	31.0	32.6	31.7	30.2
2004－02－25	17.2	28.3	23.1	30.7	32.6	31.4	30.0
2004－03－05	12.2	27.6	23.1	30.7	32.6	31.4	30.0
2004－04－05	13.1	23.6	18.1	27.6	31.4	30.7	29.5
2004－05－05	18.2	19.6	13.4	19.8	24.3	24.5	22.9
2004－06－06	22.7	19.8	13.1	18.8	21.0	21.2	20.0
2004－07－05	23.9	27.2	17.7	19.8	21.7	21.9	21.0
2004－08－05	18.8	28.1	20.2	27.6	28.3	26.4	23.6
2004－09－06	19.0	26.7	21.2	27.9	29.3	27.6	25.7
2004－09－15	19.4	23.1	16.7	24.1	28.1	26.9	25.3
2004－09－26	21.9	25.5	16.7	23.4	27.6	26.7	25.0
2004－10－06	27.3	28.3	19.6	24.3	27.9	26.7	24.8
2004－10－15	15.3	26.4	19.8	25.7	28.1	26.9	24.8
2004－10－25	19.0	25.7	19.8	25.7	28.1	26.9	24.8
2004－11－04	17.2	25.0	19.6	25.7	28.1	26.9	24.8
2004－12－07	17.4	26.0	20.5	26.4	26.9	28.3	24.8
2005－01－06	9.6	24.1	19.8	26.2	28.1	26.9	24.5
2005－01－17	12.0	22.9	19.6	26.0	28.1	26.7	24.5
2005－01－26	12.4	24.5	19.6	26.0	28.1	26.7	24.5
2005－02－01	11.9	24.8	19.6	25.7	28.1	26.7	24.5
2005－02－25	19.3	24.5	19.6	26.0	28.1	26.7	24.5
2005－03－07	10.5	24.8	19.6	25.7	28.1	26.7	24.3
2005－03－16	11.4	24.5	19.6	26.0	28.1	26.7	24.5

(2)土壤 20cm 处土壤水分变化呈现出与年度降水趋同的规律，在 2～6 月份水分含量呈逐步下降的趋势，7～8 月份土壤水分呈逐渐增加的趋势。该层土壤水分含量的低谷值出现在 4～6 月份。

(3)其他五个层(40cm、60cm、80cm、100cm、120cm)土壤水分含量变化情况大体相似，最明显的是在 3～6 月份出现一个土壤水分的明显下降区，尤其是 4～6 月呈现土壤水分的低谷值区，在 40cm 处土壤水分含量为 13%左右，60cm、80cm、100cm、120cm 处的土壤水分含量为 18%～20%、20%～23%、20%～22%、20%～22%。

总之，通过耕作土壤水分的定位研究，一方面初步掌握了土壤水分的动态变化规律，揭示了影响农业生产过程中土壤水分的制约因素；另一方面，根据其存在的土壤水分低值区出现时间，指导旱作区农业生产，如把冬小麦的补灌时间由传统的每年 2～3 月份调整为 3 月底～4 月上旬，可有效地提高水分利用率和农业生产效益。

2)确定了不同作物关键生育期的补灌时期、灌水量

在定位试验基础上,进一步开展了夏玉米关键生育期补水、小麦不同生育期补灌和灌水量研究,结果表明:夏玉米以大喇叭口期补充灌水增产效果最佳,与对照相比,补灌22.5mm和45mm分别增产706.5kg/hm^{2}和1 026kg/hm^2。不同生育期小麦限量灌溉水分利用分析表明在0~90mm灌水量的范围内,以灌45mm处理水分利用效率最高(15.15kg/(mm·hm^2)),灌溉水利用率则以拔节孕穗期灌30mm处理最高(31.05kg/(mm·hm^2))。小麦全生育期不同时期不同补灌量增产情况进一步证明小麦最佳补灌时期为拔节期,这与定位试验研究的结果相一致;最佳补灌量为600m^3/hm^2(见表1-4)。

表1-4 小麦不同生育期补充灌溉增产及水分利用效果

处理	单位产量(kg/hm^2)	比对照增减(%)	降水利用率(kg/(mm·hm^2))	比对照增减(kg/(mm·hm^2))
对照	4 125.0		17.70	
返青期1	4 378.5	6.13	18.75	1.05
拔节期1	4 795.5	16.26	20.55	2.85
孕穗期1	4 237.5	2.73	18.15	0.45
灌浆期1	4 348.5	5.43	18.60	0.90
返青期1+孕穗期1	4 648.5	12.70	19.80	2.10
拔节期2+孕穗期2	4 678.5	13.40	19.95	2.25
返青期1+灌浆期1	4 306.5	4.40	18.45	0.75
拔节期2+灌浆期2	4 911.0	19.06	21.00	3.30
返青期2	4 438.5	7.58	18.90	1.20
拔节期2	5 161.5	25.14	22.05	4.35
孕穗期2	5 122.5	24.18	21.90	4.20
灌浆期2	4 582.5	11.08	19.65	1.95
拔节期3	4 678.5	13.40	19.95	2.25

注:1—补充灌水300m^3/hm^2;2—补充灌水600m^3/hm^2;3—补充灌水450m^3/hm^2。

3)制定了不同种植模式节水、丰产、高效栽培技术实施规程

根据农作物品种筛选的实际,结合传统优势作物和当地农业种植结构调整的需要,经过试验、示范,系统地总结提出了抗旱节水丰产小麦品种与谷子、玉米、黑玉米等作物间作套种的主要栽培技术和实施规程如下:

(1)品种选择。小麦品种优先选择济麦2号、新麦12、洛阳9505、开麦18、郑州9023或周麦18;玉米品种选择郑单958或豫玉32;谷子品种选择谷丰2号、冀优2号、冀谷20或小香米;黑玉米选择郑黑糯1号;红薯品种选择豫薯13、脱毒徐薯18或梅营1号。

(2)水肥耦合技术。小麦播种时底肥氮磷比为12:6,氮素肥料70%~80%作底肥,其他作追肥,追肥最佳时期为拔节期后5~10天;农家肥15 000~22 500kg/hm^2,农家肥和磷肥均作底肥一次施入。谷子氮肥追施在拔节后至孕穗期,追施150~225kg/hm^{2}的尿

素。玉米和黑玉米氮肥追施时期为大喇叭口期,追施 150～225kg/hm^2 的尿素。红薯追肥可采用叶面喷施的方法进行,喷施时期分别为红薯伸蔓期和红薯膨大期,尿素喷施浓度为 3‰～5‰。补灌在追肥后,小麦的最佳灌溉时间为拔节期前后(4 月 1 日前后),灌溉水量为 450～600m^3/hm^2;玉米最好采用隔沟交替灌溉,每次灌水量为 450m^3/hm^2;红薯则可采用穴灌或隔沟交替灌溉,每次灌水量为 450m^3/hm^2。

(3)播种密度。小麦播种量为 112.5～150kg/hm^2;玉米种植采用宽窄行种植(窄行距为 40cm,宽行距为 80cm),其中郑单 958 株距为 25cm,种植密度一般在 61 500～67 500 株/hm^2,豫玉 32 株距为 40cm,种植密度一般在 52 500～60 000 株/hm^2;黑玉米同常规玉米,但密度增加 7 500 株/hm^2 左右;红薯最好采取垄栽,行距 50～70cm,株距 28～36cm,春红薯每公顷保苗 42 000～48 000 棵,夏红薯每公顷保苗 57 000～67 500 棵。

(4)秸秆覆盖和化学节水技术的应用。秸秆覆盖量为 6 000kg/hm^2;抗旱保水剂小麦条施为 45～60kg/hm^2,红薯穴施为 30～60kg/hm^2;同时,在播种时均可采用抗旱保水剂拌种、蘸根(2%稀释),以达到提高出苗率和促根壮苗的目的。

(5)田间管理技术。根据不同作物生长状况,适时防治病虫害、中耕除草,减少土壤蒸发和病害损失,提高水分利用效率。如小麦"一喷三防"、玉米钻心虫防治、谷子虫害和粉锈病防治、红薯叶面肥和薯块膨大肥灌根等。

1.2.3.3 解决了多水源与雨水集蓄一体化联合调控问题,形成了具有区域特色的雨水资源高效利用模式

通过新技术研究、新型材料引进与应用,将雨水利用与地面覆盖、化控节水、节水灌溉、抗旱节水品种、土地整治等多种技术相结合,推动了多水源联合调控技术体系和旱作区降水资源高效利用的有机融合,实现了远距离山洪的蓄积与利用、新材料集雨场与水窖相结合、水窖－地下水等多水源的联合调控,建立了雨水集蓄－地下水一体化、雨水联调、降水与矿水净化联合利用、土壤增容与节水灌溉等 4 种雨水高效利用模式。

1.2.4 完善了示范区建设和管理水平

为提高示范区建设工程的利用效益和资源利用率,在解决关键技术的基础上,进一步开展了水资源评价、工程利用效益评估方法和指标体系及灌区信息管理与实时灌溉决策系统软件的开发与研制,为提高和完善示范区的建设、管理水平提供了科学依据。

1.2.4.1 建立了集雨补灌节水农业技术效益评估方法和指标体系

为了搞好工程建设与规范化管理及评价,研究探讨雨水集蓄利用区生态经济系统的优化规划、集雨补灌工程综合效益评价指标体系及其评价模型,结合中心示范区雨水集蓄利用的实际情况,确定了由经济、技术、社会影响、环境和管理等 5 个方面 21 个因子组成的集雨补灌工程综合效益评价指标体系(见图 1-4)。同时结合综合评价定性、定量因素相混合的特点,建立了多层次模糊综合评价流程图(见图 1-5)。引入专家评分、层次分析法和模糊数学等理论,通过确定指标权重、隶属度(见表 1-5),最终求出集雨补灌工程多目标的、动态的综合效益评价结果。

根据"863"中心示范区砂锅窑集雨补灌工程在经济、技术、社会、环境和管理等方面的综合效益评价(见图 1-6 和表 1-6)可知,砂锅窑集雨补灌工程综合效益的分值为 82.64,参照工程综合评判等级的分类标准,该工程整体上达到了优质级别,这说明该项目的实施整

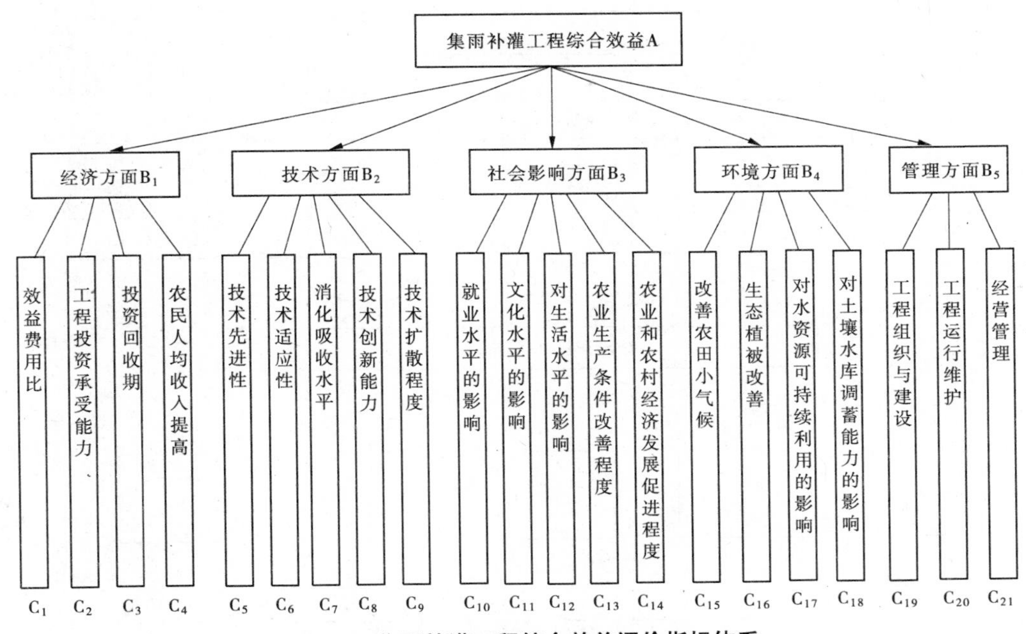

图 1-4　集雨补灌工程综合效益评价指标体系

体上是成功的。

从单方面分析，该集雨补灌工程取得了良好的经济效益，在农民增产增收方面发挥了作用，对促进农业结构调整和农村经济发展起到了促进作用。从技术角度看，其效益分值最高，说明新技术工艺的引进是成功的，深受群众欢迎，产生了良好效益，这也符合当地实际情况。水窖的建设在很大程度上改变了当地群众的生产生活条件，因此受到较高评价。同时，项目的实施对小流域内生态环境改善起到了显著作用，尤其是在水资源的时空调控、土壤水分涵养等方面。工程的实施得到了各级政府的大力支持和指导，建设和运行维护都达到了较高标准，工程效益得到了较充分发挥。总之，该集雨补灌工程的实施在经济、技术、环境改善等方面都取得了显著效果，对当地经济发展产生了明显的推动作用。当然，由于是初次在本地区应用推广新技术工艺，其成长和完善还需要一定时间，在以后的过程中，其不足将会逐步得到改进。

1.2.4.2　提高了产品产业化与管理水平，制定了产品生产的企业标准

为提高产品的产业化和管理水平，保证产品生产的质量，制定了营养型抗旱保水剂产品生产的企业标准，该标准引用了 GB/T6003.1、GB/T6679、GB/T8572、GB/T8573、GB/T8574、GB/T12005.2、GB/T12005.7、GB15063、GB18382 等国家标准，详细地对产品所要达到的技术、形状、样品制备和固含量、产品粒度、pH 值、强度、吸水倍率、吸水速率、总氮、有效磷和钾含量的测定制定了具体的方法，同时对产品检验规则、包装、运输及产品标识等做出了具体规定，并办理了产品登记证(产品登记证号：豫农肥(2005)临字 167 号和 168 号)。

1.2.4.3　研制开发了集雨补灌灌区信息管理及实时灌溉决策系统支持软件

在对作物非充分灌溉理论、灌区信息管理及灌区水资源优化调度、实时优化配水等系

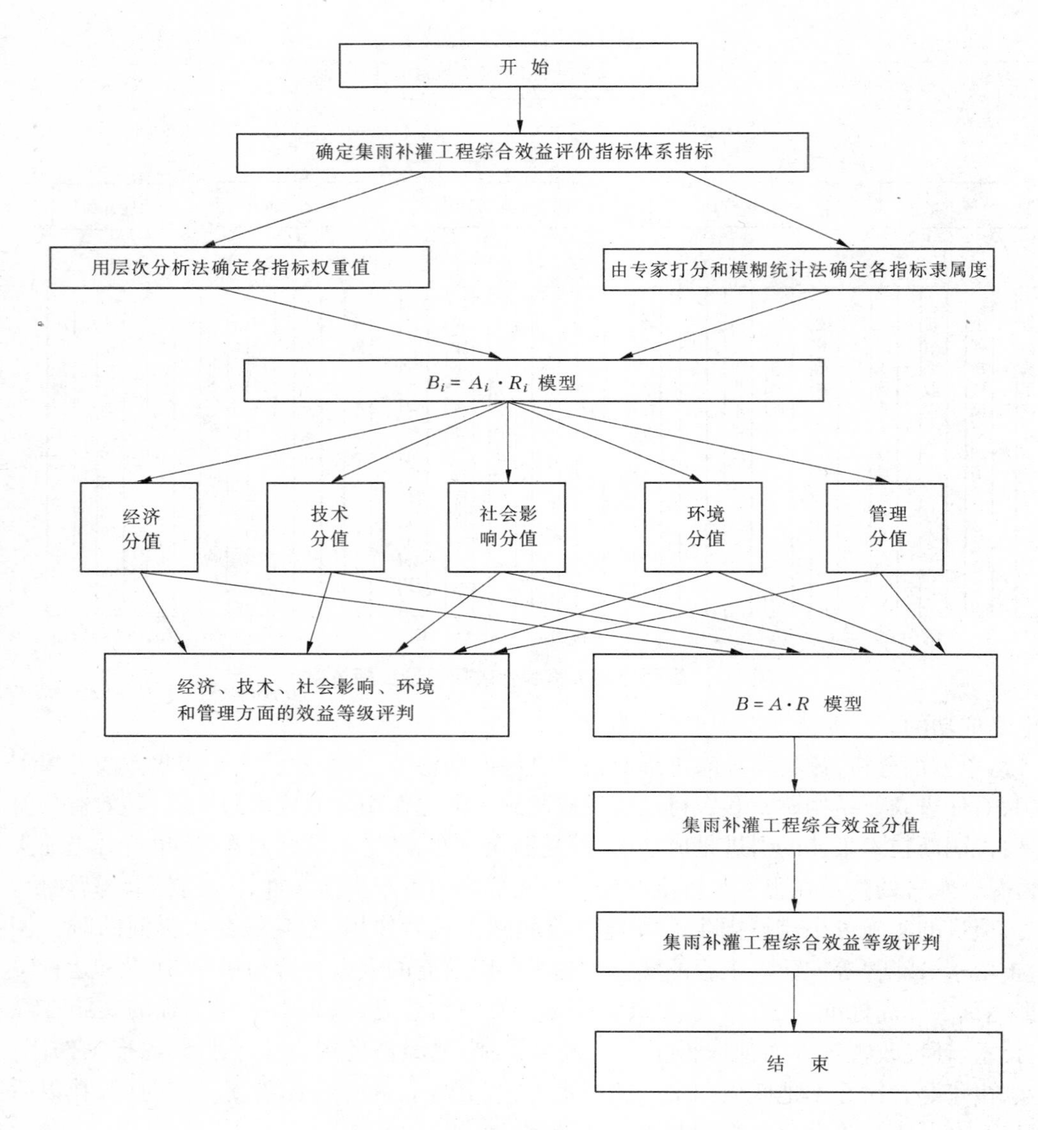

图 1-5 多层次模糊综合评价流程图

统分析的基础上,利用 delphi 语言进行 mapobject 的二次开发,进行了基于 GIS 的灌区信息管理系统研制,提高了灌区管理过程中获取信息的便捷性、准确性以及灌区信息管理的可视化程度。

进行了中心示范区实时灌溉决策支持系统软件的编制与应用,首先以动态规划法求得总水资源量在各种作物之间的优化分配结果,依据非充分灌溉理论,通过调整作物不同生育期设定的灌水定额、土壤计划湿润层含水量的上下限值,推求灌水时间,同时根据来水情况在一定的规则下实现了多水源的联合运用,以期实现水资源最大限度地利用及获得最大效益。根据实际来水与降雨过程进行最优结果的调整,解决了以往水资源优化结果只是根据理想数据进行模拟优化, 而实际条件往往不能与理想数据一致的问题。利用

表 1-5　各指标权重

总目标	一级指标	权重	二级指标	权重
综合效益	经济效益	0.39	效益费用比 C_1 工程投资承受能力 C_2 投资回收期 C_3 农民人均收入提高 C_4	0.35 0.25 0.2 0.2
	技术评价	0.26	技术先进性 C_5 技术适应性 C_6 消化吸收水平 C_7 技术创新能力 C_8 技术扩散程度 C_9	0.26 0.3 0.12 0.19 0.13
	社会效益	0.15	对就业水平的影响 C_{10} 对文化水平的影响 C_{11} 对生活水平的影响 C_{12} 对农业生产条件改善程度 C_{13} 对农业和农村经济发展促进程度 C_{14}	0.09 0.09 0.35 0.27 0.2
	环境效益	0.1	改善农田小气候 C_{15} 生态植被改善 C_{16} 对水资源可持续利用的影响 C_{17} 对土壤水库调蓄能力的影响 C_{18}	0.1 0.34 0.37 0.19
	管理效益	0.1	工程组织、建设方面 C_{19} 工程运行维护方面 C_{20} 经营管理方面 C_{21}	0.41 0.33 0.26

计算机软件计算不同作物不同生育期需水量，用詹森连乘模型计算作物在最优配水条件下的实际产量与最高产量。

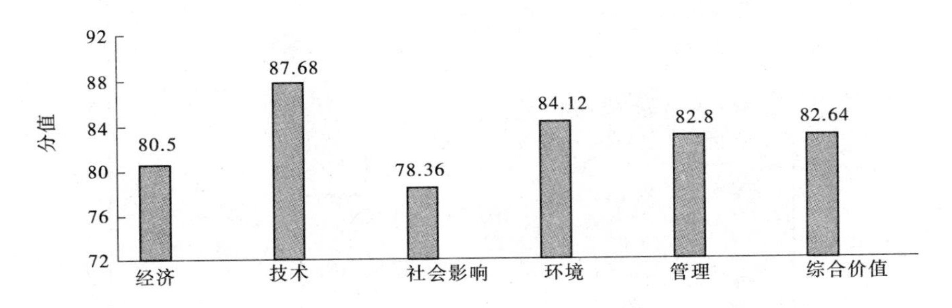

图 1-6　项目效益评价分值图

该软件系统可以为用户提供灌区管理信息，指导灌区优化灌溉等，与以往相近研究成果相比，最后成果的实用性、程序的可操作性都有了很大的提高（见图 1-7～图 1-10）。

表 1-6　分值结果汇总

经济效益得分值	$Z_1=80.5$
技术效益得分值	$Z_2=87.68$
社会效益得分值	$Z_3=78.36$
环境效益得分值	$Z_4=84.12$
管理效益得分值	$Z_5=82.8$
综合效益总得分值	$Q=82.64$

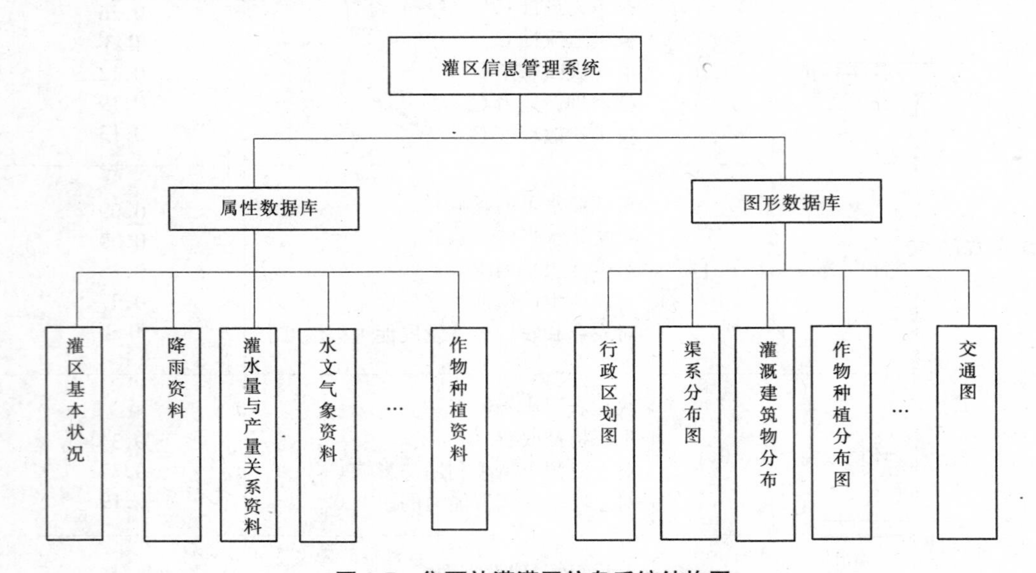

图 1-7　集雨补灌灌区信息系统结构图

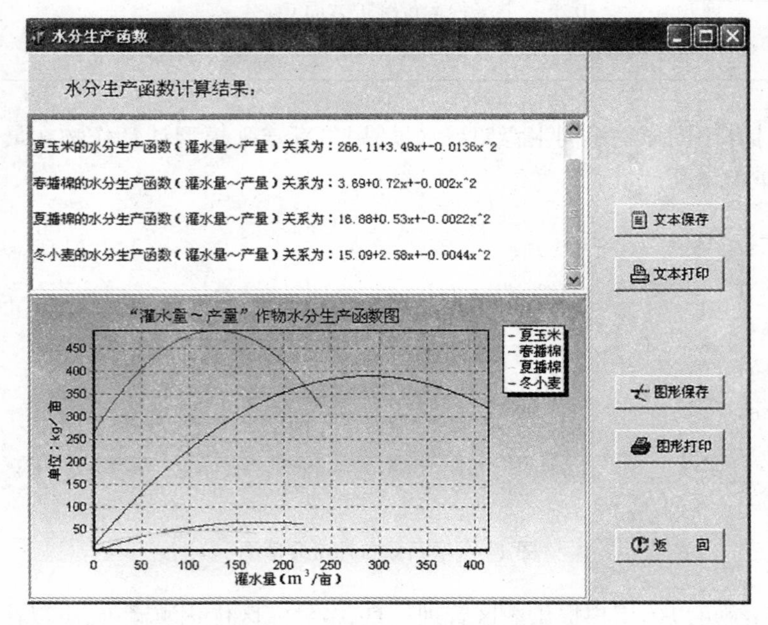

图 1-8　作物水分生产函数

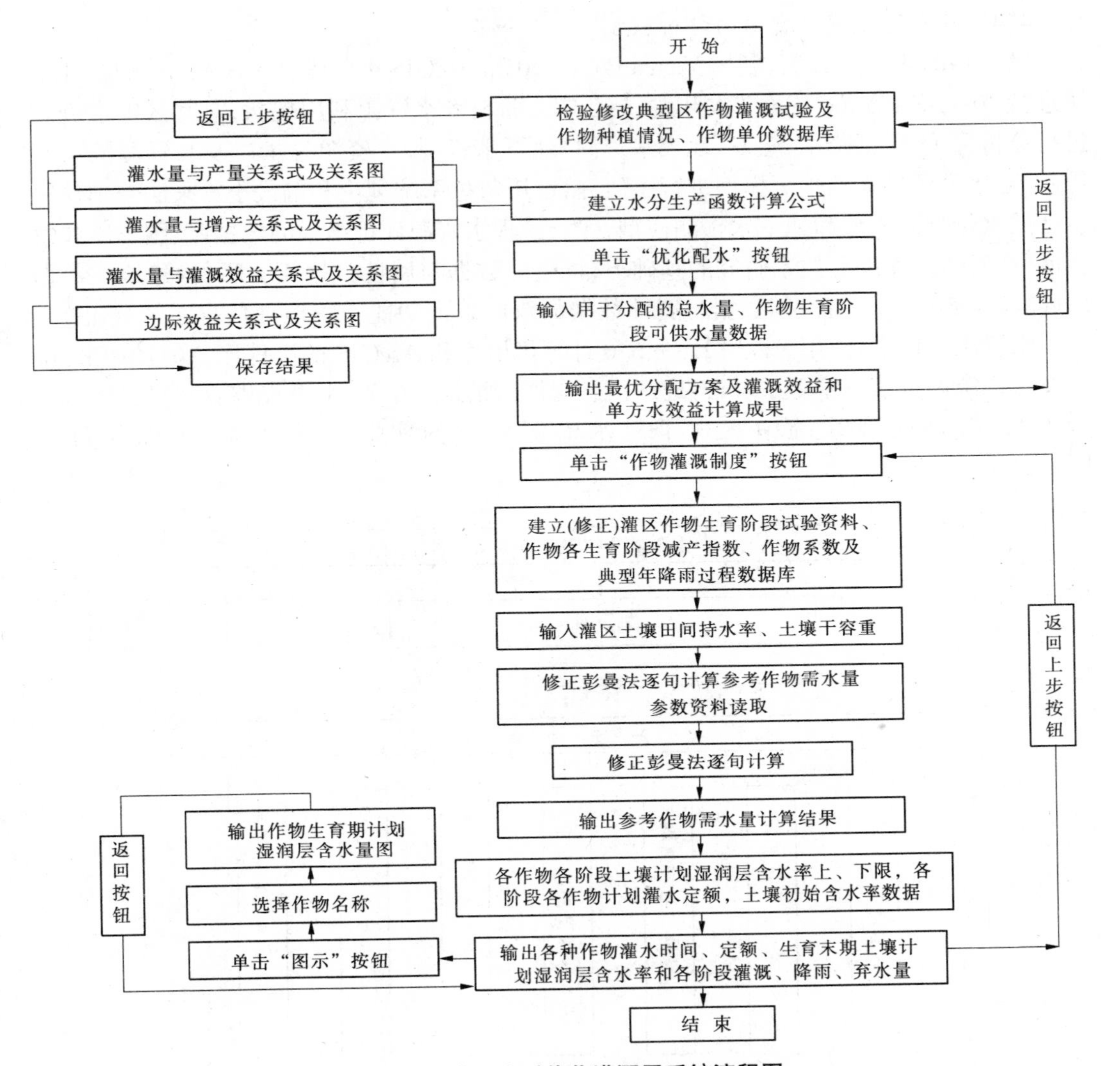

图 1-9　灌区实时优化灌溉子系统流程图

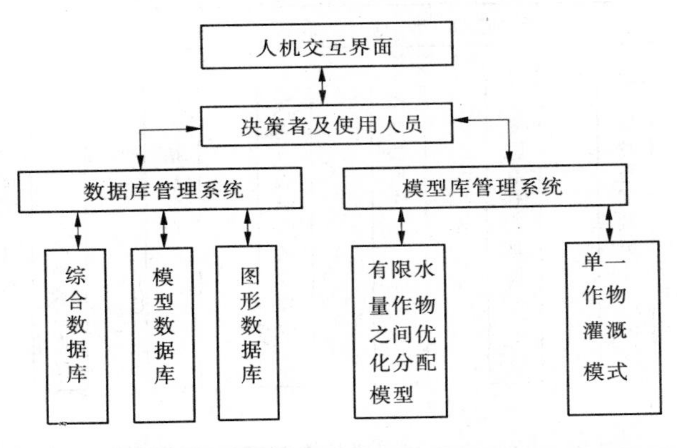

图 1-10　灌区信息管理及实时灌溉决策支持系统结构图

1.2.4.4 建立了区域水资源的评价模型

基于GIS理论与方法，利用Visual Basic 6.0和ArcGIS 9.0基于ArcObjects的组件模块进行ArcGIS Engine系统二次开发，结合辉县张村乡水资源利用现状，对其区内水资源进行分析评价，包括降水、蒸发、地表水资源、地下水资源、水资源总量以及水资源的可利用量，对水资源要素的预测模型进行了研究，运用灰色系统理论和偏最小二乘法分别建立生活用水量预测模型和地下水预测模型，建立管理水资源评价结果的数据库、图形库和模型库，在对数据库编程技术研究的基础上，将空间数据与属性数据相关联，构建地理数据库(GeoDatabase)，实现空间数据与属性数据的双向查询功能。将地理信息系统(GIS)应用于水资源评价中，使用Visual Basic 6.0计算机语言和ArcGIS的组件库ArcGIS Engine开发水资源评价信息管理系统，将地理信息与评价结果集中管理，并能够直观显示区域水资源状况；同时在系统中实现了对水资源要素的实时预测功能(见图1-11～图1-13)。

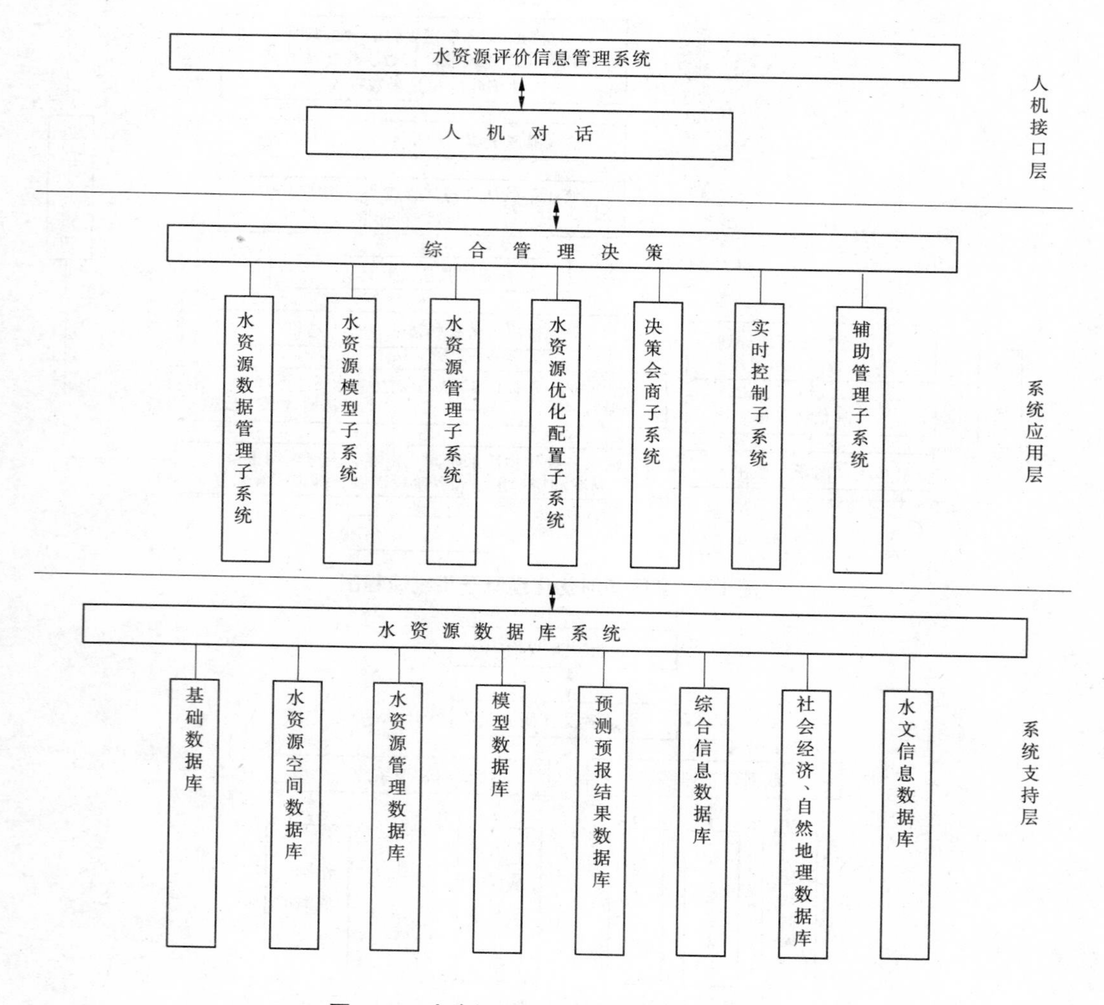

图1-11 水资源评价信息管理系统逻辑图

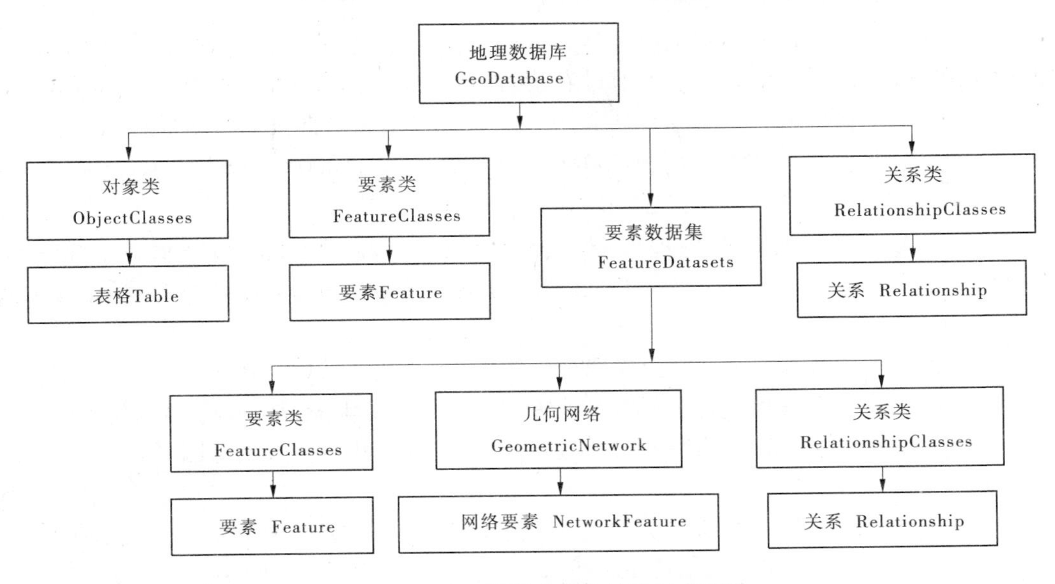

图 1-12 地理数据库层次结构组成要素

图 1-13 辉县市张村乡水资源评价信息管理系统界面图

1.2.5 技术引进与应用取得良好效果

根据示范区建设和旱作节水农业发展的需要，我们进行了地面覆盖、坡改梯、保水剂+秸秆覆盖相结合、品种筛选、限量灌溉、水肥耦合等相关的技术引进、筛选和熟化应用，并取得良好效果。

1.2.5.1 地面覆盖措施对冬小麦产量及降水利用的影响

针对旱作区生产条件差、基础设施薄弱、依靠农民自身进行大规模农田水利基础设施建设存在一定困难的实际情况，研究通过农艺措施减少土壤水分蒸发，增加天然降水的有效利用，改善农作物的水分供应及有效利用。以常规种植为对照(CK)，试验设置不同秸秆覆盖——用量分别为3 000(F_1)、6 000(F_2)、9 000(F_3)、12 000kg/hm^2(F_4)及地膜覆盖(F_5)共6个处理，试验结果表明：

(1)秸秆覆盖和地膜覆盖处理可明显提高冬小麦的分蘖数量，秸秆覆盖6 000～12 000kg/hm^{2}小麦冬前分蘖可提高175.5万～196.5万株/hm^2，为提高小麦成穗数和成穗率打下了基础。

(2)覆盖对土壤水分的影响可分为两个阶段，4月份以前对0～10cm、10～20cm土层的土壤水分有不同程度的增加，地膜覆盖处理土壤含水量增加尤为明显。而4月份以后的差异不大，可能与这一时段的气温、光照强度和小麦进入旺盛生长期等因素有密切的关系。

(3)覆盖处理较对照有不同程度的增产效果，增幅为8.7%～19.7%。其中：地膜覆盖处理产量达5 961.0kg/hm^2，增产19.7%。不同秸秆覆盖量以9 000kg/hm^{2}为最好，产量达5 814.0kg/hm^2，增产16.3%；其他覆盖量增幅为8.7%～12.5%(见表1-7)。通过差异性检验，以地膜覆盖和秸秆覆盖量6 000～9 000kg/hm^{2}为适宜。

表1-7　不同地面覆盖措施对冬小麦的影响效应分析

覆盖措施	小区产量(kg/区)				产量(kg/hm^2)	较CK增减(%)	降水利用率(kg/(mm·hm^2))	株高(cm)	穗粒数(粒)	穗数(万株/hm^2)	千粒重(g)
	Ⅰ	Ⅱ	Ⅲ	平均							
CK	6.06	6.07	5.87	6.00	4 999.5		31.2	69.5	36.5	352.5	39.13
F_1	6.65	5.89	7.01	6.52	5 430.0	8.7	33.9	69.0	37.3	363.0	38.10
F_2	6.53	6.62	7.11	6.75	5 628.0	12.5	35.1	67.9	39.4	384.0	39.60
F_3	7.18	6.54	7.21	6.98	5 814.0	16.3	36.3	66.2	39.8	400.5	38.90
F_4	6.53	6.90	6.46	6.63	5 524.5	10.5	34.5	66.1	39.9	370.5	40.70
F_5	7.27	7.00	7.19	7.15	5 961.0	19.7	37.2	76.0	41.1	411.0	39.06

(4)从考种结果看，地膜覆盖小麦株高76.0cm，比对照增加6.5cm，每公顷穗数、穗粒数分别为411.0万株/hm^2、41.1粒/穗，比对照增加58.5万株/hm^2、4.6粒/穗，说明地膜覆盖处理在增加有效积温的同时，可以提高成穗率和促进穗分化，对小麦籽粒形成和穗发育有较好作用。秸秆覆盖的增产主要表现在增加穗粒数。但从田间试验观察看，地膜覆盖在提高小麦植株发育，有效增加小麦株高的同时，有导致小麦后期倒伏的因素。

(5)降水利用存在与产量增加有着同样的变化趋势，相对降水利用率分别提高2.40～6.00kg/(mm·hm^2)。从后茬玉米产量的观察来看，秸秆覆盖的处理玉米产量与CK处理比较，一般增产525～774kg/hm^2，增幅为7.1%～13.9%，增长幅度有随秸秆覆盖量增加而增加的趋势，塑料地膜覆盖处理与CK处理比较增幅为7.8%。

基于试验结果，在旱作农业生产中大面积推广了秸秆还田技术的应用范围，并且明确了适宜的秸秆还田数量、方式及配套的水肥管理措施，收到良好效果。

1.2.5.2 坡地改梯田对土壤水分变化动态的影响

对坡地改梯田土壤水分动态变化的对比研究表明，坡改梯可以显著地增加降水的拦蓄量，提高土壤含水量。在4月20日测定的土壤水分含量表明，梯田土壤表层和20～40cm水分含量分别为13.4%和18.6%；而相应坡地的土壤耕层含水量仅有9.8%和14.8%。

1.2.5.3 秸秆覆盖和保水剂结合对玉米产量和降水利用的影响

为提高降水利用率，探讨保水剂及其与传统旱作技术的结合，试验设置秸秆覆盖、保水剂及保水剂＋秸秆覆盖等13个处理：①覆盖麦秸3 000kg/hm^2；②覆盖麦秸6 000 kg/hm^2；③覆盖麦秸9 000kg/hm^2；④营养型抗旱保水剂45kg/hm^2；⑤营养型抗旱保水剂60kg/hm^2；⑥营养型抗旱保水剂＋秸秆覆盖：营养型抗旱保水剂45kg/hm^2，覆盖麦秸3 000kg/hm^2；⑦营养型抗旱保水剂＋秸秆覆盖：营养型抗旱保水剂45kg/hm^2，覆盖麦秸6 000kg/hm^2；⑧营养型抗旱保水剂＋秸秆覆盖：营养型抗旱保水剂45kg/hm^2，覆盖麦秸9 000kg/hm^2；⑨博亚高能抗旱保水剂45kg/hm^2；⑩博亚高能抗旱保水剂60kg/hm^2；⑪全益保水素45kg/hm^2；⑫全益保水素60kg/hm^2；⑬对照。玉米品种为豫玉22，在前茬基础上，试验仅追施氮肥，追肥量为150kg/hm^2尿素，追肥期为玉米大喇叭口期，遇旱追肥后补灌一水450m^3/hm^2。结果表明，不同处理对玉米生育性状具有积极影响，玉米穗长平均增加0.80～5.28cm，以全益保水素45kg/hm^2、全益保水素60kg/hm^2增加最多。百粒重增加4.07～7.16g，其中以营养型抗旱保水剂45kg/hm^2增加最多，为7.16g。单穗重增加11.18～14.64g，其中以营养型抗旱保水剂＋秸秆覆盖6 000kg/hm^2最为显著，增加14.64g。由此可见，秸秆覆盖与保水剂相结合对改善玉米生育性状、提高玉米产量和降水利用十分有利。

不同处理对提高玉米产量具有积极效果，与对照相比，平均增产幅度为1.92%～20.51%。其中营养型抗旱保水剂＋秸秆覆盖增产效果最为显著，增幅为15.38%～20.51%。化学节水技术产品之间以营养型抗旱保水剂处理增产效果最显著，分别增产11.53%和14.10%；其次是博亚保水剂处理，分别增产7.69%～10.25%；全益保水素处理增产效果最差，分别增产1.92%和4.48%。

不同处理对降水利用具有积极效果，分别提高0.45～3.60kg/(mm·hm^2)。其中以营养型抗旱保水剂＋秸秆覆盖9 000kg/hm^2最好，达到3.60kg/(mm·hm^2)；其次是营养型抗旱保水剂＋秸秆覆盖6 000kg/hm^2和营养型抗旱保水剂＋秸秆覆盖3 000kg/hm^2分别为3.10kg/(mm·hm^2)和2.70kg/(mm·hm^2)。这三个处理都是抗旱保水剂＋秸秆覆盖综合措施的处理，说明合理的技术集成是提高降水利用率和利用效率的有效途径。化学节水技术产品之间以营养型抗旱保水剂处理的效果最好，分别提高1.95kg/(mm·hm^2)和2.40kg/(mm·hm^2)；其次为博亚高能抗旱保水剂，分别提高1.35kg/(mm·hm^2)和1.80kg/(mm·hm^2)；全益保水素是最差的，仅提高0.45kg/(mm·hm^2)和0.90 kg/(mm·hm^2)。

同时，不同处理对提高亚表层以下层次的土壤含水量有积极效果(见表1-8)。从土壤剖面看,不同技术措施只有处理6和处理9没有提高;从不同处理耕层土壤水分含量来看,多种技术措施对提高土壤耕层含水量有积极效果,分别提高0.05~3.10个百分点,其中以营养型抗旱保水剂60kg/hm^2 提高3.10个百分点;营养型抗旱保水剂45kg/hm^2 +秸秆覆盖9 000kg/hm^2 提高2.85个百分点。化学节水产品之间以营养型抗旱保水剂的保水效果最好,分别提高2.00个百分点和3.10个百分点;其次是全益保水素;博亚高能抗旱保水剂最差。

表1-8 不同技术措施对土壤含水量的影响

播种前		收获期		收获期耕层0~20cm含水量			
层次(cm)	含水量(%)	层次(cm)	含水量(%)	处理	含水量(%)	处理	含水量(%)
0~10	16.7	0~10	24.3	1	25.8	8	26.0
10~20	19.1	10~20	26.4	2	24.6	9	22.6
20~30	18.6	20~40	27.6	3	25.3	10	24.1
30~40	16.2	40~60	29.3	4	25.1	11	23.2
40~50	2.9	60~70	29.3	5	26.2	12	24.6
		70~80	35.2	6	22.7	13	23.1
				7	24.8		

1.2.5.4 优化种植结构,提高农田整体水分利用效率

2002~2004年在旱作节水农业试验基地的旱岗地上采用有机无机相结合,集雨补灌与旱作技术相结合,发展小麦—西瓜—棉花间套种植模式1.5hm^2(小麦、西瓜、棉花品种分别采用豫麦34、西农8号和河南农科院的抗虫棉2号),产量分别为小麦3 345kg/hm^2、西瓜39 877.7kg/hm^2、棉花籽棉2 370kg/hm^2,纯收入达到23 400元/hm^2,比未经结构调整的耕地增收9 900元/hm^2 以上,降水水分利用率提高到65.7%。

2003~2004年在中心示范区开展的抗旱丰产小麦/优质谷子、抗旱丰产小麦/黑玉米种植模式中也从整体上有效提高了降水利用效率,其中抗旱丰产小麦/黑玉米高效种植模式,小麦单产5 475kg/hm^2,黑玉米6 180kg/hm^2,与传统小麦/玉米种植相比增收3 750~4 500元/hm^2;抗旱丰产小麦/优质谷子高效种植模式,小麦单产5 025kg/hm^2,谷子5 430kg/hm^2,与传统小麦/谷子种植相比增收4 261.5元/hm^2;按价格比折合成小麦产量分别为14 119.5kg/hm^2 和12 324.0kg/hm^2,其降水水分利用效率分别达到37.35 kg/(mm·hm^2)和33.60kg/(mm·hm^2),降水利用率比传统种植模式提高28.3%~35.4%。

1.2.5.5 筛选耐旱品种,增加抗旱节水品种配置

研究证明,不同根系农作物的间套轮作,可以较充分地利用不同层次的土壤水分,提高土壤水利用效率和单位土地生物学产量。2002~2005年,在河南辉县示范区重点开展了抗旱节水高效小麦、谷子、玉米、红薯等旱地优势作物品种的筛选及利用研究。通过小麦引种和繁育,2004年度为中心示范区及辐射区提供小麦新品种60 000kg,有力地推动

了项目区的夏粮生产。据实地测产，大田小麦最高产量达 6 255kg/hm²，平均产量达 5 595kg/hm²，为当地有史以来的丰收年。同时通过与一、二层次课题的技术对接，2004 年又进一步开展了抗旱节水丰产谷子品种的试验研究，一些表现较好的谷子品种已在项目区农业结构调整中发挥良好的作用，并且受到当地干部群众的欢迎，谷子种植面积迅速扩大到 80hm²。

小麦品种是在河南省小麦区域试验结果的基础上，筛选 10 个在旱作农业区有示范推广应用苗头的冬小麦品种进行比较试验。通过 2003～2004 年的田间试验，产量表现居前 3 位的分别是开麦 18、周麦 18 和洛阳 9505，产量分别为 7 099.5、6 963、6 831kg/hm²；新麦 12、济麦 2 号产量居中，分别为 6 588kg/hm² 和 6 562.5kg/hm²。从田间观察情况看，周麦 18、开麦 18 的旗叶宽大，穗较大，但生育期较长，耐旱性较差，说明该 2 个品种的增产潜力较大，具体结果有待进一步观察试验。济麦 2 号穗较大、芒短，穗长较疏；洛阳 9505 的植株较高，穗适中，与洛旱 2 号、豫麦 2 号等品种相比成穗较多，是旱作区旱地种植的优选品种。

夏谷子品种比较试验，是针对项目区水资源相对紧缺、土壤耕作层浅、肥力偏低、玉米耗水量大而开展的一项研究内容。试验设置 10 个谷子品种，以豫谷 6 号作对照，据田间试验观察，从病虫害发生程度看，小香米和冀优 1 号病害（谷锈病）发生比较严重，冀优 2 号、谷丰 2 号、豫谷 6 号相对较轻；从抗倒伏性状看，小香米和冀谷 Y—61 倒伏现象较重，其余品种较轻；从穗部性状上看，冀优 2 号谷穗较大，青叶成熟，谷丰 2 号穗亦较大，而豫谷 6 号穗较小，株高在 10 个参试品种中最高。田间试验产量谷丰 2 号居第一位，其次为冀优 2 号，冀谷 20 居第三位，其产量分别为 6 405、6 195、6 060kg/hm²，比对照分别增产 17.3%、13.5%和 11.0%。本项试验为今后旱作区发展优质杂粮种植和进一步推动农业结构调整提供了技术支撑。

另外，还开展了红薯、玉米、黑玉米、大豆等作物品种的引进和筛选，通过示范方和田间试验，筛选出脱毒徐薯 18、豫薯 13、徐薯 34、郑单 958、豫玉 32、豫玉 22、郑黑糯 1 号等优良抗旱节水丰产品种，为旱作区农业结构调整和降水利用的提高奠定了良好的物质基础和技术储备。

1.2.5.6 水肥耦合技术优化

试验设补充灌水和不灌水两个主处理和氮磷二因素三水平加钾组合 10 个副处理，肥料处理设 CK、N_{150}、N_{300}、P_{150}、P_{300}、$N_{150}P_{150}$、$N_{150}P_{300}$、$N_{300}P_{150}$、$N_{300}P_{300}$、$N_{150}P_{150}K_{120}$ 共 10 个处理，3 次重复，拉丁方排列；补充灌水时间为拔节期和灌浆期，灌水量分别为 600 m³/(hm²·次)和 450m³/(hm²·次)。小麦品种采用豫麦 34。试验结果表明，不同水肥条件下小麦的生长发育性状具有明显的差异。在不灌水条件下，施肥处理较对照穗长增加 0.5～3.0cm，小穗数增多 1.1～5.4 个/穗，不孕穗减少 0.6～1.8 个/穗，千粒重提高 2.7～9.4g。补充灌水条件下，施肥处理较对照穗长增长 0.2～2.2cm，小穗数增多 0.1～2.5 个/穗，不孕穗减少 0.2～1.6 个/穗，千粒重提高 2.0～7.3g。补充灌水与不灌水相比穗长增长 0.45cm，小穗数增多 0.67 个/穗，不孕穗减少 0.28 个/穗，但千粒重却没有提高，反而降低了 0.74g，可能是每公顷总穗数增加的缘故。

从籽粒产量方面分析，补充灌水和不灌水条件下的各施肥处理均比对照增产明显，其中不灌水施肥处理较对照增产 34.2%～152.3%，补充灌水施肥处理增产 39.2%～142.6%，差异性均达到极显著水平。补充灌水与不灌水各处理相比，均有明显增产效应，增幅达 16.2%～40.2%，说明在旱地农业生产条件下，发展合理集雨补灌对农作物增产具有积极效应。

不同肥料配比对灌溉水利用效率具有显著影响，不同肥料配比的灌溉水利用效率分别比对照提高 0.17～0.72kg/m^3，并以 $N_{150}P_{150}$ 最高，为 1.16kg/m^3；其次为 $N_{150}P_{150}K_{120}$。这与产量增加的趋势基本一致。因此，水肥耦合对提高灌溉水的利用效率具有重要作用。

1.2.5.7　充分发挥化学节水技术的增产潜能

1)施用抗旱保水剂与传统节水保水技术相结合，对提高土壤蓄水能力具有积极作用

试验表明，营养型抗旱保水剂可以提高土壤含水量 2.00～3.10 个百分点，并以施 45～60kg/hm^2 处理效果最佳；营养型抗旱保水剂 45kg/hm^2 + 秸秆覆盖 6 000kg/hm^2 处理和营养型抗旱保水剂 45kg/hm^2 + 秸秆覆盖 9 000kg/hm^2 处理土壤含水量分别提高 1.70 个百分点和 2.85 个百分点。玉米地宽、窄行不同保水剂处理土壤含水量则分别比对照提高 0.4～1.1 个百分点和1.8～5.2 个百分点。

2)施用抗旱保水剂及与传统节水保水技术相结合，对改善小麦、玉米、红薯等旱地优势作物的发育性状具有积极效果

试验表明，抗旱保水剂与秸秆覆盖相结合，玉米穗长平均增长 0.80～5.28cm；百粒重较对照提高 4.07～7.16g；单穗重增加 11.18～14.64g。施用 37.5～82.5kg/hm^2 营养型抗旱保水剂用量范围对小麦千粒重、穗长、穗粒数等具有明显的积极效果。不同水分条件保水剂用量试验证明，小麦以施 45～60kg/hm^2 处理对小麦的千粒重、穗长、穗粒数增加效果最好，而且通过合理的补充灌溉有利于小麦的生长发育。

施用营养型抗旱保水球对小麦千粒重、穗长、穗粒数等发育性状的影响也表现出同样的效果，并以施 60～120kg/hm^2 为宜。

抗旱保水剂和抗旱保水剂 + 多元微肥穴施对红薯单株重、单块重的增加具有积极效果，营养型抗旱保水剂处理单株重、块重分别增加 0.12kg 和 0.09kg；营养型抗旱保水剂 + 多元微肥处理单株重、块重分别增加 0.19kg 和 0.15kg。

3)施用抗旱保水剂及与传统节水保水技术相结合，对小麦、玉米、红薯等作物具有显著的增产效果

试验表明，营养型抗旱保水剂 + 秸秆覆盖玉米平均增产幅度为 15.38%～20.51%，施 45～60kg/hm^2 营养型抗旱保水剂，玉米平均增产 11.53%～14.10%，明显高于博亚高能抗旱保水剂和全益保水素处理。

不同水分条件不同保水剂用量表明，施用抗旱保水剂的处理均比对照有明显的增产效应，在不灌水时以施 45～60kg/hm^2 营养型抗旱保水剂用量处理最好，增幅达 19.75%～22.75%；补灌一水时也以施 45～60kg/hm^2 营养型抗旱保水剂用量处理最好，增幅达 17.32%～19.86%；补灌二水时以施 30～90kg/hm^2 营养型抗旱保水剂用量处理之间差异性较小，说明抗旱保水剂的增产效应在水分缺乏时增产显著，而在水分较充分时增产幅度降低。营养型抗旱保水球在不灌水和补灌一水的情况下，均以施 60～120kg/hm^2 处理小麦增产效果最佳。

保水剂穴施红薯与对照相比增产14.07%～23.74%；同时，对红薯黑斑病等病害有良好的防治效果，但其机理有待于进一步深化研究。不同保水剂不同红薯品种试验表明，保水剂穴施对红薯增产效果明显，其中徐薯18表现为进口保水剂＞营养型抗旱保水球＞营养型抗旱保水剂＞博亚高能抗旱保水剂＞枝改型保水剂＞对照，其增产幅度为5.44%～21.91%；豫薯13则表现为进口保水剂＞营养型抗旱保水球＞博亚高能抗旱保水剂＞营养型抗旱保水剂＞枝改型保水剂＞对照，其增产幅度为2.86%～11.43%。二者相比，同等措施下徐薯18比豫薯13增产更加显著，说明不同的保水剂对不同耐旱性品种的适应性有一定的差异性，但其机理尚有待于进一步深化研究。

4）施用抗旱保水剂及与传统节水保水技术相结合，对提高降水利用率和灌溉水利用效率具有积极效果

试验表明，抗旱保水剂与秸秆覆盖等传统技术相结合是提高降水利用率和利用效率的最佳途径，夏玉米抗旱保水剂与秸秆覆盖相结合处理降水利用效率提高2.70～3.60 kg/(mm·hm^2)。施营养型抗旱保水剂45～60kg/hm^{2}处理夏玉米降水利用效率提高1.95～2.40kg/(mm·hm^2)，明显高于博亚高能抗旱保水剂和全益保水素处理。不同水分条件不同保水剂用量试验进一步证明，抗旱保水剂在水分缺乏时对提高降水水分利用效率十分有效，并以施营养型抗旱保水剂45～60kg/hm^{2}处理最好，分别提高2.325～2.685kg/(mm·hm^2)；而合理的补充灌水有利于提高灌溉水水分利用效率。合理使用营养型抗旱保水球也可以显著提高降水利用效率，保水球处理降水利用效率分别增加0.60～3.90kg/(mm·hm^2)，并以施120kg/hm^{2}效果最显著。

试验表明，旱地小麦施用保水剂具有明显的增产效果，并以施用抗旱保水剂52.5～67.5kg/hm^{2}处理增产效果最佳，增产幅度达33.77%～36.50%。同时可以提高耕层土壤含水量0.3%～1.0%和降水利用效率1.20～5.40kg/(mm·hm^2)。

1.2.5.8 小麦生育期限量灌溉增产效应及其对降水利用的影响

两个灌溉水平(30mm/次和45mm/次)小麦主要生育期限量灌溉试验结果表明，灌水处理与不灌水处理相比较，灌水处理产量均达到差异显著或极显著差异水平，可见冬小麦限量灌溉具有较好的增产效果，产量随着灌水量加大而增加，灌水量(mm)与产量(kg)呈正相关，$r=0.994\,5^{**}$ ($n=5$)。就一个生育期灌水的产量而言，在相同灌水量条件下，拔节孕穗期优于灌浆期。在拔节孕穗期和灌浆期均灌水的处理增产效果更加显著。

导致产量显著差异的原因是不同处理对小麦发育性状影响的不同，灌水处理均较不灌水处理的单位面积总穗数、单株成穗数、株高、穗长、穗粒数、穗粒重和千粒重等生育性状指标均有所提高。在0～90mm灌水量范围内，灌水量与单株成穗数、千粒重、单位面积成穗数、穗粒重和穗长呈显著正相关，其相关系数依次为：$0.997\,1^{**}$、$0.996\,5^{**}$、$0.989\,6^{**}$、$0.970\,2^{*}$和$0.966\,6^{*}$ ($n=5$)；在灌水诸处理之间，灌二水的处理均较灌一水的处理生育性状指标为高。拔节孕穗期灌水与灌浆期灌水相比较，前者平均单位面积总穗数、单株成穗数和株高分别增加7.8%、5.8%和4.7%，后者平均穗粒重、穗粒数、千粒重和穗长分别增加9.2%、4.4%、4.2%和4.0%。可见，拔节孕穗期灌水利于其有效群体的形成，提高单位总穗数。灌浆期灌水能有效增加粒重，亦有较好增产效果，但不及拔节孕穗期。

同时，限量灌溉对冬小麦水分利用有积极影响。以试验B为例，依据降水量、灌溉水

量、1m 土体被利用的水量和产量计算的不同处理水分利用效率结果表明，灌水处理的水分利用效率均高于不灌水处理，增幅为 7.0%～18.0%(见表 1-9)。可见，限量灌溉能提高冬小麦对土壤水分的有效利用；灌水诸处理间比较，灌浆期优于拔节孕穗期，更优于两个生育期均灌水的处理；在 0～90mm 灌水量范围内，以灌 45mm 的处理平均水分利用效率最高。就灌溉水利用率而言，以拔节孕穗期灌 30mm 的处理 2 最高，依次为处理 3、6、5 和 4，而拔节孕穗期 + 灌浆期共灌 90mm 的处理 7 最低。需要指出的是，处理 6 的灌溉水利用率较高，这可能是由于在两个生育期均以较少的水量(30mm)灌溉，利于对灌溉水的有效利用的结果。综上所述，在本试验冬小麦生育期降水和灌水量范围内(试验 B 冬小麦生育期多年平均降水为 132.2mm，试验年当季降水为 160.1mm，属于降水偏丰)，满足作物水分利用效率最高时的补充灌水量为 45mm，满足灌水利用率最高时的补充灌水量为 30～45mm。

表 1-9　限量灌溉对冬小麦水分利用的影响

处理		产量 (kg/hm^2)	水分利用效率 ($kg/(mm \cdot hm^2)$)	耗水量 (mm)	土壤耗水 (mm)	灌溉水利用率 ($kg/(mm \cdot hm^2)$)
1	对照	5 083.5	0.85	397.0	191.9	
2	拔节孕穗期 30mm	6 016.5	0.97	418.7	183.6	2.07
3	灌浆期 30mm	6 417.0	0.98	437.9	187.8	1.97
4	拔节孕穗期 45mm	5 841.0	0.97	402.5	167.8	1.69
5	灌浆期 45mm	6 291.0	1.01	416.6	166.5	1.79
6	拔节孕穗、灌浆期 60mm	6 750.0	0.96	468.1	203.0	1.85
7	拔节孕穗、灌浆期 90mm	6 874.5	0.91	501.6	206.5	1.33

总之，小麦限量灌溉试验表明：①冬小麦限量灌溉具有较好的增产效果，产量随着灌水量的加大而增加。就一个生育期而言，在相同灌水量的条件下，拔节孕穗期优于灌浆期，而拔节孕穗期和灌浆期均匀灌水的处理，增产效果更加显著。②拔节孕穗期灌水，有利于有效群体的形成，提高单位面积的有效穗数，灌浆期灌水能有效地增加粒重。③限量灌溉冬小麦水分利用分析表明，在 0～90mm 灌水量的范围内，以灌 45mm 处理的平均水分利用效率最高达($1.01kg/(mm \cdot hm^2)$)，就灌溉水利用率而言，以拔节孕穗期灌 30mm 的处理最高达($2.07kg/(mm \cdot hm^2)$)。④由于小麦生育期较长，且处于降水较少的时段内，全生育期以补灌 2 次为宜。

1.2.5.9　*玉米生育期限量灌溉增产效应及其对降水利用的影响*

夏玉米限量灌溉试验表明，大喇叭口期灌水对夏玉米的增产作用明显，与对照相比(产量表现为 6 591.0kg/hm^2)，大喇叭口期补灌 22.5mm 和 45mm 分别增产 706.5 kg/hm^2 和 1 026kg/hm^2，而拔节期灌水分别增产 81.0kg/hm^2 和 199.5kg/hm^2，产量差异不显著。拔节期、大喇叭口期分别补灌 22.5mm 和 45mm 也具有明显的增产效果，分别增产 1 173.0kg/hm^2 和 1 335.0kg/hm^2。通过对夏玉米水分利用效果分析表明，以大喇叭口期补灌 45mm 处理最高。

1.2.5.10 不同水分条件保水剂增产效应及其对降水利用的影响

通过3种水分条件(不灌水、补灌一水、补灌二水)和7个保水剂用量水平(0、15、30、45、60、75、90kg/hm^2)的补充灌溉保水剂增产效应的试验表明,在不灌水条件下,施用保水剂处理的小麦穗长、穗粒数均显著的提高,其中穗长增长1.34～2.10cm,并以30kg/hm^{2}处理增长最显著;穗粒数平均增加9.4～16.5粒,并以45kg/hm^{2}处理增加最显著。小麦株高除15kg/hm^{2}处理外,均明显增高。千粒重除45kg/hm^2、60kg/hm^{2}处理提高外,其他均有所降低。在补灌一水情况下,施用保水剂处理千粒重除60kg/hm^{2}处理提高外,其他均有所降低;小麦穗长除75kg/hm^{2}处理增长外,其他均有所缩短;穗粒数除60kg/hm^{2}处理减少外,其他均有所增加;株高除15kg/hm^{2}处理外,均明显降低。在补灌二水情况下,施用保水剂处理株高除45kg/hm^{2}处理外,均明显增高;千粒重除30、75kg/hm^{2}处理提高外,其他均有所降低;小麦穗长除75kg/hm^{2}处理增长外,其他均有所缩短;穗粒数除75kg/hm^{2}处理外,其他均有所减少。上述分析表明,保水剂的使用可以增加小麦穗长和穗粒数、提高小麦籽粒千粒重,从而提高小麦的产量,但过多的水分反而影响保水剂的使用效果。

同时产量分析结果表明,施用抗旱保水剂的处理具有明显的增产效应。在不灌水的处理中,施用抗旱保水剂的处理分别比不施抗旱保水剂处理增产8.42%～22.75%,各抗旱保水剂处理间以施用60kg/hm^{2}处理为最好,其次为45kg/hm^{2}处理,二者增产幅度分别达22.75%和19.75%。

灌一水时,施用抗旱保水剂处理分别比不施抗旱保水剂处理增产10.86%～19.86%,各抗旱保水剂处理间以施用45kg/hm^{2}为最好,增产幅度达到19.86%;30、60、75kg/hm^{2}三个处理的增产效果也很显著,增产幅度分别达到16.11%、17.32%和15.75%;与相应不灌水处理相比,分别增产2.21%～9.35%,与各抗旱保水剂处理的增产幅度相比,其增产幅度呈相反的增势。

灌二水时,施用抗旱保水剂处理比不施抗旱保水剂处理增产10.79%～18.42%,各抗旱保水剂处理间在施用30～90kg/hm^{2}之间差异性较小;与相应不灌水处理相比,增产12.62%～21.84%;与相应灌一水处理相比,增产8.56%～17.65%。

从其不同水分处理结果分析可以看出,抗旱保水剂的增产效应在水分缺乏时增产显著,而在水分较充分时增产幅度降低。

方差分析和差异显著性分析结果表明,保水剂因素效果达到极显著水平,补充灌水间差异极显著;不同保水剂用量之间表现出不同差异性,其中各保水剂处理与对照相比均达到极显著水平,处理3～处理7与处理2相比达到显著水平,但处理3～处理7之间差异不明显。

通过对比分析可以看出,不同处理对降水利用效率和灌溉水利用效率有积极影响,不灌水保水剂处理均比对照的降水利用效率有所提高,增加0.960～2.685kg/(mm·hm^2),并以60kg/hm^{2}保水剂用量提高幅度最大,增加2.685kg/(mm·hm^2);其次是45kg/hm^{2}保水剂用量,增加2.325kg/(mm·hm^2)。

补灌一水时灌溉水利用效率分别增加0.063～0.206kg/m^3,并以30kg/hm^{2}保水剂用量最高,增加0.206kg/m^3;其次是15kg/hm^{2}保水剂用量,提高0.183kg/m^3。其中

60kg/hm^2、90kg/hm^2 用量处理略有降低。

补灌二水灌溉水利用效率分别增加 0.029～0.19kg/m^3，并以 90kg/hm^2 保水剂用量提高最大，增加 0.19kg/m^3；其次是 75kg/hm^2 保水剂用量，增加 0.15kg/m^3；60kg/hm^2 用量处理略有降低。相对于补灌一水相应处理灌溉水利用效率分别增加 0.073～0.49 kg/m^3，仍然以 90kg/hm^2 保水剂用量处理提高幅度最大，其次是 60kg/hm^2 用量处理，分别提高 0.49kg/m^3 和 0.288kg/m^3。

从以上不同水分处理降水相对利用效率和灌溉水水分利用效率结果分析可以看出，抗旱保水剂在水分缺乏时对提高降水水分利用效率十分有效，合理的补充灌水有利于提高灌溉水水分利用效率，而过量的水分补充灌溉水利用效率的增幅降低。

1.2.5.11 不同灌溉方式对水分利用的影响

在进行农作物不同生育期补充灌溉的同时，对小麦、玉米等当地优势农作物分别进行了地面自压小畦灌溉、隔沟交替灌溉等不同灌溉方式的灌水利用研究，结果表明不同灌溉方式对提高灌水利用率和灌水利用效率均具有积极效果。与传统灌溉相比，地面自压小畦灌溉小麦灌溉水利用率提高 28.3%，灌水利用效率提高 0.26kg/m^3；地面自压小畦灌溉和隔沟交替灌溉玉米灌溉水利用率分别提高 21.2% 和 27.8%，灌溉水利用效率分别提高 0.22kg/m^3 和 0.31kg/m^3。

1.3 课题标志性成果介绍

1.3.1 标志性成果“北方丘陵浅山区雨水优化利用节水补灌技术研究与示范”内容简介

针对我国北方丘陵浅山地旱作区农业生产的实际需求，围绕集雨补灌和当地旱地农业的生产特点，采用盆栽试验与田间试验、理论分析与计算机模拟相结合的研究方法，通过技术引进与筛选、技术创新与集成应用、工程建设与种植结构调整等措施有机结合，系统地开展了北方丘陵浅山区雨水优化利用节水补灌技术研究与示范，取得以下突破性进展。

(1)创造性地研制开发出具有营养与保水双重功能的营养型抗旱保水剂，并将其与传统农艺节水措施相结合，建立了地面覆盖＋抗旱保水剂＋关键生育期补水＋补灌量＋补灌模式相结合的化学节水应用技术体系，显著提高了土壤蓄水量和降水利用率。与国内外同类型产品相比，产品成本降低 50% 以上。

(2)解决了雨水分散集蓄与多水源联合调控一体化问题，建立了具有区域特色的雨水高效利用模式。通过雨水集蓄材料引进与应用、天然和人工集雨面应用、地下管道修建、远距离输水工程利用、水池(窖)修缮与建设、新型防渗堵漏材料及相关雨水集蓄技术、雨水高效利用技术和节水补灌技术的引进与应用，逐步形成了土地平整就地拦蓄与远距离输水、地面覆盖与化学增容、土壤增容与节水灌溉、雨水与矿水净化、集雨工程与地下水管网一体化、雨水综合调控等雨水高效利用的多元化组合模式，有效地提高了降水利用率和利用效率。

(3)总结提出了以抗旱节水品种为主体的小麦/谷子、小麦/黑糯玉米、小麦/地膜红薯、小麦/玉米、果药和果农间作高效种植模式及相配套的集雨补灌节水增产的栽培技术体系与技术实施规程。以化学节水＋地膜覆盖＋优良品种＋补充灌溉高效栽培技术为例，采用该技术，正常年份不补充灌水时，小麦单产5 250kg/hm^2 以上，拔节期补灌一水600m^3/hm^2，单产达到6 000kg/hm^2 以上；轻度缺水年份不补充灌水时，单产4 500kg/hm^2 以上，拔节期补灌一水600m^3/hm^2，单产达到5 250kg/hm^2 以上；丰水年份达到6 000～6 750kg/hm^2，比传统栽培增产750～1 500kg/hm^2。

(4)完善和提高了示范区建设和管理水平。以GIS为平台，结合区域实际，研制和开发了区域水资源评价、雨水利用实时灌溉决策支持系统软件，建立了集雨补灌节水农业综合效益的评价指标体系及评价方法。该体系确定了经济、技术、社会、环境和管理等5个方面21个因子的集雨补灌工程综合效益评价指标；引入专家评分、层次分析和模糊数学理论，建立了多层次模糊数学综合评价模型。经在辉县核心示范区应用，示范区综合评价分值达到82.64，达到优质工程水平。

(5)通过关键技术的解决和适宜技术的引进与应用，系统地总结提出了适宜于河南省及北方旱作区的雨水利用节水补灌综合技术体系。将雨水的保蓄（地面覆盖、土壤增容和化学保水）、储存（水池、水窖）和高效利用（抗旱节水品种、果药间作、农果间作、关键生育期补水、多技术集成等）等农艺、工程、生物和管理措施有机地结合在一起，建立了土壤蓄水、覆盖保墒、化学增容、节水品种、粮经果药、工程蓄水、生育期补水和节灌模式等为一体的旱作区雨水利用节水补灌综合技术体系，实现了传统技术与现代技术的有机结合，推动了降水资源高效利用与农业可持续发展的有机结合。

(6)4年来，技术体系累计在中心示范区和技术辐射区推广应用0.89万hm^2，水分利用效率由1.0kg/m^3 提高到1.23kg/m^3，增加社会经济效益2 070万元，节水268万m^3。经过推广应用，中心示范区的降水利用率由36.2%提高到52.9%，提高了16.7%；单位综合产量提高21.2%，人均收入提高458元；技术辐射区的降水利用率则由36.2%提高到47.5%，提高了11.3%，单位综合产量提高16.2%，人均收入增加235元。

1.3.2 成果的适用性和可操作性

该研究成果针对河南省及我国北方丘陵浅山旱作区自然地理特点和农业生产的实际需要，通过引进筛选、组装配套、关键技术解决和工程措施配套，使传统的松土、有机肥还田、秸秆覆盖、地膜覆盖、作物间作套种与现代的抗旱节水品种、关键生育期补充灌溉技术、化学节水产品与技术、输水节水保水工程及节灌技术有机地融合在一起，形成了不同的以抗旱节水品种为主体的高效种植模式和节水、增产、增效栽培技术体系，同时配之以农田土壤水分变化动态和分布规律，使旱作节水农业技术尽快地推广到千家万户并转化为生产力，从而提高了其区域的适应性、可操作性和成果的转化能力。

(1)通过定位观测，解释了农田土壤水分的动态变化规律和制约因子，从而为冬小麦在4月初的补水提供了科学依据；而小麦各生育期补充灌水的增产效应和水分利用效果试验（拔节期最好），进一步为补水灌溉提供了科学的注释。

(2)将营养型抗旱保水剂与地膜覆盖、秸秆覆盖、品种、生育期补充灌水等技术有机地结合在一起，通过不同的技术复配，筛选出了不同特色的节水、增效、增产栽培技术，为杜绝秸秆焚烧、提高秸秆的还田率和利用效益及农业土壤生态系统的可持续发展提供了科学依据，而且所制定的技术规程简单适用，从而使农民接受新产品、新技术的能力有了长足的进步。同时，由于材料普通、操作方便，进一步提高了单项技术的组合能力，并向技术集成方向发展,更重要的是提高了技术转化力和利用效益。

(3)技术的普及更有针对性和超前性,除了适用技术和广谱技术,该项成果还通过软件研制、工程评价等方面的研究,使目前和未来相关工程的管理和运行水平得到了很大提高;所制定的产品标准为新产品的规模化生产提供了可能。

1.3.3 成果的科学性

针对河南省及我国北方丘陵浅山旱作区自然地理特点和农业生产的实际需要,通过提高降水利用技术和节水灌溉模式的研究,系统地提出了具有区域特色的雨水利用模式、栽培技术、抗旱节水技术、集雨补灌农业综合节水技术集成体系、集雨补灌模式、集雨补灌节水农业技术效益评估指标体系及相应的水资源评价模型、实时灌溉决策支持系统软件等,实现了工程与农艺、农艺与生物、生物与工程等之间的有机结合,针对性强,具有广泛的适宜性,为提高集雨补灌旱作节水农业的用水、管理和技术水平提供了科学依据。

(1)引进先进的理论与方法,提高了集雨补灌旱作区节水农业系统评价和管理水平。基于 GIS 系统地开展了集雨补灌旱作节水农业技术效益评估和水资源评价研究。在充分分析国内外雨水集蓄利用工程的基础上,结合本区实际,确定了经济、技术、社会、环境和管理等 5 个方面 21 个因子的集雨补灌工程综合效益评价指标体系;引入专家评分法、层次分析法和模糊数学理论,确定了指标的权重、隶属度和评价值,建立了多层次模糊数学综合评价模型,开发研制了集雨补灌灌区信息管理与实时灌溉决策支持软件;运用灰色系统理论和偏最小二乘的方法分别建立生活用水量预测模型和地下水水位预测模型,使用 Visual Basic 6.0 计算机语言和 ArcGIS 的组件库 ArcGIS Engine 开发了水资源评价信息管理系统。

(2)制定了营养型抗旱保水剂企业生产标准,提高了新产品的产业化能力。在成功地研制出营养型抗旱保水剂的同时,为提高产品的产业化生产、保证产品生产的质量,制定了营养型抗旱保水剂企业标准,该标准详细地对产品所要达到的技术、产品形状、样品制备和固含量、产品粒度、pH 值、强度、吸水倍率、吸水速率、总氮、有效磷和钾含量及其测定方法做出了具体规定,同时规定了产品检验规则、包装、运输及产品标识等,为产品的产业化、规模化生产奠定了基础。

(3)解决了传统节水技术与高新技术的结合,实现了集水、保水和高效用水的有机结合,提高了降水利用率。通过对比引进、试验筛选和研究创新,形成了抗旱节水丰产作物品种(小麦 6 个、玉米 2 个、谷子 4 个、黑玉米 1 个、红薯 2 个)、新型集雨材料 1 种、新型防渗堵漏材料 1 种、新型雨水利用模式 4 种及营养型抗旱保水剂等新品种、新材料和新产品与传统旱作节水技术相结合的雨水集蓄、贮存、土壤增容、高效利用的技术体系,有效地提高了旱作区的抗旱节水能力和水分利用率,在农业生产中效果显著。经试验测定,中心示范区降水利用率提高 16.8%,水分生产效率提高 $0.23kg/m^3$。

(4)解决了雨水分散集蓄与水资源一体化利用问题,提出了雨水利用的新模式。通过新技术研究、新型材料引进与应用,实现了远距离山洪的蓄积与利用、新材料集雨场与水窖相结合、水池－水窖雨水集蓄管网化综合调控、雨水双池联调、降水－矿水－地下水多水源综合调控等雨水多元化高效利用技术途径。并将雨水利用与地面覆盖、化控节水、节水灌溉、抗旱节水品种、土地整治等多种技术相结合,推动了多水源联合调控技术体系和旱作区降水资源高效利用模式的建立。

(5)揭示了农田土壤水分变化规律及分布特征,确定了主要农作物的补灌时期和补灌量,为指导农田灌溉提供了科学依据。通过定位研究,一方面初步掌握了土壤水分的动态变化规律,揭示了影响农业生产过程中土壤水分的制约因素;另一方面,根据其存在的土壤水分低值区出现时间,指导旱作区农业生产,把冬小麦的补灌时间由传统的每年2~3月份调整为3月底~4月上旬。同时,通过农作物关键生育期补充灌水试验研究确定了小麦、玉米的最佳补灌时期和补灌量,其中小麦最佳补灌时期为拔节期,补灌量为600 m^3/hm^2;玉米最佳补灌时期为大喇叭口期,补灌量为450~600m^3/hm^2,有效地提高了水分利用率和农业生产效益。

1.3.4 成果的先进性

(1)技术体系实现了研究与应用的有机结合。通过提高降水利用技术和集雨补灌模式的筛选,提出了生物、工程、农艺与管理相结合的旱作区节水农业综合技术集成体系,该体系紧密结合研究区和我国北方旱作区农业生产的实际,简便易行,可操作性强,经过4年的研究与应用,建成核心样板区26.67hm^2,中心示范区709.33hm^2,技术辐射区0.82万hm^2,累计增加粮食1 420万kg,增加产值2 070万元。与非技术应用区相比,平均增产18.2%,降水利用率提高13.2%。

(2)建立了化控技术与补灌技术相结合的应用技术体系。通过营养型抗旱保水剂在不同作物(小麦、玉米、红薯等)施用量、施用方法及其补灌时期的试验研究,确定了旱地优势作物营养保水剂的施用方法和施用量:小麦45~60kg/hm^2,补灌时期为拔节孕穗期;玉米45~60kg/hm^2,补灌时期为大喇叭口期;红薯30~60kg/hm^2。建立了营养型抗旱保水剂与节水补灌相结合的化学节水应用技术体系,在相关报道中尚属首次。

(3)建立了水资源评价模型及多水源联合调控体系。结合辉县张村乡水资源利用现状,运用灰色系统理论和偏最小二乘的方法分别建立了生活用水量预测模型和地下水水位预测模型,构建了管理水资源评价的数据库、图形库和模型库为一体的地理数据库GeoDatabase,实现空间数据与属性数据的双向查询功能及其对水资源要素的实时预测功能。同时,根据评价结果和本地区的水资源特色,提出了具有地域特色的雨水利用模式:①集雨工程与地下水管网一体化利用模式;②土壤水库增容和节水灌溉一体化利用模式;③雨水和矿水净化联合应用模式;④蓄水工程联合调控高效利用模式。完善了区域降水利用和多水源联合调控技术体系,推动了集雨补灌旱作节水农业的高效持续发展。

(4)建立了农田抗旱节水机制和技术体系。通过引进技术筛选应用和关键技术的研究与引用,逐步形成了抗旱节水品种、地面覆盖、保水剂、种植模式和补充灌溉等相结合的,集保水、减蒸发、增容为一体的农田抗旱节水机制和旱地优势作物降水利用、节水、增产、增效技术体系,形成了不同特色的集雨补灌节水增产栽培技术体系。如地面覆盖+作物品种+补充灌溉高效栽培技术、化学节水+传统节水+优良品种+补充灌溉高效栽培技术、不同节水技术+抗旱节水丰产品种组合高效栽培技术等。以化学节水+地膜覆盖+优良品种+补充灌溉高效栽培技术为例,采用该技术,正常年份不补充灌水时,小麦单产5 250kg/hm^2以上,拔节期补灌一水600m^3/hm^2,单产达到6 000kg/hm^2以上;轻度缺水年份不补充灌水时,单产4 500kg/hm^2以上,拔节期补灌一水600m^3/hm^2,单产达到

5 250kg/hm^2 以上；丰水年份达到 4 600～6 750kg/hm^2。比传统栽培增产 750～1 500kg/hm^2。

1.3.5 成果的创新性

(1)研制开发出具有营养与保水双重功能的营养型抗旱保水剂。采用配方提炼与样品加工、产品研制与技术应用、试验研究与示范推广、室内分析与田间试验、定位试验和盆栽试验等相结合的方法，研制开发出了具有营养与保水双重功能的营养型抗旱保水剂，建立了营养型抗旱保水剂与节水补灌相结合的化学节水应用技术体系。与国内外同类型产品相比，产品的成本降低 50%～70%。

(2)建立了农田抗旱节水机制，形成了以抗旱品种为主体的节水、增产、增效种植模式和栽培技术体系。通过引进技术筛选应用和关键技术的研究与引用，逐步形成了抗旱节水品种、地面覆盖、保水剂、种植模式和补充灌溉等相结合的，集保水、减蒸发、增容为一体的农田抗旱节水机制和旱地优势作物降水利用、节水、增产、增效技术体系，建立了以抗旱节水品种为主体的小麦/谷子、小麦/黑糯玉米、小麦/地膜红薯等高效栽培模式和相应的栽培技术体系，如地面覆盖+作物品种+补充灌溉高效栽培技术、化学节水+传统节水+优良品种+补充灌溉高效栽培技术、不同节水技术+抗旱节水丰产品种组合高效栽培技术等。

(3)通过多水源调控技术和雨水分散集蓄问题的解决，建立了区域雨水高效利用模式和集雨补灌旱作节水农业综合技术集成体系。通过新技术研究、新型材料引进与应用，将雨水利用与地面覆盖、化控节水、节水灌溉、抗旱节水品种、土地整治等多种技术相结合，推动了多水源联合调控技术体系和旱作区降水资源高效利用的有机融合，建立了雨水集蓄-地下水一体化、雨水联调、降水与矿水净化联合利用、土壤增容与节水灌溉等 4 种雨水高效利用模式和工程、农艺、生物、管理措施相结合的集雨补灌旱作节水农业综合技术集成体系。

1.4 取得的发明专利等知识产权情况

通过项目的实施在知识产权方面取得了较好的效果，其中正在申请的国家发明专利 1 项，以抗旱节水品种为主体的节水、增产、增效种植模式 3 种，发表学术论文 18 篇，制定产品企业标准 1 项，综合技术集成体系 1 套等，较好地完成了合同规定的任务指标。

1.4.1 研制开发出集雨补灌灌区信息管理及实时灌溉决策支持系统软件

通过对作物非充分灌溉理论、灌区信息管理及灌区水资源优化调度、实时优化配水等方面系统分析，进行了基于 GIS 灌区信息管理系统的研制与开发，通过调整作物不同生育期灌水定额、土壤计划湿润层含水量，推求灌水时间，确定了各作物不同生育期的需水量，实现了多水源的联合运用与水资源优化调配和最大限度的利用效益。编制了中心示范区实时灌溉决策支持系统软件。提高了灌区管理过程中获取信息的便捷性、准确性以及灌区信息管理的可视化程度。

1.4.2 建立了区域水资源的评价模型

利用 Visual Basic 6.0 和 ArcGIS 9 的基于 ArcObjects 的组件模块 ArcGIS Engine 进行二次开发，结合辉县张村乡水资源利用现状，运用灰色系统理论和偏最小二乘的方法分别建立生活用水量预测模型和地下水水位预测模型，建立管理水资源评价结果的数据库、图形库和模型库，在对数据库编程技术进行研究的基础上，将空间数据与属性数据相关联，构建地理数据库 GeoDatabase，实现空间数据与属性数据的双向查询功能。同时，实现了对水资源要素的实时预测功能。

1.4.3 建立了区域集雨补灌节水农业技术效益评估方法和指标体系

结合河南辉县示范区的实际，确定了经济、技术、社会影响、环境和管理等 5 个方面 21 个因子的雨水集蓄利用综合效益评价指标体系。引入专家评分、层次分析和模糊数学理论，建立了多层次模糊综合评价模型。经砂锅窑雨水集蓄利用工程项目运行应用，该评价方法和指标体系是切实可行的。

1.4.4 制定了不同种植模式节水、丰产、高效栽培的技术实施规程

(1)实现了抗旱节水丰产小麦品种的复合选择与合理搭配，如抗旱节水丰产品种为主体的小麦/谷子、小麦/玉米(黑玉米)、小麦/地膜红薯等高效节水、增产、增效种植模式。

(2)建立了施肥、补充灌溉一体化的水肥耦合技术。如谷子氮肥追施在拔节后至孕穗期，追施量为 150～225kg/hm^2 尿素；玉米和黑玉米氮肥追施时期为大喇叭口期，追施量为 150～225kg/hm^2 尿素；小麦的最佳灌溉时间为拔节期前后(4 月 1 日前后)，灌溉水量为 300～450m^3/hm^2；玉米最好采用隔沟交替灌溉，每次灌水量为 450m^3/hm^2；红薯则可采用穴灌或隔沟交替灌溉，每次灌水量为 300m^3/hm^2。

(3)体现了传统节水技术与高效节水技术的有机结合，如秸秆覆盖、地膜覆盖和营养型抗旱保水剂的联合应用，补充灌溉与营养型抗旱保水剂有机配合等，玉米、红薯秸秆覆盖量为 6 000kg/hm^2；小麦保水剂条施为 45～60kg/hm^2，红薯穴施为 30～60kg/hm^2；小麦、玉米、黑玉米采用 2%稀释抗旱保水剂拌种，红薯采取蘸根与穴施相结合的方法等，均可达到提高出苗率和促根壮苗的目的。

(4)强化了农田管理，减少了水分无效损失。如土壤水分动态测定、小麦“一喷三防”、玉米钻心虫防治、谷子虫害和粉锈病防治、红薯叶面肥和薯块膨大肥灌根等。

1.4.5 提出了北方集雨补灌旱作区节水农业综合技术体系

通过提高降水利用率技术、提高降水利用效率技术和集雨补充灌溉技术的引进、筛选和应用，如土壤水分增容技术、坡地改梯田、地膜覆盖、秸秆覆盖、深耕松土、化学节水技术、抗旱节水品种筛选、农作物结构调整、水肥耦合技术、雨水集蓄工程、作物关键生育期灌水、隔沟交替灌溉、地面节水灌溉等生物、农艺、工程、管理措施的有机结合，综合考虑河南辉县示范区旱作农业生产现状和未来的发展实际，总结提出了集雨补灌旱作节水农业综合技术集成体系。

1.4.6 开发出新型的集雨补灌节水增产的栽培技术体系

通过技术的实际应用，总结提出了不同特色的集雨补灌节水增产的栽培技术体系。如地面覆盖＋作物品种＋补充灌溉高效栽培技术、化学节水＋传统节水＋优良品种＋补充灌溉高效栽培技术、不同节水技术＋抗旱节水丰产品种组合高效栽培技术等。

1.4.7 研制并开发出新型的营养型抗旱保水剂产品配方，其中营养型抗旱保水球正在申请国家发明专利

针对目前土壤保水剂研究与开发中的热点和难点技术问题，结合我国干旱半干旱地

区农业生产的实际需要，创造性解决了高分子吸水材料与土壤矿物质、粉煤灰、纤维素、稀土、植物营养等物质的有机复配问题，使所开发产品具有保水与营养双重功能。

1.5 对本学科及相关学科发展的作用和影响

1.5.1 营养型抗旱保水剂研制及增产效应研究

该项成果针对目前土壤保水剂研究与开发中的热点和难点问题，结合我国干旱半干旱地区农业生产的实际需要，采用配方提炼与样品加工、产品研制与技术应用、试验研究与示范推广相结合的方法，创造性地解决了高分子吸水材料、土壤矿物质、粉煤灰、纤维素、稀土和植物营养等有机结合的复配制造问题，进一步丰富了化学节水技术产品研究的内涵；成功地研制开发出了具有营养与保水双重功能的营养型抗旱保水剂，适用于所有农作物及园林绿化，其外观呈颗粒状及其他任何几何图形。与国内外同类型产品相比，成本降低50%～70%，建立了旱地作物抗旱保水剂使用方法、用量及补灌相结合的应用技术体系，提出小麦条施及红薯穴施的最佳用量（45～60kg/hm^2）、补灌时期（拔节—孕穗期）和补水量（450m^3/(hm^2·次)），这在同类型产品应用研究中尚属首次；制定了营养型抗旱保水剂产品标准。该项研究对农业结构调整和科技进步的作用表现在：

(1)完善了化学节水技术产品的研究方法，丰富了化学节水学科的内涵。

(2)将营养型抗旱保水剂研制与农作物增产效应研究相结合，实现了化学节水技术产品研制与农业应用的有机结合，促进了旱作农业的高效持续发展。

(3)营养型抗旱保水剂的成功研制，实现了营养与保水功能的有机统一。

(4)化学节水应用技术体系的建立，对于实现旱地农业的高效持续发展具有重要的理论与实践意义。

1.5.2 北方丘陵浅山区雨水优化利用节水补灌技术研究与示范

针对我国北方丘陵浅山地旱作区农业生产的实际需求，围绕集雨补灌和当地旱地农业的生产特点，采用盆栽试验与田间试验、理论分析与计算机模拟相结合的研究方法，通过技术引进与筛选、技术创新与集成应用、工程建设与种植结构调整等措施有机结合，系统地开展了北方丘陵浅山区雨水综合利用节水补灌技术研究与示范，取得突破性进展：

(1)创造性地研制开发出具有营养与保水双重功能的营养型抗旱保水剂，并将其与传统农艺节水措施相结合，建立了地面覆盖+抗旱保水剂+关键生育期补水+补灌量+补灌模式相结合的化学节水应用技术体系，显著地提高了土壤蓄水量和降水利用率。

(2)解决了雨水分散集蓄与多水源联合调控一体化问题，建立了具有区域特色的雨水高效利用模式。通过雨水集蓄材料引进与应用、天然和人工集雨面应用、地下管道修建、远距离输水工程利用、水池(窖)修缮与建设、新型防渗堵漏材料及相关雨水集蓄技术、雨水高效利用技术和节水补灌技术的引进与应用，逐步形成了土地平整就地拦蓄与远距离输水、地面覆盖与化学增容、土壤增容与节水灌溉、雨水与矿水净化、集雨工程与地下水管网一体化、雨水综合调控等雨水高效利用的多元化组合模式，有效地提高了降水利用率和利用效率。

(3)总结提出了以抗旱节水品种为主体的小麦/谷子、小麦/黑糯玉米、小麦/地膜红薯、小麦/玉米、果药和果农间作高效种植模式及相配套的集雨补灌节水增产的栽培技术体系与技术实施规程。

(4)完善和提高了示范区建设和管理水平。以 GIS 为平台,结合区域实际,研制和开发了区域水资源评价、雨水利用实时灌溉决策支持系统软件,建立了集雨补灌节水农业综合效益的评价指标体系及评价方法。该评价指标体系确定了经济、技术、社会、环境和管理等5个方面21个因子的集雨补灌工程综合效益评价指标体系;引入专家评分、层次分析和模糊数学理论,建立了多层次模糊数学综合评价模型。

(5)通过关键技术的解决和适宜技术的引进与应用,系统地总结提出了适宜于河南省及北方旱作区的雨水利用节水补灌综合技术体系。将雨水的保蓄(地面覆盖、土壤增容和化学保水)、储存(水池、水窖)和高效利用(抗旱节水品种、果药间作、农果间作、关键生育期补水、多技术集成等)等农艺、工程、生物和管理措施有机地结合在一起,建立了土壤蓄水、覆盖保墒、化学增容、节水品种、粮经果药、工程蓄水、生育期补水和节灌模式等为一体的旱作区雨水利用节水补灌综合技术体系,实现了传统技术与现代技术的有机结合,推动了降水资源高效利用与农业可持续发展的有机结合。

(6)4年来技术体系累计在中心示范区和技术辐射区推广应用0.89万 hm^2,增加社会经济效益2 070元,节水268万 m^3。经过推广应用中心示范区的降水利用率由目前的36.2%提高到52.9%,提高16.7%;单位综合产量提高21.2%,人均收入提高458元;技术辐射区的降水利用率则由36.2%提高到47.5%,提高11.3%,单位综合产量提高16.2%,人均收入增加235元。

该项研究对农业结构调整和科技进步的作用表现在:

(1)利用 GIS 和计算机模拟,提高示范区的建设和管理水平。

(2)营养型抗旱保水剂和雨水利用多水源联合调控技术体系及其与水土保持的有机结合,进一步完善和丰富了学科内涵。

(3)雨水集蓄利用综合效益评价指标体系、方法和综合评价模型的建立,在集雨补灌旱作节水农业中取得创新,实现了由定性到定量的转变。

(4)技术集成实现了由单项技术到复合技术效益的综合效应,实现了抗中旱的标准,对实现旱作农业结构调整和高效持续发展提供了技术保证。

(5)雨水利用模式与技术途径的提出,进一步丰富了集雨补灌旱作农业的内涵,实现了雨水利用的多元化。

(6)节水、增产、增效栽培技术的提出,提高了新技术、新产品和新方法在现代节水农业上的转化能力。

1.6 目前的应用、转化情况及其前景分析

在项目实施过程中,始终坚持建设内容与用户的紧密联系,并根据农户的需要完善示范区建设方案,搞好示范区的特色建设和工程利用效益。2002～2005年课题组共完成中心示范区土壤增容与节水灌溉、雨水集蓄核心示范区集雨工程与节灌工程、双池联调、水池修缮等工程规划设计5项,并且使各项工程的实施与当地农业经济的发展紧密地结合在一起,开展技术讲座26次,向中心示范区和技术辐射区散发技术资料21.2万份,无论是工程建设、技术培训还是新品种的引进,课题组时刻想用户之所想、急用户之所急,通过

省、市、乡各级部门的紧密配合，圆满地实施了课题计划，并将所研究的技术成果成功地运用到中心示范区和技术辐射区。

在营养型抗旱保水剂研制、应用过程中，始终与郑州市乳胶玻璃丝布厂相互配合进行新产品的研制与开发，通过合作，目前形成产品生产的营养型抗旱保水剂配方2个，形成有特色的产品2个(营养型抗旱保水剂和营养型抗旱保水球)，同时抗旱种衣剂的配方也正处于进一步熟化之中，有望在2006年底到2007年6月形成产品的产业化生产。特别提出的是营养型抗旱保水剂研制与应用，2000～2004年通过采用现场培训、资料印发、样板参观、新闻报道等形式，在禹州、辉县、偃师等旱作区进行化学节水应用技术体系的推广应用2万 hm^2，增加社会经济效益1 500万元，体现了课题技术研究—技术集成—技术应用的有机统一。

另一方面，通过项目的全面实施，特别是废旧水池的修缮，课题组以当地经济发展为基础，结合当地的实际需要，经过多方面的考察和对比分析，最后确定利用防渗堵漏效果好、成本低、操作简单方便的河南省水利科学研究院的新型防渗堵漏新材料，进行废弃蓄水池的修缮，通过实施，3年来共修缮水池5座，总容积3.75万 m^3，节约投资25万元，同时提高了现有蓄水工程的利用效益。另外，还就其土壤固化剂等技术达成了合作意向，并顺利地付诸实施。

旱作节水农业综合技术、营养型抗旱保水剂和新型防渗堵漏的前期运作体现了技术、产品的可操作性和经济适用性。因此，具有广泛的应用前景。试验研究证明，通过抗旱保水剂和抗旱型种衣剂的大面积推广应用，施用抗旱型种衣剂可使小麦平均增产5%～15%，抗旱保水剂条施可使小麦增产10%～25%；抗旱剂穴施可使红薯增产15%～25%。同时，利用抗旱保水剂蘸根可使树木移栽成活率提高30%以上，蘸根与栽种配合可使树木移栽成活率达到90%以上。河南省现有旱作面积440万 hm^2，若有10%采用该产品，则需求量将达到1.23万t，按每吨售价12 000元计算(净收益20%计)，每吨的纯收入达2 400元，按年生产能力1万t计，则年利税可达到2 400万元。我国现有旱耕地0.52亿 hm^2，若有1%采用该产品，则需求量将达到31.2万t。由此可见，项目单项技术和综合技术集成体系的应用前景十分广阔。

1.7 课题成果的其他经济、社会效益分析与评述

在课题实施过程中，各专题参加人员分别负责示范区的技术指导工作，通过集中技术讲座、发放技术资料、广播和电视的宣传等手段进行培训，健全项目区的技术推广网络，使项目区广大领导、干部、群众对发展优质节水农业的重大意义有了深刻的认识，广大农民的科技水平有了提高。同时，旱作节水农业综合技术体系，应用过程中提高肥水利用率，控制农药使用，降低环境污染，节约了资源，节本增效，对提高人们的健康水平、促进农业可持续发展也起到积极的作用。

1.7.1 改善了人居环境

通过项目的实施，减少了水土流失，改荒治坡，增加了土壤需水量，提高了作物产量、农民收入和林木的成活率，从而促进了居民饮水质量和生存环境的不断改善。

1.7.2 改变了农民思想观念，提高了农民素质

在4年的实施过程中，通过科技宣传、技术讲课、资料散发及工程建设的施工，当地农民不仅提高了对水资源的认识，而且对现代农业生产、经营方式等方面的认知水平提高，逐渐提高了科技种田水平，改变了传统的生产习惯，提高了降水利用率和农田良种率及示范区综合节水技术的应用水平。

1.7.3 培养了一批技术骨干和工程建设技术人员与队伍

项目实施中，请专家现场指导，提高了当地农民对集雨补灌工程的建设水平，通过技术宣传、技术讲课、资料散发等技术培训，不仅提高了广大农民的科技素质，而且为当地培养了一批种田能手和技术骨干，为"十一五"同类项目的实施打下了良好的基础。

1.8 在人才培养和队伍建设、组织管理、国际合作等方面情况及经验总结

1.8.1 人才培养与队伍建设

2002～2005年共有毕业硕士研究生8人，在读硕士研究生10人，在读博士研究生1人；项目实施期间课题组晋升正高2人、副高2人、中级职称6人、初级职称5人。科研队伍结构日趋完善，课题组拥有常年工作具有高级职称的14人，中级职称12人，初级职称10人，其他人员8人。实施经验表明，人才培养和队伍建设的日益完善是项目顺利实施和完成的必要条件。

1.8.2 国际交流与合作

4年来，课题组成员3人次分别到美国、加拿大、日本、以色列、法国、意大利、荷兰、德国及芬兰、挪威、丹麦、瑞典等节水灌溉及农业发达的国家进行了参观交流和学习，对于课题整体研究水平的提高起到了积极作用。同时通过交流学习，宣传了河南省的节水农业成就，为未来的横向国际合作研究打下了良好的基础。

1.8.3 组织管理

"北方半干旱集雨补灌旱作区节水农业综合技术体系集成与示范(河南辉县)"课题是一个大型协作项目，涵盖的学科多，参加研究的人员多，涉及的研究单位多，为了调动各方面的积极性，集成各方面的优势，确保项目的实施，制定了课题实施细则和年度进展计划，建立了有效的项目组织管理和运行机制。通过3年的运行实施，有力地推动了中心示范区的建设与发展，并在运行中不断完善与发展，形成了一系列成功的管理经验，主要从以下几个方面开展工作。

1.8.3.1 健全组织管理和运行机制，加强协调领导

本课题是由国家科技部下达，在河南省人民政府直接领导下，由河南省科技厅具体组织实施的。为确保该项目的顺利实施，保证攻关研究与示范开发任务的完成，成立了以主管副省长为组长的项目协调领导小组，对本课题的决策领导、组织管理、检查监督、资金配套与使用管理、物资保障等进行协调。领导小组下设项目管理办公室，负责课题的日常管理工作；成立技术专家组，具体负责项目实施方案审查、技术指导、技术咨询、验收鉴定等事项；成立课题执行组，由课题负责人、各专题负责人共同组成，具体负责课题及专题实施方案的制订、计划与总结、专题攻关研究、示范区建设、核心试验区和示范区的技术落实和技术培训等任务。领导小组、专家组、课题执行组等明确分工，各负其责，保证了课题的灵

活运行。课题组制定了“北方半干旱集雨补灌旱作区节水农业综合技术体系集成与示范经费使用与管理办法”和“北方半干旱集雨补灌旱作区节水农业综合技术体系集成与示范组织管理办法”，明确了参加研究人员、参加单位、核心试验区和示范区各级领导、研究、示范参加人员的责任和义务，各司其职、各负其责，从组织上和领导上保证项目的顺利进行。按照省协调领导小组的统一部署，根据课题总体组织管理办法的要求，各项目区所在县(市)也都成立了相应的组织机构。

通过项目协调领导小组、项目管理办公室职能的发挥，项目执行组和示范区建设组在专家咨询组的指导下，2002～2005 年取得了显著的成效。如核心示范区的集雨工程和梯田建设工程，通过项目领导小组的积极协调，使项目经费和匹配经费及时到位；在项目专家组的具体指导下，通过技术依托单位技术负责人的规划设计、示范区建设小组和当地政府的共同努力，全面完成了中心示范区的土壤增容与节水灌溉、双池联调、核心示范区节灌工程等河南辉县示范区标志性的雨水集蓄与节灌工程建设，保证了项目技术经济任务指标的顺利完成。

课题实施以来，项目领导小组多次举行专题会议，研究解决课题实施中的重大关键性问题，在部门和单位协调、技术力量配备、示范区建设、经费配套等方面统一协调、统一指挥，保证了项目实施中全局性问题的解决。项目办公室不定期组织省内外知名节水领域农业科技专家对项目区进行检查，指导项目区技术措施落实，为项目区实现优质高效提供了强有力的技术保障。

根据课题任务书的要求，在协调领导小组的直接参与下，对专题和项目区实行了目标管理，建立了以激励机制和技术依托为主体的运行机制，为项目组织管理实现规范化、制度化、科学化奠定了基础。在专题管理方面，实行专题主持人负责制。在项目区管理方面，实行县主管领导负责制。在组织管理方面，实行任务、指标与经费挂钩，真正建立起激励竞争机制。在项目实施过程中，对各有关专题和项目区实行滚动管理，建立竞争激励机制，充分调动了科研人员和管理人员的积极性。试验示范区要从省拨和匹配经费中拿出一部分经费，奖励作出突出贡献的科技示范户、行政村领导和科技人员。

1.8.3.2 加强资金配套，拓展资金筹措渠道，保证项目的顺利实施

在资金方面，项目领导小组狠抓配套资金的落实，根据国家对项目的要求，河南省按国家拨款数额以 1∶1 的比例分年度进行匹配，通过科技项目的形式，河南省科技厅、水利厅等单位在示范区建设中投入小流域治理、节水灌溉工程、扶贫工程、旱作节水技术研究等多个项目，拓展了“863”节水农业项目配套资金的匹配渠道，有效地保证了项目工程建设的顺利实施与完成。

1.8.3.3 完善经费使用管理，物资保障有力

按照国家“863”课题经费管理办法，保证课题经费专款专用。具体地说，一是确定了不同类别经费的使用范围，国拨经费主要用于专题攻关研究和试验示范，地方匹配主要用于示范和示范区建设。二是制定了《经费使用和管理办法》。设立了专门账户，保证专款专用。三是集中资金优势，加大重点研究的攻关力度。在课题申报与实施之初，我们成立了财务管理与督导组，负责国家经费的管理、使用、监督和匹配经费的管理与使用；同时，建立了完善的经费使用报账制度，500 元以下由课题主持人报批，500 元以上由所在单位

领导批准,10 000 元以上由所在单位领导批准并报财务组,10 万元以上报财务领导小组批准后才能实施。所使用的经费报账必须有三个人签字(主管领导、经手人、证明人)方可报销。

在工程建设中,除工程建设实行招投标制外,还采取了"以工程量定经费"和"863"项目经费与小流域治理、省节水灌溉工程、扶贫工程等经费捆绑使用的有效机制,既有效地保证了项目工程建设的经费来源,又确保了"863"项目中心示范区工程高质量、高标准按计划顺利实施。

研究人员方面,在实施过程中组织河南省主要农业水利科研教学单位的科研骨干参加专题研究和开发,项目参加单位有河南省农业科学院、华北水利水电学院、河南省农村科学技术开发中心等,课题主要科技人员有 26 人。

在物资保障方面,核心区和示范区所在地主要领导协调各主要农业物资供应部门,优先在电力、农用燃油、农用水等方面支持项目区,在农田基本建设、机械配套方面向项目区倾斜,并在力所能及的范围内为项目区农民提供质优价廉的生产资料,尽量减少中间环节。

1.8.3.4 强化先进技术的引进、应用与合作交流

在项目实施过程中,为凸现河南辉县示范区建设的特色,引进先进的技术和材料,学习兄弟试区的先进经验和运行管理机制。2004 年 4 月 2～9 日,河南省科技厅组织河南省农科院、华北水利水电学院、河南省农村科学技术开发中心、辉县市科技局等项目参加单位的有关专家先后到国家杨凌节水灌溉中心、西北农林科技大学、中国科学院西北水土保持研究所、"863"杨凌示范区、宁夏彭阳示范区、内蒙古准格尔示范区和山西晋中示范区进行了参观考察,进一步拓展了示范区建设的视野,开阔了旱作节水农业综合技术研究的思路。

同时,利用科技部、国家"863"节水农业重大项目管理办公室和中国农科院农业环境可持续发展研究所暨节水农业综合研究中心等单位和部门组织召开的"863"节水农业项目技术对接会、中国节水科技论坛和节水农业学术讨论会的有利机会,引进"863"节水农业项目第一、二层次课题的技术与产品在河南辉县示范区推广应用;同时展示了成熟的技术和产品,有效地促进了技术的交流与合作,推动了河南辉县示范区建设的进程。

1.8.3.5 加强技术培训,促进成果的转化与应用

节水农业面对的市场是农民。要通过各种手段宣传新技术,不但要使广大群众了解和掌握节水新技术,而且要使当地政府的水利、农业等部门在思想上接受节水新技术。通过项目的全面实施,及时开展旱作节水农业综合技术,不同抗旱节水丰产小麦品种、谷子品种和黑玉米的高效栽培、节水农业新技术新材料应用技术,小麦/玉米、小麦/谷子、小麦/黑玉米、小麦/红薯等高效种植模式的栽培与管理技术,不同作物抗旱保水剂的施用技术等相关技术培训,整体提高了项目区农民的科技种田水平和中心示范区旱作节水农业技术运用水平,促进了科技成果的转化与应用。

同时,利用电视、广播、报纸、宣传材料等各种形式加强对节水农业技术的宣传和普及。通过广泛开展技术培训,各专题组和试验示范区开展了多层次的定期、不定期技术培训班,促进了试验示范区整体科技素质的提高,有效地保证了各项先进技术、品种、模式和

产品在中心示范区和技术辐射区的推广应用。

1.8.3.6 加强协调合作，确保项目实施

本课题涉及多个学科和部门，实施过程中利用省科技厅的组织管理优势，组织多部门协调攻关。一是加强专题间的协调与配合。在课题实施时虽然对课题任务进行了分解，分别由不同的单位承担，但总体目标是一致的，因此各专题围绕课题的总体目标，分工协作。二是加强专题研究与试验示范的配合，专题研究为试验示范区提供技术，试验示范区组织示范和推广，并在推广中不断完善和提高，同时把生产过程中发现的问题，及时反馈给相应的专题。三是加强与相关研究项目的配合，如利用课题实施单位同时承担省攻关项目、成果转化项目等，为本项目实施提供支持。四是加强与企业的合作，促进科技成果产业化及推广利用，采取多种形式开展与企业的合作，使已取得的成果尽快转化为生产力。五是加强省项目管理办公室、项目指导专家、专题承担单位、试验示范区所在地各级部门以及基地农户等的各级联系、沟通、理解和合作，利用管理、经验、技术、服务、农户积极性等优势，定期开展各种形式的座谈、讨论，及时解决各种问题，以确保课题顺利实施。

1.8.3.7 加强工程管理，持续发挥工程效益

为保障节水工程的长期使用，采取集中管理、统一使用的运营管理方式，在乡政府的统一领导下，由各村委集中管理，补灌时同步协调、统一使用，让农民直接参与管理、使用。

第 2 章　营养型抗旱保水剂研制及增产效应研究

2.1　目的与意义

2.1.1　我国水资源短缺，旱灾严重

我国水资源形势严峻，全国人均水资源占有量仅为 2 300m^3，相当于世界人均水平的 1/4，被列为世界 13 个贫水国之一。农业每年缺水约 300 亿 m^3，全国有 1/3 耕地和 2/3 牧区水资源紧张，农田有效灌溉面积中每年有 670 万 hm^2 得不到灌溉。农村还有 7 000 万人、6 000 万头牲畜饮水困难。

农业是用水大户、缺水大户，又是浪费大户，全国农田水利的渠系利用系数只有 0.4～0.5，粮食生产耗水高达 2 000m^3/t，灌溉浪费水达 40%～60%。更不幸的是，地表水和地下水已受到严重污染。

我国有旱耕地约 0.52 亿 hm^2，干旱是我国历史性灾害，居各类气象灾害之首。据统计，1951～1980 年年均发生旱灾 7.7 次，年均旱灾面积约 2 000 万 hm^2。进入 20 世纪 90 年代，全国年均旱灾面积达 3 000 万 hm^2。每年因干旱减产粮食 100 亿～200 亿 kg，直接经济损失达 100 亿～200 亿元。

2.1.2　河南省旱地农业的问题突出

2.1.2.1　旱地面积比重大

在河南省 680 多万 hm^2 的耕地中，旱作农田面积 440 万 hm^2，占总耕地面积的 64%，其中京广线以西典型旱作农业面积为 254 万 hm^2，占全省耕地面积的 36.7%。同时，在河南省 440 万 hm^2 的旱作农业区域中，丘陵、山旱地有 180 万 hm^2，占旱作面积的 41%。

2.1.2.2　干旱频繁，损失严重

受年度降水时空分配不均的影响，干旱发生频率高达 59.6%，平均约两年一遇，夏秋连旱三年一遇，春夏旱几乎年年发生。旱灾受灾面积呈现逐年增加的趋势，并由 20 世纪 70 年代的 118.1 万 hm^2 增加到 80 年代的 171.2 万 hm^2，2001 年则增加到 300 万 hm^2。全省每年用于抗旱的费用高达数亿元，因干旱造成直接经济损失达 10 多亿甚至几十亿元。

2.1.2.3　水土流失严重，土壤瘠薄

河南省旱作农业区域水土流失面积 3.2 万 km^2，占旱地面积的 41.7%。水土流失量达 1.2 亿 t/a，相当于损失掉 2.4 万 hm^2 耕地，流失的土壤养分含量折合标准肥约 100 万 t。严重的水土流失造成大量的表土层丧失，土壤耕层养分严重下降，全省旱地农业区域有机质含量 10g/kg 以下的中低产田面积占 80%以上。

2.1.2.4　粮食产量低，增产潜力大

受旱灾的影响，全省旱作农业区域的粮食生产水平较低，大部分丘陵地粮食单产产量仅 3 750kg/hm^2 左右，比全省平均水平低 750～1 500kg/hm^2。但是，一旦水的问题得以

"解决",粮食增产潜力很大,仅小麦产量就可以提高到单产 3 750~4 500kg/hm^2。

2.1.2.5 水源困难,投资较大

豫西、豫北等旱作农业区域的地下水位一般都比较深,抽取地下水多以供人畜饮水使用为主,利用到农业生产上由于成本太高,在我国目前的国情和国力下是不现实的,关键在于提高降水的利用效率。因此,开展雨水集蓄、土壤保水和作物高效用水于一体的集雨补灌旱作节水农业综合技术研究与应用,是丘陵旱地农业发展的首要任务。

2.1.2.6 水分利用率低,潜力大

河南省的水分利用率和生产效率为 40%~50%和 0.8~1.1kg/m^3,比以色列 20 世纪 90 年代的水平低 50%左右;旱地降水利用率 35%~55%,水分利用效率 10.5~12.0 kg/(mm·hm^2),具有很大的开发潜力。

2.1.2.7 化学节水技术应用落后

我国从 20 世纪 60 年代先后研制出"土面增温剂"、黄腐酸抗蒸腾剂、保水剂、土壤保墒剂等,并在粮经、花卉、蔬菜、果木、草坪等 60 多种植物上取得良好的试验示范效果,但在河南节水农业生产中使用的十分有限。因此,今后应重视化学节水技术,研制和开发新型高效、无害、廉价的抗旱保水剂和抗旱种衣剂,促进全省节水农业的高效持续发展。

2.2 国内外化学节水产品研究的现状与存在的主要问题

利用化学覆盖、保水剂、抗蒸腾剂、生根剂、抗旱保墒剂、抗旱型种子包衣剂等化学制剂,达到保水、保墒、减少蒸发、节水、提高水分利用率和水分利用效率的目的,已成为节水农业技术中的重要措施之一。因此,重视化学节水技术的研究与开发是旱地农业未来的发展方向之一。

2.2.1 **化学节水产品研究的现状**

早在 20 世纪 30 年代,苏联就开始施用石脑油皂抑制土壤水分蒸发,减少水分蒸发 60%~70%;到 60 年代,化学节水技术在日本、法国、印度等国家引起广泛重视,先后在农业上应用化学覆盖技术,增产效果很好。高分子吸水性树脂首先由美国农业部所属研究所 1974 年在研究玉米淀粉过程中发现,并于 70 年代中期将其用于玉米、大豆种子涂层、树苗移栽等方面;随后发现 Terra - sorb(TAB)用于地面撒施可节约用水 50%~85%,1974 年实现工业化生产。日本在用重金购买美国专利后进行了新产品开发、研制,生产出聚丙烯酸盐等一系列新产品,并成为目前生产和出口保水剂最多的国家。

据国家知识产权局资料,目前,全世界高吸水性树脂的总生产能力已经超过 130 万 t/a,其中日本触媒化学公司是目前世界上最大的高吸水性树脂生产公司,生产能力达到 25 万 t/a。美国每年大约消费 30 万 t 的高吸水性树脂,约占世界高吸水性树脂消费总量的 35%;欧洲的消费量约为 20 万 t/a,约占总消费量的 25%;日本的消费量约为 8 万 t/a,约占总消费量的 10%,其中约有一半以上是使用于婴幼儿纸尿裤上,其他在园艺、食品、土木、建筑等领域中的用途也日益扩大;其他地区的总消费量约占 30%。

我国高吸水性树脂的消费量约为 2.0 万 t/a,其中个人卫生用品(卫生巾、婴儿纸尿布等)消费量最大,其次是农林和其他方面。由于目前我国高吸水性树脂的产量还不能满足国内实际生产的需求,因而每年都得花费大量的外汇从日本住友精化、三洋化成和三菱油

化等公司进口,因而亟待开发利用。

我国的保水剂开发与应用研究始于20世纪80年代初期,但发展速度较快。80年代初,北京化学纤维研究所研制成功SA型保水剂,中科院兰州化学物理研究所研制成LPA型保水剂,中科院化学研究所、长春应用化学研究所也分别研制了KH841型和IAC-13型保水剂,并陆续应用于农林生产领域,但均未批量化生产。90年代以来,一批新型的保水剂产品陆续问世。1998年,河北保定市科瀚树脂公司科技人员采用生物实验技术研制成功"科瀚98"系列高效抗旱保水剂,随后又研制生产出一种利于干旱无水条件下、保证植物成活的蓄水能力很强的、含水量高达99.5%的透明胶状物质——"沙漠王"固体水(又叫干水)。唐山博亚高效抗旱保水剂、"永泰田"保水剂等新型保水剂产品也投入了工业化生产。兰州大学于2000年研制出多功能超强吸水保水剂,该产品既具有超强的吸水保水性,又可为农作物提供一些所需的营养元素,并且工艺简单、成本低。同时,一批利用保水剂制成的应用于各种作物的抗旱种衣剂、生根保水剂也相继研制成功。目前生产厂家有10多家,总生产能力约为1万t/a,主要生产厂家有辽宁抚顺市化工研究所、中国科学院兰州化学物理研究所、河北唐山博亚科技公司、山东省医疗器械研究所、吉林省石油化工设计研究院、原化工部成都有机硅研究中心、辽宁营口市石油化工研究院、吉林化工学校高新技术开发公司、江苏无锡海龙卫生材料公司、河北新奥集团公司、河北保定科翰树脂厂以及黑龙江北安旭光化工厂等。

由于我国的研究起步较晚,与国外相比差距较大,因此必须加强在应用研究和理论研究方面的工作,努力开发新的产品,使高吸水性树脂为主的农用保水产品在我国农业领域发挥重要的作用。

2.2.2 保水剂的类型及作用机理

2.2.2.1 保水剂的类型

目前已研制出的保水剂可以根据其制造原料、存在形态等方面分为如下几种:①从原料上可以分为淀粉类(淀粉-聚丙烯酰胺型、淀粉-聚丙烯酸型)、纤维素类(羧甲基纤维素型、纤维素型)、聚合物类(聚丙烯酸型、聚丙烯腈、聚乙烯醇等);②从形态上可分为粉末状、薄片状、纤维状、液体状,以粉末状应用较广。

2.2.2.2 保水剂的作用机理

保水剂都属于高分子电解质,它的吸水机理不同于纸浆、海绵等以物理吸水为主、吸水量小的普通吸水材料。保水剂的吸水是由于高分子电解质的离子排斥所引起的分子扩张和网状结构引起阻碍分子的扩张相互作用所产生的结果。这种高分子化合物的分子链无限长地连接着,分子之间呈复杂的三维网状结构,使其具有一定的交联度。在其交联的网状结构上有许多羧基、羟基等亲水基团,当它与水接触时,其分子表面的亲水性基团电离并与水分子结合成氢键,通过这种方式吸持大量的水分。在这一过程中,网链上的电解质使得网络中的电解质溶液与外部水分之间产生渗透势差。在这一渗透势差的作用下,外部水分不断进入分子内部。网络上的离子遇水电解,正离子呈游离状态,而负离子基团仍固定在网链上,相邻负离子产生斥力,引起高分子网络结构的膨胀,在分子网状结构的网眼内进入大量的水分。高分子的聚集态同时具有线性和体型两种结构,由于链与链之间的轻度交联,线性部分可自由伸缩,而体型结构却使之保持一定的强度,不能无限制地伸缩。因此,保水剂在水中只膨胀形成凝胶而不溶解。当凝胶中的水分释放殆尽后,只要分子链未被破坏,其吸水能力仍可恢复。保水剂加入土壤后能提高土壤对灌水及降水的吸收能力,减少水分的无效蒸发,减少深层渗漏,并且能缓慢释放出大部分水量,成为作物吸收利用的有效水,提高水分利用率。

2.2.2.3 保水剂对土壤物理性质的影响

保水剂与土壤混合后,其保水效果受到保水剂类型、施用量、施用方法、土壤含盐量、盐分类型、灌溉方式、灌水量等许多因素的制约,其吸水保水能力远远低于纯水中的吸水率。介晓磊等研究表明,在土壤低吸力段(0～80kPa),随保水剂用量的增加土壤持水容量增大,从而增加了作物可利用的有效水;在相同含水量时,土壤水能态随保水剂用量增大而降低;但在相同水分能态下,土壤含水量随保水剂的增加而明显增大。保水剂与土壤混合后,土壤总孔隙度和毛管孔隙度增加,容重下降,土壤的田间持水量增加,从而提高了土壤的蓄水能力。

土壤结构直接影响着植物生长所需的水、肥、气、热条件。有研究表明,保水剂对土壤团粒结构的形成有促进作用,特别是对土壤中0.5～5mm粒径的团粒结构形成最明显,随着保水剂用量的增加,土壤胶结形成较大的团聚体,这对稳定土壤结构、改善土壤通透性、防止表土结皮、减少土面蒸发、减缓地温波动有较好作用(刘义新等,1996)。

所以,保水剂节水增产的内在机制除与其增加土壤吸水能力有关外,其对土壤毛管孔隙度的提高和对土壤团粒结构形成的促进作用也是很重要的因素。

2.2.2.4 保水剂对土壤供肥特性的影响

保水剂不但保水,而且保肥,提高肥料利用率。土壤加入保水剂后,可增加对肥料的吸附作用,减少肥料的淋失,保水剂对氨态氮有明显的吸附作用,而且保水剂量一定时,吸肥量随肥料的增加而增加(贾朝霞等,1999)。试验表明,聚乙烯醇树脂(VAMA)对氮、磷、钾具有较强的吸附和解吸能力,但当施入土壤后,这种能力显著下降:VAMA与土壤混合后均不同程度地增加了土壤对氮、磷、钾的吸附量,且吸附的养分中,一部分可以较快地解吸转化为有效态,而另一部分则被暂时固定下来成为缓效态,起到保肥和延缓肥效的作用(何腾兵等,1997)。研究表明,NH_4Cl、$Zn(NO_3)_2$ 等电解质肥料降低了保水剂的溶涨度,而尿素属于非电解质肥料,施用尿素时保水剂的保水作用能得到充分发挥(王东晖等,2002)。

2.2.3 化学节水产品研究存在的主要问题

全世界生产的各类高吸水材料主要有4种类型:一是以有机单体(丙烯酸、丙烯酰胺)为原料的全合成型;二是以纤维素为原料的纤维素接枝改型;三是以淀粉为原料的淀粉接枝改型;四是以天然矿物质等(如蛭石、蒙脱石、海泡石等)为原料的天然型。在国内20世纪90年代中期以前曾经有40多种各式各样的保水剂,但保水剂在农业生产上的示范、应用一直处于徘徊状态。原因包括:①因工艺技术问题导致产品观感不好、质量不稳定(有的施入土壤后,有效性不足一年);②没有考虑农业上应用的特点,尤其是对土、肥、水、种知识缺乏最基本的理解,保水剂直接应用于农业生产上效果不稳定、性能不稳定(施入土壤后,吸水倍数降低2/3);③受原料和生产工艺效率影响,产品价格高(每公顷1 800～2 700元)等。

20世纪90年代中期以后,保水剂的开发又开始了新一轮的高潮,但总的看来,农用保水剂产业化的难度相当大:一是单纯以有机单体(丙烯酸、丙烯酰胺)为原料的保水剂产品,生产成本高,农林用产品价格较高,农民难以接受;二是从化学、物理和生物学的角度来说,保水剂属高新技术产品,但对复合型保水剂、新型抗旱剂的技术配方、生产工艺及技术标准化等方面缺乏必要的研究和开发;三是现有的保水剂产品在生产实际应用时技术性强,在使用方法的掌握上需要做一定的培训指导工作。目前生产的保水剂多呈粉末状、薄片状、纤维状、液体状,并以粉末状应用为广。由于价格和市场原因,吸水树脂有80%以上用于一次性纸尿巾,用于农林业方面的很少。

2.3 保水剂应用及相关产业链接分析

我国干旱、半干旱和半湿润易旱地区总面积331.7万km^2,占国土面积的34.6%。其中荒漠化土地面积263万km^2,占该区域面积的79%,占国土总面积的27.3%,是全国耕地总面积的两倍多。每年因荒漠化造成的直接经济损失达540亿元。同时,全国还存在着水土流失面积150万km^2,约占全国国土面积的1/6。胡锦涛同志提出,"水土资源安全、生态安全和粮食安全"是关系到中华民族长期持续发展的根本保证。因此,在传统治理技术的基础上,采用和引进新技术、新方法才是实现我国生态安全和农业持续发展的可靠保证。营养型抗旱保水剂的研制与应用具有以下作用。

2.3.1 加速水土流失的综合治理进程

我国的水土流失问题严重,水土流失面积150万km^2,约占全国国土面积的1/6,每年50亿t的水土流失量相当于毁掉100万hm^2的土地,丧失4 000万t的氮磷钾营养养分;黄土高原的水土流失最为严重,黄河经陕县的流沙量从1919~1953年的平均12.6亿t增加至现在的16亿t,流失的土壤导致河床淤高、水库淤塞、防洪能力降低。河南省水土流失面积达3.2万km^2,年水土流失量达1.2亿t,相当于损失掉2.4万hm^2耕地,流失掉的土壤中氮、磷、钾养分含量折合成标准肥约100万t。这是半干旱区和半湿润易旱区所特有的自然现象,一边是严重缺水,旱灾严重;一边是降水的过度集中,形成强地表径流,造成严重的水土流失。如何减轻这种水、旱灾害并存的矛盾,关键是利用好降水资源!也就是说,提高降水的蓄积量,减少强降水所产生的径流量。传统的方法不能完全解决这一问题,而采用抗旱保水剂不仅可以增加土壤的保水量,而且可以通过蓄积的有效水分提高地面植被的成活率,从而增加地面植被的覆盖度,减少雨水的冲刷强度和水土流失,减轻强降水所造成的危害。黄河水利委员会运用抗旱保水剂与传统水土保持技术相结合,取得了明显的成效。因此,将保水剂运用于水土保持,开辟了治理水土流失的新途径。

2.3.2 加快林果业的建设和沙漠化治理步伐

旱作农业区域降水的突出问题是年内、年际变率大,种植的树木存活率低,遇到严重干旱年份,成活1~2年的树木也会因严重缺水而枯萎,从而形成了"年年栽树,不见树;年年栽树,树不活"的恶性循环,而采用保水剂蘸根和施用保水剂则可以大大提高林木的存活率,据新安县2001年林业统计,利用保水剂蘸根的各种树木成活率均在85%以上,不蘸根的树木成活率仅有40%左右;施用抗旱保水剂的树木不仅生长旺盛、根系长,而且成活树木的存活率也较不施提高15%。同时,施用保水剂于果树,可以提高果树的坐果率和果实产量3%～5%。因此,将抗旱保水剂运用于林果业,不仅可以提高林木的存活率,而且可以增加林木生长量,促进林果业的健康、持续发展。

同时,在我国沙漠化土地所处的区域,造成沙漠化土地面积不断扩大的根本因素是水分的严重缺乏,而季节性降水又被超大的自然蒸发量蒸发损失,通过采用抗旱保水剂可有效地降低蒸发损失,提高水分在土壤的保存时间,为耐旱性植物提供良好的生长发育空间,从而对控制土壤沙漠化起到积极的效果。"三北"防护林的建设实践证明,运用先进的技术和土壤水分保蓄增容手段,对提高林木、灌丛成活率具有积极效果。

2.3.3 推动旱作农业的高效持续发展

旱作农业的核心就是提高降水资源的利用率和利用效率。如何提高旱作农业区域的降水利用,是土壤、农学、气象、生物、遗传等方面专家和学者共同关注的问题。作为旱作农业节水技术的重要方面,化学节水技术虽然起步较晚,但由于其良好的蓄水性、保水性、供水性和环保性能,抗旱保水剂日益得到了农、林、食用菌、花卉、蔬菜、城市绿化等行业的重视和运用。尤其是面对旱灾日趋频繁、水资源日益紧缺的今天,随着人口增加与对农畜产品需求量日益增加,旱作农业越来越受到政府、农业部门的重视。有关领导和专家指出,我国未来农业发展的出路在旱地,希望在旱地,潜力在旱地!试验结果表明,施用抗旱保水剂,或其与其他农业节水技术的有机结合,可显著提高旱作农业的生物学产量、经济效益和资源利用效率。同时,施用抗旱保水剂增加了降水的保蓄能力,增强了种植业结构调整的潜力。因此,研究、开发、推广应用抗旱保水剂成为新世纪旱作农业高效发展的新起点!推动旱地农业向产业化、规模化、资源高效化发展,增加农业、农村、农民的经济收入,推动旱作农业区域"三农"经济的腾飞;提高农产品品质,适应加入WTO发展的客观需要。以色列的"设施农业"和"节水灌溉"高效创汇性农业就是我们可借鉴的成功范例。

2.3.4 为我国西部经济大开发铺平道路

我国西部的经济发展之所以落后,生态环境之所以恶劣,除地理位置之外,从根本上说,水资源问题是其根本的问题所在。尤其是陕西、山西、内蒙古、新疆、甘肃、宁夏等省区,由于缺水,人畜生存困难;由于缺水,土壤荒漠化严重——沙进人退;由于缺水,绿洲退化、土壤次生盐渍化严重;由于缺水,水土流失严重,土壤质量低下;由于缺水,社会经济落后……总之,由于缺水,农业生态环境和人类生存环境十分恶劣。而采用抗旱保水剂将有效蓄积和保存大量的有限降水,为西部区域的农林牧建设和生态环境改善提供基本条件。这是因为抗旱保水剂不仅能蓄积降水,而且与传统节水技术不同的是抗旱保水剂可有效地将蓄积的水分保存到土壤之内,而不至于很快被蒸发掉(抗旱保水剂可减少蒸发50%～60%)。传统节水农业技术仅将蓄积的水分保持到土壤中,在不利用时由于强烈土壤蒸发而被白白地浪费掉。因此,开展抗旱保水剂的产业化示范建设,将为我国西部经济开发的生态环境建设提供技术支持。

2.3.5 促进高新技术的产业化建设

我国科技的转化率低有目共睹,河南省1996年前的科技成果转化率仅为18.6%。一是部分成果产业化的链条脱节,二是科技成果产业化的程度低,三是产、学、研脱节,但更重要的是资金缺乏,使有限的成果束之高阁。这不仅造成人力、物力、财力的极大浪费,而且也严重阻碍着科技进步和新产品、新工艺的升华。通过抗旱保水剂项目的实施,不仅促进了抗旱保水剂这一高科技产品的物化，产生良好的社会、生态、经济效益，而且通过产业化建设和示范应用，将造就一批旱地农业节水技术与抗旱保水剂的专业队伍和人才群体，进一步推动新产品、新工艺、新方法的研究与应用，推动科技进步和产品质量的提高，进一步提高降水的利用和高新技术的产业化建设。

2.3.6 推动城市绿化，改善城市生态环境

抗旱保水剂不仅在种植业、水土保持上成效显著，而且在林业、花卉、草坪培植方面效果极佳。随着我国的城市化建设，城市绿化和城市生态环境建设也面临越来越严峻的水资源问题，如何提高城市栽种树木的成活率、保持草坪和花卉的美化、提高水资源的利用率，也日益成为我国北方多数城市面临的实际问题。以郑州市为例，目前全市人均水资源量仅 230m^3，但水资源的利用现状堪忧，一方面是水源紧张，一方面是水资源的极大浪费：工业用水重复利用率低、降水直接进入下水道流失、有限的地面（多数为硬化地面）蓄积的降水有限（造成每发展一片草坪、栽种一棵树苗，而不得不反反复复地灌溉！）。郑州市不仅是缺水城，又是风沙城，每年用于城市绿化的水资源量十分惊人。而采用抗旱保水剂与降水利用技术的结合，将使丰富的降水资源得以充分的利用，有效减少草坪、树苗的补灌次数，降低灌溉水用量，提高苗木、草坪、花卉的成活率，实现水资源的重复利用和水资源利用率的提高，从而推动城市绿化建设，改善城市生态环境。

2.4 产品的主要研制过程及其性能

2.4.1 研究解决的主要问题

针对目前保水剂生产存在的复合型保水剂技术配方、生产工艺等方面研究、开发的欠缺和保水剂产品成本高等一系列问题，我们初步通过上千次的配方研制和田间试验，解决高分子吸水材料、土壤矿物质、粉煤灰、纤维素、稀土和植物营养等有机结合的复配制造问题。

同时，在传统制作工艺的基础上，根据不同的需要，我们初步研制了一系列的圆球形或椭圆形成型模具，使相关产品外观呈圆球形或椭圆形及其他几何图形，且其直径可以根据不同作物的需要制成不同的规格。不仅能够增加土壤蓄水量，而且能够改良土壤和提供作物营养，起到促根壮苗的作用，提高出苗率和抗旱性。

2.4.2 产品的主要研制过程

据据目前抗旱保水剂研究存在的特点和问题，结合河南省农业生产的实际，我们在系统分析国内外相关产品的基础上，将吸水材料（聚丙烯酸酰胺等）、粉煤灰、植物纤维素、土壤黏土矿物、植物营养元素等按不同的分组、配方比例进行有机地混合，从中筛选出性能稳定、品质优良、吸水倍数合适、营养成分配合得当、具有营养与保水双重功能的抗旱保水剂。根据产品研制的目的，经过配方筛选→样品加工→田间试验和盆栽试验→产品测试等配方、样品、试验分析、再优化的多次循环往复，通过 1 000 多次配方筛选、样品制作、田间性能试验、盆栽试验等，筛选出了不同配方组合的外壳和内核，经过特定加工制成不同的营养型抗旱保水剂，满足不同植物的需要。而且，本产品的制造工艺简单、方法先进，营养型保水球抗压能力强，耐储运，吸水速度快，膨胀压好，其反复吸水的次数提高 50%以上。

2.4.3 生产工艺流程与特点

2.4.3.1 工艺流程

利用“分项控制合成法”生产营养型抗旱保水剂，其中高吸水材料采用丙烯酸体系、水溶液聚合法，在釜内中和、釜外聚合而成。颗粒状营养型抗旱保水剂的工艺流程为：

配料→中和→釜内混合交联→釜外引发聚合→切片→造粒→烘干→粉碎→筛分→包装→成品

壳状营养型抗旱保水剂的工艺流程为：

配料→中和→釜内混合交联→釜外引发聚合→切片→造粒→烘干→粉碎→筛分→分组加壳→包装→成品

2.4.3.2 工艺特点

项目采取“分项控制合成法”，工艺具有以下特点：①真正实现了聚合反应的有序控制，从根本上消除了爆聚的危险，为大规模工业化生产开创了前提条件。②节省了后序处理工艺，使产品无须再用甲醇等剧毒溶液进行后期清洗，从根本上消除了环境污染。③大幅度降低了生产成本，用这种工艺生产出的产品，吸水倍率高，速度快，成本比国外同类产品低 2/3，为产品的大面积推广应用创造了有利条件。

2.4.4 产品的主要性能

通过试验研究和产品测试，产品具有改良土壤结构、增加土壤蓄水量、提高作物对自然降水的利用率、促根壮苗、增强作物的抗旱性能等多种功效。

(1)持效性能好。营养型抗旱保水球内核充分吸水后呈水囊球，在外壳的保护下，在土壤中形成一个个植物生长所需的“小水库”，比目前保水剂直接使用蒸发量降低 10%～20%，延长释放时间 20 天以上。

(2)具有多种肥效。由于产品在吸水材料中加入了氮、磷、钾和微量元素等多种植物营养，除了具有抗旱保墒、增强作物抗逆性性能以外，还可以缓慢释放肥料，提高肥料利用效率。

(3)吸水速度快。在充分水分条件下，在土壤中 10～25 分钟可以使保水球的蓄水量达到饱和状态；水分释放缓慢，在埋深 15～20cm 土层时，保水球蓄积的水分 80～120 天释放 95%以上。

(4)耐储运。在防潮措施得当的情况下，可以长途运送，贮藏期可达 3～5 年。

(5)吸水倍数稳定。产品涉及的系列产品吸水倍数为 50～300 倍。

(6)制造工艺简单。方法先进，模具齐全，在充分吸收传统制造工艺的基础上，根据不同作物的需要和客户需求，研制了 0.1～20cm 的配套系列模具，使制造工艺与方法更加简便。

(7)成本低廉。通过一系列材料配方、制造工艺和模具的实施，产品的成本价格比国内普通保水剂的价格降低 50%，比比利时 TC 保水剂的价格降低 50%～70%。

(8)应用范围广。产品不仅可以在农作物大田使用，而且可以运用到城市园艺、荒山绿化等多个方面，从而起到改善土壤条件、美化人类生存环境、实现农产品的无公害生产等多种功能。

(9)产品在综合国内外技术优势的基础上，将可降解的高分子吸水材料、土壤矿物质、稀土、粉煤灰和植物营养成分等有机地融合在一起，实现了单体保水剂与有机物质的有机结合，拓展了复合型保水剂的研究思路和制造工艺。

2.4.5 保水剂的使用方法

2.4.5.1 种子包衣

一般用粒度在120目即0.125mm粒径以上的保水剂与营养物、农药和细土等混合制成种衣剂，其中保水剂的含量依作物和地区特点而定，一般为5%～20%。种衣剂再作拌种或丸衣化，可大大提高出苗率，使根系发达，壮苗，还能节水、省工和增产。该方法适于水稻、玉米、油菜、烤烟和花草。研究表明，应用高吸水种衣剂对水稻种子进行包衣处理，不浸种不催芽直接播入旱育苗床，不仅提高了种子出苗率、成秧率，有效防止了多种病虫害及死苗的发生，壮大根群，提高了秧苗素质，而且实现了旱育秧苗根部带土抛植，提高了立苗速度和抗植伤能力，增加了旱育抛栽稻的产量(徐卯林等，1998)。

2.4.5.2 蘸根

将作物的根系浸泡于一定浓度的保水剂中，使水凝胶均匀附在幼苗或苗木的根系上，直接栽植或取出晾干，捆扎成捆后再栽植。对油松、侧柏、花椒三个苗木的试验表明，用保水剂处理的成活率比用清水处理的高20.6%，达显著水平(左永忠等，1994)。用40～80目即0.18～0.425mm粒径的保水剂以水重的0.1%与水充分拌匀，吸水20分钟，把裸根苗浸泡其中30秒后取出，用塑料包扎好根部，可防止根部干燥，延长萎蔫期，利于长途运输，成活率可提高15%～20%。一般用于树苗、花卉苗及菜苗的贮存、移栽和运输，也可用于果树和林木等的繁殖插条。

2.4.5.3 拌种

将种子浸在一定浓度的保水剂溶液中，使种子表面形成薄膜外衣；另将保水剂与化肥、农药以及粉碎均匀过筛的腐殖土按质量分数1%配比掺和均匀；再将包过外衣的种子与混合好的土按1∶3的重量比在制丸机(小型搅拌机)中造粒。对小麦的增产效果研究表明，在中壤质潮土，土壤水分含量在50%FMC～80%FMC范围内。应用保水剂拌种可使小麦出苗率增加、出苗期提前、麦苗抗旱型增强，地上部鲜、干重明显增加，田间小麦增产4.49%～6.09%(汪立刚等，2003)。

2.4.5.4 施于土壤

保水剂既可以地表散施、沟(条)施、穴施，也可以地面喷施。地面散施是在播种时或栽植前将保水剂直接撒于地表，使土壤表面形成一层覆盖的保水膜，以此来抑制土壤蒸发。地面散施一般用于铺设草皮或大面积直播栽植。铺设草皮时保水剂用量为90～150kg/hm^2，大田一般为37.5～75.0kg/hm^2。沟(条)施是直接将种子和保水剂一同均匀地撒入种植沟内，然后覆土耙平。穴施是先将保水剂撒入穴内与土掺合，然后播种覆土。沟(条)施、穴施保水剂用量一般为45～75kg/hm^2。地面喷施是将保水剂配成一定浓度的溶液，用喷雾器喷洒在地面，使之形成一层薄膜减少地面蒸发。地面喷施在经济作物栽植及育苗中应用效果较好，配制保水剂的体积分数一般为1%～2%。

2.4.5.5 用作育苗培养基质

将浓度为3～10g/kg的保水剂与营养液按比例混合形成均匀凝胶状，再与其他基质按比例混合，可用于盆栽花卉、蔬菜、苗木等的工厂化育苗。

2.5 化学节水产品在农业上的应用效果

2.5.1 保水球对小麦发育性状和增产效应的影响

2.5.1.1 试验材料与方法

试验设置在半湿润易旱区的禹州市郭连乡岗孙村的岗旱地，年降水量646mm，其中60%以上集中在夏季，存在较严重的春旱、伏旱和秋旱；土壤为褐土，土壤母质为黄土性物质，耕层土壤养分状况为有机质12.3g/kg、全氮0.80g/kg、水解氮47.82mg/kg、速效磷6.66mg/kg、速效钾114.8mg/kg。

试验设补充灌水和不灌水两种水分条件，营养型抗旱保水球处理设置0(CK)、30、60、120、150kg/hm^2 等5个水平的用量处理，3次重复，随机排列；营养型抗旱保水球采用河南省农业科学院土壤肥料研究所节水农业研究室研制的产品；补充灌水时间为拔节期，补灌水源为水池(窖)收集的降水，灌水量为450m^3/hm^2。小麦品种采用豫麦18—64，播种量为135kg/hm^2，播期为10月20～25日，统一播种、统一管理。处理周围设1.5m宽保护行；11月5日选定小麦定苗样段，分析小麦株高、分蘖、成穗、穗长、穗粒数等生长发育特征。试验用肥料采用过磷酸钙(含$P_2O_5$12%)、尿素(含N46%)和硫酸钾(含K_2O 60%)，氮磷钾养分的比例为12:8:5。

2.5.1.2 保水球对小麦发育性状的影响

从表2-1可以看出，保水球在不同水分条件下对小麦的发育性状表现出不同的特征。在不灌水条件下，施用保水球的处理除处理1外，其他处理千粒重均有所提高；除处理2外，其他处理穗粒数均有所增加；除处理4外，其他处理穗长均有所增长；除处理3外，株高均有所降低。

表2-1 保水球对小麦发育性状的影响

处理		株高(cm)	穗长(cm)	穗粒数(粒)	千粒重(g)
不灌水	CK	60.2	6.7	24.2	44.2
	处理1	58.1	6.9	25.1	44.0
	处理2	56.2	7.4	23.8	45.0
	处理3	61.5	7.2	28.7	46.7
	处理4	52.1	6.5	24.9	46.0
补灌一水	CK	45.0	6.5	21.5	41.0
	处理1	46.0	6.6	26.0	42.2
	处理2	47.4	7.3	25.7	43.0
	处理3	54.0	6.8	23.7	43.0
	处理4	44.0	6.9	24.2	41.4

在补灌一水时则表现出明显不同的特征，施用保水球的处理除处理4外，株高均有所

增加;千粒重、穗长、穗粒数均有所提高;说明施用保水球后合理的补充灌溉有利于小麦的生长发育。

2.5.1.3 保水球对小麦产量的影响

从表2-2、图2-1、图2-2可以看出,施用营养型抗旱保水球的处理与对照相比具有明显的增产效应。在不灌水的情况下,施用保水球的处理均较对照增产,其增产幅度为18.7%~56.8%(见表2-2、图2-1),其中以施120kg/hm^{2}处理增产效果最佳,其增幅达56.8%,其后依次为施60、150、30kg/hm^2。

在补灌一水的情况下,施用保水球的处理也较对照增产显著,其增产幅度为9.4%~45.8%(见表2-2、图2-2),其中以施120kg/hm^{2}处理增产效果最佳,其增幅达51.1%,其后依次为60、30、150kg/hm^{2}处理。

通过上述分析表明,在不灌水和补灌一水的情况下,施60~120kg/hm^{2}保水球时对旱地小麦具有明显的增产效应。

表2-2 保水球对小麦增产效应的影响

处理		小区产量(kg/hm^2)				较CK增加(%)
		Ⅰ	Ⅱ	Ⅲ	平均	
不灌水	CK	1 908.0	3 499.5	3 124.5	2 844.0	
	处理1	2 715.0	3 252.0	3 405.0	3 124.5	18.7
	处理2	2 872.5	3 799.5	3 057.0	3 243.0	26.6
	处理3	3 652.5	3 333.0	4 102.5	3 696.0	56.8
	处理4	2 905.5	3 435.0	3 240.0	3 193.5	23.3
补灌一水	CK	2 085.0	3 163.5	3 094.5	2 781.0	
	处理1	3 775.5	3 102.0	3 325.5	3 400.5	41.3
	处理2	4 053.0	2 962.5	3 390.0	3 468.0	45.8
	处理3	3 408.0	3 619.5	3 615.0	3 547.5	51.1
	处理4	2 500.5	2 502.0	3 762.0	2 922.0	9.4

2.5.1.4 保水球对降水利用效率的影响

根据当地气象部门测定,当年小麦全生育期降水量为216mm,通过对比分析可以看出(见表2-3),施用营养型抗旱保水球处理均比对照的降水利用效率有所提高。在不灌水条件下,施用营养型抗旱保水球处理降水利用效率分别增加1.20~3.90kg/(mm·hm^2),并以120kg/hm^{2}处理降水利用效率提高最大,增加3.90kg/(mm·hm^2)。

在补灌一水条件下,施用营养型抗旱保水球降水利用效率处理分别增加0.60~3.45kg/(mm·hm^2),同不灌水处理一样,也以120kg/hm^{2}处理降水利用效率提高最大,增加3.45kg/(mm·hm^2)。

以上结果表明,合理使用营养型抗旱保水球对旱地小麦降水利用效率的提高具有明显的积极效果。

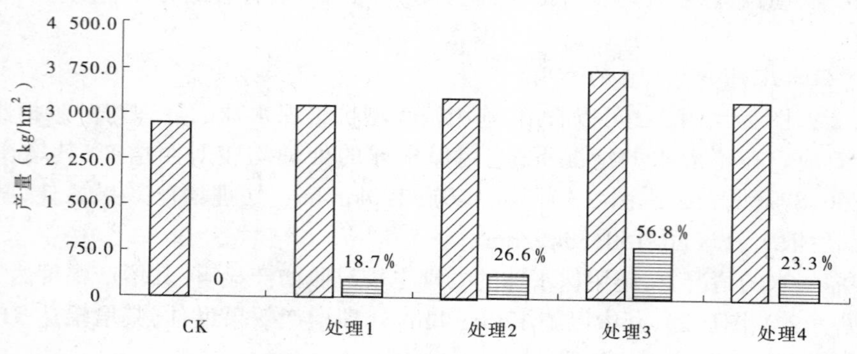

图 2-1　不灌水保水球的增产效应

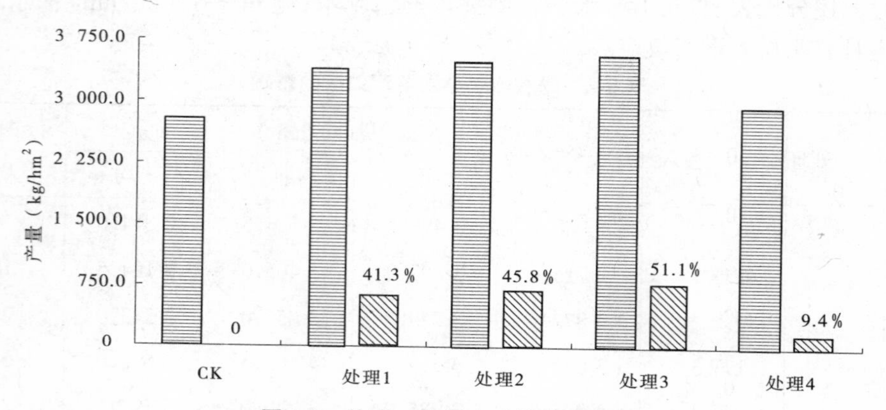

图 2-2　补灌一水保水球的增产效应

表 2-3　不同保水剂施用量降水利用效率分析

处理	不灌水					补灌一水				
	CK	处理 1	处理 2	处理 3	处理 4	CK	处理 1	处理 2	处理 3	处理 4
产量（kg/hm²）	2 844	3 124.5	3 243	3 696	3 193.5	2 781	3 400.5	3 468	3 547.5	2 922
利用效率（kg/(mm·hm²)）	13.2	14.4	15	17.1	14.85	12.9	15.75	16.05	16.35	13.5
较 CK 增(kg/(mm·hm²))		1.2	1.8	3.9	1.65		2.85	3.15	3.45	0.6

2.5.2　抗旱保水剂对红薯发育及产量的影响效应研究

2.5.2.1　营养型抗旱保水剂对红薯单株重和块重的影响

从表 2-4 可以看出，营养型抗旱保水剂、营养型抗旱保水剂 + 多元微肥两个处理与对照相比，单株重、块重均有不同程度的增加，其中营养型抗旱保水剂处理单株重、块重分别增加 0.12kg 和 0.09kg；营养型抗旱保水剂 + 多元微肥处理单株重、块重分别增加 0.25kg 和 0.15kg。

表 2-4 营养型抗旱保水剂穴施对红薯单株重和块重的影响 (单位:kg)

项目	CK		抗旱保水剂		抗旱保水剂+多元微肥	
	单株重	块重	单株重	块重	单株重	块重
1	0.70	0.23	0.80	0.80	0.85	0.43
2	0.70	0.23	0.70	0.18	0.92	0.41
3	1.06	0.21	1.04	0.26	1.21	0.30
4	1.02	0.20	1.04	0.26	1.24	0.31
5	1.04	0.21	1.17	0.59	1.12	0.56
6	0.85	0.85	1.17	0.59	1.32	0.44
7	1.25	0.42	0.65	0.33	0.55	0.28
8	0.85	0.17	1.47	0.29	1.85	0.46
9	0.49	0.25	1.10	0.37	1.40	0.47
10	0.89	0.22	0.98	0.33	1.10	0.37
11	0.54	0.18	0.68	0.34	0.75	0.25
12	0.76	0.38	0.68	0.34	0.75	0.38
13	0.32	0.16	0.85	0.28	1.05	0.35
14	0.70	0.23	0.30	0.30	0.40	0.40
15	0.43	0.22	0.75	0.38	0.80	0.40
合计	11.60	4.16	13.38	5.64	15.31	5.81
平均	0.77	0.24	0.89	0.33	1.02	0.39

2.5.2.2 不同保水剂对不同红薯品种的增产效应分析

2002年在前期试验的基础上,我们进一步安排了不同保水剂、不同红薯品种的增产效应试验,红薯品种设置徐薯18和豫薯13两个品种,保水剂处理设置对照、营养型抗旱保水剂、营养型抗旱保水球、博亚高能抗旱保水剂、进口保水剂和枝改型保水剂等6个处理。前茬作物为小麦。

从表2-5可以看出,不同保水剂对红薯具有明显的增产效应,其中徐薯18以进口保水剂增产幅度最大,为21.91%;其次是营养型抗旱保水球,增产20.26%;营养型抗旱保水剂和博亚高能抗旱保水剂相近,分别增产14.22%和13.12%;枝改型保水剂仅增产5.44%。

表 2-5　不同红薯品种抗旱保水剂增产效应研究

项目	营养型抗旱保水球	营养型抗旱保水剂	博亚高能抗旱保水剂	进口保水剂(美国)	枝改型保水剂	对照
徐薯 18(kg/hm²)	26 603.55	25 267.2	25 024.35	26 967.9	23 323.65	22 120.95
比对照增产(kg/hm²)	4 482.6	3 146.25	2 903.4	4 846.95	1 202.7	
比对照增减(%)	20.26	14.22	13.12	21.91	5.44	
豫薯 13(kg/hm²)	27 696.75	26 579.25	27 210.9	28 425.6	26 239.05	25 510.2
比对照增产(kg/hm²)	2 186.55	1 069.05	1 700.7	2 915.4	728.85	
比对照增减(%)	8.57	4.19	6.67	11.43	2.86	

豫薯 13 以进口保水剂增产幅度最大,为 11.43%;其次为营养型抗旱保水球,增产 8.57%;博亚高能抗旱保水剂增产 6.67%;营养型抗旱保水剂和枝改型保水剂仅分别增产 4.19%和 2.86%。与徐薯 18 相比,虽然保水剂处理的增产效应是一致的,但其营养型抗旱保水剂处理没有博亚高能抗旱保水剂处理高,说明不同的保水剂对不同耐旱性品种的适应性有一定的差异,尚有待进一步深化研究。

2.5.3　不同水分条件对小麦增产效应与降水利用效率的影响

2.5.3.1　试验材料与方法

试验设置在半湿润易旱区"863"节水农业项目禹州试验基地的旱岗地,年降水量 646mm,其中 60%以上集中在夏季,存在较严重的春旱、伏旱和秋旱;土壤为褐土,土壤母质为黄土性物质,耕层土壤养分状况为有机质 12.3g/kg、全氮 0.80g/kg、水解氮 47.82mg/kg、速效磷 6.66mg/kg、速效钾 114.8mg/kg。

试验设置不灌水、补灌一水、补灌二水三种水分条件,保水剂处理设 0、15、30、45、60、75、90kg/hm² 等 7 个处理,各 3 次重复,随机排列。补充灌水时间为拔节期和灌浆期,补灌水量分别为 450m³/(hm²·次)。小麦品种采用豫麦 18—64,播种量为 135kg/hm²,播期为 10 月 20 日,统一播种、统一管理。11 月 15 日选定小麦定苗样段,分析小麦的生长发育特征。试验用肥料采用过磷酸钙(含 P_2O_5 12%)、尿素(含 N46%)、硫酸钾(含 K_2O 60%)。氮磷钾配比为 3:2:2,磷肥和钾肥及 50%的氮肥作底肥一次性施入,50%的氮肥作追肥在拔节期前追施。试验用保水剂为河南省农业科学院研制的营养型抗旱保水剂,使用方法为条施。

2.5.3.2　不同处理对小麦发育性状的影响

从表 2-6 可以看出,不同水分条件不同保水剂处理对小麦发育性状的影响不同。在不灌水条件下,施用保水剂处理的小麦穗长、穗粒数均显著提高,其中穗长增长 1.34～2.10cm,并以 30kg/hm² 处理增长最显著;穗粒数平均增加 9.4～16.5 粒,并以 45kg/hm² 处理增加最显著。小麦株高除 15kg/hm² 处理外,均明显增高。千粒重除 45、60kg/hm² 处理提高外,其他均有所降低。

在补灌一水情况下,施用保水剂处理千粒重除 45kg/hm² 处理提高外,其他均有所降低；小麦穗长除 75kg/hm^2 处理增长外，其他均有缩短；穗粒数除 60kg/hm^2 处理减少外，其他均有所增加；株高除 15kg/hm^2 和 75kg/hm^2 处理外，均明显降低。

在补灌二水情况下，施用保水剂处理株高除 60kg/hm^2 处理外，均明显增高；千粒重除 30、75kg/hm^2 处理提高外，其他均有所降低；小麦穗长除 75kg/hm^2 处理增长外，其他均有所缩短；穗粒数除 75kg/hm^2 处理增加外，其他均有所减少。

上述分析表明，保水剂的使用可以增加小麦穗长和穗粒数、提高小麦籽粒千粒重，从而提高小麦的产量，但过多的水分反而影响保水剂的使用效果。

表 2-6　不同水分条件保水剂处理对小麦发育性状的影响

处理		1	2	3	4	5	6	7
不灌水	株高(cm)	59.8	58.2	63.0	66.5	63.2	67.0	62.9
	穗长(cm)	6.46	8.46	8.56	8.22	7.80	8.43	8.14
	穗粒数(粒)	17.2	30.0	28.2	33.7	28.6	29.6	26.6
	千粒重(g)	38.50	37.99	38.01	39.18	38.60	37.74	37.30
灌一水	株高(cm)	61.4	62.6	61.2	59.2	58.2	65.4	59.0
	穗长(cm)	8.34	8.30	8.22	8.22	8.14	8.46	8.28
	穗粒数(粒)	26.8	28.6	27.2	28.5	25.2	35.6	31.6
	千粒重(g)	42.31	39.83	39.32	42.65	40.63	39.15	42.30
灌二水	株高(cm)	58.0	58.4	63.0	59.9	57.6	65.3	54.6
	穗长(cm)	8.56	7.76	8.24	8.00	7.78	8.58	7.72
	穗粒数(粒)	34.4	30.6	33.4	27.0	25.0	38.2	30.0
	千粒重(g)	41.70	42.98	37.03	41.51	41.78	39.15	37.53

2.5.3.3　不同处理对小麦增产效应的影响

由表 2-7 可知，施用抗旱保水剂的处理均比不施用抗旱保水剂的处理有明显的增产效应。在不灌水的处理中，施用抗旱保水剂的处理分别比不施抗旱保水剂处理增产 8.42%～22.75%，各抗旱保水剂处理间以施用 60kg/hm^2 处理为最好，其次为 45kg/hm^2 处理，二者增产幅度分别达 19.75% 和 22.75%（见表 2-7、图 2-3）。

灌一水时，施用抗旱保水剂处理分别比不施抗旱保水剂处理增产 10.86%～19.86%，各抗旱保水剂处理间以施用 45kg/hm^2 为最好，增产幅度达到 19.86%（见表 2-7、图 2-4）；30、60、75kg/hm^2 三个处理的增产效果也很显著，增产幅度分别达到 16.11%、17.32% 和 15.75%；与相应不灌水处理相比，分别增产 2.21%～9.35%，与各抗旱保水剂处理的增产幅度相比，其增产幅度呈相反的增势。

灌二水时，施用抗旱保水剂处理分别比不施抗旱保水剂处理增产 10.79%～18.42%，各抗旱保水剂处理间在施用 30～90kg/hm^2 之间差异性较小（见表 2-7、图 2-5）；与相应不灌水处理相比，分别增产 12.62%～21.84%；与相应灌一水处理相比，分别增产 8.56%～17.65%。从其不同水分处理结果分析，我们可以看出抗旱保水剂的增产效应在水分缺乏时增产显著，而在水分较充分时增产幅度降低。

表 2-7 抗旱保水剂不同补水条件的增产效应

处理	不灌水		灌一水			灌二水			
	产量	%*	产量	%*	%**	产量	%*	%**	%***
1	2 583.0		2 761.5		6.94	3 058.5		18.43	10.74
2	2 800.5	8.42	3 061.5	10.86	9.35	3 388.5	10.79	21.01	10.67
3	2 935.5	13.65	3 207.0	16.11	9.26	3 544.5	15.91	20.78	10.55
4	3 093.0	19.75	3 310.5	19.86	7.03	3 594.0	17.49	16.20	8.56
5	3 169.5	22.75	3 240.0	17.32	2.21	3 570.0	16.73	12.62	10.19
6	2 989.5	15.78	3 196.5	15.75	6.91	3 601.5	17.77	20.46	12.67
7	2 973.0	15.10	3 078.0	11.47	3.56	3 621.0	18.42	21.84	17.65

注：* 比对照增产；* * 比相应不灌水的处理增产；* * * 比灌一水的相应处理增产。

方差分析和差异显著性分析结果表明，保水剂因素效果达到极显著水平，补充灌水间差异极显著；不同保水剂用量之间表现出不同差异性，其中各保水剂处理与对照相比均达到极显著水平，处理 3～处理 7 与处理 2 相比达到显著水平，但处理 3～处理 7 之间差异不明显。

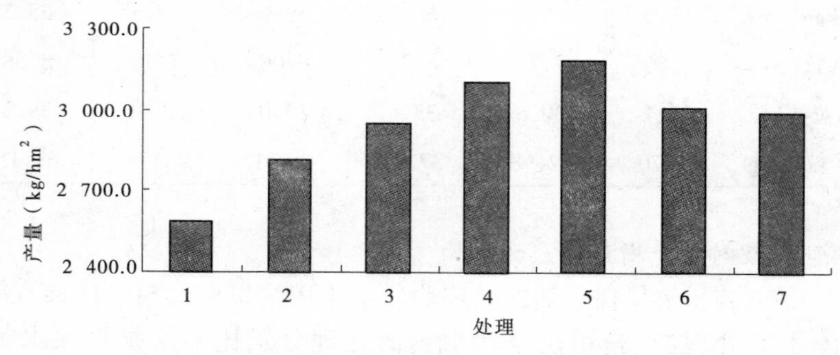

图 2-3 不灌水条件下不同保水剂用量的增产效应

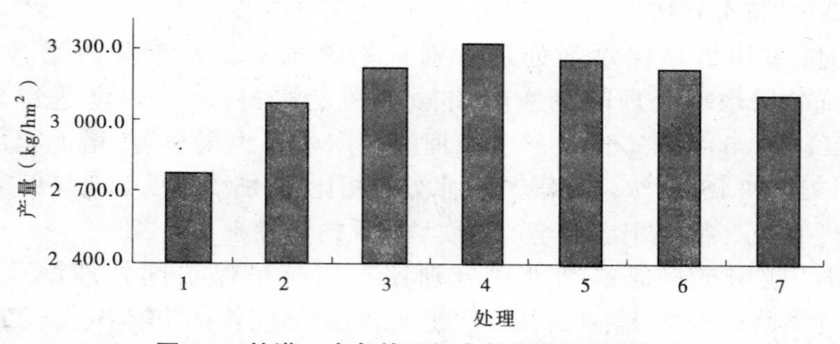

图 2-4 补灌一水条件下保水剂用量的增产效应

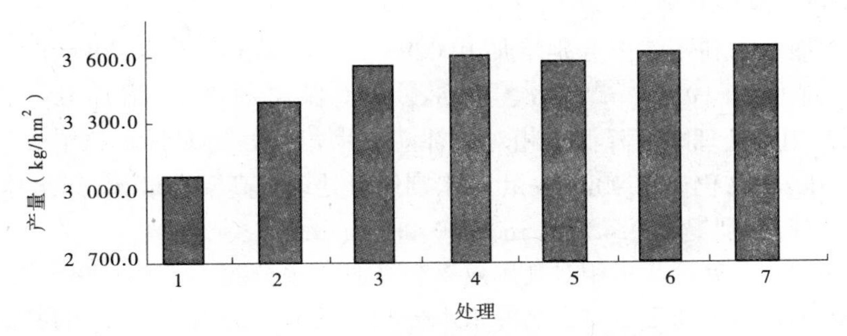

图 2-5　补灌二水条件下保水剂用量的增产效应

2.5.3.4　不同处理对降水利用效率和灌溉水利用效率的影响

根据当地气象部门测定，小麦全生育期降水量三年平均为 196.4mm，通过对比分析可以看出（见表 2-8），不灌水保水剂处理均比对照的降水利用效率有所提高。其中分别增加 1.110～2.985kg/(mm·hm^2)，并以 60kg/hm^2 保水剂用量降水利用效率提高最大，增加 2.985kg/(mm·hm^2)；其次是 45kg/hm^2 保水剂用量，增加 2.595kg/(mm·hm^2)。

表 2-8　不同水分条件保水剂降水和灌水相对利用效率分析

处理		1	2	3	4	5	6	7
不灌水	产量(kg/hm^2)	2 583	2 800.5	2 935.5	3 093	3 169.5	2 989.5	2 973
	降水利用率 kg/(mm·hm^2)	13.155	14.265	14.940	15.750	16.140	15.225	15.135
	比 CK 增减 kg/(mm·hm^2)		1.110	1.800	2.595	2.985	2.070	1.980
灌一水	产量(kg/hm^2)	2 761.5	3 061.5	3 207	3 310.5	3 240	3 196.5	3 078
	水分利用率 (kg/m^3)	0.397	0.580	0.603	0.483	0.157	0.460	0.233
	比 CK 增减 (kg/m^3)		0.183	0.206	0.086	－0.240	0.063	－0.164
灌二水	产量(kg/hm^2)	3 058.5	3 388.5	3 544.5	3 594	3 570	3 601.5	3 621
	水分利用率 (kg/m^3)	0.528	0.653	0.677	0.557	0.445	0.680	0.720
	比 CK 增减 (kg/m^3)		0.125	0.149	0.029	－0.083	0.152	0.192
	比灌一水增减	0.132	0.073	0.073	0.073	0.288	0.220	0.487

补灌一水时灌溉水利用效率分别增加 0.063～0.206kg/m^3，并以 30kg/hm^2 保水剂用量最高，增加 0.206kg/m^3；其次是 15kg/hm^2 保水剂用量，提高 0.183kg/m^3。其中 60、

90kg/hm^2 用量处理略有降低。

补灌二水灌溉水利用效率分别增加 0.029～0.192kg/m^3，并以 90kg/hm^2 保水剂用量提高最大，增加 0.192kg/m^3；其次是 75kg/hm^2 保水剂用量，增加 0.152kg/m^3；60 kg/hm^{2}保水剂用量处理略有降低。相对于补灌一水相应处理灌溉水利用效率分别增加 0.073～0.487kg/m^3，仍然以 90kg/hm^2 保水剂用量处理提高幅度最大，其次是 60kg/hm^2 保水剂用量处理，分别提高 0.487kg/m^3 和 0.288kg/m^3。

从以上不同水分处理降水相对利用效率和灌溉水水分利用效率结果分析，我们可以看出抗旱保水剂在水分缺乏时对提高降水水分利用效率十分有效，合理的补充灌水有利于提高灌溉水水分利用效率，而过多的水分补充灌溉水分利用效率的增幅降低。

2.5.4 不同保水剂对玉米发育性状和产量的影响

2.5.4.1 对玉米发育性状的影响

试验设置处理 1～处理 7，依次为对照、营养型抗旱保水剂 45kg/hm^2、营养型抗旱保水剂 60kg/hm^2、博亚高能抗旱保水剂 45kg/hm^2、博亚高能抗旱保水剂 60kg/hm^2、全益保水素 45kg/hm^2、全益保水素 60kg/hm^2。从表 2-9 可以看出，玉米株高从整体上以降低为主；成穗穗位则表现不同的特征，营养型抗旱保水剂处理(处理 2、处理 3)穗位降低；博亚高能抗旱保水剂处理 5 穗位降低，处理 4 穗位升高，全益保水素处理(处理 6、处理 7)穗位整体升高。

玉米穗长增加明显，平均增幅为 1.08～3.62cm。其中以处理 4 增加最多，增长 3.62cm；其次为处理 7 和处理 3，分别增长 2.34cm 和 2.08cm。就不同保水剂类型而言，博亚高能抗旱保水剂＞全益保水素＞营养型抗旱保水剂。

表 2-9 不同保水剂对玉米发育性状的影响

处理	株高(cm)	穗位(cm)	穗长(cm)	百粒重(g)	单穗重(g)
1	268.82	96.78	19.70	25.37	51.62
2	259.24	96.52	21.00	33.96	51.85
3	261.93	95.52	21.78	34.10	52.39
4	258.95	99.44	23.32	32.58	51.79
5	244.60	95.08	21.16	33.41	52.92
6	268.90	107.20	20.78	31.25	53.78
7	258.12	101.22	22.04	32.45	53.76

玉米百粒重提高显著，平均增加 5.88～8.73g。其中以处理 3 提高最显著，其次为处理 2 和处理 5，分别提高 8.59g 和 8.04g。就不同保水剂类型而言，以营养型抗旱保水剂提高最显著，即营养型抗旱保水剂＞博亚高能抗旱保水剂＞全益保水素 。

玉米单穗重也有不同程度的提高，平均增加 0.17～2.16g。其中以处理 6 和处理 7 提高最多，分别提高 2.16g 和 2.14g。不同保水剂类型之间提高程度为全益保水素＞博亚高能抗旱保水剂＞营养型抗旱保水剂。

2.5.4.2 不同保水剂对玉米产量的影响

从表 2-10 可以看出,不同保水材料处理比对照有不同程度的增产效应,增产幅度为 1.88%~7.51%,其中处理 3 增产最明显,增产幅度为 7.51%;其次是处理 5,增产幅度为 5.01%;增产幅度最低的是处理 6,增产幅度仅 1.88%。不同保水剂类型之间以营养型抗旱保水剂提高最显著,其次为博亚高能抗旱保水剂。

表 2-10 不同保水剂对玉米增产效应的影响

处理	小区产量(kg)				单位产量 kg/hm^2)	比对照增产(%)	单位净效益(元/hm^2)
	Ⅰ	Ⅱ	Ⅲ	平均			
1	2.50	2.80	2.70	2.67	7 407.0		
2	2.70	3.20	2.45	2.78	7 731.0	4.38	421.8
3	2.85	2.65	3.10	2.87	7 963.5	7.51	722.7
4	2.50	2.80	2.90	2.73	7 593.0	2.51	241.2
5	2.80	2.70	2.90	2.80	7 777.5	5.01	482.0
6	2.55	3.00	2.60	2.72	7 546.5	1.88	181.1
7	2.65	2.50	3.10	2.75	7 639.5	3.13	301.5

2.5.5 不同保水剂处理对小麦发育性状及产量的影响

2.5.5.1 试验材料与方法

试验安排在半湿润易旱区“863”节水农业项目禹州试验基地的旱岗地,试验设置 12 个保水剂用量处理,分别为 0(CK)、15、22.5、30、37.5、45、52.5、60、67.5、75、82.5、90kg/hm^2,3 次重复,随机排列;小麦品种采用豫麦 18-64,播种量为 135kg/hm^2,播期为 10 月 20~25 日,统一播种、统一管理。11 月 15 日选定小麦定苗样段,分析小麦的生长发育特征。试验用肥料采用过磷酸钙(含 $P_2O_5$12%)、尿素(含 N46%)、硫酸钾(含 K_2O 60%)。氮磷钾配比为 3:2:2,磷肥和钾肥及 50%的氮肥作底肥一次性施入,50%的氮肥作追肥在拔节期前追施。遇重旱补充灌水一次,补充灌水时间为拔节期或灌浆期,补灌量为 450m^3/(hm^2·次)。试验用保水剂为河南农科院研制的营养型抗旱保水剂,使用方法为条施。

2.5.5.2 对小麦发育性状的影响

从表 2-11 可以看出,不同保水剂施用量处理的穗长、穗粒数和千粒重均比不施处理有所提高,穗长以施保水剂 45kg/hm^2 处理最长,其次为 82.5kg/hm^2 处理和 67.5kg/hm^2 处理;穗粒数则以施保水剂 52.5kg/hm^2 处理最多,其次是 45kg/hm^2 处理和 37.5kg/hm^2 处理;千粒重则以 67.5kg/hm^2 处理最高,其次是 82.5kg/hm^2 处理和 60kg/hm^2 处理。说明保水剂在 37.5~82.5kg/hm^2 处理之间,对小麦发育性状具有积极的作用。

表 2-11　不同保水剂施用量小麦的生长发育特征

项目	处理											
	1	2	3	4	5	6	7	8	9	10	11	12
株高(cm)	73.6	69.3	72.5	72.3	72	73.3	72.7	68.1	69.1	65.5	65.9	67.2
穗长(cm)	7.24	7.94	7.49	7.66	7.76	8.51	7.76	7.39	8.07	7.66	8.12	7.95
穗粒数(粒)	32.5	34.8	34.2	34.4	37.0	37.8	38.0	33.6	33.2	32.5	32.7	35.4
千粒重(g)	36.64	38.96	38.3	39.32	38.8	37.7	39.24	39.86	41.46	39.3	40.92	39.6

2.5.5.3　对小麦增产效应的影响

由表 2-12 结果和图 2-6 的增产趋势分析表明，采用不同保水剂施用量的处理均较对照有明显增产效应，其增产幅度达 7.62%～36.50%，关键是各个保水剂处理穗长、穗粒数和千粒重均有不同程度的增加，并以施用抗旱保水剂 52.5～67.5kg/hm^2 处理增产效果最佳。在 0～67.5kg/hm^2 之间，小麦产量有随着保水剂用量增加而增加，其后呈波动的变化趋势，这一结果说明营养型抗旱保水剂在小麦条施中的最佳用量应该在 52.5～67.5kg/hm^2 之间。

表 2-12　不同保水剂施用量的小麦增产效应分析

处理	小区产量(kg)			小区总产产量(kg/54m^2)	小区产量(kg/18m^2)	平均产量(kg/hm^2)	比对照增产(%)
	Ⅰ	Ⅱ	Ⅲ				
1	0.843	0.840	—	1.683	0.841	4 206.0	
2	0.875	0.885	0.956	2.716	0.905	4 527.0	7.62
3	0.845	0.962	0.952	2.759	0.920	4 599.0	9.32
4	0.896	0.955	1.006	2.857	0.952	4 761.0	13.20
5	0.901	1.017	1.030	2.948	0.983	4 914.0	16.81
6	1.007	1.046	1.108	3.161	1.054	5 268.0	25.25
7	1.162	1.064	1.150	3.376	1.125	5 626.5	33.77
8	1.180	1.198	1.026	3.404	1.135	5 673.0	34.88
9	1.238	1.233	0.975	3.445	1.148	5 742.0	36.50
10	1.098	1.012	0.962	3.072	1.024	5 119.5	21.70
11	1.220	1.048	0.927	3.194	1.065	5 322.0	26.54
12	0.993	1.043	1.029	3.065	1.022	5 107.5	21.43

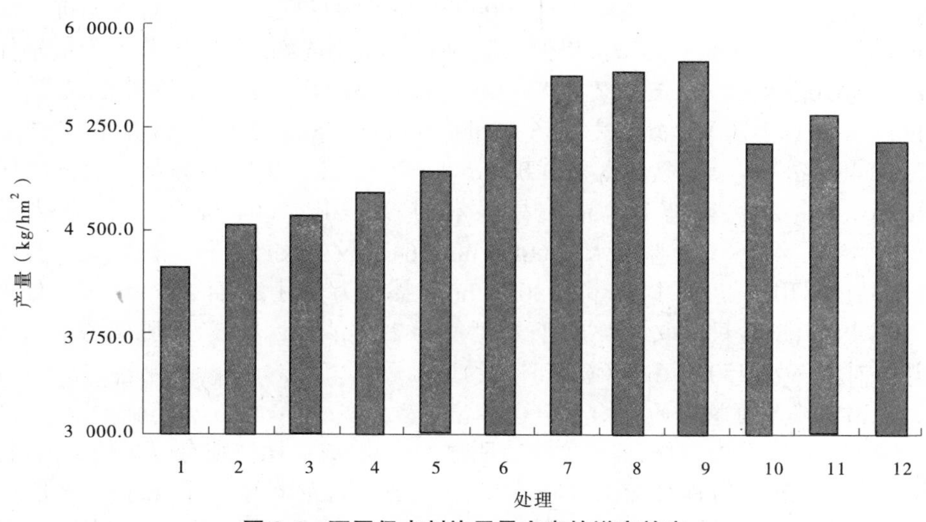

图 2-6 不同保水剂施用量小麦的增产效应

2.5.5.4 对降水利用率的影响

降水利用率的变化趋势与小麦增产趋势相同，根据当地气象部门测定，小麦全生育期平均降水量为 260.4mm，通过对比分析可以看出（见表 2-13），不同营养型抗旱保水剂施用量处理均比对照的降水利用效率有所提高，分别增加 1.233～5.899kg/(mm·hm^2)，在保水剂施用量 0～67.5kg/hm^2 之间，小麦产量有随着保水剂用量增加而增加的趋势，其后呈波动的变化趋势。并以 52.5～67.5kg/hm^2 保水剂用量的降水利用效率提高最大，增加 5.455～5.899kg/(mm·hm^2)。

表 2-13 不同保水剂用量相对降水利用效率分析

项目	处理											
	1	2	3	4	5	6	7	8	9	10	11	12
产量(kg/hm^2)	4 206.0	4 527.0	4 599.0	4 761.0	4 914.0	5 268.0	5 626.5	5 673.0	5 742.0	5 119.5	5 322.0	5 107.5
利用效率(kg/(mm·hm^2))	16.152	17.385	17.661	18.283	18.871	20.230	21.607	21.786	22.051	19.662	20.438	19.614
较 CK 增减(kg/(mm·hm^2))		1.233	1.509	2.131	2.719	4.078	5.455	5.634	5.899	3.510	4.286	3.462

2.5.6 不同技术措施对玉米发育性状和产量的影响

2.5.6.1 试验材料与方法

试验设置在“863”节水农业试验基地的岗旱地，土壤为褐土，土壤母质为黄土性物质，耕层土壤养分状况为有机质 10.8g/kg、全氮 0.81g/kg、水解氮 42.64mg/kg、速效磷 8.69mg/kg、速效钾 109.6mg/kg。

试验设 13 个处理，依次为：覆盖麦秸 3 000kg/hm^2（3.24kg/小区）、覆盖麦秸

6 000kg/hm^2(6.48kg/小区)、覆盖麦秸 9 000kg/hm^2(9.72kg/小区)、营养型抗旱保水剂 45kg/hm^2(48.6g/小区)、营养型抗旱保水剂 60kg/hm^2(64.8g/小区)、营养型抗旱保水剂 45kg/hm^2(48.6g/小区)+覆盖麦秸 3 000kg/hm^2(3.24kg/小区)、营养型抗旱保水剂 45kg/hm^2(48.6g/小区)+覆盖麦秸 6 000kg/hm^2(6.48kg/小区)、营养型抗旱保水剂 45kg/hm^2(48.6g/小区)+覆盖麦秸 9 000kg/hm^2(9.72kg/小区)、博亚高能抗旱保水剂 45kg/hm^2(48.6g/小区)、博亚高能抗旱保水剂 60kg/hm^2(64.8g/小区)、全益保水素 45kg/hm^2(48.6g/小区)、全益保水素 60kg/hm^2(64.8g/小区)、对照。3 次重复,拉丁方排列。玉米品种采用豫玉 22,播种量为 30kg/hm^2,播期为 5 月 28 日,统一管理。处理周围设 2m 宽保护行;试验只采取氮素追肥,追肥量为 225kg/hm^2 尿素,追肥期为玉米大喇叭口期,遇旱补灌一水 450m^3/hm^2(补灌时间为追肥后)。

2.5.6.2 对玉米发育性状的影响

从表 2-14 可以看出,对植株高度没有明显的影响,成穗穗位则有明显的提高,特别是营养型抗旱保水剂+秸秆覆盖 6 000kg/hm^2(处理 7)、营养型抗旱保水剂+秸秆覆盖 9 000kg/hm^2(处理 8)、博亚高能抗旱保水剂 45kg/hm^2(处理 9)、博亚高能抗旱保水剂 60kg/hm^2(处理 10)四个处理最为显著,其次是秸秆覆盖 9 000kg/hm^2(处理 3)、营养型抗旱保水剂+秸秆覆盖 3 000kg/hm^2(处理 5)、营养型抗旱保水剂 60kg/hm^2(处理 6);全益保水素 45kg/hm^2(处理 11)穗位则有所降低。

表 2-14 不同技术措施对玉米发育性状的影响

处理	株高(cm)	穗位	穗长(cm)	百粒重(g)	单穗重(g)
1	270.30	96.10	21.26	33.23	54.06
2	266.00	93.96	22.48	34.35	53.20
3	269.70	97.70	21.66	33.26	53.94
4	267.20	95.00	21.62	35.84	53.44
5	264.60	97.76	22.30	33.88	52.92
6	269.00	98.98	22.46	32.94	53.80
7	275.30	102.92	22.52	32.96	55.06
8	261.00	105.80	22.78	33.85	52.20
9	272.25	103.16	22.64	32.75	54.45
10	274.62	103.34	22.84	32.83	54.92
11	260.60	82.22	25.74	33.05	52.12
12	258.00	91.50	24.34	34.53	51.60
13	270.00	86.30	21.46	28.68	40.42

玉米穗长也表现出明显的增长,平均增长 0.2~4.28cm,只有秸秆覆盖 3 000kg/hm^2(处理 1)穗长降低 0.2cm,其中以全益保水素 45kg/hm^2(处理 11)、全益保水素 60kg/hm^2(处理 12)增加的最长,分别为 4.28cm 和 2.88cm,其次是处理 10、处理 8、处理 9、处理 6、

处理 7、处理 2 和处理 5，处理 3 和处理 4 增加不明显。

百粒重较对照均有所提高，提高幅度为 4.07～7.16g，其中以处理 4 增加最多，为 7.16g；其次为处理 12、处理 2、处理 5 和处理 8，分别提高 5.85、5.67、5.20g 和 5.17g；处理 9 提高最少，仅 4.07g。

单穗重与对照相比均有所增加，增加幅度为 11.18～14.64g，其中以处理 7、处理 10 和处理 9 增加最为显著，分别增加 14.64、14.50g 和 14.03g；其次是处理 1、处理 3、处理 6 和处理 4，分别增加 13.64、13.52、13.38g 和 13.02g。

以上分析表明，不同技术措施对改善玉米生育性状具有积极的效果，对实现玉米的高产高效和降水利用率的提高十分有利。

2.5.6.3 不同技术措施对玉米产量的影响

从表 2-15 可以看出，不同高效利用降水的技术措施对提高玉米产量具有积极效果，与对照相比，平均增产幅度为 1.92%～20.51%。其中以处理 8 增产效果最显著，增幅为 20.51%；其次是处理 7、处理 6、处理 5，分别增产 17.94%、15.38%和 14.10%。

化学节水技术产品之间相比，营养型抗旱保水剂的所有处理（处理 4、处理 5）增产效果最显著，分别增产 11.53%和 14.10%，复合处理（营养型抗旱保水剂 + 秸秆覆盖）增产效果更加显著，平均增产幅度达 15.38%～20.51%；其次是博亚保水剂处理（处理 9、处理 10），分别增产 7.69%～10.25%；全益保水素处理（处理 11、处理 12）的增产效果最差，分别增产 1.92%和 4.48%（见表 2-15）。

表 2-15 不同技术措施的玉米增产效应

处理	小区产量(kg)			小区平均 ($kg/10.8m^2$)	单位产量 (kg/hm^2)	比对照增产 (%)
	Ⅰ	Ⅱ	Ⅲ			
1	2.70	2.85	2.95	2.83	7 870.5	8.97
2	3.40	2.45	2.75	2.87	7 963.5	10.25
3	2.90	2.65	3.20	2.92	8 101.5	12.18
4	3.20	2.45	3.05	2.90	8 055.0	11.53
5	2.85	2.90	3.15	2.97	8 241.0	14.10
6	2.85	3.20	2.95	3.00	8 334.0	15.38
7	3.15	2.85	3.20	3.07	8 518.5	17.94
8	3.20	3.45	2.75	3.13	8 703.0	20.51
9	2.85	3.10	2.45	2.80	7 777.5	7.69
10	2.75	3.00	2.85	2.87	7 963.5	10.25
11	2.25	2.75	2.95	2.65	7 360.5	1.92
12	3.10	2.45	2.60	2.72	7 546.5	4.48
13	2.65	2.40	2.75	2.60	7 222.5	

2.5.6.4 不同技术措施对降水利用效率的影响

从表2-16可以看出,不同技术措施对提高降水利用效率具有积极效果,分别提高0.45～3.60kg/(mm·hm^2)。其中以处理8最高,达到3.60kg/(mm·hm^2);其次是处理7和处理6,分别达到3.15kg/(mm·hm^2)和2.70kg/(mm·hm^2)。这三个处理都是抗旱保水剂+秸秆覆盖综合措施的处理,说明合理的技术集成是提高降水利用率和利用效率的最佳途径。从化学节水技术产品降水利用效率的情况看,以营养型抗旱保水剂处理的效果最好,处理4和处理5分别提高1.95kg/(mm·hm^2)和2.40kg/(mm·hm^2);其次为博亚高能抗旱保水剂,处理9和处理10分别提高1.35kg/(mm·hm^2)和1. 80kg/(mm·hm^2);全益保水素是最差的,处理11和处理12仅分别提高0.45kg/(mm·hm^2)和0.90kg/(mm·hm^2),也是所有技术措施中最低的处理。

表2-16 不同技术措施对降水利用率的影响

项目	处理												
	1	2	3	4	5	6	7	8	9	10	11	12	13
产量(kg/hm^2)	7 870.5	7 963.5	8 101.5	8 055.0	8 241.0	8 334.0	8 518.5	8 703.0	7 777.5	7 963.5	7 360.5	7 546.5	7 222.5
利用率(kg/(mm·hm^2))	18.45	18.60	18.90	18.75	19.20	19.50	19.95	20.40	18.15	18.60	17.25	17.70	16.8
比对照增加(kg/(mm·hm^2))	1.65	1.80	2.10	1.95	2.40	2.70	3.15	3.60	1.35	1.80	0.45	0.90	

2.5.7 保水剂应用对土壤含水量变化的影响

2.5.7.1 不同保水剂处理对土壤水分含量的影响

从表2-17、图2-7、图2-8可以看出,不同保水剂施用量处理的土壤含水量的变化比较复杂,一方面受保水剂用量不同,不同土壤层次的土壤含水量表现不同的特征,0～20cm、80～100cm层次施保水剂处理的土壤含水量均高于对照,20～40cm、40～60cm则比对照有所提高或相近,60～80cm土壤含水量的变化较为复杂(见图2-7),可能与作物产量的提高有关;另一方面受作物产量的影响,在相同层次不同保水剂施用量土壤水分含量均表现出随作物产量的提高土壤含水量降低,这是作物产量增加耗水量增加的结果(见图2-8)。以上分析表明,保水剂的施用可以明显提高土壤的水分含量。

表 2-17　小麦收获时不同保水剂处理土壤层次含水量的分布特征

层次	处理											
(cm)	1	2	3	4	5	6	7	8	9	10	11	12
0～20	13.5	14.2	14.1	14.5	14.1	13.9	13.8	13.6	13.8	13.8	14.1	14.4
20～40	13.4	14.0	13.8	14.2	13.9	13.6	13.3	13.1	13.4	13.5	13.5	13.6
40～60	12.7	12.8	12.8	13.8	13.6	12.8	12.8	12.7	12.9	14.1	14.3	14.6
60～80	12.6	12.4	12.6	13.2	12.9	12.5	12.1	11.9	12.4	12.9	12.9	13.1
80～100	11.4	13.4	14.9	15.8	14.6	13.9	13.1	11.6	13.2	12.4	12.6	12.9

注:12 个处理的保水剂用量分别为 0、15、22.5、30、37.5、45、52.5、60、67.5、75、82.5、90kg/hm^2,小麦品种采用豫麦 18－64。

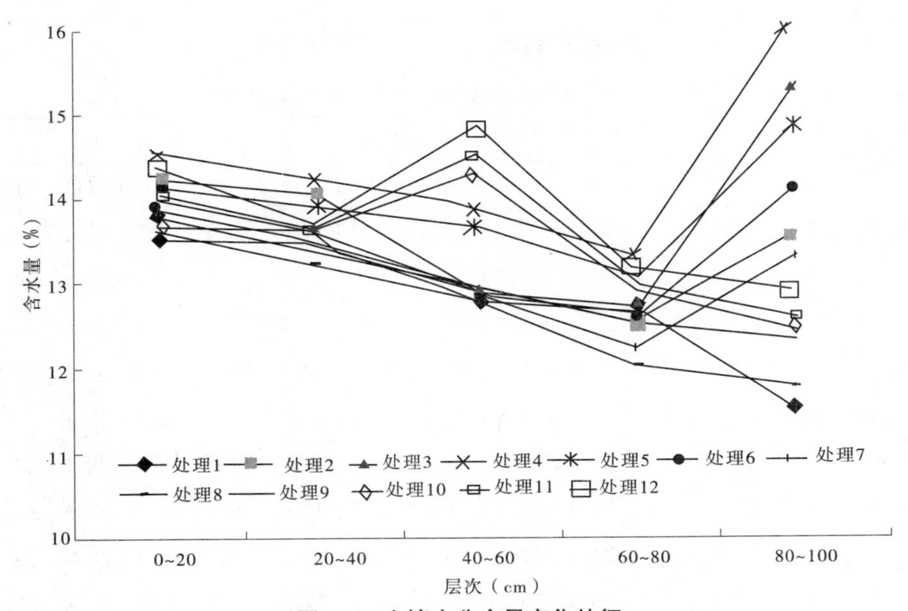

图 2-7　土壤水分含量变化特征

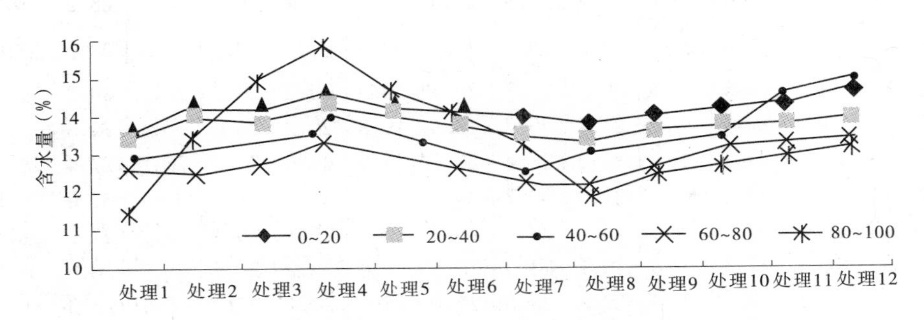

图 2-8　不同保水剂处理不同土壤层次水分含水量的变化特征

2.5.7.2　不同技术措施对土壤含水量的影响

从表 2-18 和图 2-9、图 2-10 可以看出,由于玉米生长正处于全年的降水高峰,2003 年、2004 年又是多年不遇的丰水年份。所以,各种技术措施除个别对土壤水分提高外,在测定土壤的固定时段内,无论是宽行还是窄行的土壤含水量均以对照较高。

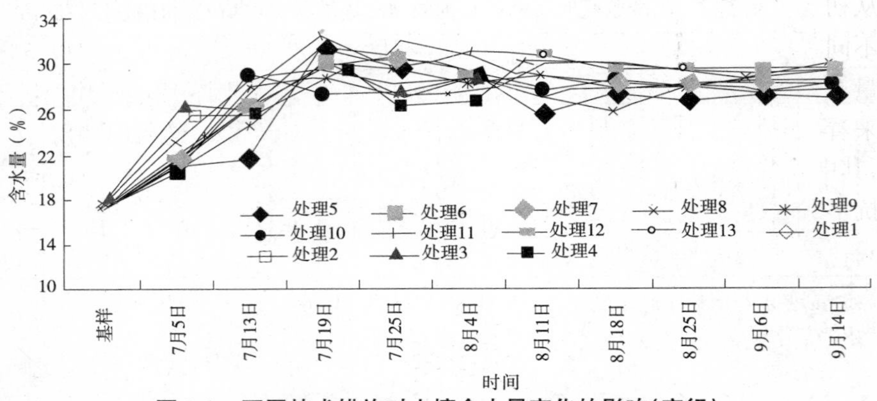

图 2-9　不同技术措施对土壤含水量变化的影响（宽行）

表 2-18　不同技术措施对土壤含水量变化的影响　（%）

宽窄行	时间（月－日）	处理												
		1	2	3	4	5	6	7	8	9	10	11	12	13
窄行	基样	17.2	17.2	17.2	17.2	17.2	17.2	17.2	17.2	17－2	17.2	17.2	17.2	17.2
	07－05	23.8	24.8	22.4	24.3	21.0	21.0	20.5	20.7	20.3	20.3	22.9	20.8	21.7
	07－13	28.6	25.3	30.0	29.1	21.5	26.2	30.2	27.4	24.5	29.1	28.6	27.9	26.0
	07－19	30.5	29.3	30.0	29.1	31.4	29.5	28.1	32.4	30.0	27.2	29.5	28.8	31.0
	07－25	28.3	27.2	28.6	26.4	30.5	30.2	29.3	29.3	29.5	27.4	28.1	27.4	29.5
	08－04	29.2	29.8	29.7	27.0	29.4	29.2	27.4	30.8	28.2	28.5	28.7	28.5	30.6
	08－11	29.3	29.3	28.1	29.8	25.3	27.4	29.5	26.9	28.6	27.6	27.6	26.9	30.7
	08－18	28.1	29.4	28.7	29.8	27.0	27.4	28.4	25.5	27.9	27.9	28.0	28.5	29.3
	08－25	28.8	28.3	28.6	29.0	26.3	27.9	29.2	27.8	27.5	27.8	27.8	27.5	29.3
	09－06	28.4	29.0	29.1	29.2	26.8	27.6	28.2	27.4	26.9	28.2	28.2	28.5	28.9
	09－14	28.6	28.6	28.8	29.1	26.5	27.7	28.7	27.6	27.2	28.0	28.0	28.0	29.1
宽行	基样	20.3	20.3	20.3	20.3	20.3	20.3	20.3	20.3	20.3	20.3	20.3	20.3	20.3
	07－05	21.9	26.0	26.9	22.4	20.3	18.4	19.8	20.5	20.0	23.4	24.3	22.2	22.6
	07－13	27.9	29.3	28.8	31.0	26.4	26.7	26.9	28.6	22.4	28.3	27.4	29.3	26.9
	07－19	31.0	30.7	32.4	31.0	30.7	31.0	31.2	31.2	31.7	32.4	31.0	29.8	30.7
	07－25	27.9	30.2	29.3	24.8	27.4	28.8	26.7	29.1	26.4	29.8	27.9	28.1	30.2
	08－04	28.3	27.3	29.4	30.1	24.0	26.5	28.6	28.0	23.5	28.7	28.0	28.6	26.5
	08－11	26.9	29.5	29.3	29.8	28.6	27.4	27.2	24.1	27.2	28.1	28.3	30.0	27.9
	08－18	28.3	27.3	29.0	28.2	27.2	28.3	28.9	28.7	26.5	28.1	28.1	28.0	28.0
	08－25	28.7	28.5	29.5	28.5	26.7	27.8	28.0	29.4	25.8	28.6	28.4	28.5	28.5
	09－06	28.1	29.4	28.7	29.8	27.0	27.4	28.4	25.5	27.9	27.9	28.0	28.5	29.3
	09－14	28.8	28.3	28.6	29.0	26.3	27.9	29.2	27.8	27.5	27.8	27.8	27.5	29.3

但从初始土壤含水量和玉米收获时土壤含水量来看，不同技术措施对提高土壤含水量具有不同程度的积极效果。从土壤剖面看，不同技术措施对提高亚表层以下层次的土壤含水量有积极效果（见表2-19），只有处理6和处理9没有提高；从不同处理耕层土壤水分含量来看，多种技术措施对提高土壤耕层含水量有积极效果，分别提高0.05～3.10个百分点，其中以营养型抗旱保水剂60kg/hm^2（处理5）最高，提高3.10个百分点；其次是营养型抗旱保水剂+秸秆覆盖9 000kg/hm^2（处理8），提高2.85个百分点。

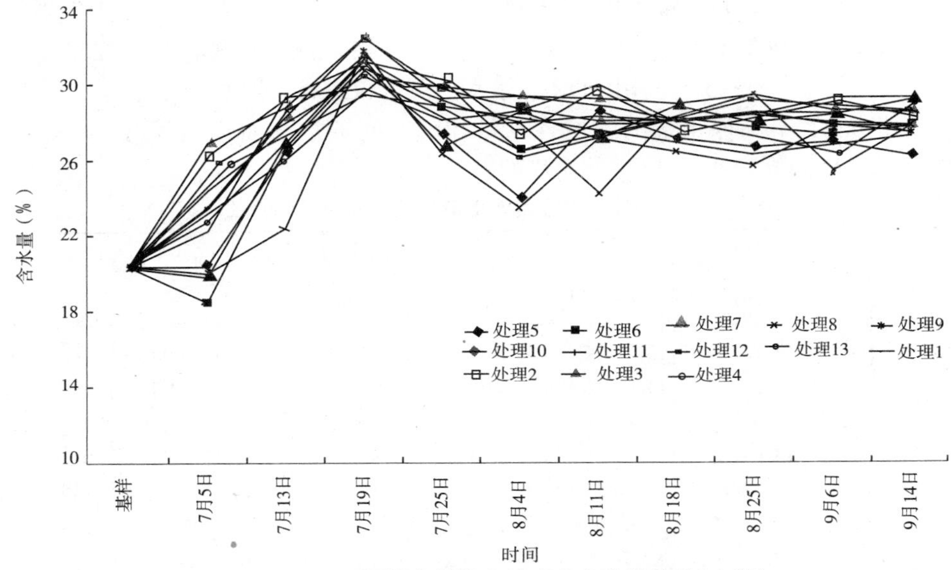

图2-10　不同技术措施土壤水分变化的趋势（窄行）

表2-19　不同技术措施对土壤含水量的影响

播种时		收获时		处理	含水量	处理	含水量（%）
层次（cm）	含水量（%）	层次（cm）	含水量（%）				
0～10	16.7	0～10	24.3	1	25.8	8	26.0
10～20	19.1	10～20	26.4	2	24.6	9	22.6
20～30	18.6	20～40	27.6	3	25.3	10	24.1
30～40	16.2	40～60	29.3	4	25.1	11	23.2
40～50	2.9	60～70	29.3	5	26.2	12	24.6
		70～80	35.2	6	22.7	13	23.1
				7	24.8		

注：收获前3天有降水。

从化学节水产品来看，以营养型抗旱保水剂的保水效果最好，处理4和处理5分别提高2.00个百分点和3.10个百分点；其次是全益保水素，博亚高能抗旱保水剂效果最差。

以上分析表明，不同技术措施对提高土壤蓄水能力具有积极作用，化学节水技术产品以营养型抗旱保水剂效果最好，营养型抗旱保水剂+秸秆覆盖6 000kg/hm^{2}处理和营养型抗旱保水剂＋秸秆覆盖 9 000kg/hm² 处理土壤含水量分别提高 1.70 个百分点和 2.85 个百分点。

2.5.7.3 不同保水剂品种对土壤含水量的影响

本试验在防雨棚下进行，供试土壤为沙壤土，保水剂设置营养型抗旱保水剂（处理1）、博亚保水剂（处理2）、枝改型保水剂（处理3）、进口保水剂（美国）（处理4）和对照（处理5）等5个处理的盆栽试验（Ⅰ空白，Ⅱ花生，Ⅲ玉米）。玉米品种为豫玉22，花生品种为豫花11，肥料配比为 $N_{180}P_{90}K_{90}$，磷钾肥和50%的氮肥作底肥一次性施入，50%的氮肥作追肥。试验时间为2003年5月30日～6月25日。主要观测不同覆盖条件下的土壤水分变化特征，每天下午4～5时利用FDR土壤水分测定仪进行土壤水分测定。

试验结果表明，不同保水剂的土壤含水量均随时间的推移而逐渐降低（见表2-20、图2-11～图2-13），但在不同时段有着明显的差异。

表2-20 不同保水剂沙壤土土壤水分含量的变化特征

日期（月－日）	I_1	I_2	I_3	I_4	I_5	II_1	II_2	II_3	II_4	II_5	III_1	III_2	III_3	III_4	III_5
05－30	20.70	19.50	21.20	19.90	19.30	20.70	19.40	19.80	19.80	19.60	20.70	21.60	19.30	19.30	19.00
05－31	18.70	16.90	18.70	17.10	16.70	17.90	16.70	17.30	17.60	17.30	16.70	19.30	16.20	17.30	15.40
06－01	17.80	14.70	17.30	16.20	14.30	16.90	13.50	15.20	15.90	15.00	14.80	17.90	15.60	17.10	14.60
06－02	16.21	12.97	13.69	13.69	12.51	14.77	12.15	14.51	13.69	13.05	13.23	17.21	16.03	16.14	14.32
06－03	14.14	10.89	13.69	12.60	11.23	13.51	11.51	13.87	13.87	12.69	11.79	17.30	13.69	14.51	3.51
06－04	13.72	10.52	11.97	11.52	9.07	11.97	10.97	12.89	12.71	10.07	11.42	15.41	2.61	5.22	13.69
06－05	12.42	9.80	11.34	11.52	9.07	9.99	10.07	11.25	11.07	10.07	10.44	11.79	11.62	13.69	11.07
06－06	11.07	9.62	10.25	8.36	8.17	8.27	9.91	10.45	9.36	8.09	8.36	11.07	10.36	10.25	9.62
06－07	8.36	7.27	9.35	7.45	7.89	7.80	8.54	9.17	8.72	6.99	7.45	9.54	9.45	9.85	9.62
06－08	8.09	7.02	7.64	7.29	6.64	5.92	7.45	8.54	7.27	6.64	7.74	9.07	9.17	7.27	5.56
06－09	4.47	6.82	7.91	7.45	5.82	6.17	7.64	8.99	6.66	5.35	7.91	9.34	8.99	8.09	6.91
06－10	4.66	6.64	7.00	7.00	4.27	5.35	6.91	5.92	6.07	5.36	7.91	9.17	8.72	9.17	5.99
06－11	32.38	34.91	33.83	33.55	33.55	34.55	33.83	31.93	33.83	32.11	33.55	33.83	34.19	34.91	35.18
06－12	33.55	33.55	32.74	32.74	33.55	32.74	32.56	32.56	34.19	33.55	32.74	33.83	32.74	31.03	33.83
06－13	29.31	32.38	32.11	32.56	32.74	32.38	32.56	31.93	31.66	31.93	32.11	31.66	32.38	31.66	32.38
06－14	31.03	32.11	31.93	32.11	31.03	29.31	30.39	30.66	30.39	32.11	28.68	30.85	29.58	31.48	31.93
06－15	30.21	30.21	31.48	31.30	31.30	30.21	30.21	29.94	32.11	29.76	28.95	29.13	31.30	30.39	31.93
06－16	27.86	29.94	29.76	29.76	29.76	26.78	27.41	28.23	28.95	28.50	29.31	28.23	26.15	27.86	27.59
06－17	22.09	25.52	22.27	24.61	25.70	19.01	21.81	20.73	22.09	21.81	22.63	21.63	23.35	21.36	24.79
06－18	16.03	17.93	16.94	16.03	17.57	9.35	13.87	14.77	13.87	12.42	15.40	15.22	14.95	12.78	17.30
06－19	14.50	14.50	14.77	16.03	17.30	8.54	14.95	13.23	14.50	12.78	13.51	14.32	17.12	13.23	17.12
06－20	12.78	13.87	17.12	16.03	13.23	8.54	10.89	10.25	10.44	9.80	13.69	13.05	11.52	9.62	11.34
06－21	12.78	13.69	13.69	17.12	15.85	7.45	11.52	9.35	13.77	10.71	10.71	11.07	14.14	11.34	11.79
06－22	9.62	13.87	16.03	11.07	13.05	10.89	10.19	12.42	12.42	10.89	9.80	8.99	10.71	10.25	12.60
06－23	9.80	12.15	10.25	11.34	12.15	7.00	9.17	7.00	9.80	8.99	10.25	9.35	8.36	8.54	11.07
06－24	9.80	10.71	10.89	10.44	10.25	7.64	7.91	8.54	11.34	9.35	8.99	9.35	9.17	7.64	10.07
06－25	9.35	10.44	9.80	11.34	9.80	7.45	6.97	8.72	9.35	6.37	7.64	7.64	9.17	7.91	8.54

1)未种植作物情况下的土壤水分变化特征

在未种植作物的情况下,前期土壤含水量为营养型抗旱保水剂＞枝改型保水剂＞进口保水剂＞博亚保水剂＞对照,后期则表现为枝改型保水剂＞进口保水剂＞博亚保水剂＞营养型抗旱保水剂＞对照(见图 2-11)。表明不同的保水剂对保持土壤水分、减少土壤蒸发具有明显的效果,营养型抗旱保水剂的水分持效性还有待于提高。

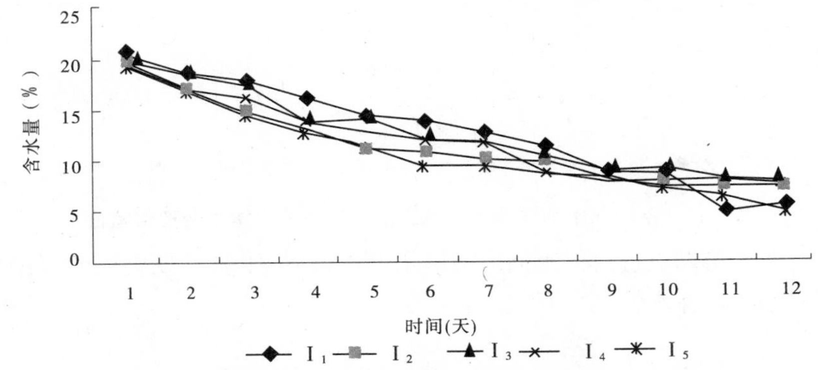

图 2-11 不同保水剂沙壤土未种作物情况下的土壤水分变化特征

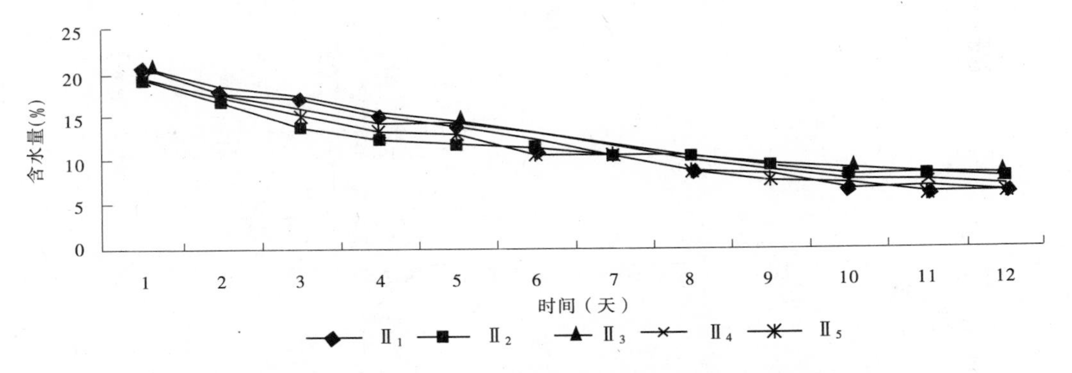

图 2-12 不同保水剂沙壤土种植花生情况下的土壤水分变化特征

2)不同作物栽培条件下的土壤水分变化特征

种植花生的情况下,种植幼苗萌发前期土壤含水量表现为营养型抗旱保水剂＞进口保水剂＞枝改型保水剂＞对照＞博亚保水剂,后期则表现为枝改型保水剂＞博亚保水剂＞进口保水剂＞营养型抗旱保水剂＞对照(见图 2-12)。种植玉米的情况下,种植幼苗萌发前期土壤含水量表现为博亚保水剂＞进口保水剂＞枝改型保水剂＞营养型抗旱保水剂＞对照,后期则表现为博亚保水剂＞枝改型保水剂＞营养型抗旱保水剂＞进口保水剂＞对照(见图 2-13)。

到了作物苗期后,在充分进行灌溉后进行的土壤含水量观测表明,不同的保水剂对涵蓄土壤水分具有明显的效果(见图 2-14、图 2-15)。从图中我们可以看出,无论是种植花生还是种植玉米,土壤含水量在前 6 天的降幅很小,从第 6 天至第 10 天土壤水分大幅度下降,第 10 天到第 15 天土壤含水量趋于稳定,植物发生凋萎的土壤含水量高于种子幼芽

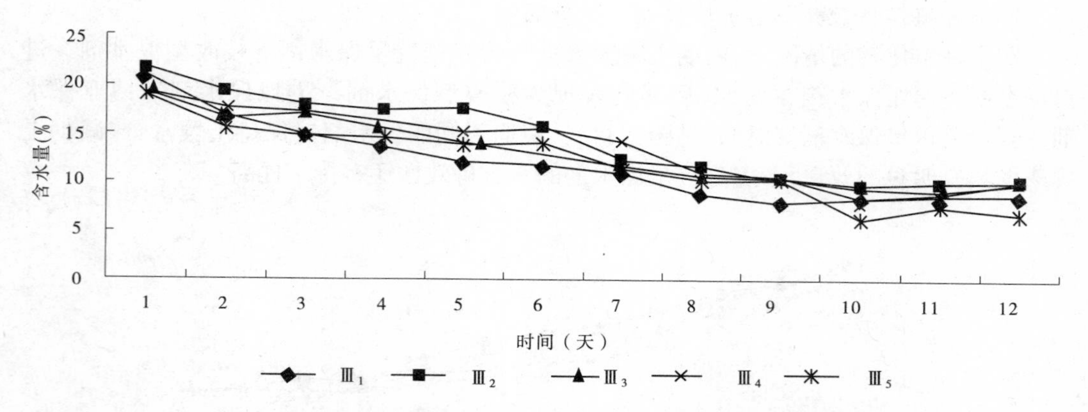

图 2-13　不同保水剂沙壤土种植玉米情况下的土壤水分变化特征

萌发期。其中花生苗期以进口保水剂后期保水性能最好，玉米苗期则以营养型抗旱保水剂和博亚保水剂后期保水性能最好。

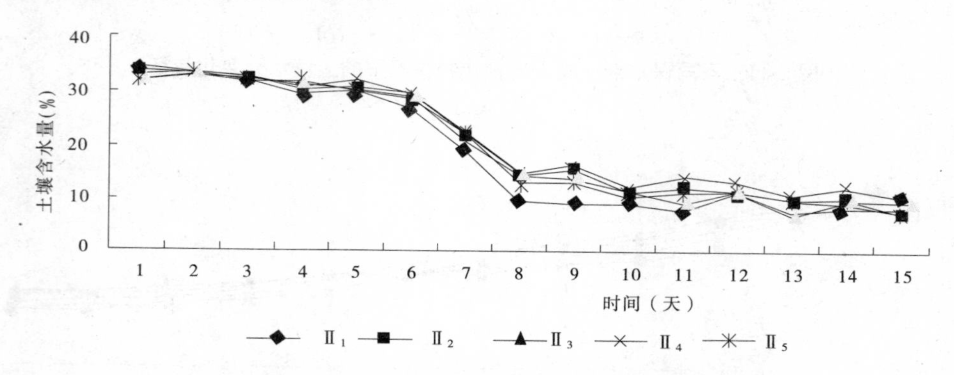

图 2-14　不同保水剂花生苗期土壤水分变化趋势

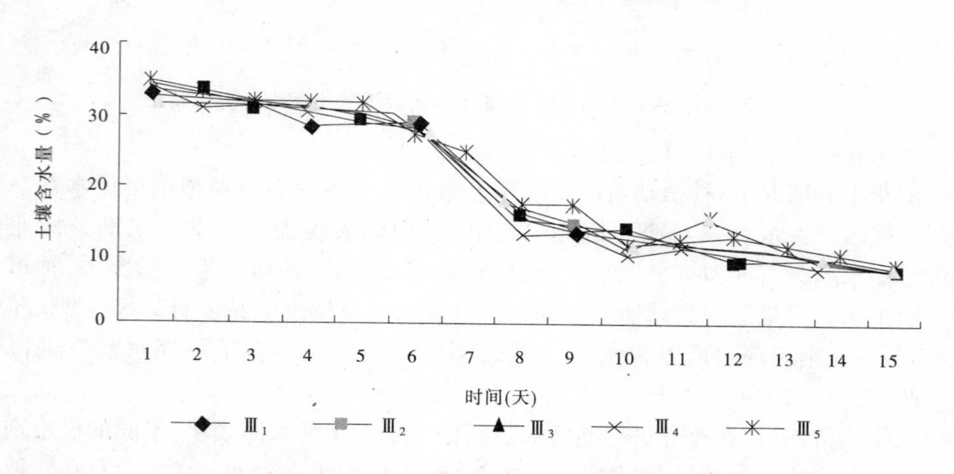

图 2-15　不同保水剂玉米苗期土壤水分变化趋势

2.5.8 结果讨论

2.5.8.1 施用抗旱保水剂及与传统节水保水技术相结合，对提高土壤蓄水能力具有积极作用

试验表明，营养型抗旱保水剂可以提高土壤含水量2.00～3.10个百分点，并以施45～60kg/hm² 效果最佳；营养型抗旱保水剂+秸秆覆盖6 000kg/hm² 处理和营养型抗旱保水剂+秸秆覆盖9 000kg/hm² 处理土壤含水量分别提高1.70个百分点和2.85个百分点。玉米地宽、窄行不同保水剂处理土壤含水量则分别比对照提高0.4～1.1个百分点和1.8～5.2个百分点。

2.5.8.2 施用抗旱保水剂及与传统节水保水技术相结合，对改善小麦、玉米、红薯等旱地优势作物的发育性状具有积极效果

试验表明，抗旱保水集雨与秸秆覆盖相结合玉米穗长平均增长0.2～4.28cm；百粒重较对照提高4.07～7.16g；单穗重增加11.18～14.64g。

施用37.5～82.5kg/hm² 营养型抗旱保水球用量范围对小麦千粒重、穗长、穗粒数等具有明显的积极效果，不同水分条件保水剂用量试验证明以施45～60kg/hm² 处理对小麦的千粒重、穗长、穗粒数增加效果最好，而且通过合理补充灌溉有利于小麦的生长发育。

施用营养型抗旱保水球对小麦千粒重、穗长、穗粒数等发育性状的影响也表现出同样的效果，并以施60～120kg/hm² 为宜。

试验同时表明，抗旱保水剂和抗旱保水剂+多元微肥穴施对红薯单株重、单块重的增加具有积极效果，营养型抗旱保水剂处理单株重、块重分别增加0.12kg和0.09kg；营养型抗旱保水剂+多元微肥处理单株重、块重分别增加0.25kg和0.15kg。

2.5.8.3 施用抗旱保水剂及与传统节水保水技术相结合，对小麦、玉米、红薯等作物具有显著的增产效果

试验表明，营养型抗旱保水剂+秸秆覆盖玉米平均增产幅度为15.38%～20.51%，施用45～60kg/hm² 营养型抗旱保水剂玉米平均增产11.53%～14.10%，明显高于博亚高能抗旱保水剂和全益保水素处理。

不同水分条件不同保水剂用量表明，施用抗旱保水剂的处理均比对照有明显的增产效应，在不灌水时以施45～60kg/hm² 最好，增幅达19.75%～22.75%；补灌一水时也以施45～60kg/hm² 最好，增幅达17.32%～19.86%；补灌二水时施30～90kg/hm² 处理之间差异性较小，说明抗旱保水剂的增产效应在水分缺乏时增产显著，而在水分较充分时增产幅度降低。

营养型抗旱保水球在不灌水和补灌一水的情况下，均以施60～120kg/hm² 处理小麦增产效果最佳。

保水剂穴施红薯与对照相比分别增产14.07%和23.74%；同时，对红薯黑斑病等病害有良好的防治效果，但其机理有待于进一步的深化研究。

不同保水剂不同红薯品种试验表明，保水剂穴施对红薯增产效果明显，其中徐薯18表现为进口保水剂＞营养型抗旱保水球＞营养型抗旱保水剂＞博亚高能抗旱保水剂＞枝改型保水剂＞对照，其增产幅度为5.44%～21.91%；豫薯13则表现为进口保水剂＞营养型抗旱保水球＞博亚高能抗旱保水剂＞营养型抗旱保水剂＞枝改型保水剂＞对照，其增产幅度为2.86%～11.43%。二者相比，同等措施下徐薯18比豫薯13增产更加显著，

说明不同的保水剂对不同耐旱性品种的适应性有一定的差异性,但其机理尚有待进一步深化研究。

2.5.8.4 施用抗旱保水剂及与传统节水保水技术相结合,对提高降水利用率和灌溉水利用效率具有积极效果

试验表明,抗旱保水剂与秸秆覆盖等传统技术相结合是提高降水利用率和利用效率的最佳途径,夏玉米抗旱保水剂与秸秆覆盖相结合处理降水利用效率提高2.70～3.60kg/(mm·hm²)。施45～60kg/hm² 营养型抗旱保水剂处理夏玉米降水利用效率提高1.95～2.40kg/(mm·hm²),明显高于博亚高能抗旱保水剂和全益保水素处理。不同水分条件不同保水剂用量试验进一步证明,抗旱保水剂在水分缺乏时对提高降水水分利用效率十分有效,并以施45～60kg/hm² 保水剂处理最好,分别提高2.595～2.985kg/(mm·hm²);而合理的补充灌水有利于提高灌溉水水分利用效率。合理使用营养型抗旱保水球也可以显著提高降水利用效率,试验表明保水球处理降水利用效率分别增加0.60～3.90kg/(mm·hm²),并以施120kg/hm² 效果最显著。

2.6 推广应用情况及前景预测

通过系统研究,我们总结提出了抗旱保水剂和抗旱保水球的使用方法、施用量和补灌时间、补灌量等相结合的化学节水技术体系(见表2-21),并在农业生产上进行推广应用,建立了典型农作物营养型抗旱保水剂示范样板。5年来累计在禹州、辉县等地推广应用2万hm²,创社会经济效益1 500万元。其中小麦推广应用1.2万hm²,平均每公顷增产600kg,创社会经济效益1 080万元;红薯推广应用0.8万hm²,平均每公顷增产3 000kg,创社会经济效益432万元。同时我们在禹州试验基地建立化学节水技术与地膜覆盖、小麦品种等传统节水技术相结合的小麦示范样板13.33hm²,2003年新麦11单产6 125.25kg/hm²,郑州9023单产6 027.75kg/hm²,与对照相比增产幅度达到15.70%～49.45%;2004年郑州9023和新麦11单产仍然达到了5 415.0kg/hm²和5 670.0kg/hm²,比不施保水剂处理增产14.2%～25.8%。同时建立红薯保水剂穴施示范样板66.67hm²,2003年红薯平均产量达到32 340kg/hm²,增产16.46%。

表2-21 化学节水产品应用技术

节水产品	作物	使用方法	施用量(kg/hm²)	补灌时间	补灌量(m³/(hm²·次))
保水剂	红薯	穴施	30～60		
保水球	红薯	穴施	45～90		
保水剂	小麦	条施	45～60	拔节期或拔节期+灌浆期	300～450
保水剂	小麦	拌种	2%稀释	拔节期或拔节期+灌浆期	450
保水球	小麦	条施	60～120	拔节期或拔节期+灌浆期	300～600
保水剂	玉米	条施	45～60	大喇叭口期	300～600
保水球	玉米	条施	60～120	大喇叭口期	300～600

我国现有旱耕地0.52亿hm^2，若有1%采用该产品，则需求总量将达到31.2万t，按每吨售价12 000元计算(净收益20%计)，每吨的纯收入达2 400元，按年生产能力1万t计，则年利税可达到2 400万元。试验研究证明，通过抗旱保水剂和抗旱型种衣剂的大面积推广应用，施用抗旱型种衣剂可使小麦平均增产5%～15%，抗旱保水剂条施可使小麦增产10%～25%；抗旱剂穴施可使红薯增产15%～25%。同时，利用抗旱保水剂蘸根可使树木移栽成活率提高30%以上，蘸根与栽种配合可使树木移栽成活率达到90%以上。因此，该产品具有广泛的开发应用前景。

第3章　土壤水分动态变化特征及相关节水技术

3.1　立项背景与目的意义

3.1.1　立项背景

水资源短缺是一个世界性的普遍问题,在我国表现得尤为突出,我国人均水资源占有量仅2 300m³,且有限的水资源时空分布不均,农业季节性、区域性干旱突出,农业每年缺水约300亿m³,全国有1/3耕地和2/3牧区水资源紧张,农田有效灌溉面积中每年有670万hm²得不到灌溉,农村还有7 000万人、6 000万头牲畜饮水困难。水资源短缺已成为我国国民经济可持续发展和构建节约型社会的重要制约因素,针对目前我国的社会经济发展现状,今后农业用水供应总量将逐步减少,农业与国民经济其他行业的用水矛盾将日益突出,农业用水短缺问题在很大程度上要依靠节水、提高水分利用效率的途径解决。基于此,国家科技部决定实施“863计划节水农业重大科技专项”,形成一批先进实用的节水技术、节水产品、节水发明专利,以提高农业用水科技水平,发展和推动我国现代节水农业,保障我国的粮食安全、生态安全和国家安全。

河南省作为农业大省,地处北温带向亚热带的过渡地区,在我国北方和黄淮海地区具有较强的区域和生态条件的代表性。“八五”、“九五”以来,河南省农科院土壤肥料研究所在国家科技攻关项目中进行了土壤物理特性、土壤节水保蓄等方面的技术研究,积累了部分的研究资料和技术储备,建立了部分试验基地,同时旱地土壤培肥技术、旱作栽培技术、蓄水保墒技术等在部分旱作区农业生产中的应用取得了明显的成效,使河南省在国家“863计划节水农业重大科技专项”课题招标中一举中标,承担实施了“北方半干旱集雨补灌旱作区节水农业综合技术体系集成与示范”课题。“旱区农田土壤水分变化及节水技术体系研究与应用”是该课题的核心研究内容之一。更重要的是该项目的研究与应用得到了河南省重点科技攻关项目“丘陵旱地节水农业综合技术研究”课题的支持,使本研究内容更加完善,应用效果更加显著。

3.1.2　目的意义

对我国农业生产而言,水资源是仅次于耕地和肥料的重要资源,水资源的供应程度和利用状况直接关系着农业的产量高低和质量的优劣,直接关系着国家的粮食安全、社会经济发展和农民收入增加以及人民生活水平的提高。

对全国而言,旱作农业区不但水资源供应量相对较少,而且多处于社会经济条件相对较差的山地丘陵区和贫困地区,农业生产条件、交通通信条件和经济条件相对较差,与我国经济发达地区的差距较大,农民生产生活相对困难,通过该项目的实施,可以有效地促进社会经济条件相对较差的旱作农业区的经济发展和人民生活的改善,促进地区经济的协调发展,保证国家构建和谐社会目标的贯彻落实。同时通过该项目的实施,可以使有限的水资源得到优化利用,减少水资源短缺对农业可持续发展的消极影响,提高生态用水的保障率，减少丘陵区的水土流失，保证退耕还林工程的实施，对改善旱作区人民群众的生活环境和生活质量也具有积极的意义。

同时，通过该项目的实施，研究提出不同条件下的节水补灌定量指标和包括品种、栽培、耕作等方面的配套节水综合技术体系，为现代节水农业提供真实的理论与实践，为河南省农村经济健康协调发展提供技术支撑，具有重要的现实意义和生产意义。

3.1.3 该领域目前的国内外研究现状及存在问题

全球性的水资源危机，促使世界各国都在致力于发展各具特色的节水型农业，以解决本国、本地区的农业用水短缺问题。世界节水农业发达的美国、以色列、英国、法国等国家，在节水农业中始终把提高灌溉水利用率和水分生产效率作为重点，并在水资源循环开发利用、田间节水灌溉技术、用水灌溉技术和农业节水技术及产业化等方面取得领先优势，高效节水灌溉技术日趋成熟，主要表现在喷灌、滴灌、微灌技术得到大力推广，针对不同农业生态、不同水资源条件下的非充分灌溉、定量灌溉、调亏灌溉等新型节水技术快速发展，形成了各具特色的节水农业技术体系。如美国中西部以“少耕覆盖”为特色的保护性耕作技术，澳大利亚南部以“粮草轮作”为特色的农牧结合生产技术，印度的“农林耕作制”和“集水种植技术”，以色列“设施农业”和“节水灌溉”高效创汇性农业技术等。

淡水资源不足是世界性问题。我国属于水资源十分短缺的国家，人均水资源占有量2 300m^3，仅为世界人均水平的1/4，是世界上13个贫水国之一。加之有限水资源在时空上分布极不均匀——南多北少、东多西少；夏秋多、冬春少；水资源短缺已成为限制农业可持续发展的瓶颈。发展雨水利用、节水农业势在必行。

雨水利用是一项曾被广泛利用的古老传统技术，可追溯到公元前6 000年的阿滋泰克(Aztec)和玛雅文化时期，那时人们已把雨水用于农业生产与生活。我国雨水利用也是由来已久，早在4 000年前的周朝，农业生产中就利用中耕等技术增加降雨入渗，提高作物产量。秦汉时期在一些地方修建涝池塘坝拦蓄雨水进行灌溉；而修筑梯田利用雨水的方式则可以追溯到东汉。20世纪50年代后期，人们利用窖水点浇玉米、蔬菜等，突破了原来只用窖水作为生活饮用水的观念。1998年以来，国家在干旱半干旱地区实施了“121雨水集流工程”及“窑窖农业”，内蒙古自治区实施的“112集雨节水灌溉工程”都取得了一定的成效。

目前，虽然我国农业用水已占总用水量的70%以上(发达国家一般在50%)，农业用水严重匮乏。先进国家灌溉用水的有效利用率达70%～80%，我国仅40%～50%。我国粮食作物水分生产率为1kg/m^3左右，只有先进国家的1/2。因此，我国农业节水技术的研究非常紧迫，而且农业节水潜力巨大。20世纪70年代以来，我国通过大力发展农田基本建设以及作物高产灌溉等工作，平原区有效灌溉面积得到迅速增加，喷灌、微灌等节水技术得到一定的应用，在一定程度上改善了农业生产用水的供应量和技术含量。

3.1.3.1 农田土壤水分状况与作物及灌溉之间的关系

作物耗水的来源是降水、地表水和地下水，而真正为作物利用的只有土壤水。苏人琼等研究表明，我国降雨量基本大于农田需水量，农业充分利用降水量的节水潜力很大。降雨到达地面之后，转化为地表径流、地下水、土壤水三种形态的水资源，其中，土壤水资源最多，其次为地表径流，第三是地下水。全国平均年降水量为648.4mm，总水量61 889亿

m^3。其中转化为土壤水资源353.2mm，总水量33 718亿m^3，占年降水量的54.5%；地表径流深284.1mm，径流量27 115亿m^3，占降水量的43.8%；降雨补给地下水1 055.8亿m^3，占降水量的1.7%。

农田土壤水分状况对灌溉水利用效率产生重要影响，土壤水分状况直接影响作物的生长及产量。近年来，我国重点进行了土壤适宜含水量和土壤干旱下限指标等方面的研究。我国西北地区黄土的水分物理学研究表明，其水分特征曲线在接近田间持水量处，水分有效性下降很快，而在田间持水量40%～80%范围内，土壤水分为作物利用的有效性则下降非常缓慢。在此范围以内的土壤水分对作物吸收影响几乎同等有效。这类土壤从田间持水量的70%降低到50%时，其叶水势并不明显下降。而当叶片渗透势和含水量降低到40%以下时，才与70%供水植株的叶片表现有明显差异。这表明在西北干旱和半干旱的黄土地区，土壤水分的有效性与植物根系吸水率相关，保持低含水量水平，不会使作物遭受明显干旱而大幅度减产。

华北地区的研究表明，光合作用对土壤水分有一临界反应，当土壤水分低于田间持水量的65%～69%时，随着土壤水分的提高光合速率增大，若超出此临界值，光合速率将随土壤含水量的增加而降低；而蒸腾与土壤水分一直呈线性相关，因此以光合作用的临界湿度作为节水灌溉的田间土壤水分控制标准，不仅可控制蒸散量，而且还有利于作物生长和高产，显著提高作物水分生产效率。这些研究的适宜土壤水分指标为低定额的农业供水提供了土壤水分物理学的重要依据。研究表明，土壤水是“五水”转化的纽带，对作物供水状况的一切调控措施最终的作用区域是根系层的土壤水。土壤水动力学理论是实施土壤水分调控的基础。研究不同灌溉技术的水分、热量、养分在土壤中的运移规律，是合理调控土壤水热状况、加强土壤水肥管理、实现农业高效用水的关键。

土壤水是农业生产最直接最主要的水源，其他水源一般首先要转化为土壤水才能被作物吸收利用。土壤水的多少对农作物种植、生长起着关键作用，土壤水占作物全生育期需水量的比例较大，有研究表明，小麦为16%～86%，玉米为46%～65%。因此，探求以土壤水和旱作物关系为中心的农田土壤水分调控机理，合理调控、利用土壤水资源，是提高水资源利用效率和作物水分生产效率的关键，对农业、牧业、林业、自然生态环境和水资源平衡有着极其重要的意义。

适宜的土壤水分不仅可控制土壤蒸发和植株蒸腾，而且还是取得作物高产与高水分生产率的关键，这就需要掌握节水灌溉中的土壤水分调控指标。中国农业科学院的研究表明，冬小麦苗期和成熟期土壤水分下限为田间持水量的55%～60%，土壤水分上限为田间持水量的70%～75%。可以此为参考，作为冬小麦节水灌溉的土壤水分调控指标。

3.1.3.2 提高土壤水分含量、减少土壤水分蒸发的措施

我国干旱和半干旱地区，由于降水稀少、蒸发强烈，水分是决定该区生态系统结构和功能的关键因子，而土壤水分状况对土壤物理性质和植被生长状况有重要影响。张超等对黄土高原丘陵沟壑区土壤水分变化规律的研究表明，该区土壤水分随时间变化主要受控于降水量，表现为与降水量变化同步。土壤水分垂直分布变化，0～30cm土层土壤含水量随深度增加而减少，30～120cm土层土壤含水量随深度增加而增加，总体变化趋势平缓。

土地免耕、少耕等休闲制可以大大提高地表覆盖物数量，使风蚀和水蚀得到大面积控制。D.L.Tanaka，R.L.Anderson 在美国北部平原对冬小麦实行免耕、少耕和作物残茬覆盖等休闲法，测定土壤蓄水量、降水蓄存效率及它们之间的关系。试验证明，休闲法对收割后和冬闲期土壤蓄水量无显著影响；降水蓄存效率冬闲期最高（约 59%），夏闲期最低（一般 13%～20%）。免耕、少耕法土壤蓄水量和降水蓄存效率分别比作物残茬覆盖高 12%和 16%。因此，利用休闲期降水与土壤蓄水量的关系，加强集约化程度，能够提高作物产量。

为了提高天然降水利用率，特别是小雨量资源的开发利用，具有渗水、集水、保水、增温、调温、微通气等功能的渗水地膜应运而生。姚建民等通过对我国半干旱地区小雨量降雨的研究，认为小雨资源有效化是旱地农业的重要增产途径，利用渗水地膜进行的覆盖试验与示范证实了小雨量资源利用的显著增产效果。1997 年在山西省境内经过小区试验，渗水地膜覆盖的玉米单产达到 7 792.5kg/hm^2，比普通地膜覆盖增产 38.3%，比无覆盖增产 103%。渗水地膜覆盖比普通地膜覆盖增产 2 175kg/hm^2；而普通地膜覆盖比无覆盖仅增产 1 875kg/hm^2。试验表明，渗水地膜覆盖比普通地膜覆盖以及其他覆盖技术在农作物的长势上和最终产量上具有十分明显的优势。

抗旱节水化控技术是诸多节水技术中的一种，它利用高分子或膜物质对水分的调节控制机能，以作物为中心，以水分为关键，达到吸水保水、抑制蒸发、减少蒸腾、防止渗漏、增加蓄水、节水省水、有效供水的目的。由于其操作简便、投入少、见效快、易于推广，因而是一般常规技术所难以达到和无法替代的。保水剂能提高土壤汲取地表水的能力，同时，土壤保水性能增强，减少土表蒸发和防止水分深层渗漏，提高水分的利用率等。由于保水剂具有特殊的抗旱、节水、保水等作用，在作物保苗、抗旱增产、城市花木生产等方面得到了应用。高聚物改良剂对干旱土壤保水性的改良作用有两种途径，一是创建水稳性团粒，减少表层蒸发和底层渗漏；二是作为改良剂的高聚物树脂能够吸收水分并缓慢地释放，起到微水源的作用。

张永涛等比较了稻草覆盖、覆膜及保水剂等不同措施下的保水效果，试验结果表明，覆膜的保水效果明显优于覆草，覆草又优于对照。适量的保水剂可有效地提高土壤的含水量，其保水效果优于前两者。孙进等在江苏淮北东海县季节性干旱严重的岗岭沙土上，开展了施用保水剂和稻草覆盖对保持土壤水分与作物产量的效应比较试验。保水剂和稻草的用量各分 4 级，分别为 1、2、3、6g/kg（土）和 1 500、3 000、4 500、6 000kg/hm^2。结果表明，两者均可促进小麦生长，提高当季及后茬作物产量。覆盖稻草和施用保水剂分别比对照增产小麦 12.5%和 10%，其作用机制在于两者均能减少土壤水分蒸发，提高土壤持水能力，增加有效水供应，并对土壤容重、温度及养分状况有一定改善作用，从而利于雨水的有效利用。

3.1.3.3 雨水利用技术

随着节水农业领域研究的进一步深入，灌溉方式将从传统的丰水高产型灌溉转向限水灌溉、非充分灌溉、间歇灌、膜上灌、激光平地和水平畦灌、果树渗灌、地下滴灌等，以提高水的利用率。各种利用适度亏水来调控刺激作物生理机能，有利于提高作物水分的利用效率和产出率，改善农产品品质。

各种灌溉技术与农业措施应有机融合在一起，形成综合水土资源高效利用技术。如各种水肥耦合、带状种植、覆膜保墒等适合国情的水土高效利用技术将广泛使用，以提高水肥利用率、农作物产量，改善农产品的品质。灌区要广泛采用先进的大区域土壤墒情、作物旱情和水源水情实时监测与预报技术、渠系水量流量调控技术及灌区动态配水技术，实现灌区水量最优调度雨水集蓄与高效利用的技术，在西北半干旱地区、南方丘陵坡地及中部平原地区广泛推广，以提高降雨的利用率。根据不同地区的特点，广泛采用各种先进水土保持、高含沙浑水、部分苦咸水、污水灌溉及地下水持续利用等区域水资源持续利用技术，以达到区域水资源的持续高效利用。

将计算机技术、电子信息技术、红外遥感技术以及其他技术应用于农田节水方面的研究，使土壤水分动态、作物水分状况、农田微气象数据等方面的监测、采集、处理更加准确，促进节水农业管理水平的提高。综合运用地球卫星定位系统(GPS)和地理信息系统(GIS)、遥感技术(RS)及计算机控制系统精准灌溉(Precise irrigation)，将成为我国21世纪农业水土工程发展热点和新的农业科技革命的重要内容，以及提高农业用水效率和单位面积产量的关键。随着其研究的深入和推广，将使我国十分有限的水土资源得到高效利用，水土流失利用状况有大的改善，对我国21世纪农业的持续发展和整个经济起飞做出贡献，并将推进节水农业理论研究，促进其自身理论体系发展。

我国的节水农业任重而道远，当前在生产上有许多问题，主要表现在以下几方面：忽略了与灌溉水利用效率密切相关的农田土壤水分状况，且多局限在平原井灌区用水技术、高产水分管理和渠道防渗等方面，不能有效解决水资源相对不足、供水有限的旱作区节水技术问题；作物及品种的抗旱鉴定和抗旱育种体系有待完善；如何实现抗旱保水等化控节水技术体系的系统性；如何协调农村现行经营管理体制与节水灌溉推广和管理等。

3.2 研究内容与方法

3.2.1 研究的主要目标与任务

根据项目的总体要求，“旱作农田水分变化规律及节水体系与应用”，针对我国北方尤其是河南省旱作区当前农业生产中存在的重大关键技术问题，以提高自然降水、土壤水利用效率和增加农业效益为中心，以农田土壤水分变化规律为基础，以主要农作物有限灌溉技术、适宜品种及相关节水技术措施的优化组合为重点，以发展节水农业、特色农业为目标，开展多层次、多学科、多部门的协作攻关和示范开发应用，形成土壤水高效利用综合配套技术体系，实现旱作区有限水资源的高效利用与农业的高效持续发展。

3.2.2 研究方法

本项研究采取基础研究与应用研究相结合、盆栽试验与田间试验相结合、传统农业节水技术与现代农业节水相结合、技术引进与技术组装配套相结合、试验研究与示范推广相结合的方法，借助新型实用的FDR、TDR土壤水分现代分析测试仪器及计算技术，对旱区农田土壤水分变化规律、作物有限灌溉技术及相关的配套综合节水技术进行系统的研究，旨在形成一套适合于河南省的旱作农业综合技术体系，推动河南省440万hm^2旱作农业区降水资源的高效利用与旱作节水农业的可持续发展。

3.2.3 主要研究内容与解决的问题

根据河南省旱作农业技术研究的现状与生产实际,本项目的主要研究内容包括:①旱区农田土壤水时空变化规律研究;②主要农作物有限灌溉技术研究;③节水配套技术措施研究与应用等。

通过以上三个方面的研究,重点解决以下关键技术:①明确旱区农田土壤水分动态变化特征及规律,确定旱地优势作物的最佳补灌时间和补灌模式;②重点解决主要农作物有限灌溉技术,建立旱地优势作物有限灌溉技术的指标体系;③通过相关节水配套技术措施研究与应用,实现传统节水技术与现代农业节水技术的有机结合,建立土壤水高效利用技术体系与旱作节水农业高效持续发展综合技术体系。

3.3 主要研究结果

3.3.1 旱区农田土壤水分时空变化规律研究

该部分研究是通过定位试验观测来进行的,包括豫西定位观测和豫北定位观测两部分。豫北定位观测点设在辉县市境内,选择一年两熟制的农田,开挖农田土壤垂直剖面后,在土壤剖面的不同层次按 20、40、60、80、100、120cm 深度埋入 FDR 土壤水分测定探头,在每月的 5 日、15 日、30 日对其进行观测。每次测定时在土壤表层随机选择三个点测定土壤表层的含水量。

豫西定位试验观测点位于洛阳市北部的孟津境内,土壤类型为褐土,质地中壤偏黏,土壤肥力中等,有机质 10.0g/kg,速效氮 68.4mg/kg,速效磷 23.9mg/kg,各层土壤的凋萎湿度为 6.2%~10.6%,田间持水量为 23.1%~25.3%,年平均气温 13.7℃,年降水量 643.7mm,年日照时数 2 260.7h,年平均相对湿度 61%,年干燥度 1.34,属半湿润偏旱区,土壤水分测定仪器为 TDR 土壤水分测定探头。

3.3.1.1 冬小麦田土壤水分动态规律

1)冬小麦田土壤水分季节变化规律

根据冬小麦田土壤水分季节变化特点,大致可以划分为以下几个阶段(见表 3-1)。

表 3-1 小麦不同时期土壤含水率变幅级标准差比较表

时间	豫北区(Vol%)				豫西区(Vol%)			
	0~20cm 变幅	0~120cm 变幅	0~20cm 标准差	0~120cm 标准差	0~20cm 变幅	0~120cm 变幅	0~20cm 标准差	0~120cm 标准差
冬前	15.3~29.7	15.3~29.7	4.65	3.50	9.4~34.2	9.4~34.2	6.30	4.91
冬季	9.6~25	9.6~28.3	6.61	5.43	8.2~28.6	8.2~33.1	8.70	7.22
2月11日~3月10日	10.5~24.8	10.5~28.1	5.77	4.58	12.2~28.6	12.2~32.6	6.40	5.60
3月11日~5月31日	7.8~31.9	7.8~31.9	7.38	5.06	6.7~26.2	6.7~32.4	5.46	6.37

(1)冬前阶段。小麦冬前苗期正是雨季过后土壤储水较多的时期,豫北丘陵区 0~

120cm 土壤含水率变幅 15.3Vol%～29.7Vol%，豫西丘陵区 0～120cm 土壤含水率变幅 9.4Vol%～34.2Vol%，0～20cm 土层的土壤含水率平均在 23.55Vol%上下，0～120cm 土层的土壤含水率平均在 24.72Vol%上下。该阶段由于冬小麦苗小，蒸腾耗水较少，而且气温逐渐下降，土壤蒸发量不多，豫北丘陵区 120cm 土体储水量由 302.2mm 下降至 287.5mm，消耗土壤水 14.7mm，豫西丘陵区 120cm 土体储水量由 379.2mm 下降至 349.2mm，消耗土壤水 30.0mm。该阶段的特点是：水分消耗以蒸发为主，土壤水分蒸散强度不大。

(2)冬季阶段。进入 12 月下旬以后，由于地面冻结，冬小麦地上部已停止生长，因此土壤水分耗损量很少，豫北丘陵区 120cm 土体储水量由 287.5mm 下降至 285.9mm，土壤水消耗 1.6mm；豫西丘陵区 120cm 土体储水量由 349.2mm 下降至 342.3mm，土壤水消耗 6.9mm，土壤含水率在 22.95Vol%～26.91Vol%之间。0～120cm 土壤含水率变幅 9.57Vol%～25Vol%，豫西丘陵区 0～120cm 土壤含水率变幅 8.2Vol%～28.6Vol%。该阶段的特点是：土壤水分收支基本平衡，土壤水分比较稳定。

(3)早春阶段。进入 2 月中旬以后，气温迅速回升，冬小麦开始起身拔节，麦田耗水日渐增加，豫北丘陵区 0～120cm 土体储水量由 285.9mm 下降至 278.6mm，土壤水消耗 7.3mm，豫西丘陵区 120cm 土体储水量由 342.3mm 下降至 321.2mm，土壤水消耗 21.1mm，土壤含水率在 20.41Vol%～22.63Vol%之间。该阶段的特点是：土壤水分缓慢散失，土壤水分比较稳定。

(4)春末夏初一成熟阶段。从 3 月中旬开始，麦田土壤含水量明显下降，到 4 月底，0～120cm土层的储水量豫北丘陵区由 278.6mm 下降至 264.9mm，土壤水消耗 13.7mm，豫西丘陵区 120cm 土体储水量由 321.2mm 下降至 269.8mm。进入 5 月份以后，豫西丘陵区 0～120cm 土层的储水量继续减少，到小麦成熟时降到 222.4mm，为全年的最低点。豫北丘陵区 0～120cm 土层的储水量由 264.9mm 增加至 303.1mm。该阶段的特点是：土壤水分呈现急剧下降的趋势，并且豫西在小麦成熟阶段的旱象较豫北更突出。

2)冬小麦田土壤水分垂直变化

冬小麦对土壤水分的利用是由于根系向土壤深层扩展的结果。冬小麦生育前期主要消耗土壤上层的水分，冬前对 0～50cm 土层的水分有强烈利用。返青以后，利用层次逐渐加厚，到成熟时 0～20cm 土层的湿曲线较播前发生明显的变化。根据不同土层土壤含水率周年变化情况，麦田土壤水分垂直变化大致可分为四层。

(1)土壤水分速变层。在 0～20cm 土层，是土壤水分收支的最表层，受天气－气候的影响较大，土壤水分变化急剧，大雨过后，土壤含水量可大于田间持水量；久旱不雨，又可降至凋萎湿度以下。据田间实测资料计算分析，该层年土壤含水率变幅：豫北丘陵区在 9.6Vol%～31.9Vol%之间，标准差为 6.58；豫西丘陵区在 6.7Vol%～28.6Vol%，标准差为 7.12(见图 3-1)。

(2)土壤水分活跃层。麦田 20～40cm 土层，是小麦根系的主要分布层和供水层，其土壤水分状况受天气－气候的影响减小，受小麦耗水的影响较大，季节性变化明显。从田间实测资料分析，该层土壤水分变化比速变层慢，变化幅度也小于速变层。该层土壤含水率变幅：豫北丘陵区在 15.5Vol%～31.4Vol%之间，标准差为 3.46；豫西丘陵区在 13.1Vol%～31.0Vol%，标准差为 4.40(见图 3-2)。

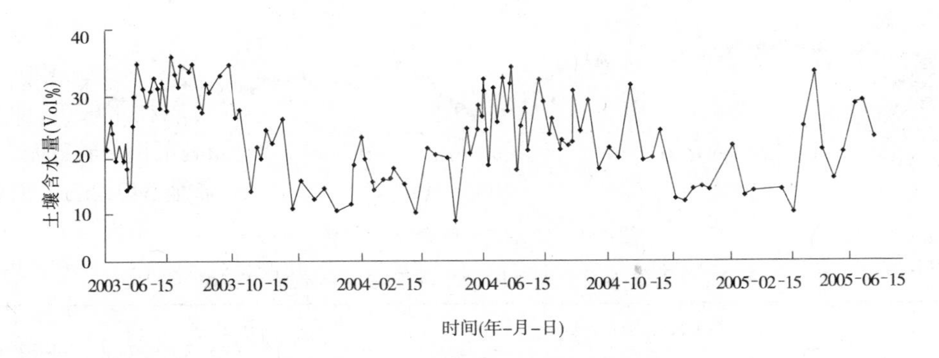

图 3-1　豫北土壤表层水分周年变化动态

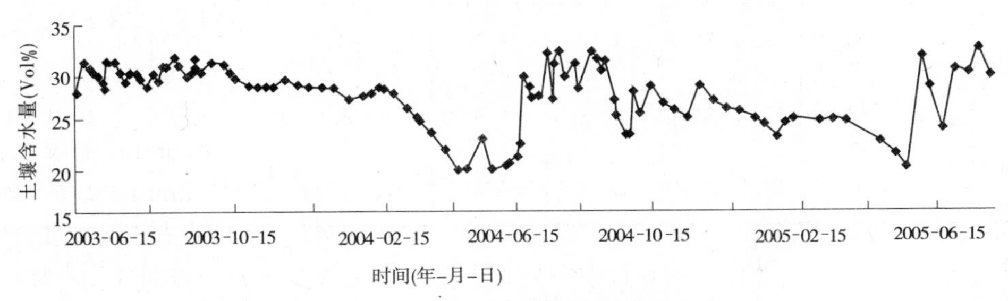

图 3-2　20cm 土壤含水量变化

(3)土壤水分次活跃层。在 40～100cm 土层,土壤水分受天气－气候因素的影响较小,季节变化幅度有所减小,但在小麦拔节—抽穗期以后,受小麦蒸腾耗水的影响,土壤水分明显下降,到小麦成熟时,该层土壤水分降至难效水范围。据田间实测资料统计分析,该层土壤年含水率变幅:豫北丘陵区在 13.5Vol%～28.6Vol%之间,标准差为 3.29;豫西丘陵区在 11.1Vol%～24.3Vol%,标准差为 5.36(见图 3-3)。

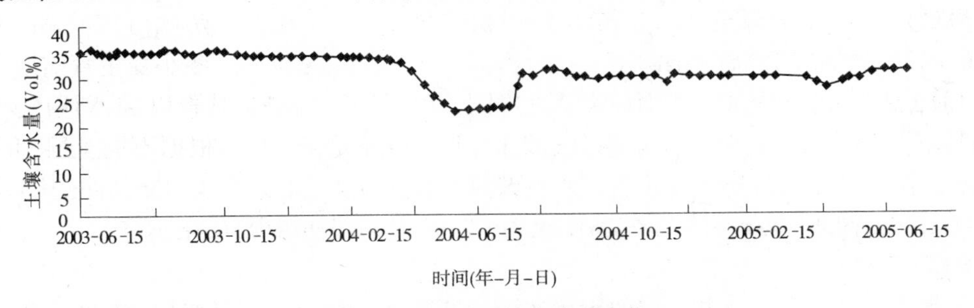

图 3-3　80cm 土壤含水量变化

(4)土壤水分过渡层。在 100～120cm 土层,土壤水分受天气－气候因素的影响很小,季节变化已不明显,该层土壤年含水率变幅:豫北丘陵区在 23.8Vol%～28.3Vol%之间,标准差为 1.21;豫西丘陵区在 19.3Vol%～32.9Vol%,标准差为 3.12(见图 3-4)。

3.3.1.2　夏玉米田土壤水分动态规律

1)夏玉米田土壤水分季节变化规律

根据夏玉米生长季节的田间土壤水分的变化特征,可以分为以下三个阶段(见表 3-2)。

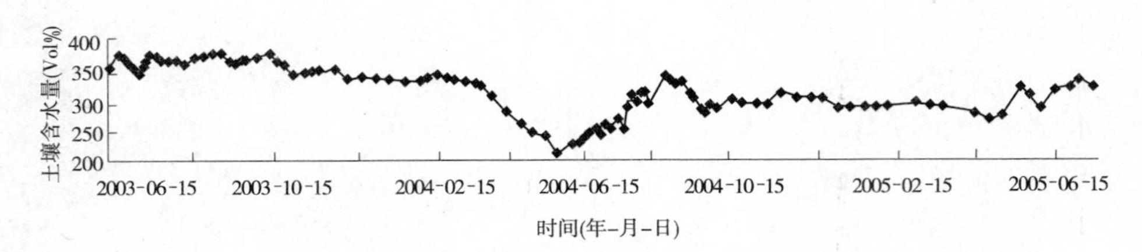

图 3-4　120cm 土体含水量变化

表 3-2　玉米不同时期土壤含水率变幅及标准差比较表

时间	豫西区(Vol%)				豫北区(Vol%)			
	0～20cm 变幅	0～120cm 变幅	0～20cm 标准差	0～120cm 标准差	0～20cm 变幅	0～120cm 变幅	0～20cm 标准差	0～120cm 标准差
6月10日～7月10日	16.1～31.0	13.1～31.0	4.13	3.76	12.4～31.4	12.4～35	6.26	5.40
7月11日～8月20日	15.3～33.0	15.3～33.0	4.75	4.30	23.6～35.3	23.6～35.3	2.43	3.12
8月21日～成熟	19.0～31.4	16.5～31.4	3.95	3.77	25.9～34.0	24.3～34.8	2.02	2.95

(1)土壤增墒阶段。本阶段从6月中旬至7月中旬,此时夏玉米处于苗期,耗水量很少,而降水量明显增多,阶段降水量大于阶段土壤失水量,土壤含水量增加。据田间定位测定,0～120cm土层储水量豫西丘陵区由226.9mm增加至324.2mm,比阶段初增加97.3mm;豫北丘陵区由286.2mm增加至394.4mm,比阶段初增加108.2mm。

(2)土壤水分损耗阶段。本阶段从7月中旬到8月中旬,正是本区高温多雨的季节,夏玉米也正值大喇叭口期与抽穗阶段,是玉米的需水临界期,耗水强度很大,阶段降水不能满足玉米阶段耗水,还要消耗一部分土壤储水。在试验年份内,该阶段0～120cm土层土壤储水量豫西丘陵区由324.2mm降至266.4mm,比阶段初减少57.8mm;豫北丘陵区由394.4mm降至332.6mm,比阶段初减少61.8mm。

(3)土壤水分相对稳定缓慢消耗阶段。8月下旬以后,夏玉米进入成熟期,耗水量减少。与此同时,降水量也明显减少,降水量略少于夏玉米同期耗水量,0～120cm土层的土壤储水量略微减少。该阶段0～120cm土层土壤储水量豫西丘陵区由266.4mm降至255.2mm,比阶段初减少11.2mm;豫北丘陵区由332.6mm降至316.2mm,比阶段初减少16.4mm。

2)夏玉米田土壤水分垂直变化

根据土壤垂直剖面内各土层的土壤水分活跃程度,可将夏玉米田0～120cm土层分为四层。

(1)土壤水分速变层。该层从地面至20cm深。由于该层直接受天气-气候因素变化的影响大,土壤水分变化快,变化幅度大。尤其是0～10cm表层,在雨后可达饱和持水量,而干旱时又可降到凋萎湿度以下。田间实测资料统计分析,豫西丘陵区该层土壤水分测值的标准差为4.53,变异系数为32.3%;豫北丘陵区该层土壤水分测值的标准差为4.23,变异系数为29.3%。

(2)土壤水分活跃层。20～60cm土层,土壤水分受天气-气候因素变化的影响虽比速变层小,但该层是夏玉米根系的主根分布层。因此,它的水分状况既受天气-气候因素的影响,也受夏玉米耗水的影响，土壤水分变化仍比较活跃，土壤湿度变化范围也比较大，季节性干湿变化明显。豫西丘陵区该层土壤水分测值的标准差为3.41，变异系数为25.2%；豫北丘陵区该层土壤水分测值的标准差为3.24，变异系数为22.1%。

(3)土壤水分次活跃层。60～100cm土层为次活跃层，其土壤水分受天气－气候因素的影响都较小，变化速度慢，变化幅度明显减小。豫西丘陵区该层土壤水分测值的标准差为1.94，变异系数为15.6%；豫北丘陵区该层土壤水分测值的标准差为1.67，变异系数为12.4%。

(4)土壤水分相对稳定层。100～120cm土层的土壤水分受天气－气候因素的影响很小，也很少被夏玉米吸收利用，故土壤水分相对稳定。豫西丘陵区该层土壤水分测值的标准差为1.42，变异系数为10.4%；豫北丘陵区该层土壤水分测值的标准差为1.25，变异系数为8.3%。

总之，通过定位观测试验表明：①土壤耕层的土壤水分变化幅度较大，它与农业耕作、季节性气候变化、降雨等因素有密切的相关性，表层土壤水分含量较低的时期出现在2月中旬、4月中旬和6月中旬，有时在10月份土壤水分含量也较低。说明在丘陵旱作区表层土壤墒情一方面制约着夏秋作物的播种，另一方面对夏粮作物冬小麦的返青和孕穗有较大的影响。②土壤耕层以下的土壤水分变化呈现与年度降水趋同的规律性，2～6月份土壤水分变化呈现逐步下降的趋势，7～8月份土壤水分变化呈现逐步增加的趋势，最明显的是在3～6月份出现一个土壤水分的明显持续下降区，尤其是在4～6月份呈现土壤水分的低值低谷区。③河南省豫西旱作区土壤水分变化的差异性大于豫北旱作区土壤水分变化的差异性，豫西旱作区的干旱问题更突出，在农业生产中尤其要重视土壤水分管理。

3.3.1.3 不同降水年型的柱状模拟试验结果

该试验在河南省农科院网室内进行。在网室的基础上建简易的防雨棚，柱状试验材料选用PVC管材(其内径为240mm)，试验土壤选取旱作区有代表性的黄褐土原状土柱，其土壤基本物理特性如表3-3所示，夏作物采用冬小麦，秋作物选用夏谷子。

表3-3 供试黄褐土土壤物理特性参数

参数	土壤层次(cm)						
	0～10	10～20	20～40	40～60	60～80	80～100	100～120
土壤容重(g/cm^3)	1.54	1.52	1.56	1.58	1.58	1.52	1.54
饱和含水量(干土%)	34.72	32.01	36.01	36.08	44.81	47.11	46.54
田间持水量(干土%)	23.88	23.08	22.97	20.4	19.23	19.91	19.11

为便于测定土壤水分，在PVC管壁的10、20、40、80、100、120cm处钻直径$\Phi = 2$cm的圆孔，作为水分测定孔，平时用皮胶塞塞闭，除冬季外定期测定土壤水分。

试验采用的年降水量为豫北辉县市1973～2003年30年年降水气象资料(平均值=579.8mm)，参考有关不同降水年型的划分标准，结合河南旱作区的实际情况，以实际年降水量为平均年降水量的80%～120%为平水年型，大于120%为丰水年型，小于80%为缺水年型(即：年降水小于460mm为缺水年型，460～700mm为平水年型，大于700mm为丰水年型)。按30年气象降水资料计算出各个降水年型中的旬降水量作为试验的补给水量，每月的5日、15日、25日进行补水，每月的10日、20日、30日测定土壤水分。

土壤水分测定仪器采用江苏南通中天精密仪器有限公司生产的 FDR 土壤水分探测仪。

1)丰水年型的模拟结果

在丰水年型的模拟条件下(年降水 750.8mm),秋作物夏谷子的全生育期耗水量为 378.3mm,夏粮作物冬小麦的耗水量为 242.9mm。秋作物的耗水总量占同期自然降水量(387mm)的 97.75%,而夏粮作物的耗水量中自然降水(187.5mm)占 77.2%,土壤水占 22.8%。说明在丰水年型天然降水能满足秋作物的水分需求。

从作物阶段耗水情况看,在自然降水较丰沛的年份,无论是秋季作物还是夏粮季作物均存在奢侈耗水的情况。如在秋作物的 7 月 12～30 日,由于降水较多,水分消耗量为 134.2mm,而同期缺水年型、平水年型的水分消耗分别为 32.8、68mm(见表 3-4)。

表 3-4 丰水年型的作物耗水量 (单位:mm)

测定日期(月－日)	07－12	07－20	07－30	08－10	08－20	08－30	09－10	09－20	09－30			Σ
土体水量	363	412.5	386.2	405.6	403.8	397.9	372.3	376.8	371.7			
阶段耗水量		44.6	89.6	64.6	40.8	60.6	48.5	15.5	14.1			378.3
测定日期(月－日)	10－10	10－20	10－30	05－03－08	03－20	03－30	04－10	04－20	04－30	05－10	05－20	Σ
土体水量	365.9	355.1	342.8	324.1	318.4	306.88	294.9	288.3	292.3	303.2	310.5	
阶段耗水量		28.6	16.2	70.3	11.6	27.5	16.1	11	16.1	26.2	19.3	242.9

2)平水年型的模拟结果

在平水年型的模拟条件下(年降水量 591.4mm),秋作物夏谷子的全生育期耗水量为 312.1mm,夏粮作物冬小麦的全生育期耗水量为 180.3mm,秋作物的耗水总量占同期自然降水量(338.8mm)的 92.1%,而夏粮作物的耗水量中自然降水(120.9mm)占 67.1%,土壤水占 32.9%。

从作物阶段耗水情况看,自然降水也能基本满足秋作物的水分需求,但突出的问题是存在阶段性、间隙性水分缺乏,这在夏粮作物上表现得更为明显。如在 3 月 8～20 日,小麦阶段耗水量仅为 8.7mm,这时正是小麦的拔节阶段;3 月 30 日～4 月 10 日小麦阶段耗水量仅为 9.7mm,这时正是小麦孕穗的关键期,这种水分状况将制约小麦的生长发育、产量及品质(见表 3-5)。

表 3-5 平水年型的作物耗水量 (单位:mm)

测定日期(月－日)	07－12	07－20	07－30	08－10	08－20	08－30	09－10	09－20	09－30			Σ
土体水量	351.7	385.9	415.2	412.5	416.4	402.1	390.5	378.6	371.8			
阶段耗水量		16.9	51.1	57.2	47.3	47.5	40.9	27.7	23.5			312.1
测定日期(月－日)	10－10	10－20	10－30	05－03－08	03－20	03－30	04－10	04－20	04－30	05－10	05－20	Σ
土体水量	349	349.7	341.5	305.2	299.7	292.7	286.6	284.2	284.8	283.1	284.3	
阶段耗水量		10.9	17.5	68.0	8.7	11.8	9.7	11.8	9.5	15	17.4	180.3

3)缺水年型的模拟结果

在缺水年型的模拟条件下,秋作物夏谷子的全生育期耗水量为200.4mm,夏粮作物冬小麦的全生育期耗水量为166.6mm,秋作物的耗水总量占同期自然降水量(165.6mm)的121.0%,而夏粮作物的耗水量中同期自然降水(106.7mm)占64.0%,土壤水占36.0%。

从作物阶段耗水情况看,在缺水年型的情况下,无论夏粮还是秋作物,自然降水都不能满足作物的水分需求,其突出的问题主要表现在两个方面:一是水分状况严重制约着夏、秋两季作物的正常播种和出苗,如在7月12～20日,阶段耗水量仅为8.45mm,10月20～30日阶段耗水量仅为9.7mm,这均会对播种和出苗产生严重影响;二是水分供应状况严重制约作物的生长发育进程,从作物阶段耗水数量和全生育期耗水数量均可以看出,在该条件下的耗水量是作物生长发育亏缺状况下的水分消耗量,说明抗旱保苗、造墒播种和作物关键生育期补充灌溉是调节作物需水状况、增加产量的关键措施(见表3-6)。

表3-6　缺水年型的作物耗水量　　(单位:mm)

测定日期(月-日)	07-12	07-20	07-30	08-10	08-20	08-30	09-10	09-20	09-30			Σ
土体水量	348.7	359.6	374.9	370.2	359	348.3	340.5	337.3	313.9			
阶段耗水量		8.45	24.4	21.8	35.4	17.2	27.3	37.2	28.7			200.4
测定日期(月-日)	10-10	10-20	10-30	05-03-08	03-20	03-30	04-10	04-20	04-30	05-10	05-20	Σ
土体水量	286.3	276.2	273.6	258.6	249.3	242.5	237.7	233.6	236	243.1	230.9	
阶段耗水量		23.9	9.7	38.8	19.5	13.4	10.8	10.4	3.7	2.4	34	166.6

3.3.1.4　主要农作物的阶段耗水规律研究

1)小麦阶段耗水规律研究

从小麦阶段耗水量的测定试验结果可以看出(见表3-7、表3-8),全生育期耗水量为216.3～345.2mm,但全生育期耗水年际间的变幅悬殊较大,2004～2005年度的全生育期耗水量仅为2003～2004年度耗水量的62.7%。2003～2004年度小麦全生育期耗水中,消耗土壤水174.2mm,占总耗水的50.5%,自然降水171mm,占总耗水的49.5%;2004～2005年度小麦全生育期耗水中,消耗土壤水12mm,自然降水114.3mm,补灌90mm,土壤水、自然降水分别占总耗水的5.6%、52.8%,这一方面说明小麦全生育期耗水量与同期自然降水和播种时土壤的土体储水量有密切的关系,另一方面也说明小麦生育期间的水分供应状况,是重要的生产限制因素之一。

从小麦的阶段耗水强度指标可以明显看出,自小麦拔节以后耗水强度明显增加,在小麦灌浆期达到最大值;从小麦阶段耗水量占全生育期总耗水量的比例上看,返青以前占25.9%～36.9%,返青—拔节占3.9%～6.2%,拔节—抽穗占15.8%～27.2%,灌浆期耗水占31.9%～40.4%。表明拔节后小麦的耗水强度和耗水量均呈现明显的增加,也说明拔节期、灌浆期是小麦两个重要的水分需求时期和水分消耗时期。保证这两个时期的水分供应对满足小麦生长发育和产量至关重要。同时,从阶段耗水的比例和耗水强度也可以发现,越冬前的阶段耗水与该阶段的作物生长量比较,耗水数值偏高。偏高的主要原因是田间土壤无效蒸发大，这说明在该阶段采取适宜的农艺措施减少水分的无效损失是很有必要的。

表 3-7　2003～2004 年小麦阶段耗水测定结果

测定日期	1.2m 土体含水(mm)	同期降水(mm)	阶段耗水(mm)	耗水强度(mm/d)	阶段占总量(%)
2003-10-05	378.5				
(越冬前)		63.7	65.4	0.93	18.9
2003-12-15	376.8				
(越冬—返青)		16	62.3	1.04	18.0
2004-02-15	330.5				
(返青—拔节)		3.5	13.3	0.44	3.9
2004-03-15	320.7				
(拔节—抽穗)		29.3	93.9	2.24	27.2
2004-04-27	256.1				
(灌浆前期)		15.9	27.4	3.43	7.9
2004-05-05	244.6				
(灌浆中期)		42.6	49.3	4.11	14.3
2004-05-17	237.9				
(灌浆后期)		0	33.6	4.2	9.7
2004-05-25	204.3				
耗水合计			345.2		100

表 3-8　2004～2005 年小麦阶段耗水测定结果

测定日期	1.2m 土体含水(mm)	同期降水(mm)	阶段耗水(mm)	耗水强度(mm/d)	阶段耗水占总量(%)
2004-10-15	286.3				
(越冬前)		49.7	36.5	0.6	16.9
2004-12-15	299.5				
(越冬—返青)		9.1	19.4	0.28	9.0
2005-02-25	289.2				
(返青—拔节)		0	13.5	0.68	6.2
2005-03-16	275.7				
(拔节—抽穗)		9.9	34.1	0.83	15.8
2005-04-27	251.5				
(灌浆前期)		36.9(补水 30)	19.6	2.18	9.1
2005-05-06	268.8				
(灌浆中期)		98.7(补水 60)	38	2.92	17.6
2005-05-19	329.5				
(灌浆后期)		0	29.7	4.95	13.7
2005-05-25	299.8				
(灌浆—成熟)		0	25.5	2.55	11.8
2005-06-05	274.3				
耗水合计			216.3		100

2)玉米阶段耗水规律研究

在试验测定年度,玉米全生育期耗水量为299.6～462mm,分别为同期自然降水量的81.3%～97.4%,表明玉米的生育期与自然降水基本同步,除降水偏少的缺水年型外,一般情况下自然降水基本上能够较好地满足其生长发育需求。

从玉米的阶段耗水情况看(见表3-9、表3-10),拔节前阶段耗水占总耗水量的17.1%～17.3%,拔节—大喇叭口期阶段耗水占总耗水量的34.5%～39.1%,大喇叭口—成熟阶段耗水占总耗水量的43.6%～48.4%。拔节前的耗水强度为2.08～3.16mm/d,拔节—大喇叭口期的耗水强度为3.9～4.98mm/d,大喇叭口—成熟的耗水强度为2.9～5.2mm/d,表明玉米自拔节以后耗水强度明显增加,前期耗水量占总耗水量的20%左右,中后期的耗水量占总耗水量的80%左右。

表3-9　2003年玉米阶段耗水测定结果

测定日期	1.2m土体含水(mm)	同期降水(mm)	阶段耗水(mm)	耗水强度(mm/d)	阶段占总量(%)
2003-06-15	350.3				
(拔节前)		71.5	78.9	3.16	17.1
2003-07-05	342.9				
(拔节—大喇叭口)		178.1	159.3	4.98	34.5
2003-08-07	361.7				
(大喇叭口—成熟)		225	223.8	5.2	48.4
2003-09-18	362.9				
合计		474.6	462		100

表3-10　2004年玉米阶段耗水测定结果

测定日期	1.2m土体含水(mm)	同期降水(mm)	阶段耗水(mm)	耗水强度(mm/d)	阶段占总量(%)
2004-06-06	234.1				
(拔节前)		80.5	51.9	2.08	17.3
2004-07-05	262.7				
(拔节—大喇叭口)		150.8	117	3.9	39.1
2004-08-05	296.5				
(大喇叭口—成熟)		137	130.7	2.9	43.6
2004-09-20	302.8				
合计		368.3	299.6		100

以上小麦、玉米夏粮秋粮的综合结果表明,在河南省目前的自然条件下,自然降水对秋季作物的水分保证率较高,而对夏粮作物的保证率较低,节水补灌的重点应放在夏粮作物上。

3.3.2 主要农作物有限灌溉技术研究

3.3.2.1 小麦有限灌溉技术研究

先后于2002～2003年在河南省禹州市岗孙村和2003～2004年在河南省辉县市小山前村农用地上布置田间试验。岗孙村试验(以下简称试验A)前茬为棉花,供试小麦品种为郑州9023;小山前村试验(以下简称试验B)前茬为玉米,供试小麦品种为新麦12,耕层土壤化学性状见表3-11。试验采用随机区组设计,重复3次,在灌底墒水45mm基础上设如下处理(见表3-12)。

表3-11 土壤耕层化学性状

试验	土 壤	有机质(g/kg)	全N(g/kg)	全P(g/kg)	全K(g/kg)	速效N(mg/kg)	速效P(mg/kg)	速效K(mg/kg)	pH值
A	沙壤质褐土	12.3	0.80	—	—	47.8	6.7	114.8	—
B	黏壤质褐土	21.5	1.27	0.69	17.5	64.2	21.2	194.0	7.15

表3-12 试验处理

项 目	处 理						
	1(CK)	2	3	4	5	6	7
拔节孕穗期灌水(mm)	0	30	45	0	0	30	45
灌浆期灌水(mm)	0	0	0	30	45	30	45
全生育期灌水(mm)	0	30	45	30	45	60	90

1)对冬小麦产量的影响

试验产量和统计分析结果表明(见表3-13、表3-14),灌水处理与不灌水处理相比较,除试验A处理4产量差异不显著外,其他灌水处理的产量均达到差异显著或极显著水平,可见冬小麦限量灌溉具有较好的增产效果,产量随着灌水量加大而增加(两试验同处理的产量和不同生育期灌水量相等的同处理产量均采用均值),灌水量(mm)与产量(kg)呈正相关,$r=0.9945^{**}$ $(n=5)$。就一个生育期灌水的产量而言,在相同灌水量条件下,拔节孕穗期优于灌浆期。冬小麦的拔节孕穗,标示着植株已进入旺盛生长期,生理需水剧增,无论是阶段耗水(%)和耗水强度(mm/d)均为其一生中最高的时期。在冬小麦这一水分临界期保持良好的土壤水分供给,能促使其幼穗发育的性细胞分化形成,为增加籽实产量打下良好基础。为此,可以认为拔节孕穗期是最优的灌水时期。冬小麦的灌浆期(尤其是灌浆前期)是籽实形成的重要时期,若期内缺少水分供给,会影响光合作用,降低结实率,所以灌浆期亦是较好的灌水时期。在拔节孕穗期和灌浆期均灌水的处理增产效果更加显著。

表 3-13　试验产量结果

处理	试验A小区产量(kg)			小区平均产量(kg)	试验B小区产量(kg)			小区平均产量(kg)	两试验小区平均产量(kg)	较CK平均增产(%)
	Ⅰ	Ⅱ	Ⅲ		Ⅰ	Ⅱ	Ⅲ			
1	5.45	5.10	5.20	5.25	6.06	6.45	5.79	6.10	5.68	—
2	6.15	6.00	5.90	6.02	7.25	6.91	7.49	7.22	6.62	16.5
3	6.40	6.20	6.25	6.28	7.70	7.82	7.59	7.70	6.99	23.1
4	5.75	6.25	5.50	5.83	7.10	6.72	7.22	7.01	6.42	13.0
5	5.80	6.45	6.05	6.10	7.66	7.68	7.30	7.55	6.83	20.2
6	6.50	7.05	6.55	6.70	8.48	8.36	7.45	8.10	7.40	30.3
7	7.05	7.75	8.00	7.60	8.61	8.55	7.58	8.25	7.93	39.6

表 3-14　试验产量差异显著性比较

处理	试验A			试验B		
	小区平均产量(kg)	显著性检验		小区平均产量(kg)	显著性检验	
		0.05	0.01		0.05	0.01
7	7.60	a	A	8.25	a	A
6	6.70	b	B	8.10	a b	A B
3	6.28	b c	B C	7.70	a b	A B
5	6.10	c	B C	7.55	b	A B
2	6.02	c	B C	7.22	b	B
4	5.83	c d	C	7.01	b	B C
1	5.25	d	C	6.10	c	C

注: 试验A处理间均方1.638,F18.463** ($F_{0.01}=4.82$)。

试验B处理间均方1.593,F13.158** ($F_{0.01}=4.82$)。

2)对冬小麦生育性状的影响

试验调查、考种结果表明(见表3-15),灌水处理均较不灌水处理的单位面积总穗数、单株成穗数、株高、穗长、穗粒数、穗粒重和千粒重等生育性状指标为高,这与灌水显著增加冬小麦产量的结果是一致的。在0～90mm灌水量范围内,灌水量与单株成穗数、千粒重、单位面积成穗数、穗粒重和穗长呈显著正相关,其相关系数依次为:0.997 1**、0.996 5**、0.989 6**、0.970 2*和0.966 6*($n=5$);在灌水诸处理之间,灌两水的处理均较灌一水的处理生育性状指标为高。拔节孕穗期灌水与灌浆期灌水相比较,前者平均单位面积总穗数、单株成穗数和株高分别增加7.8%、5.8%和4.7%,后者平均穗粒重、穗粒数、千粒重和穗长分别增加9.2%、4.4%、4.2%和4.0%。在冬小麦产量构成三因子中,成穗数是遗传力最低的因子,拔节孕穗期灌水,利于其有效群体的形成,进而提高单位面积总穗数,显然这是拔节孕穗期灌水增产的主要原因。灌浆期灌水能有效增加粒重,亦有较好的增产效果,但不及拔节孕穗期。

表 3-15　试验调查、考种结果

处理	穗数（万/hm²）	单株成穗数（个）	株高（cm）	穗长（cm）	穗粒数（粒）	穗粒重（g）	千粒重（g）
1	370	1.60	62.0	7.2	33.1	1.34	40.5
2	405	1.80	68.8	7.3	36.7	1.50	40.9
3	420	1.85	70.7	7.7	38.2	1.61	42.1
4	375	1.70	65.9	7.8	39.0	1.68	43.1
5	390	1.75	67.3	7.8	39.2	1.70	43.4
6	425	1.85	70.4	8.0	39.6	1.73	43.7
7	460	2.00	70.9	8.1	41.3	1.85	44.8

3)有限灌溉条件下冬小麦的耗水量及水分利用率

依据农田水量平衡公式和降水量、灌溉水量、1m 土体被利用的水量和产量等数据，计算的不同处理冬小麦耗水量及水分利用效率见表 3-16。结果表明，灌水处理的水分利用效率均高于不灌水处理，增幅为 7.0%～18.0%，可见，限量灌溉能提高冬小麦对土壤水分的有效利用；灌水诸处理间比较，灌浆期优于拔节孕穗期，更优于两个生育期均灌水的处理；在 0～90mm 灌水量范围内，以灌 45mm 的处理平均水分利用效率最高。就灌溉水利用率而言，以拔节孕穗期灌 30mm 的处理最高，依次为拔节孕穗期灌水 45mm、拔节孕穗期和灌浆期各灌水 30mm、灌浆期灌水 45mm 和灌浆期灌水 30mm，而拔节孕穗期和灌浆期各灌 45mm 的处理最低。值得指出的是，拔节孕穗期和灌浆期各灌水 30mm 的灌溉水利用率较高，这可能是由于在两个生育期均以较少的水量(30mm)灌溉，利于对灌溉水的有效利用的结果。综上所述，在本试验冬小麦生育期降水和灌水量范围内(辉县市冬小麦生育期多年平均降水为 132.2mm，试验年当季降水为 160.1mm，属于降水偏丰)，满足作物水分利用效率最高时的补充灌水量为 45mm，满足灌水利用率最高时的补充灌水量为 30～45mm。因此可以认为，在雨水偏丰的年份，河南丘陵旱作区有限灌水的下限以 30～45mm 为宜。

表 3-16　有限灌溉对冬小麦水分利用的影响

处　　理	产量（kg/hm²）	水分利用效率（kg/(mm·hm²)）	耗水量（mm）	土壤耗水（mm）	灌溉水利用率（kg/(mm·hm²)）
1 全生育期不灌水	5 083.3	12.8	397.0	191.9	0
2 拔节孕穗 30mm	6 016.7	14.5	418.7	183.6	31.1
3 拔节孕穗 45mm	6 416.7	14.7	437.9	187.8	29.6
4 灌浆期 30mm	5 841.7	14.6	402.5	167.8	25.3
5 灌浆期 45mm	6 291.7	15.1	416.6	166.5	26.9
6 拔节孕穗灌浆各 30mm	6 750.0	14.4	468.1	203.0	27.8
7 拔节孕穗灌浆各 45mm	6 875.0	13.7	501.6	206.5	19.9

以上试验研究结果表明:

(1)冬小麦生育期内灌水在0～90mm范围内,灌水有较好的增产效果,且随着灌水量的加大,增产效果愈显著。考种结果表明,灌水能显著改善其生育性状和产量构成因子。拔节孕穗期和灌浆期均灌水的处理,其增产率及生育性状优于其中一个生育期灌水的处理;拔节孕穗期灌水的增产率高于灌浆期灌水的处理,拔节孕穗期灌水能显著增加成穗数,灌浆期灌水能显著增加粒重。

(2)冬小麦生育期内灌水在0～90mm范围内,灌水处理的冬小麦水分利用效率均高于不灌水处理,说明限量灌能提高其对土壤水分的利用。灌水处理间相比,水分利用效率为灌浆期＞拔节孕穗期＞拔节孕穗期＋灌浆期,灌溉水利用率则是,拔节孕穗期＞灌浆期＞拔节孕穗期＋灌浆期;不同灌水量的水分利用效率和灌溉水利用率均为,45mm＞30mm＞60mm＞90mm(灌溉水利用率45mm和30mm几乎相等)。可以认为,在本试验冬小麦生育期降水和灌水量范围内,满足作物水分利用效率最高时的补充灌水量为45mm,满足灌溉水利用率最高时的补充灌水量为30～45mm。拔节孕穗期灌水有益于对灌溉水的利用,灌浆期灌水其水分利用效率较高。

(3)冬小麦限量灌溉经济效益分析认为,欲保持较高的增产率和获得较大的经济效益,建议在雨水偏丰的年份拔节孕穗期和灌浆期各灌30mm水或拔节孕穗期灌45mm水为宜。

3.3.2.2 玉米有限灌溉技术研究

本项试验研究设在洛阳农科所旱农中心和辉县市张村乡山前村,洛阳试验地土壤为潮褐土,辉县市试验地土壤为壤质褐土,肥力中等,土质为重壤土。试验设全生育期不灌水、苗期补灌22.5mm、苗期补灌45mm、大喇叭口期补灌22.5mm、大喇叭口期补灌45mm、苗期和大喇叭口期各补灌22.5mm、苗期和大喇叭口期各补灌45mm七个处理,随机排列,三次重复。

1)不同处理对玉米产量的影响

从洛阳试验结果(见表3-17)可以看出,各处理均比对照增产,增产幅度为17.4%～63.1%,其中处理7(苗期、大喇叭口期各补灌45mm)产量最高。经方差分析,达极显著水平($F=20.48^{**}$,$F_{0.01}=4.82$)。用LSD法多重比较,处理7增产极显著,处理5(大喇叭口期45mm)、处理3(苗期45mm)、处理6(苗期、大喇叭口期22.5mm)增产效果相当,且与处理2(苗期22.5mm)相比差异显著。处理2(苗期22.5mm)与处理4(大喇叭口期22.5mm)增产效果相当。从总体上看,同一用水量下,大喇叭口期灌水比苗期灌水增产高,且集中灌水比分次灌水效果好。在当年的气候条件下,灌水多比灌水少好。

而辉县的试验结果(见表3-18)表明,在自然雨水较丰的年型,对玉米生长发育的前期进行补水增产作用不大,在该试验条件下仅增产75～199.5kg/hm^2,增产幅度为1.1%～3.0%;大喇叭口期补水却有明显的增产效果,增产幅度达10.7%～15.5%,这与玉米的产量比较高、增产潜力大、耗水量也比较大等因素有关。

表 3-17　不同处理对夏玉米产量的影响(洛阳)

处理	单产(kg/hm²)				较对照增产(%)	0.05 显著性	0.01 显著性
	Ⅰ	Ⅱ	Ⅲ	平均			
7	9 584.9	8 824.4	9 950.0	9 453.0	63.1	a	A
5	8 124.0	8 579.3	8 189.1	8 298.0	43.1	b	B
3	7 568.9	8 279.1	8 004.0	7 950.0	37.1	b c	B
6	7 718.9	7 358.7	8 073.0	7 717.5	33.1	b c	B C
4	7 128.6	6 818.4	7 999.1	7 315.5	26.2	c d	B C
2	7 308.6	6 453.3	6 658.4	6 807.0	17.4	d	C D
1(CK)	6 103.2	5 757.9	5 532.6	5 797.5		e	D

注：$LSD_{0.05}=790.35kg/hm^2$，$LSD_{0.01}=1\ 109.25kg/hm^2$。

表 3-18　不同处理对夏玉米产量的影响(辉县)

处理	小区产量(kg/12m²)				平均单产(kg/hm²)	较对照增产(%)
	Ⅰ	Ⅱ	Ⅲ	小区平均		
1	7.83	8.05	7.85	7.91	6 592.5	
2	7.94	7.96	8.10	8.00	6 667.5	1.1
3	8.23	8.06	8.16	8.15	6 792.0	3.0
4	8.83	8.65	8.80	8.76	7 300.5	10.7
5	9.17	8.98	9.27	9.14	7 617.0	15.5
6	9.00	9.0	9.1	9.03	7 525.5	14.2
7	9.44	9.27	9.22	9.31	7 758.0	17.7

上述试验结果表明，在目前河南省生态气候条件下，旱作区夏玉米生长发育期间，大喇叭口期补水的增产作用最为明显，苗期补水的增产作用因降水年型不同而表现出较大的差异性。在丰水年型苗期补水与对照处理比较，产量差异不明显，基本未表现增产；在缺水年型苗期补水与对照处理比较，产量差异明显，增产幅度为 17.4%～26.2%，但增产幅度不及大喇叭口期补水的增产幅度，大喇叭口期补水的增产幅度为 33.1%～37.1%。说明对夏玉米来说，在丰水年型可以不灌水或在大喇叭口期灌一水，在缺水年型应以补灌二水为宜，在水源不足或有限的条件下，可以放在玉米大喇叭口期补水，但是不管是苗期补水还是大喇叭口期补水，均应该采用较大的补灌量进行，以较好地缓解旱情，获得较高的经济产量和收益。

2)不同处理对夏玉米穗部性状、产量构成因素的影响

从不同处理对玉米产量构成因素的考察来看(见表 3-19)，各处理穗行数相差不大，而行粒数和千粒重各处理有明显不同，均以苗期、喇叭口各灌 45mm 处理最高，大喇叭口期补灌 45mm 处理的行粒数比苗期补灌 45mm 处理增加 6%；大喇叭口期补灌 22.5mm

处理比苗期补灌 22.5mm 处理对行粒数影响显著，增加 5.3%；大喇叭口期补灌 45mm 处理比苗期、大喇叭口期各补灌 22.5mm 处理效果明显，增加 6.28%。说明产量的提高主要是通过增加行粒数和提高千粒重实现的。

表 3-19　不同处理对玉米产量构成因素的影响（洛阳）

处理	穗行数				行粒数				千粒重(g)			
	Ⅰ	Ⅱ	Ⅲ	平均	Ⅰ	Ⅱ	Ⅲ	平均	Ⅰ	Ⅱ	Ⅲ	平均
1	13.8	12.9	13.5	13.4	34.3	32.3	30.0	32.2	335.70	338.02	332.90	335.5
2	13.5	14.0	13.2	13.6	36.3	35.6	34.4	35.4	303.50	297.56	309.70	303.6
3	13.2	14.4	13.8	13.8	35.7	36.0	36.0	35.9	303.86	312.40	324.14	313.5
4	13.0	12.6	12.4	12.7	37.5	37.0	37.8	37.4	304.52	311.80	318.84	311.7
5	13.2	13.8	14.0	13.7	38.1	38.3	38.2	38.2	317.18	312.10	307.28	312.2
6	13.0	13.2	12.8	13.0	35.9	36.5	35.1	35.8	320.68	329.96	336.58	329.1
7	13.6	14.2	13.6	13.8	40.2	40.0	40.0	40.1	345.00	341.62	348.60	345.1

从不同处理对玉米穗粗、穗长、秃尖长的影响看（见表 3-20），穗长变幅为 16.30～18.22cm，其中以大喇叭口期补灌 22.5mm 处理的最长；秃尖长变幅为 0.49～1.06cm，相差较大，以苗期、大喇叭口期各补灌 45mm 处理的秃尖最短；穗粗变幅为 4.95～5.27cm，变幅不大，其中以苗期、大喇叭口期各补灌 45mm 处理的最大。

表 3-20　不同处理对夏玉米穗部性状的影响（洛阳）

处理	穗长(cm)				秃尖长(cm)				穗粗(cm)			
	Ⅰ	Ⅱ	Ⅲ	平均	Ⅰ	Ⅱ	Ⅲ	平均	Ⅰ	Ⅱ	Ⅲ	平均
1	17.71	16.67	15.35	16.58	0.54	1.19	0.74	0.82	5.2	5.08	5.03	5.10
2	17.11	15.15	16.65	16.30	0.71	0.75	0.75	0.74	5.05	4.95	4.85	4.95
3	18.70	15.75	16.90	17.12	1.4	1.05	0.72	1.06	5.15	4.95	4.95	5.02
4	18.55	18.60	17.50	18.22	1.14	0.47	1.27	0.96	5.15	5.00	5.10	5.08
5	16.20	18.60	19.38	18.06	0.50	0.43	1.52	0.82	5.10	5.15	5.23	5.16
6	16.70	17.25	16.54	16.83	0.70	0.55	0.80	0.68	4.80	5.10	5.50	5.13
7	17.25	16.06	17.49	16.93	0.64	0.35	0.48	0.49	5.23	5.27	5.30	5.27

以上说明在缺水年型的条件下，玉米生育期进行补水对穗长、秃尖长的影响较大，而对穗粒的影响较小，其增产的主要因素是增加玉米的穗粒数和千粒重。

3）有限灌溉条件下夏玉米的耗水量及水分利用率

不同处理夏玉米耗水量及水分利用效率结果表明（见表 3-21），除含有苗期补灌 22.5mm 的处理以外，其他有限灌溉处理的水分利用效率均高于不灌水处理，增幅为 26.2%～63.1%。可见，有限灌溉能提高夏玉米对土壤水分的有效利用；灌水诸处理间比较,大喇叭口期优于苗期,也优于两个生育期均灌水的处理;就不同处理来说,以大喇叭口期补灌 22.5mm 处理的水分利用效率最高;就不同补灌量来说,在 0～90mm 灌水量范围内,以补灌 45mm 的处理平均水分利用效率最高。

表 3-21　洛阳玉米生育期耗水量

处理	收获期土壤水量(mm)	耗土壤水量(mm)	生育期耗水(mm)	平均单产(kg/hm^2)	水分利用效率(kg/(mm·hm^2))	灌溉水利用效率(kg/(mm·hm^2))
1	331.1	−132.8	172.4	5 797.5	33.6	
2	321.7	−123.4	204.3	6 807.0	33.3	44.9
3	317.7	−119.4	230.8	7 950.0	34.4	47.9
4	321.2	−122.9	204.8	7 315.5	35.7	67.5
5	310.4	−112.1	238.1	8 298.0	34.9	55.5
6	306.7	−108.4	241.8	7 717.5	31.9	42.6
7	321.4	−123.1	272.1	9 453.0	34.7	40.7

注:土壤基础水量 198.3mm,生育期降水 305.2mm。

就灌溉水利用率而言,也以大喇叭口期补灌 22.5mm 处理的最高,其他依次为大喇叭口期补灌 45mm、苗期补灌 45mm、苗期补灌 22.5mm 和苗期大喇叭口期各补灌 22.5mm,而苗期大喇叭口期各补灌 45mm 的处理最低。

综上所述,在本试验夏玉米生育期降水和灌水量范围内,满足作物水分利用效率最高时的补充灌水量为 45mm,满足灌水利用率最高时的补充灌水量为 30～45mm。为此,在河南丘陵旱作区夏玉米的农业生产中,有限灌水的下限以 30～45mm 为宜。

3.3.2.3　棉花有限灌溉技术研究

棉花有限灌溉技术试验研究安排在洛阳伊川四合头农业试验站、安阳市农业科学研究所、黄泛区农科所等地进行。洛阳伊川试验地土壤为潮褐土,安阳两试验点的试验地土壤为壤质褐土,肥力中等,土质为重壤土,黄泛区试验地土壤为潮土。试验设全生育期不灌水、现蕾期补灌 22.5mm、现蕾期补灌 45mm、花铃期补灌 22.5mm、花铃期补灌 45mm、现蕾期和花铃期各补灌 22.5mm、现蕾期和花铃期各补灌 45mm 等七个处理,随机排列,三次重复。

1)不同处理对棉花产量的影响

从棉花不同试验条件下的结果可以看出,不同处理情况其产量表现差异较大,增产效果也有很大的区别,这主要与棉花生育期的同期自然降水有关。

在降水丰沛的丰水年型条件下(黄泛区春棉同期降水量为 721.4mm),对棉花无论现蕾期补灌或花铃期补灌均未表现出增产的作用,甚至补灌的个别处理还出现了减产的现象,说明在丰水年型的条件下,棉花可以不进行补灌,应把节水的重点放在减少土壤水分的无效损失和作物的奢侈耗水方面,达到保蓄较多的土壤水分,为下茬作物的生长发育创造较好的水分环境。

在降水一般的平水年型条件下(安阳春棉同期降水量为 397.2mm),对棉花在现蕾期和花铃期进行补灌的增产效果均十分明显，现蕾期进行补灌增产幅度为14.7%～32.3%，花铃期进行补灌增产幅度为11.5%～23.4%，但是上述两个补灌时期在水分的补灌量上存在较大的差异性，现蕾期进行补灌45mm的明显好于22.5mm的处理，而花铃期进行补灌22.5mm的明显好于45mm的处理，说明对春棉花来说，现蕾期进行补灌以较高的水分量为宜，花铃期进行补灌以较低的水分量为宜(见表3-22)。分析其原因为，棉花的种植时间较秋季其他作物早、且生育期相对较长，在生长发育前期(现蕾期)自然降水量较少、土壤水分含量较低，这时补水量大的处理能够比较彻底地缓解旱情、较好地满足作物生长需要，而补水量小的处理不能有效缓解旱情、作物生长发育受到抑制和损失。在棉花生长发育中期(花铃期)以后，一方面前期自然降水量逐渐增多，土壤储水较多，缓解了水分与作物生长发育的矛盾，为棉花生长提供了较好的水分条件和环境，另一方面花铃期以后棉花进入了营养生长与生殖生长并进且以生殖生长为主的阶段，在满足水、肥两大主导因素的同时，光照和温度的作用比重在上升，这时如果土壤水分含量偏高，会导致棉花花、铃脱落量增加，这一点从考种结果中可以得到证明(见表3-23)，因此花铃期进行补灌以较低的水分量为宜。

表3-22　黄泛区棉花籽棉产量

处理	小区产量(kg)				折合单产(kg/hm²)
	Ⅰ	Ⅱ	Ⅲ	平均	
1	12.93	12.27	11.86	12.35	3 706.5
2	12.95	12.15	12.71	12.60	3 781.5
3	11.84	11.57	11.96	11.79	3 537.0
4	12.38	11.69	11.87	11.98	3 594.0
5	11.79	12.39	12.69	12.29	3 687.0
6	11.77	11.74	12.13	11.88	3 564.0
7	12.99	11.24	11.78	12.00	3 601.5

表3-23　棉花产量结果及考种统计(安阳春棉)

处理	株高(cm)	单株铃数(个)	平均铃重(g)	衣分(%)	小区产量(kg)	平均单产(kg/hm²)	增减产(%)
1	92.5	11.8	4.57	38.00	1.32	1 375.5	
2	97.5	18.8	5.25	38.23	1.51	1 578.0	14.7
3	99.5	21.4	5.49	41.63	1.75	1 819.5	32.3
4	100	16.3	5.10	38.18	1.63	1 698.0	23.4
5	94.5	15.2	4.61	37.62	1.47	1 533.0	11.5
6	95.5	23.6	5.52	42.00	1.78	1 849.5	34.5
7	96.6	16.2	5.36	41.00	1.74	1 813.5	31.8

在降水偏少的缺水年型条件下(洛阳夏棉同期降水量为312.2mm),对棉花在现蕾期和花铃期进行补灌的增产效果均十分显著,现蕾期进行补灌增产幅度为9.4%~13.2%,花铃期进行补灌增产幅度8.7%~10.6%,现蕾期和花铃期两次进行补灌增产幅度为15.4%~22.3%(见表3-24),并且上述两个补灌时期在水分的补灌量上,均以补灌45mm的处理好于补灌22.5mm的处理,这一方面与棉花生育期间同期自然降水偏少有关外,另一方面也说明棉花的蕾期和花铃期是两个重要的需水和耗水阶段,在雨水偏少的年型应重视对棉花这两个时期的水分供应和管理,以达到有效增加产量、提高水分利用效率的效果。

表3-24 洛阳伊川夏棉试验产量及考种结果

处理	株高(cm)	单株果枝(个)	单株结铃(个)	单铃重(g)	单产皮棉(kg/hm^2)
1	84.1	7.4	8.1	13.21	655.5
2	85.5	7.8	8.4	13.31	717.0
3	86.2	8.1	7.9	13.04	742.5
4	84.7	8.4	8.2	14.60	712.5
5	85.2	8.2	8.2	13.09	724.5
6	85.3	8.2	8.1	14.21	756.0
7	85.8	8.6	8.2	14.67	801.0

2)不同处理对棉花生育性状、产量构成因素的影响

从对棉花生育性状、产量构成因素的调查看,在降水丰沛的丰水年型条件下,补灌水的处理与全生育期不灌水的对照处理(CK)比较,主要表现为棉花植株的提高和果节位的增加。与对照处理(CK)比,灌水处理株高提高4.7~14.9cm,果节位增加0.2~1.1,而与产量关系密切的单株结铃数、单铃重、衣分等指标却无明显的差异,这说明在该种生态条件下,棉花存在奢侈耗水现象(见表3-25)。

表3-25 棉花性状考察表(西华)

处理	株高(cm)	果枝数(个)	果节位(节)	单铃重(g)	衣分(%)	子指(g/100粒)	不孕籽(个)	单株结铃(个)	株数(个$/hm^2$)	成铃(个$/hm^2$)
1	92.5	15.8	5.7	6.9	37.9	12.2	7.5	15.4	37 500	577 500
2	105.3	16.5	5.9	6.9	37.9	12.1	10.5	16.5	37 500	618 750
3	102.1	15.9	6.8	6.6	37.5	11.8	6	14.9	37 500	558 750
4	107.4	16.3	6.4	6.7	37.1	12.6	6	13.5	37 500	506 250
5	97.2	15.8	6.5	6.8	37.4	12.2	7.5	14.7	37 500	551 250
6	100.6	14.9	6.2	6.9	37.7	12.1	7	13.6	37 500	510 000
7	101.8	15.7	6.4	6.7	38.1	12.2	9.5	15.2	37 500	570 000

在降水一般的平水年型条件下,与对照处理比,补灌水的处理棉花株高有所提高,提高2.5~7.5cm,而单株结铃数和单铃重均有较大增加,现蕾期补灌单株结铃数平均增加8.3个,花铃期补灌单株结铃数平均增加4.0个,现蕾期、花铃期补灌单铃重分别提高0.8g和0.29g,这说明在该种生态条件下,水分供应较好地满足了棉花的需求,使棉花营

养生长和生殖生长得到了协调发展。在降水偏少的缺水年型条件下，与对照处理比，补灌水处理的棉花株高、单株结铃数、单铃重基本无差异，单株果枝数却有一定的增加，现蕾期补灌单株果枝数增加 0.4～0.7 个，花铃期补灌单株果枝数增加 0.8～1.0 个。说明在该种生态条件下，即使在现蕾期和花铃期进行了补灌，棉花生长发育过程中仍然存在水分不足的现象，在一定程度上影响和制约了棉花的阶段发育进程。

3)有限灌溉条件下棉花的耗水量及水分利用率

测定结果表明：在降水丰沛的丰水年型条件下，不灌水的对照处理，棉花的全生育期作物耗水量为 583mm，水分生产效率为 6.3kg/(mm·hm^2)。有限灌水处理的棉花全生育期作物耗水量为 605.6～657.7mm，水分生产效率为 3.5～6.3kg/(mm·hm^2)，灌溉水效率为 -33.8～3.3kg/(mm·hm^2)(见表 3-26)。

表 3-26　棉花播种—吐絮作物耗水量(黄泛区)

处理	收获期土壤含水量(mm)	作物耗水量(mm)	耗水量占降水(%)	水分生产效率(kg/(mm·hm^2))	灌溉水效率(kg/(mm·hm^2))
1	238	583	71.0	6.3	—
2	237.9	605.6	73.8	6.3	3.3
3	222.7	643.3	78.4	5.6	-3.8
4	221.5	622	75.8	5.9	-5.0
5	229.3	636.7	77.6	3.5	-33.8
6	244.4	621.6	75.7	5.7	-3.2
7	253.3	657.7	80.1	5.6	-1.2

注：土壤基础含水量 221.6mm，生育期降水量 599.4mm，合计 821.0mm。

在降水一般的平水年型条件下，不灌水的对照处理，棉花的全生育期作物耗水量为 375.2mm，水分生产效率为 3.6kg/(mm·hm^2)。有限灌水处理的棉花全生育期作物耗水量为 363.2～402.7mm，水分生产效率为 4.1～4.7kg/(mm·hm^2)，灌溉水效率为 3.5～14.4kg/(mm·hm^2)(见表 3-27)。

表 3-27　春棉花作物耗水量(安阳)

处理	收获期土壤含水量(mm)	耗水量(mm)	耗水量占降水(%)	水分生产效率(kg/(mm·hm^2))	灌溉水效率(kg/(mm·hm^2))
1	229.4	375.2	98.2	3.6	—
2	235.0	392.1	102.6	4.1	9.0
3	257.8	391.8	102.5	4.7	9.9
4	263.9	363.2	95.0	4.7	14.4
5	266.0	383.6	100.4	4.1	3.5
6	251.8	397.8	104.1	4.7	10.5
7	291.9	402.7	105.4	4.5	4.8

注：土壤基础含水量 222.4mm，生育期降水量 382.2mm。

在降水偏少的缺水年型条件下，不灌水的对照处理，棉花的全生育期作物耗水量为304.3mm，水分生产效率为2.1kg/(mm·hm^2)。花铃期进行有限灌水的处理棉花全生育期作物耗水量为301.0～317.3mm，水分生产效率为2.3～2.4kg/(mm·hm^2)，灌溉水效率为1.5～2.6kg/(mm·hm^2)(见表3-28)。

表3-28 洛阳伊川夏棉耗水量

试验处理	收获期土壤水量(mm)	生育期耗水(mm)	水分利用效率(kg/(mm·hm^2))	灌溉水效率(kg/(mm·hm^2))	产量(kg/hm^2)
对　照	250.3	304.3	2.1		655.5
花铃期22.5mm	276.1	301.0	2.4	2.6	712.5
花铃期45mm	282.3	317.3	2.3	1.5	724.5

注：土壤基础含水量242.4mm，生育期降水量312.2mm。

3.3.3 节水技术措施研究与应用

本项研究是针对旱作区生产条件差、基础设施薄弱、依靠农民自身进行大规模农田水利基础设施建设存在一定困难的实际情况，试图通过农艺措施，减少土壤水分蒸发，增加天然降水的有效利用，改善农作物的水分供应及有效利用。

3.3.3.1 保护性耕作技术研究

试验安排在洛阳市北部孟津县送庄镇，供试土壤为黄土，其基础肥力见表3-29。试验设4个处理：①一次深翻——小麦收获时留茬10～15cm，7月初深翻25～30cm，耙平。②免耕覆盖(高留茬免耕)——小麦收获时留茬35～40cm。③深松覆盖(高留茬深松)——小麦收获时留茬35～40cm，7月初间隔20cm深松一道，深松带为20cm，深松深度为40cm。④传统耕作——小麦收获时留茬10～15cm，7月初耕翻20cm，9月初耕翻20cm。试验区除防治杂草及病虫害外，不采取其他中耕等管理措施。

表3-29 供试土壤基础肥力

有机质(%)	全氮(%)	碱解氮(mg/kg)	有效磷(mg/kg)	速效钾(mg/kg)
1.36	0.106	74.94	13.19	85.46

1)不同耕作措施对冬小麦产量的影响

试验结果表明，保护性耕作对冬小麦具有明显的增产作用，连续两年平均比传统耕作增产12.36%～21.07%，达极显著水平(见表3-30)。其中，以深松覆盖效果最好，增产幅度为19.06%～21.07%；免耕覆盖次之，增幅为9.34%～15.33%；一次深翻表现略微增产。分析原因是深松打破了犁底层，在耕层土壤中创造了一个纵向虚实并存的耕层构造，提高了土壤的降水入渗能力。高留茬覆盖在地表，减少了土面水分蒸散量，培肥了地力，改良了土壤耕性，实现了土壤－作物－降雨系统的良性循环。深翻处理可以加厚活土层，促进生土熟化，提高土壤孔隙度，但是由于土面疏松，降雨初期形成结皮，易产生径流引起水土流失。

表 3-30　不同耕作措施对冬小麦产量的影响　（单位:kg/区）

试验处理	2000～2001 年				2001～2002 年				两年平均
	Ⅰ	Ⅱ	Ⅲ	平均	Ⅰ	Ⅱ	Ⅲ	平均	
一次深翻	26.5	27.0	26.4	26.6	26.0	27.7	27.2	27.0	26.8
免耕覆盖	27.4	28.1	28.9	28.1	29.6	30.1	30.5	30.1	29.1**
深松覆盖	29.6	31.1	31.1	30.6	31.2	31.7	32.0	31.6	31.1**
传统耕作	24.8	25.4	27.0	25.7	25.7	26.2	26.5	26.1	25.9

注:$LSD_{0.05}=1.17$,$LSD_{0.01}=1.67$。

从田间调查结果看,保护性耕作措施条件下的基本苗、最大分蘖和有效分蘖均高于传统耕作,特别是深松覆盖技术能够充分利用土壤水分,出苗整齐,壮而不旺,促进分蘖,后期落黄好,籽粒饱满,千粒重与穗粒数分别提高 2.7g 和 3.0 粒,增幅分别为 6.72% 和 8.50%(见表 3-31)。

表 3-31　不同耕作措施对冬小麦成产因素的影响

试验处理	基本苗(万/hm²)	最大分蘖(万/hm²)	有效分蘖(万/hm²)	千粒重(g)	穗粒数(粒)
一次深翻	220.5	1 159.5	442.5	40.6	33.3
免耕覆盖	240.0	1 275.0	499.5	42.0	36.5
深松覆盖	235.5	1 575.0	544.5	42.9	38.3
传统耕作	175.5	1 120.5	435.0	40.2	35.3

2)保护性耕作条件下对土壤水分利用的影响

保护性耕作技术不仅可以获得良好的经济效益,而且可以明显提高水分利用效率,其中以深松覆盖最好,免耕覆盖次之。降水利用率提高了 15.7%～16.2%,降水利用效率提高了 11.9%～19.5%,降水贮蓄率提高了 11.4%～13.7%,雨季降雨平均以 400mm 计算,相当于每公顷土壤多蓄水 224～270m³,水分利用效益提高了 10.6%～16.8%。一次深翻土表比较疏松,由于降雨时受雨水重力打击作用导致表土层形成结皮,从而产生径流,降水贮蓄率降低了 22.1%(见表 3-32)。

表 3-32　不同耕作措施对土壤水分利用的影响

试验处理	水分利用效率(kg/(mm·hm²))		降水贮蓄率(%)		降水利用率(%)	降水利用效率(kg/(mm·hm²))	
	2000 年	2001 年	2000 年	2001 年		2000 年	2001 年
一次深翻	13.6	10.2	41.2	35.5	63.12	9.67	
免耕覆盖	14.2	10.8	52.5	57.0	70.28	10.22	8.21
深松覆盖	14.7	11.6	53.0	58.9	70.55	11.13	8.56
传统耕作	12.5	10.1	46.9	51.5	60.73	9.34	7.14

3.3.3.2 保护性耕作措施对水土及养分流失的影响

试验设在洛阳市北部孟津县送庄镇，供试土壤为黄土，垂直剖面土壤容重、土壤颗粒组成见表3-33和表3-34，多年平均降水量见图3-5。

表3-33 供试土壤容重

土壤深度(cm)	10	20	30	40	50	70	90	120
容重(g/cm^3)	1.20	1.46	1.31	1.37	1.36	1.34	1.35	1.35

表3-34 供试土壤颗粒组成 (%)

颗粒分级	黏粒 <0.002mm	粉沙粒 0.002～0.02mm	细沙粒 0.02～0.2mm	粗沙粒 0.2～2mm
平均	15.2	24.3	58.2	2.3

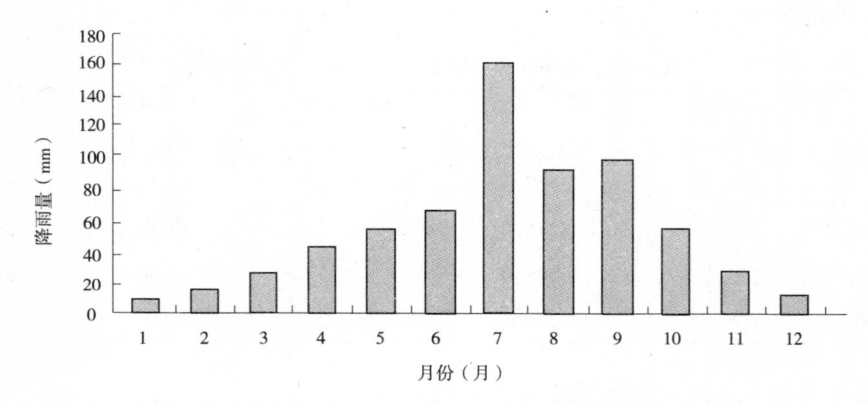

图3-5 1971～2000年(30年)平均月降雨分布

试验区坡度为8度，背阴坡。试验设4个处理：①一次深翻——小麦收获时留茬10～15cm，7月初耕翻25～30cm，耙平。②免耕覆盖——小麦收获时留茬35～40cm。③深松覆盖(高留茬深松)——小麦收获时留茬35～40cm，7月初间隔60cm深松一道，深松带为20cm，深松深度为40cm。④传统耕作——小麦收获时留茬10～15cm，7月初耕翻20cm，9月底耕翻20cm。试验小区30m×3m，每个小区两边和上部边界埋设塑料板以隔离试验区和保护区径流，小区下部25～30cm处铺设塑料膜，结束处理埋设两个1.5m长的集水槽以收集小区产生的径流水分和泥沙，集水槽连接到中心排水管，排水管把径流送到位于集水槽下端水平安装的流量观测计(flume)，流量由水位传感器(sensor)测定并送往中心数据收集器(datalog)，从流量观测计流出的径流由两个容量为200L的大桶收集，溢流管连接两个桶。每次产生径流后充分搅拌后取样、过滤、称取沉淀量，并进行养分分析。

1)不同耕作措施对径流的影响

试验期间，雨季共计对11次降雨进行了观测，各处理小区产生的径流量见表3-35。结果表明：耕作措施与径流次数和径流量有着极为密切的关系。一次深翻处理在耕翻后耙磨，土表比较平整，土壤颗粒较细，降雨初期表面湿润，受雨水重力的打击作用形成结皮，导致其后遇到暴雨最易形成径流。传统耕作在翻耕后没有耙磨，土壤表面粗糙度大，阻碍了径流向下坡流动，径流量比一次深翻要小，免耕覆盖和深松覆盖由于高留茬秸秆较好地保护了表层土壤免受降雨打击作用，保持良好结构，减缓水流速度，产流次数及径流量都较小，特别是深松打破犁底层，增加了降雨向土壤深层的入渗量，在该试验的4种措施条件下保水保土的效果最好。

表3-35 不同耕作措施对小区径流的影响 （单位：L）

试验处理	时间(年-月-日)					产流次数
	1999-09-08	2000-06-22	2000-08-05	2000-09-25	2001-07-31	
一次深翻	293.5	249.3	21.4	323.1	332.6	7
免耕覆盖	17.2	0	0	152.1	0	3
深松覆盖	17.1	0	0	95.0	0	2
传统耕作	30.8	54.6	0	168.7	90.3	6

2）不同耕作措施对NO_3-N流失的影响

水土流失不仅表现为水分和泥沙的流失，同时伴随着严重的养分流失，它一方面导致土壤退化、瘠薄、生产力低下，另一方面径流洪水污染下游河道，恶化生态环境，水土流失与农业非点源污染密不可分，其中硝酸根离子备受人们关注。WHO推荐的饮用水中硝酸根浓度限制值是NO_3-N 11.3mg/L。据报道，全氮富集于0.005～0.002mm粒级的细粉粒中，硝酸氮富集于＜0.002mm粒级的黏粒中。在黄土坡耕地区水土流失过程中，很大一部分硝态氮以吸附态形式随侵蚀土壤颗粒进入径流而形成河流氮污染。表3-36和表3-37结果表明深松覆盖技术从两个方面减少了硝态氮的流失，一方面径流中的硝酸根离子浓度下降幅度达36.62%；另一方面径流量减少了43.69%，最终使硝态氮的侵蚀减少了64.06%。

表3-36 不同耕作措施对NO_3-N侵蚀的影响

试验处理	时间(年-月-日)					
	2000-06-25		2000-09-25		2001-07-31	
	浓度(mg/kg)	侵蚀量(g/区)	浓度(mg/kg)	侵蚀量(g/区)	浓度(mg/kg)	侵蚀量(g/区)
一次深翻	15.15	3.87	12.70	4.10	16.48	5.48
免耕覆盖	—	—	12.03	1.83	—	—
深松覆盖	—	—	9.64	0.92	—	—
传统耕作	13.15	0.72	15.21	2.56	20.57	1.86

3）不同耕作措施对养分流失的影响

黄土坡耕地区雨季的集中降雨会造成大量的水土流失，同时造成大量的养分流失，以2000年9月25日降雨为例，在32小时内降雨量为48mm，最大降雨强度为64mm，表3-37是该次降雨后取样所测定的径流中的养分含量及侵蚀量。从表3-37可以看出，黄土区土壤侵蚀中,养分流失最严重的是钾,其次是氮、磷。深松覆盖对氮和钾的流失有不同程度的减少作用,土壤磷的流失仅与流失的土壤量有关,沉淀中磷的含量与耕作措施没有关系。总的流失量以深松覆盖为最好,免耕覆盖次之,可见秸秆覆盖减缓养分流失的作用非常明显。结合土壤养分测试结果可以知道在侵蚀沉淀中氮和钾还有富集作用(见表3-37)。

表3-37 不同耕作措施对养分流失的影响

试验处理	氮			磷			钾		
	沉淀(mg/kg)	径流(mg/kg)	侵蚀量(g/区)	沉淀(mg/kg)	径流(mg/kg)	侵蚀量(g/区)	沉淀(mg/kg)	径流(mg/kg)	侵蚀量(g/区)
一次深翻	0.249	12.71	23.81	0.085	0.220	2.07	2.294	23.06	189.04
免耕覆盖	0.452	12.03	6.82	0.086	0.112	0.97	2.204	14.96	26.68
深松覆盖	0.198	9.69	2.27	0.093	0.300	0.68	2.058	13.25	15.55
传统耕作	0.313	15.21	7.39	0.100	0.314	1.58	2.260	25.53	38.93

由此得出的初步结论是,深松覆盖技术中高留茬保护了表层土壤免受雨滴打击,保持良好结构,深松打破犁底层增加土壤入渗量,减少了产流次数及径流量;深松覆盖可以大幅度降低NO_3-N的流失;在土壤侵蚀中氮和钾有养分富集作用,不同保护性耕作措施可以不同程度地降低养分流失。

3.3.3.3 秸秆覆盖适宜还田量技术研究

该研究设置:常规种植、秸秆覆盖3 000kg/hm^2、秸秆覆盖6 000kg/hm^2、秸秆覆盖9 000kg/hm^2、秸秆覆盖12 000kg/hm^{2}等不同秸秆覆盖还田量试验,共有5个处理。

1)不同秸秆还田量对小麦产量的影响

试验研究的结果表明,覆盖处理的产量与常规种植处理(CK)比较,增幅为8.7%～16.3%。其中以秸秆覆盖9 000kg/hm^{2}处理的产量最高,达5 814kg/hm^2;其次为秸秆覆盖6 000kg/hm^{2}的处理,产量为5 628kg/hm^2。通过差异性显著检验,处理间差异达显著性差异水平,田间小麦分蘖和群体调查结果显示,与常规种植比较,除秸秆覆盖3 000kg/hm^{2}处理外,其他秸秆覆盖处理均可明显提高冬小麦的分蘖数量,秸秆覆盖6 000～12 000kg/hm^{2}处理,小麦冬前分蘖(2004年1月12日)可提高176万～197万株/hm^2,这为提高小麦成穗数和成穗率打下基础,在农业生产上的每公顷秸秆覆盖还田量以6 000～9 000kg较为适宜。

2)不同秸秆还田量对土壤水分的影响

田间土壤水分测定结果表明,覆盖耕作措施对土壤水分的影响可分为两个阶段,4月份以前覆盖措施对0～10cm、10～20cm土层的土壤水分有不同程度的增加,地膜覆盖处理的土壤水含量增加的更为明显(见表3-38)。而4月份以后的差异不大,这可能与当地的气温、光照强度和小麦进入旺盛生长期的因素有密切的关系。

3.3.3.4 垄作地膜覆盖技术研究

该项研究是针对河南省旱作区自然降水量和有效降水量偏少,地下水资源有限,无法通过补充灌溉及时满足作物生长发育对水分的有效需求而进行的。研究的出发点是，通过起垄在田间人为修建自然降水积雨面，化无效降水为有效降水，并且把水分汇集到作物能有效吸收利用的部位，通过地膜覆盖，进一步提高对自然降水的汇集效果，从而改变传统栽培中的水资源供应不足和利用率低下的状况，充分提高水分的有效利用系数和水分生产效率，为可持续农业生产发展道路探索一条新的途径。

表 3-38　小麦覆盖试验 FDR 水分测定结果　　（单位：Vol%）

日期（年－月－日）	处理	常规种植	秸秆覆盖				地膜覆盖
	深度(cm)	CK	3 000kg/hm²	6 000kg/hm²	9 000kg/hm²	12 000kg/hm²	
2004－02－12	0～6	13.1	21	18.1	16.9	13.4	34.3
	6～16	27.4	29.8	31	30	33.6	28.6
2004－02－22	0～6	27.7	30.5	28.3	28.5	30.9	29.3
	6～16	31.7	35.5	30.5	32.4	36.4	36.8
2004－03－02	0～6	23.6	18.4	21.3	19.5	20	21.1
	6～16	21.2	28.8	29.3	32.9	31.7	26.9
2004－03－12	0～6	16.8	15.3	15	13.8	12.1	17
	6～16	26	28.1	25.3	26.9	31	22.4
2004－03－25	0～6	32.8	32.1	30.2	30.6	29.3	28.9
	6～16	33.6	34.3	34	37.9	36.8	34.8
2004－04－05	0～6	23.3	23.9	25.9	24.3	24.8	23.9
	6～16	31.4	28.8	29.8	26.7	29.8	24.1
2004－4－20	0～6	11.6	12	14.8	14.4	15.1	13
	6～16	16.3	20	17.9	21.2	20.9	17.4
2004－05－10	0～6	23.8	22.3	18.1	23.4	22.2	23.2
	6～16	30.2	28.1	31.4	30	35.2	33.1
2004－05－25	0～6	16.4	19.7	18.6	18.9	17.2	20.3
	6～16	28.1	27.4	30.2	24.8	22.1	26.7

试验设置：垄∶沟＝1∶2 设为处理 1（垄宽 30cm 覆盖地膜＋沟宽 60cm 种植 3 行小麦）；垄∶沟＝1∶4 设为处理 2（垄宽 30cm 覆盖地膜＋沟宽 120cm 种植 6 行小麦）；平作种植作为对照处理（CK）。垄高 15cm，拱型，播前垄面覆膜，试验地前茬作物为夏玉米的平缓旱地，处理 1、处理 2 沟内分别种 3 行和 6 行小麦，播种量为 135kg/hm²，化肥均按尿素 225kg/hm²、磷酸二铵 188kg/hm² 的施肥量。

1）对小麦产量的影响

由表 3-39 可知，采用垄作地膜覆盖技术种植后，由于垄上所覆地膜的集水效应，使得当地春季属于无效和微效的降水形成径流，叠加到种植沟内，使种植沟内单位面积降水量成倍增加。另外，垄上覆膜还具有一定的保墒效应，使相当于种植沟面积的垄下土壤水分可供沟内作物吸收利用，使垄作处理小麦的生物产量和经济产量比对照平均增加7.48%～13.0%和11.3%～27.4%，其中，经济产量的增加幅度明显高于生物学产量的增加幅度，说明垄作地膜覆盖技术种植能在土壤水分和降雨量不变的条件下，使小麦个体发育得到较好的满足，尤其是促进了小麦营养物质由"库"向"源"的转化，这也从对小麦性状的考察中得到了体现。

表3-39 垄作种植小麦试验产量及性状

试验处理	生物学产量（kg/hm^2）	经济产量（kg/hm^2）	株高（cm）	穗长（cm）	穗粒数（粒）	千粒重（g）
常规种植	4 249.5	3 219.0	63.2	6.1	28.3	32.4
处理1	4 800.0	4 101.0	68.4	7.6	34.6	34.2
处理2	4 567.5	3 582.0	64.6	6.8	31.8	32.8

2）对土壤供水能力、耗水量和水分利用率的影响

根据本试验土壤水分测定值和试区降水资料，垄作地膜覆盖技术处理和对照常规种植的土壤供水量、作物耗水量、水分利用效率见表3-40。

表3-40 不同处理对土壤供水能力、耗水量和水分利用率的影响

试验处理	播前土壤储水（mm）	收后土壤储水（mm）	土壤供水量（mm）	作物耗水量（mm）	水分利用率（$kg/(mm·hm^2)$）
常规种植	347.3	283.6	63.7	156.3	20.6
处理1	339.4	274.2	97.8	236.7	26.0
处理2	342.2	275.7	83.1	198.9	22.5

注：生育期降水92.6mm。

由表3-40可见，垄作地膜覆盖技术处理的小麦耗水量和土壤供水量均明显高于常规对照种植，其中垄作地膜覆盖处理1的作物耗水量比对照高出51.4%，土壤供水量高出53.5%，垄作地膜覆盖处理2的作物耗水量比对照高出27.3%，土壤供水量高出30.5%，说明垄作地膜覆盖技术具有较强的水分空间再分配能力，使有限的降水和土壤水分集中于作物生长带，明显地改善旱地作物的水分供应状况。

从水分利用率来看，垄作地膜覆盖技术处理小麦的水分利用率分别达到22.5 $kg/(mm·hm^2)$和26.0$kg/(mm·hm^2)$，分别比对照高出2.0$kg/(mm·hm^2)$和5.4 $kg/(mm·hm^2)$，提高幅度为9.5%～26.3%，表明垄作地膜覆盖技术具有明显提高作物水分利用率的能力，能显著提高当季降雨的水分利用率。

3.3.3.5 水肥耦合试验研究

试验设补充灌水和不灌水两种水分条件，肥料处理设CK、N_1、N_2、P_1、P_2、N_1P_1、N_1P_2、N_2P_1、N_2P_2、N_1P_1K等10个处理（N_1、N_2分别表示施用纯氮150kg/hm^2和300

kg/hm^2，P_1、P_2 分别表示施用 $P_2O_5$150kg/hm^2 和 300kg/hm^2，K 表示施用 K_2O120kg/hm^2，下同），3 次重复，拉丁方排列；补充灌水时间为拔节期和灌浆期，补灌水源为水池（窖）收集的降水，灌水量分别为 600m^3/hm^2 和 450m^3/hm^2。小麦品种采用豫麦 34，播种量为 135kg/hm^2，播期为 10 月 20～25 日，试验用肥料采用过磷酸钙（含 $P_2O_5$12%）、尿素（含 N46%）、硫酸钾（含 K_2O60%）。

1）不同施肥处理对小麦生育性状的影响

从表 3-41 可以看出，不同水肥条件下小麦的生长发育性状具有明显的差异。在不灌水条件下，施肥处理较对照植株增高 0.7～10.8cm，穗长增长 0.5～3.0cm，小穗数增多 1.1～5.4 个，不孕穗减少 0.6～1.8 个，千粒重提高 2.7～9.4g。补充灌水条件下，施肥处理较对照植株增高 0.2～6.1cm，穗长增长 0.2～2.2cm，小穗数增多 0.1～2.5 个，不孕穗减少 0.2～1.6 个，千粒重提高 2.0～7.3g。

表 3-41　不同水肥处理对小麦生育性状的影响

水分条件	处理	株高(cm)	穗长(cm)	小穗数(个)	不孕穗(个)	千粒重(g)
不灌水	CK	41.7	4.2	11.2	3.9	29.3
	P_1	48.2	4.9	12.3	3.3	36.0
	P_2	45.2	6.3	14.0	2.5	36.0
	N_1	44.5	5.5	14.5	2.7	32.0
	N_1P_1	49.2	7.1	15.4	2.1	37.3
	N_1P_2	46.3	6.5	14.6	3.6	38.7
	N_2	42.4	4.7	13.1	3.0	34.7
	N_2P_1	49.6	7.2	16.6	2.6	36.3
	N_2P_2	42.7	6.4	15.8	3.0	38.0
	N_1P_1K	52.5	6.5	15.2	2.3	37.7
灌水	CK	46.0	5.3	14.2	3.3	30.7
	P_1	46.2	6.4	14.4	3.0	33.0
	P_2	50.5	5.9	14.4	3.0	34.3
	N_1	54.5	6.1	14.3	2.9	32.7
	N_1P_1	50.5	7.2	15.8	2.4	37.0
	N_1P_2	44.8	5.5	14.2	2.7	35.3
	N_2	45.5	5.5	13.9	3.1	35.0
	N_2P_1	50.4	7.4	16.7	1.7	35.3
	N_2P_2	52.1	7.5	16.3	2.1	37.3
	N_1P_1K	50.4	7.0	15.2	2.8	38.0

补充灌水与不灌水相比，总体上植株增高 2.86cm，穗长增长 0.45cm，小穗数增多 0.67 个，不孕穗减少 0.28 个。但千粒重却没有提高，反而降低了 0.74g，可能是每公顷总穗数增加的缘故。株高、穗长、千粒重均有显著提高的相应处理只有 N_1、N_2、N_2P_2 和 CK。

不同肥料之间相比，在同等氮素水平下，不灌水处理随施磷量的增加千粒重增加；而补充灌水处理只有 N_2 水平随施磷量的增加千粒重增加，穗长增加；N_1 水平下表现较为复杂。在同等磷素水平下，基本上均表现为随施氮量的提高穗长增加，小穗数增加，不孕穗降低，千粒重降低，可能是每公顷总穗数增加的缘故。

2)不同水分处理对小麦产量的影响

从表 3-42 可以看出，补充灌水和不灌水条件下的各施肥处理均比对照增产明显，其中不灌水施肥处理较对照增产 34.2%～152.3%，补充灌水施肥处理增产 39.2%～142.6%。差异性均达到极显著水平。

补充灌水与不灌水各处理相比，均有明显增产效应，增幅达 21.0%～40.2%，说明在旱地农业生产条件下，发展合理集雨补灌对农作物增产具有积极效应。

表 3-42 不同水肥处理对小麦产量的影响 （单位：kg/hm^2）

水分条件		CK	P_1	P_2	N_1	N_1P_1	N_1P_2	N_2	N_2P_1	N_2P_2	N_1P_1K
不灌水	Ⅰ	1 428	2 124	2 136	2 532	3 466.5	3 960	2 506.5	3 475.5	3 321	3 742.5
	Ⅱ	1 585.5	2 073	2 175	2 724	3 562.5	3 841.5	2 505	3 597	3 658.5	3 849
	Ⅲ	1 695	2 119.5	2 236.5	2 584.5	3 514.5	4 077	2 584.5	3 819	3 733.5	3 880.5
	平均	1 569	2 106	2 182.5	2 613	3 514.5	3 960	2 532	3 630	3 571.5	3 823.5
	增加(%)		34.2	39.1	66.6	123.9	152.3	61.4	131.4	127.6	143.7
灌水	Ⅰ	2 041.5	2 929.5	3 186	3 634.5	4 780.5	4 422	3 681	4 551	4 450.5	5 161.5
	Ⅱ	2 082	2 892	2 758.5	3 694.5	4 827	4 894.5	3 630	4 380	4 326	4 620
	Ⅲ	1 965	2 652	2 695.5	3 568.5	4 590	4 492.5	3 342	4 245	4 399.5	4 984.5
	平均	2 029.5	2 824.5	2 880	3 631.5	4 732.5	4 602	3 550.5	4 392	4 392	4 921.5
	增加(%)		39.2	41.9	79.0	133.3	126.9	75.0	116.5	116.5	142.6

3)不同肥料处理对小麦产量的影响

不同肥料配比表明，在同等磷素肥料下，补充灌水和不灌水两种水分条件在过多的氮素肥料使用量时，增产幅度不明显(见图 3-6)。在不灌水条件下，施 $P_2O_5$150kg/hm^2 时小麦产量随施氮量的增加而增加，但氮素增效效果不同，其中施 N150kg/hm^2，1kgN 增产小麦 13kg，施 N300kg/hm^2，1kgN 仅增产小麦 6.9kg；而配施 $P_2O_5$300kg/hm^2，施 N150 kg/hm^2，1kgN 增产小麦 15.9kg，施 N300kg/hm^2，1kgN 也只增产小麦 6.7kg。同样，补充灌水条件下，施 $P_2O_5$150kg/hm^2 时，施 N150kg/hm^2，1kgN 增产小麦 18.0kg，施 N300 kg/hm^2，1kgN 仅增产小麦 7.9kg；而配施 $P_2O_5$300kg/hm^2，施 N150kg/hm^2，1kgN 增产小麦 17.2kg，施 N300kg/hm^2，1kgN 也只增产小麦 7.9kg。由此可见，以 N_1P_1 和 N_1P_2 两处理较好，并以 N_1P_1 的氮肥利用效果最好。因此，合理地利用氮肥是提高肥料利用效益的关键。

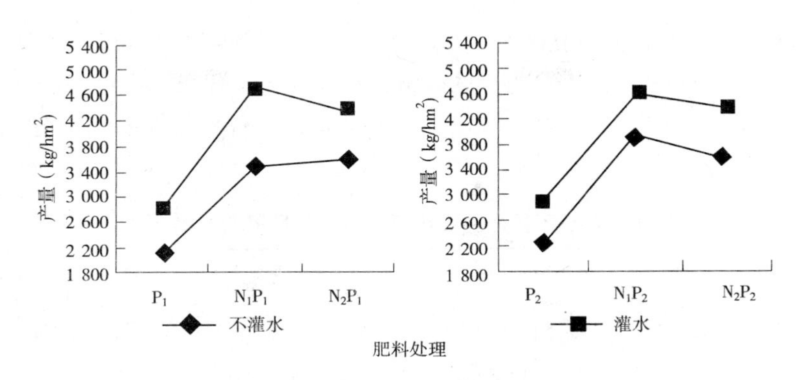

图 3-6　同等磷素水平下氮素的增产效应

同等氮素条件下，补充灌水和不灌水两种水分条件磷素肥料的不同配比表现不同的特征（见图 3-7）。在不灌水条件下，施 N150kg/hm² 时随施磷量的增加小麦产量增加，但 1kgP_2O_5 的增产效应不同，施 $P_2O_5$150kg/hm²，1kgP_2O_5 增产小麦 13.0kg；施 $P_2O_5$300kg/hm²，1kgP_2O_5 仅增产小麦 8.0kg。配施 N300kg/hm² 时磷肥增产效应则表现为施 $P_2O_5$150kg/hm²，1kgP_2O_5 增产小麦 13.7kg；施 $P_2O_5$300kg/hm²，1kgP_2O_5 仅增产小麦 6.7kg。而补充灌水条件下，配施氮肥的增产效应存在同样趋势，其中配施 N150kg/hm²，施 $P_2O_5$150kg/hm²，1kgP_2O_5 增产小麦 18.0kg；施 $P_2O_5$300kg/hm²，1kgP_2O_5 增产小麦 8.6kg。而配施 N300kg/hm² 时，施 $P_2O_5$150kg/hm²，1kgP_2O_5 增产小麦 15.8kg；施 $P_2O_5$300kg/hm²，1kgP_2O_5 增产小麦 7.9kg。由此可见，以 N_1P_1 和 N_2P_2 两处理较好，并以 N_1P_1 的磷肥利用效果最好。

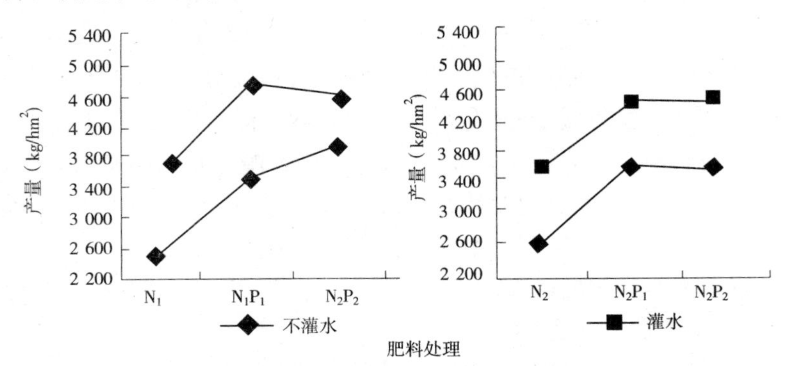

图 3-7　同等氮素水平下磷素的增产效应

钾素营养的增产效应，在 N150kg/hm² 和 $P_2O_5$150kg/hm² 的基础上，补充灌水和不灌水条件下，1kgK_2O 的小麦增产效率分别为 2.1kg 和 1.6kg。说明研究区域旱耕地的钾素营养相对较富裕，在合理氮磷配比情况下，可以不施钾或少施钾。

综上所述，补充灌水和不灌水两种水分条件下，N_1P_1 处理的肥料利用效果较好。而且以适当进行补灌效果最佳。这与合理施肥提高作物的抗旱性能有关。

4)不同肥料配比对灌溉水利用效率的影响

不同肥料配比对灌溉水利用效率具有显著影响(见表 3-43),不同肥料配比的灌溉水利用效率分别比对照提高 0.17～0.72kg/m^3,并以 N_1P_1 最高,为 1.16kg/m^3;其次为 N_1P_1K。这与产量分析的基本一致。因此,水肥耦合对提高灌溉水的利用效率具有重要作用。

表 3-43 不同肥料配比对灌溉水利用率的影响

项目	CK	P_1	P_2	N_1	N_1P_1	N_1P_2	N_2	N_2P_1	N_2P_2	N_1P_1K
不灌水(kg/hm^2)	1 569	2 106	2 182.5	2 613	3 514.5	3 960	2 532	3 630	3 571.5	3 823.5
灌水(kg/hm^2)	2 029.5	2 824.5	2 880	3 631.5	4 732.5	4 602	3 550.5	4 392	4 392	4 921.5
利用率(kg/m^3)	0.44	0.68	0.66	0.97	1.16	0.61	0.97	0.73	0.78	1.05
比 CK 增减(kg/m^3)		0.24	0.22	0.53	0.72	0.17	0.53	0.87	0.34	0.61

以上分析表明:①不同肥料配比均可以提高小麦的株高、穗数、穗长和千粒重,降低不孕穗数量。补充灌溉较不灌水可以提高小麦的株高、穗数、穗长和降低不孕穗数量,但千粒重有所降低,可能与穗数增加有关。②与对照相比,不灌水施肥处理较对照增产 34.2%～152.3%,灌水施肥处理增产 39.2%～142.6%,差异性显著。灌水与不灌水各处理相比,增产效应明显,增产幅度达 21.0%～40.2%。因此,应发展合理的旱作区集雨补灌节水农业,提高单位产出效益。③合理施肥可以明显提高旱地小麦肥料利用效率,两种水分条件下均以 N_1P_1 最好。其中不灌水条件 1kgN 小麦生产率为 13kg,而相应对照(N_1)只有 7kg;补充灌水 1kgN 小麦生产率为 18kg,而相应对照(N_1)只有 10.7kg。而高氮情况下,氮肥生产率明显降低,补充灌水和不灌水 N_2 水平下 1kgN 小麦生产率分别为 7.9kg 和 6.9kg。磷肥使用趋势相同。因此,合理的肥料配比是提高肥料利用效益和作物抗旱性的关键所在。④不同肥料配比补充灌溉的水分利用效率分析表明,施肥处理比对照提高 0.17～0.72kg/m^3,并以 N_1P_1 最高,为 1.16kg/m^3。

3.3.3.6 化学节水产品的试验结果

1)适宜化学节水产品的筛选

该项试验选择目前市场常见的营养型抗旱保水剂、抗旱保水剂和保水素的三类产品进行了对比试验(见表 3-44)。试验结果表明:在玉米百粒重方面,化学节水产品处理表现为:营养型抗旱保水剂>保水素>抗旱保水剂。百粒重提高 4.07～7.16g,以施用营养型保水剂 45kg/hm^2 的处理最高,增加 7.16g;在单穗重方面,化学节水产品处理表现为抗旱保水剂>营养型抗旱保水剂>保水素。单穗重增加 11.18～14.64g,以抗旱保水剂 60kg/hm^2 的处理最高,增加 14.64g,在产量方面,化学节水产品处理表现为营养型抗旱保水剂>抗旱保水剂>保水素。以营养型抗旱保水剂增产效果最显著,营养型保水剂 45kg/hm^2 的处理、营养型保水剂 60kg/hm^2 的处理分别增产 11.53%和 14.10%,其次是保水剂处理，抗旱保水剂 45kg/hm^2 处理和 60kg/hm^2 处理分别增产 7.69%和 10.25%；保水素处理增产效果最差，保水素 45kg/hm^2 处理和 60kg/hm^2 处理仅增产 1.92%和 4.48%。

表 3-44　不同节水产品对玉米生育性状的影响

处　理	株高(cm)	穗位(cm)	穗长(cm)	有效穗长(cm)	百粒重(g)	单穗重(g)	产量(kg/hm^2)	比对照增产(%)
1　营养型保水剂 45kg/hm^2	267.20	95.00	21.62	21.22	35.84	53.44	8 055.0	11.53
2　营养型保水剂 60kg/hm^2	264.60	97.76	22.30	21.69	33.88	52.92	8 241.0	14.10
3　抗旱保水剂 45kg/hm^2	272.25	103.16	22.64	21.36	32.75	54.45	7 777.5	7.69
4　抗旱保水剂 60kg/hm^2	274.62	103.34	22.84	21.40	32.83	54.92	7 963.5	10.25
5　保水素 45kg/hm^2	260.60	82.22	25.74	21.28	33.05	52.12	7 360.5	1.92
6　保水素 60kg/hm^2	258.00	91.50	24.34	21.36	34.53	51.60	7 546.5	4.48
7　对照(CK)	270.00	86.30	21.46	19.57	28.68	40.42	7 222.5	

2)营养型保水剂适宜用量研究

试验安排在禹州旱岗地进行，设置 12 个处理：0(CK)、15、22.5、30、37.5、45、52.5、60、67.5、75、82.5、90kg/hm^2，三次重复，随机排列；小麦品种采用豫麦 18—64，播种量为 135kg/hm^2，播期为 10 月 20～25 日。试验用肥料采用过磷酸钙(含 $P_2O_5$12%)、尿素(含 N46%)、硫酸钾(含 K_2O60%)。氮磷钾配比为 $N_{180}P_{120}K_{120}$，磷肥和钾肥及 50%的氮肥作底肥一次性施入，50%的氮肥作追肥在拔节期前追施。试验用保水剂为营养型抗旱保水剂，使用方法为条施。

(1)不同用量保水剂对小麦发育性状的影响。从表 3-45 可以看出，不同保水剂施用量处理的穗长、穗粒数和千粒重均比不施处理有所提高，其中以施保水剂 45kg/hm^2 处理最长，其次为 82.5kg/hm^2 处理和 67.5kg/hm^2 处理；穗粒数则以施保水剂 52.5kg/hm^2 处理最多，其次是 45.0kg/hm^2 处理和 37.5kg/hm^2 处理；千粒重则以 67.5kg/hm^2 处理最高，其次是 82.5kg/hm^2 处理和 60.0kg/hm^2 处理。说明保水剂在 37.5～82.5kg/hm^2 处理之间，保水剂对小麦发育性状具有积极的作用。

表 3-45　不同保水剂施用量小麦的生长发育特征

项目	处理											
	1	2	3	4	5	6	7	8	9	10	11	12
株高(cm)	73.6	69.3	72.5	72.3	72	73.3	72.7	68.1	69.1	65.5	65.9	67.2
穗长(cm)	7.24	7.94	7.49	7.66	7.76	8.51	7.76	7.39	8.07	7.66	8.12	7.95
穗粒数(粒)	32.5	34.8	34.2	34.4	37.0	37.8	38.0	33.6	33.2	32.5	32.7	35.4
千粒重(g)	36.64	38.96	38.3	39.32	38.8	37.7	39.24	39.86	41.46	39.3	40.92	39.6

(2)不同用量保水剂对小麦增产效应的影响。试验结果表明(见表 3-46)，采用不同

保水剂用量及处理较对照增产 7.62%～36.50%，并以每公顷施用抗旱保水剂 52.5～67.5kg 处理增产效果最佳。在 0～67.5kg/hm² 之间，小麦产量有随着保水剂用量增加而增加的变化趋势，其后呈波动的增加趋势。说明营养型抗旱保水剂在小麦中的最佳用量应该在 52.5～67.5kg/hm² 之间。

表 3-46 不同保水剂施用量的小麦增产效应分析

处理	小区产量(kg)			小区总产量 (kg/54m²)	小区平均产量 (kg/18m²)	平均产量 (kg/hm²)	比对照增产(%)
	Ⅰ	Ⅱ	Ⅲ				
1	0.843	0.840	0	1.683	0.841	4 206.0	
2	0.875	0.885	0.956	2.716	0.905	4 527.0	7.62
3	0.845	0.962	0.952	2.759	0.920	4 599.0	9.32
4	0.896	0.955	1.006	2.857	0.952	4 761.0	13.20
5	0.901	1.017	1.030	2.948	0.983	4 914.0	16.81
6	1.007	1.046	1.108	3.161	1.054	5 268.0	25.25
7	1.162	1.064	1.150	3.376	1.125	5 626.5	33.77
8	1.180	1.198	1.026	3.404	1.135	5 673.0	34.88
9	1.238	1.233	0.975	3.445	1.148	5 742.0	36.50
10	1.098	1.012	0.962	3.072	1.024	5 119.5	21.70
11	1.220	1.048	0.927	3.194	1.065	5 322.0	26.54
12	0.993	1.043	1.029	3.065	1.022	5 107.5	21.43

(3)不同用量保水剂对降水利用率的影响。降水利用率的变化趋势与小麦增产的变化趋势相同(见表 3-47)，不同营养型抗旱保水剂施用量处理均比对照的降水利用效率有所提高，分别增加 1.20～5.40kg/(mm·hm²)，在 0～67.5kg/hm² 之间，小麦产量有随着保水剂用量增加而增加的变化趋势，其后呈波动的增加趋势。并以 52.5～67.5kg/hm² 保水剂用量降水利用效率提高最大，增加 5.10～5.40kg/(mm·hm²)。

表 3-47 不同保水剂用量相对降水利用效率分析

项目	处理											
	1	2	3	4	5	6	7	8	9	10	11	12
产量(kg/hm²)	4 206	4 527	4 599	4 761	4 914	5 268	5 627	5 673	5 742	5 120	5 322	5 108
利用率 (kg/(mm·hm²))	14.85	16.05	16.35	16.95	17.40	18.75	19.95	20.10	18.15	18.15	18.90	18.15
较对照增减 (kg/(mm·hm²))		1.20	1.35	1.95	2.55	3.75	5.10	5.25	5.40	3.30	3.90	3.15

3.3.3.7 旱作区主要农作物适宜品种的筛选研究

本项研究是针对旱作农业区生产条件差，农业基础设施建设薄弱，尤其是水资源相对紧缺，导致一方面农作物产量低而不稳，另一方面当地农民的科学文化素质相对较低，严重制约着当地的农业和农村经济发展的现状，在河南省小麦等品种区域试验结果的基础上，选择在旱作区综合表现较好、有推广应用苗头新品种(系)进一步进行品种筛选和引进比较试验，为合理地利用优良品种提供科学依据，提高旱作农业区的综合生产能力。

1)冬小麦适宜品种的筛选研究

试验安排在河南省北部的辉县市张村乡山前村进行，供试土壤为黏壤质褐土，土壤基础肥力状况为：有机质 21.5g/kg，全 N 1.27g/kg，全 P 0.69g/kg，全 K 17.5g/kg，速效 N 64.2mg/kg，速效 P 21.2mg/kg，速效 K 194.0mg/kg，pH 值 7.15。施肥采用每公顷施纯氮 150kg、五氧化二磷 75kg，一次性底施，生育期间不再追肥的施肥方式；试验采用随机区组设计，重复 3 次，小区面积为 $12m^2$($3m\times4m$)。分别于小麦返青期和孕穗期各补灌一水，灌水定额为 $600m^3/hm^2$。

供试的小麦品种(系)共计 10 个，具体品种和处理代码为：①新麦 12 号；②新麦 13 号；③新麦 9408；④济麦 2 号；⑤洛旱 2 号；⑥洛阳 9505；⑦偃展 4110；⑧开麦 18；⑨周麦 18；⑩豫麦 2 号(CK)。小麦播种行距为 20cm，以品种千粒重和出苗率，每公顷 270 万基本苗确定不同品种播种量，人工开沟摆播。在小麦生育期间，调查记载其生育期、群体动态；收获时进行室内考种，小区计产。

(1)不同小麦品种的产量结果。从产量结果看(见表 3-48)，在参试的 10 个品种中，开麦 18、周麦 18 和洛阳 9505 的产量居前三位，分别比对照品种豫麦 2 号增产 13.7%、11.7%和 9.6%，供试品种的产量结果经方差差异性检验，品种间差异达极显著水平($F_1=8.092^{**}$，$F_{0.05}=2.46$，$F_{0.01}=3.60$)，差异性比较结果表明：开麦 18、周麦 18、洛阳 9505 的三个品种间的差异不显著，与其他 7 个品种达 5%差异性显著水平，与新麦 12 号、济麦 2 号、偃展 4110 等品种未达 1%差异极显著水平(见表 3-49)，说明在当地农业生产中，应优先推广利用开麦 18、周麦 18 和洛阳 9505 等品种，新麦 12 号，济麦 2 号、偃展 4110 等品种也表现一定的适应性，可作为备选品种进行生产利用。

表 3-48 不同小麦品种的产量结果

品种	小区产量(kg)			折合每公顷产量(kg)				较 CK 增减(%)	位次
	Ⅰ	Ⅱ	Ⅲ	Ⅰ	Ⅱ	Ⅲ	平均		
新麦 12 号	7.67	7.18	7.29	6 393.0	5 985.0	6 072.0	6 150.0	5.7	4
新麦 13 号	7.15	6.73	6.46	5 955.0	5 611.5	5 385.0	5 650.5	-2.8	8
新麦 9408	6.48	6.98	6.36	5 685.0	5 815.5	5 296.5	5 599.5	-5.3	10
济麦 2 号	7.18	7.50	7.37	5 985.0	6 247.5	6 142.5	6 124.5	5.3	5
洛旱 2 号	6.78	6.85	6.55	5 652.0	5 704.5	5 460.0	5 605.5	-3.6	9
洛阳 9505	7.83	7.20	7.93	6 522.0	5 997.0	6 609.0	6 375.0	9.6	3
偃展 4110	7.18	7.33	7.47	5 979.0	6 108.0	6 225.0	6 103.5	4.9	6
开麦 18	8.13	7.65	8.07	6 778.5	6 375.0	6 726.0	6 627.0	13.7	1
周麦 18	8.04	7.90	7.45	6 702.0	6 580.5	6 207.0	6 496.5	11.7	2
豫麦 2 号(CK)	7.18	7.24	6.52	5 979.0	6 031.5	5 437.5	5 815.5	0	7

(2)不同品种的性状差异及考种结果。从室内考种的结果(见表 3-50)来看，洛阳 9505 的公顷穗数最高，达到 690 万株，单株成穗为 2.8 个，其次是偃展 4110 和开麦 18，每

公顷成穗数分别为670万株和586.5万株;单株成穗分别为2.5个和2.3个,上述三个品种的千粒重分别为40.4、39.9g和41.6g,穗粒数分别为28.6粒、25.2粒和35.1粒,说明洛阳9505、偃展4110和开麦18表现出大分蘖多、有效分蘖多,成穗多,千粒重较高的特点,而偃展4110和洛阳9505的穗粒数在供试品种中最少,说明这2个品种的结实性较差,要提高该品种的产量、潜力,在于促进穗分化,提高籽粒发育。周麦18的千粒重最高,达47.8g,其次是济麦2号和开麦18。周麦18、济麦2号和开麦18的穗长分别为7.9、8.7cm和9.3cm,千粒重和穗长均居10个供试品种的前三位,说明该3个品种的灌浆速度较快,具有大粒的特点,针对济麦2号成穗偏低的特点,可以适当增加播量和加强冬前管理,促进冬前分蘖和大分蘖发育的措施,发挥其增产潜力。

表3-49 产量差异显著性检验表

品种名称	平均	5%	1%
开麦18	7.95	a	A
周麦18	7.80	a b	A
洛阳9505	7.65	a b	A B
新麦12	7.38	b	A B
济麦2号	7.35	b	A B
偃展4110	7.32	b c	A B
豫麦2号	6.98	b c	B
新麦13	6.78	c	B
洛旱2号	6.73	c	B
新麦9408	6.61	c	B

注:$F_1 = 8.092^{**}$ ($F_{0.05} = 2.46$, $F_{0.01} = 3.60$)。

表3-50 不同小麦品种的考种结果

品种名称	株高(cm)	穗长(cm)	穗数(万株/hm^2)	穗粒数(粒)	千粒重(g)	单株成穗(个/株)
新麦12	66.4	7.4	559.5	34.3	38.2	2.3
新麦13	66.8	7.3	483.0	29.9	41.3	1.8
新麦9408	63.2	7.5	466.5	37.5	39.3	2.0
济麦2号	74.5	8.7	441.0	33.3	44.7	1.6
洛旱2号	74.0	7.7	543.0	35.2	35.4	2.2
洛阳9505	71.8	6.6	690.0	28.6	40.4	2.8
偃展4110	67.9	7.7	670.5	25.2	39.9	2.5
开麦18	71.4	9.3	586.5	35.1	41.6	2.3
周麦18	69.8	7.9	504.0	33.5	47.8	1.8
豫麦2号(CK)	67.2	7.3	537.0	35.7	36.3	2.1

通过田间调查表明,不同品种之间除在株高、穗部性状、落黄等方面表现一定的差异

外，还表现出开麦 18 的旗叶上冲，周麦 18 的旗叶宽大，群体与个体之间发育协调性较好、产量结构合理的特点，而豫麦 2 号、洛旱 2 号的群体尽管较大，但是个体发育较弱，中后期个体发育出现早衰现象。

从分蘖及群体调查结果（见表 3-51）看，冬前群体数量济麦 2 号最小，为 439.5 万株/hm²，偃展 4110 群体最大，达 1 120 万株/hm²，其次为洛阳 9505 和豫麦 2 号，分别为 900 万株/hm² 和 889.5 万株/hm²；返青后（2004 年 3 月 9 日），偃展 4110 的群体达 2 050.5 万株/hm²，济麦 2 号为 979.5 万株/hm²。在 10 个品种中，表明偃展 4110、洛阳 9505、豫麦 2 号等品种冬前单株分蘖力较强，而济麦 2 号、开麦 18 号分蘖力较弱。

表 3-51　不同品种的分蘖及群体调查　（单位：万株/hm²）

品种名称	调查日期（年－月－日）				
	2003－11－07	2004－12－17	2004－01－12	2004－02－11	2004－03－09
新麦 12	250.5	460.5	630.0	799.5	1 339.5
新麦 13	310.5	540.0	769.5	970.5	1 549.5
新麦 9408	330.0	570.0	739.5	1 030.5	1 129.5
济麦 2 号	180.0	319.5	439.5	510.0	979.5
洛旱 2 号	229.5	559.5	630.0	859.5	1 720.5
洛阳 9505	319.5	739.5	900.0	1 159.5	1 770.0
偃展 4110	319.5	670.5	1 120.5	1 339.5	2 050.5
开麦 18	319.5	640.5	850.5	1 150.5	1 980.0
周麦 18	300.0	510.0	769.5	1 200.0	1 900.5
豫麦 2 号（CK）	310.5	495.0	889.5	970.5	1 729.5

2）谷子适宜品种的筛选研究

该试验地前茬作物为冬小麦，小麦收获后底肥按纯氮 45kg/hm²、五氧化二磷 60kg/hm²、氧化钾 60kg/hm² 施用，用旋耕耙旋耕后播种谷子，试验采用随机区组设计，重复 3 次，小区面积为 12m²（3m×4m）。谷子生育期间不再补灌水，拔节—孕穗期追施氮肥一次，追施量按纯 N60kg/hm² 进行，在谷子 8～9 片叶时（7 月上旬～中旬），喷施溴氰菊酯防治钻心虫，在谷子 8～9 片叶时（7 月下旬～8 月上旬）防治黏虫。

供试的谷子品种（系）共计 10 个，具体品种和处理代码为：①豫谷 6 号；②郑 9188；③冀谷 14 号；④冀谷 20 号；⑤冀谷 Y—61；⑥冀谷 01—584；⑦冀优 1 号；⑧冀优 2 号；⑨谷丰 2 号；⑩小香米（94076）。谷子播种行距为 40cm、定苗株距 4cm，密度为 625 035 株/hm²。

（1）不同谷子品种的产量及考种结果。从产量结果看（见表 3-52），在参试的 10 个品种中，谷丰 2 号、冀优 2 号、冀谷 20 三个品种每公顷产量均超过 6 000kg，分别达到 6 534kg、6 168kg、6 097.5kg，与对照豫谷 6 号比较，增幅分别为 27.1%、20.0%、18.6%，供试品种的产量结果经方差差异性检验，品种间差异达极显著水平（$F_1=21.092^{**}$，$F_{0.05}=5.26$，$F_{0.01}=8.42$），差异性比较结果表明：谷丰 2 号、冀优 2 号、冀谷 20、冀优 1 号的 4 个品种间的差异不显著，与其他6个品种达5%差异性显著水平或1%差异极显著水平，说明在当地农业生产中，应优先推广利用谷丰2号、冀优2号、冀谷20、冀优1号等品种，这一点也从示范应用中得到证明。

(2)不同谷子品种的品质测定结果。通过对不同谷子品种小米主要品质指标的测定(见表3-53)，冀优1号、冀优2号、谷丰2号均达到河北省质量技术监督局颁布的优质米标准。在测定的5个品种中，谷丰2号的粗蛋白含量最高，达12.2%，94076的粗脂肪含量、直链淀粉和胶稠度均最高，分别达到4.38%、17.21%、167mm，冀优2号的V_{B1}含量最高，达6.24mg/kg。

表3-52　不同谷子品种的产量结果

供试品种	株高(cm)	穗长(cm)	单穗重(g)	穗粒重(g)	单产(kg/hm^2)	较对照增减(%)
豫谷6号(CK)	124.4	13.3	10.5	8.3	5 140.5	—
郑9188	107.5	14.4	11.3	9.1	5 647.5	9.9
冀谷14号	100.6	12.6	9.6	7.6	4 735.5	-7.9
冀谷20	104.1	15.7	12.8	10.6	6 097.5	18.6
冀谷Y—61	96.8	13.1	9.3	7.5	4 677.0	-9.0
冀谷01—584	103.4	13.2	10.2	8.4	5 211.0	1.4
冀优1号	105.2	16.9	13.3	10.4	5 961.0	16.0
冀优2号	102.6	17.6	14.6	11.7	6 168.0	20.0
谷丰2号	109	18.2	15.9	13.2	6 534.0	27.1
小香米(94076)	98.8	13.7	10.8	8.5	4 969.5	-3.3

表3-53　不同谷子品种的米质测定结果

品种名称	粗蛋白(%)	粗脂肪(%)	直链淀粉(%)	胶稠度(mm)	碱消指数	V_{B1}(mg/kg)
冀谷20	11.1	3.57	16.43	142	2.3	5.79
冀优2号	11.2	4.13	15.72	118	2.3	6.24
谷丰2号	12.2	4.03	14.36	135	2.2	5.22
小香米(94076)	11.6	4.38	17.21	167	2.2	6.13
豫谷6号	10.8	3.46	14.12	113	2.3	5.14

上述结果说明，谷丰2号、冀优2号、冀谷20三个品种不但产量高，品质也较好，在生产上有较好的推广利用价值。另外，通过品质分析发现，尽管94076的产量偏低，但是该品种的多项品质指标表现突出，并且在实际品尝对比中，该品种的确表现出米味醇香、粥的黏性好、适口性佳等优点，说明该品种在发展丘陵旱作区特色优质农产品方面可以发挥

较大的潜力和作用。

3.4 技术示范推广应用情况

5 年来，通过课题组与旱作示范区的共同努力，筛选出的适宜农作物品种和主要农作物有限灌溉技术得到了推广，以深松高留茬保护性耕作、垄作地膜覆盖、秸秆还田等技术为依托组装的综合节水配套技术体系在项目区得到了应用，取得了明显的经济、社会效益和生态效益。累计示范推广应用主要农作物适宜品种 18.6 万 kg，尤其是推广的夏谷子品种在示范区带动了农业结构调整，促进了农民增收。4 年来，该项目相关技术累计在辉县市、禹州市、焦作市和洛阳市等地示范推广应用 5 万 hm^2，平均增产粮食 600kg/hm^2，增收 60 元计，增产粮食 3 000 万 kg，增加社会经济效益 4 500 万元。同时，在课题的带动下，项目示范区的旱作农业技术也得到提高。

在课题实施过程中，技术人员深入各示范区加大技术服务和指导工作，通过集中技术讲座、发放技术资料、广播和电视宣传等手段，使项目区广大领导干部和群众对发展旱作农业、有限灌溉技术等有了深刻认识，广大群众的科技意识和水平得到了提高。并且通过本项目的实施，一批学科与学术带头人得到进一步锻炼和提高，中青年学术骨干在项目研究和示范开发中的能力与作用得到较好发挥。通过该课题的实施，带动了河南省旱作区农业的进一步改善和发展。

节水综合技术体系的推广应用，提高了水分和肥料的利用率，降低了水资源的消耗量，减少了水土流失程度和环境危害，对提高旱作区人民的生活水平和环境质量、促进当地农业可持续发展也起到了良好作用。

河南省地处北温带向亚热带的过渡地区，河南省旱作区在我国北方具有较强的区域和生态条件的代表性，在该生态条件下研究的综合节水技术体系具有较强的辐射力和带动作用，特别是在豫北、豫西旱作区及我国北方浅山丘陵旱作区具有较强的应用价值，推广前景十分广阔。

第 4 章　水资源评价系统研究与应用

我国是一个水资源贫乏的国家,目前人均水资源量为 2 300m^3,不足世界平均水平的 1/4,列世界第 108 位;在全国 668 座城市中,有 400 多座缺水,日均缺水量约 1 600 万 m^3,每年影响工业产值 2 300 亿元。我国从 20 世纪 70 年代开始出现水荒,如今已蔓延到全国,目前我国的年实际用水量已达 5 300 亿 m^3。有关专家指出,由于自然条件和开发条件的限制,年取水量 10 000 亿～12 000 亿 m^3,将是我国水资源可利用量的最大限度,再增加供水将十分困难。加之水资源时空分布与生产力布局不相适应等不利因素,水资源短缺成为中国可持续发展的重大制约因素之一。

更为严重的是,水土流失、水污染等人为破坏因素进一步加重了我国的水资源短缺状况。全国水土流失总面积达 367 万 km^2,占国土面积的 38%。虽然每年可治理水土流失面积 3 万 km^2,但人为破坏又要增加 1 万 km^2。每年的 606 亿 t 工业废水和城市生活污水中有 80%未经处理排入河流,使 64%的城市河段的水受到中度或严重污染。不合理开发使全国已形成地下水超采区 164 片,总面积 18 万 km^2,海水入侵面积 1 500km^2。根据对全国 118 座大城市浅层地下水水质调查,97.5%的城市地下水受到不同程度的污染。资料显示,2002 年我国化学耗氧量排放量超过环境容量的 70%,江河湖泊普遍遭受污染。

因此,水资源的科学规划、合理利用是当今社会资源配置的重中之重的大问题。

4.1　基于 GIS 水资源评价的现状与意义

4.1.1　研究的目的及意义

水资源按其存在的空间位置和主要来源可以分为大气水(雨水)、地表水和地下水三大类。这三类水可以互相转化,通过一定的工程措施和管理手段都可以加以有效利用。

水资源评价是水资源研究的主要内容,是制定区域经济、社会发展规划和制订水资源合理开发利用规划不可缺少的工作任务,也是实现水资源管理或水环境保护的基础性工作。地球上的水资源主要包括降水资源、地表水资源和地下水资源,它们之间相互联系、相互依存、相互转化,永远处于不停留的水循环之中。因此,对水资源的评价必须用系统学的观点和方法,既要评价处于不同环节不同水体的水资源的特点,又要考虑各种水体间的联系;不仅要对不同水体的质和量作出评价,而且要对区域性水资源总量和各分量的组合转化关系及其相互影响作出评价。只有这样才能便于水资源进行统筹规划、合理利用和优化管理。

地理信息系统(GIS)是以其出色的空间数据分析与处理而闻名,它以图形的数学性质与数据的图形模型进行定量分析和空间分析,不仅具有地理意义明确的空间数据管理能力,更重要的是可以通过地理空间分析产生常规方法难以得到的分析决策信息,并可在系统支持下进行空间过程演化的模拟和预测,以高效率、高精度、定量和定位相结合,实现了真正地理意义上的区域空间分析。其独特强大的空间分析功能使得 GIS 正成为地学研究和规划管理的得力工具。将遥感技术(RS)和全球定位系统(GPS)所提供的强大的空间信息通过GIS进行存储管理、信息更新、分析和应用,已广泛用于动态监测、信息管理和规划等领域。而水资源的一些要素以及影响因素与空间位置紧密相关。因此,以具有强大空间数据处理能力的GIS为平台,开发一套水资源评价信息管理系统,对于水资源管理信息化和自动化也是非常有意义的。

4.1.2 GIS研究的现状及趋势

4.1.2.1 研究现状

地理信息系统是计算机科学与地理信息学相结合的产物,其研究的主要内容就是如何对空间信息和与之相关的属性信息进行采集、存储、分析和管理。因此,地理信息系统中空间数据模型和数据结构的设计是GIS研究中至关重要的一环。

地理信息系统(GIS)作为一个科技术语最早出现在1963年,由加拿大测绘学家R. F. Tomlinson首先提出,并建立了世界上第一个地理信息系统——加拿大地理信息系统(CGS)。它是随着计算机辅助制图和空间数据分析技术的迅猛发展而产生的,是集特殊的空间数据采集、存储、检索、分析、传输和显示为一体的,介于信息科学、空间科学和地球科学之间功能强大的一门新兴的交叉技术。地理信息系统经历了四个发展阶段,并相应地出现了一些具有代表性的GIS软件,诸如Arc/Info、Igds/Mrs、Map/Info等。它不仅利用属性数据,更重要的是利用空间数据,将地理空间模型化并存储在计算机中,便于对地理信息的快速查询、空间分析,以达到对研究对象进行描述、模拟和预测的目的。目前,开发领域已涉及到各个方面,主要有城市规划系统、电力配网系统、地籍管理系统、遥感图像分析系统、GPS卫星定位系统和军事指挥系统等。

我国的GIS研究工作是从20世纪80年代开始的,起步较晚。但随着国家的重视、有关方面的资助和专业技术人员投入的加大,经过"七五""八五"十余年的研制与开发,GIS得到蓬勃发展,相继建立了一批全国、省市和区域的数据库和大型应用系统,如全国1:100万基础数据地理数据库、重大自然灾害监测与评估系统等,解决了一系列技术方法和应用实际问题,积累了较为丰富的经验,并出现了一些相对比较成熟的软件系统,如中国地质大学的MAPGIS、武汉测绘科技大学的GeoGIS、中国科学院遥感所的SIMS及GRAMS、北京大学的CityGIS等。

在GIS数据模型和数据结构设计方面,最早的GIS软件(20世纪70年代)是将图形数据和非图形数据的处理与存储完全分开进行的。但GIS的发展表明,图形数据和非图形数据的处理与存储将由分开逐渐走向联合。面对整个地球空间的万事万物,对图形数据和非图形数据进行统一管理,才能使其有效利用,更有助于系统的建立和运行。在水资源领域应用中,它通常用来作为地表水或地下水数据集成的工具,集成既包括同一个数据库的不同数据层之间的集成,也包括不同的数据库之间的集成。对各种有关地表水或地下水数据的集成是对流域水资源和水环境实施综合管理所必需的。

4.1.2.2 研究趋势

近年来地理信息系统技术发展迅速,其主要的原动力来自日益广泛的应用领域对地理信息系统不断提高的要求。另一方面,计算机科学的飞速发展为地理信息系统提供了先进的工具和手段,许多计算机领域的新技术,如面向对象技术、三维技术、图像处理和人工智能技术都可直接应用到地理信息系统中。

地理信息系统的内涵和外延也在不断变化。最初的地理信息系统都是一些具体的应用系统,充其量只能称之为一门技术。现在已发展成一个独立的、充满活力的新兴学科,这已经为大家所公认。地球信息科学从理论上讲是解决地球信息问题,它的范围包括从卫星航空遥感或全球定位系统(GPS)接收信息,变换和校正后进入空间数据库;数据库中的地理信息可以方便地检索、查询,在此数据库和相关知识库的基础上能够定义和生成各种领域专用模型,如城市规划模型、灾害评价模型等;运用这些模型对地理数据进行有效分析,并把分析结果或是决策咨询建议以直观、清晰的形式输出。这一范围包括了计算机科学、地图学、航测、遥感等多种学科的交叉。

总之,由于地理信息在人类生活和国民经济中的重要作用,地理信息系统在未来的几十年中将保持高速发展的势头,成为高科技领域的核心技术。

尽管 GIS 技术在水文水资源领域被广泛应用,但目前还存在许多问题。如水文水资源变化过程具有明显的时空动态特征,因此要求 GIS 具有三维和四维空间分析和显示功能,但传统 GIS 在表示复杂的地理要素、真三维空间模型、时空模型及综合空间分析方法等方面还存在许多缺憾;再有 GIS 与水文水资源模拟模型的集成技术仍需要深入研究,等等。GIS 的应用促进了水文水资源领域的发展;反过来,水文水资源领域对 GIS 的需求又促进了 GIS 的发展,同时也应认识到水文水资源、地理信息系统是不断发展的概念,随着技术的进步和社会需求的变化,其含义也会发生相应的变化。随着"数字地球"、"数字中国"、"数字水利"的提出和工程水利向资源水利,传统水利向现代水利、可持续发展水利的转变,水利信息化是必由之路,因此 GIS 技术与水文水资源紧密结合的应用前景将非常远大。

GIS 是一种在计算机硬件和软件支持下,基于系统工程和信息科学的理论,进行管理和综合分析具有空间分布性质的地理数据的系统(与流域产汇流有关的地理数据主要有地面高程和反映土壤、植被、地质、水文地质特性的参数等),其中以数字高程模型(DEM)最为有用,因为 DEM 不仅表达了地面高程的空间分布,而且据此可以自动生成流域水系和分水线、自动提取地形坡度和其他地貌参数。将 DEM 与表达土壤、植被、地质、水文地质特性的参数的空间分布叠加在一起,还可以描述这些下垫面参数与地面高程之间的关系。

4.1.3 研究内容及技术路线

4.1.3.1 研究内容设计

本研究的主要内容为水资源评价及利用 VB6.0 与组件 GIS 产品 ArcObjects 及 ArcGIS Engine 开发信息管理系统软件,以期实现区域水资源信息化管理。为此,以 GIS 为平台,建立区域水资源信息数据库,利用 GIS 的空间数据管理、空间数据分析、时域数据分析,以及可视化技术,集成本子题的数据库和模型库,使本软件具有更强的实用性。

4.1.3.2 技术路线与实现方法

根据辉县市张村乡水资源评价研究的总体目标、时空尺度与制定的指标体系,并根据所采用软件的特点,构建图形库、属性库和模型库。空间数据库与属性数据库的连接是通过增加相同的 ID 码,将数据库中的表与 Arc/Info 中的 PAT 和 CAT 文件连接起来。采用 VB 加 ArcObjects(AO)、ArcGIS Engine 组件式软件工具开发信息管理系统。技术路线如

图 4-1 所示。

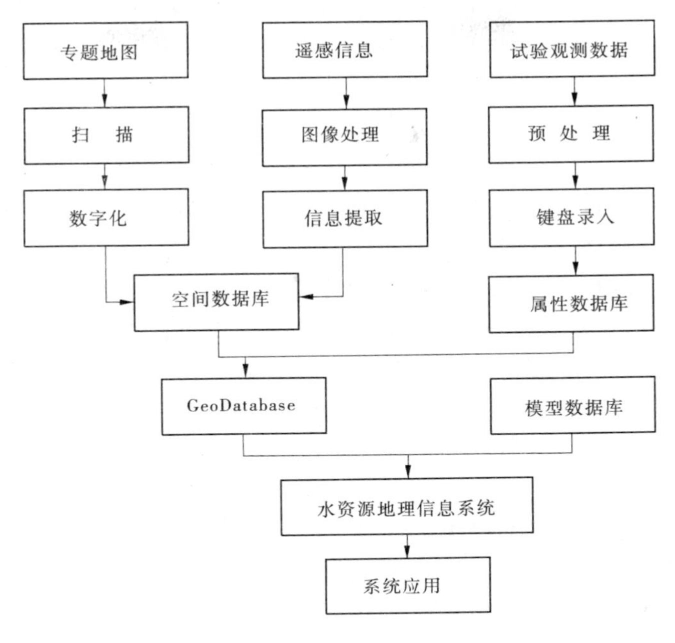

图 4-1　技术路线示意图

4.2　水资源评价信息管理系统设计

水资源的时空分布涉及到地形、地貌、地质构造、水文地质、河流水系、气象气候、植被和水利工程等诸多因子，反映这些因子及各因子间相互关系的数据量十分庞大，传统的研究方法很难将它们有机地结合起来加以综合研究，水利部门积累的大量资料也得不到充分利用，而宏观总量控制状态的水资源管理已不能适应当前发展的需要。因此，必须借助于计算机等先进技术手段，建立水资源地理信息系统，迅速完成数据计算、处理与传递，对水资源进行系统化、程序化的动态管理，科学合理地解决好水资源的地域间、年际间、年内用水调度以及对取水用户的有效管理，使有限的水资源能够持续利用。

水资源评价信息管理系统总体结构设计思想为：在对国内外水资源管理系统开发应用现状和未来发展趋势的综合分析基础上，采用高起点的系统集成技术，以专业模型、GIS、多媒体等新技术为支撑，设计具有一定通用性、可扩展的、开放式的，便于在不同地区、不同流域应用的水资源评价信息管理的计算机应用系统软件体系结构。

4.2.1　系统开发方法

4.2.1.1　生命周期法

生命周期法也称瀑布法、线形顺序模型等，是指在开发过程从一个阶段的输出流向下一阶段的线形的、顺序的方法。整个软件开发过程要经历三个时期、五个阶段，三个时期为规划时期、开发时期和运行时期，其中，规划时期包含系统的定义和可行性研究，开发时期包含系统分析、系统设计、详细设计、编码和部分测试，运行时期包含系统维护。五个阶段分别为可行性研究、系统分析、系统设计、系统实施及系统运行维护与评价。

这种方法的最大问题是用户只有在系统几乎全部开发完毕时才能使用。因此,如果用户开始时难以清楚地给出所有要求或开发人员对用户需求的理解有偏差,那么对已经成型的系统的任何改动将要付出很大的代价。另一个问题是开发人员常常因为某个阶段发生问题而阻碍其后阶段的正常进行。

4.2.1.2 原型法

原型法是一种由模型驱动的开发模式,动员用户共同参与软件研制的全过程,同时允许开发者和用户不断地进行交互与修改原型系统,以适应系统发展的变化与需要,并使原型逐步逼近所要求的目标,从而以较小的代价、较快的速度生成满足用户需求和目标系统性能进行审定的系统模型或示例。当用户只定义了系统的一般性目标,不能给出详细的输入、输出、反馈等需求时,可以先建立系统的一个初级版本提供给用户试用,经用户反馈,进行改进成第二代、第三代版本,直到系统最终完成。至此,或者以最后的原型为基础,修改完善成为实际生产运行的系统;或者舍弃原型重新开发新的系统。原型法具有以下几个特点:

(1)原型法的最显著特点是引入了迭代的概念。

(2)原型法自始至终强调用户的参与。

(3)原型法在用户需求分析、系统功能描述以及系统实现方法等方面允许有较大的灵活性。用户需求可以不十分明确,系统功能描述也可以不完整,对于界面的要求也可以逐步完善。

(4)原型法可以用来评价几种不同的设计方案。

(5)原型法可以用来建立系统的某个部分。

(6)原型法不排斥传统生命周期法中采用的大量行之有效的方法、工具,它是与传统方法互为补充的方法。

其最大优点在于它能够很快完成可操作原型并提供给用户,这样用户会变得更积极主动,容易及时发现问题并判断是否满足需求;其不足表现为两方面:第一,为了使系统尽快地运行起来,系统开发初期往往考虑的不周全,经常采取一些折中的方案,有可能使原型不能成为最终软件产品的一部分,只是一个示例而已;第二,原型法需要大量完备而实用的软件工具的支持,即原型法对工具和环境的依赖性较高。

4.2.1.3 方法的选择

通过对系统开发的生命周期法与原型法两种方法的论述,可以得出这样的结论,即两者各有其优缺点。生命周期瀑布式设计方法开发者较易掌握,但是设计上产生语义断层和不易适应需求变化,即开发者在开发过程中必须对用户需求作精确的定义,然而,用户在系统未定义之前,不能精确地提出完整的需求。因而对开发者来说满足这一要求有一定的难度,同时软件的维护也相当困难,软件的生命周期也大大降低。原型法是对瀑布式设计方法的直接改进,将需求定义变成在指定模型驱动下逐步精确的动态过程,对适应需求变化和软件的维护都十分有益,但是缺乏形式化的工具,开发过程中的随意性很大,软件的升级和维护对开发者的依赖性很强。因此,取生命周期瀑布法与原型法之长,将两者结合使用进行系统的开发。

在用生命周期法开发系统时,将原型法单独用于某个或某几个工作阶段中,例如在规划时期中,可作为可行性分析的辅助手段。系统设计中,用户界面的质量直接关系到最终系统的整体质量。因此,对其中的关键模块的界面通过原型法进行试用、分析和改进,以取得用户的认可和满意。在用原型法开发系统时,均利用生命周期法中的成熟技术和工具,如数据流图、数据流程图等。

4.2.2 系统目标

系统经过数据输入、处理和分析后,系统的建立者期望该系统所能解决的主要问题称为系统目标。对于辉县市张村乡水资源评价信息管理系统而言,要求系统必须具有内容丰富的空间数据库和属性数据库以及能够处理空间数据和属性数据的模型库。空间信息的更新采用有关的图件或遥感技术,而属性数据的获取主要采用远程访问技术。因此,本系统应是空间数据、属性数据与分析模型耦合构成的综合体。实现对流域或地区水资源信息(包括地表水、地下水、大气降水、水量等)的动态监测、数据采集、实时传输、信息存储管理,应用 GIS 技术,以电子地图为背景的查询和在线分析处理等功能;将先进、实用的水量分析模型和人工智能技术无缝集成到系统中,实现对水资源的远程控制和智能管理,并支持水资源日常管理办公自动化。依据辉县市张村乡水资源开发管理现状以及未来社会发展的需要,本系统确定了以下几个设计目标:

(1)能存储和处理水利部门所有的资料,以便查询。

(2)经分析后能提供必需的空间信息,为今后水利工程布局提供基础数据。

(3)为决策机构提供丰富的社会经济信息,为水资源的调配提供依据。

(4)对水资源开发利用现状、存在的主要问题以及未来需求量进行评估或预测。

(5)对水资源的开发潜力进行分析计算,为合理开发水资源提供决策依据。

4.2.3 系统的组成与构建

4.2.3.1 系统组成

系统的组成包括硬件系统、软件系统、数据库和用户四部分内容。由于水资源评价信息管理系统需要存储和分析大量的空间数据、属性数据和分析模型,因此对计算机系统硬件要求较高,此外还配备扫描仪、绘图仪和喷墨打印机等输入输出设备。图形分析处理软件选用 ArcGIS 9,数据库管理软件采用 Visual Basic 6.0。微机版本的 ArcGIS 9 是目前最好的空间分析软件,可以完成各种空间数据的分析任务,是本系统的核心软件。Visual Basic 6.0 是一种应用较好的编程软件,可以方便地进行数据管理以及数学模型模拟等功能,它的数据库存储格式具有良好的兼容性,与 ArcGIS 9 等地理信息系统软件保持了良好的接口,只要将数据文件与地理信息系统软件处理下的项目数据文件建立关联,就可以很方便地进行项目的一些属性数据的修改、查询。数据库是以一定的组织方式存储在一起的相互关联的数据集合,能以最佳的方式、最小的重复为多种需要服务,只有在数据库支持下,才能充分发挥水资源 GIS 的空间分析、数据处理、专题制图等诸多功能。用户系统是进行系统组织、管理、维护、数据更新、系统扩充、应用程序开发与系统应用的重要组成因素。

4.2.3.2 组件式 GIS

组件式 GIS 是指在 GIS 工具软件本身之外提供的用来进行二次开发额外的组件。目前这样的组件有两种形式,一种是由可以实现制图与 GIS 功能的 ActiveX 控件集和对象库构成的组件式 GIS，比如，ESRI 公司 MapObjects 组件；MapInfo 公司的 MapX 组件。对象库中对象的数量较少，方法和属性有限，ActiveX 控件通过属性、事件、方法与应用程序进行交互。可以把 ActiveX 控件在可视化开发环境中（主要是 VB，VC++，Delphi，Java，.NET）快速集成起来构成应用系统。在这样的系统中，ActiveX 控件充当应用程序和对象库之间的桥梁，应用程序通过 ActiveX 控件使用这些对象，可见，对象库的大小决定了这些系统功能的强弱。

另一种形式的组件式 GIS 是向用户提供一个 COM 组件库和一个 ActiveX 控件集，用户可以利用这些组件开发出各种 GIS 功能，并在此基础上构建一个 GIS 应用系统。由于组件库相当复杂，所以开发较前者复杂、难度大，当然功能也强大得多，ArcGIS 8.3 的 ArcObjects 是这种组件式 GIS 的代表。第一种形式的组件式 GIS 在可视化的开发环境中很容易实现系统的开发与集成，但使用这种组件式 GIS 进行二次开发灵活性较小，留给开发者的空间不多，软件重用性不高，系统功能有限。第二种组件式 GIS 由于它的完全的 COM 化和庞大的组件库，很好地解决了第一种组件式 GIS 开发的不足。

ArcGIS 是开放的地理信息处理平台，具有强大的地理数据管理、编辑、显示、分析等功能。ArcObjects 是 ArcGIS 桌面系统 ArcInfo 的功能核心，并且完全 COM 化，ArcMap、ArcCatalog 和 ArcScene 这三个应用程序都是由 ArcObjects 搭建起来的，可见其功能之强大。对于需要进行结构定制和功能扩展以及独立程序开发的高级应用来说，ArcObjects 具有非常大的吸引力。

1）ArcObjects 及其结构关系

ArcObjects 是 ArcGIS 的桌面软件的开发平台，由 1 000 多个组件、几百个具有良好文档说明的接口、几千个方法所组成。从 ArcObjects 开发帮助中我们可以把 ArcObjects 划分为 3D Analyst Extension、Application Framework、ArcCatalog、ArcMap、ArcMap Editor、Display、Geocoding、Geodatabase、Geometry、IMS、NetWork、OutPut、Raster、Spatial Reference、StreetMap USA Extension 等子系统。

ArcObjects 组件库的每一个组件中定义有不同的类，类下面定义了不同接口，接口中包含不同的属性和方法。ArcObjects 组件库的所有类可以分成三种，即抽象类（AbstractClass）、普通类（Class）和组件类（CoClass）。抽象类的主要目的是为它的子类定义公共接口，一个抽象类将把它的部分或全部实现延迟到子类中，一个抽象类不能被实例化；普通类对象虽然不能直接创建，但它可以作为其他类的一个属性或者从其他类的实例化来创建；一个组件类对象可以被直接创建。

在这些类之间的关系有继承、生成、组成、关联四种。继承关系是指普通类或者组件类继承抽象类中的接口（继承了接口，也就继承了接口中的方法、属性），这样，在普通类或者组件类中就可以使用这些接口，继承关系是一种重要的关系，在开发中经常使用；生成关系指一个类可以生成另外的一个类；组成关系是指一个类由一个类或几个类组成；关联关系只是指两个类之间有某些联系，但是这种联系不是一种确定的具体关系，不同的类之间的这种关联关系解释也不太一样。

2）ArcGIS Engine

ArcGIS 9 除了把空间处理和 3D 可视化方面在原有版本上进行了扩展之外，同时推出了 ArcGIS 家族中两个最新的基于 ArcObjects 的产品：面向开发的嵌入式 ArcGIS Engine 和面向企业用户的以"集中式管理，网络为核心，基于服务器"为特点的 ArcGIS Server，它们将支持包括 UNIX 和 Linux 在内的跨平台的解决方案。

ArcGIS Engine 基于 ArcObjects 构建，由一组核心 ArcObjects 包和一些 GIS 可视化组件（MapControl、PageLayout、ToolbarControl、ReaderControl、Table of Contents）组成，是对 ArcGIS 8.3 中 ArcObjects 的重新封装和集成，提供开发者建立自定义 GIS 及地图制作的应用程式。所有的 ArcGIS 9 应用程式都能在 ArcGIS Engine 的架构下执行。任何以 ArcGIS 为基础建立及部署的 GIS 解决方案，也都可以在 ArcGIS Engine 中找到所需的工具。使用 ArcGIS Engine，开发者可以动态地图制作及 GIS 能力新增至现有应用程式或建立他们自己的独特制图程式。ArcGIS Engine 提供所有在 ArcGIS 应用程式之外的 ArcGIS 功能，是一组界定良好的跨平台、跨语言物件。

所有使用 ArcGIS Engine 开发者套件编写的应用程式，都需要 ArcGIS Engine Runtime 才能够执行。ArcGIS Engine Runtime 提供所有 ArcGIS 应用程式所需的核心功能。ArcGIS Engine 应用程式使用者可以执行范围广泛的空间或属性搜寻，检视制作地图及浏览空间功能。标准 ArcGIS Engine Runtime 还允许使用者编辑基本地图及资料，以及执行 GIS 分析。使用者可以运用全读—写存取功能（full read - write）将标准 ArcGIS Engine Runtime 加强为版本化及/或多人使用的地理资料库，并包括 ESRI ArcGIS Spatial Analyst、ArcGIS 3D Analyst 及 ArcGIS StreetMap USA 所具有的特别选项功能。

ArcGIS Engine 可提供如下功能：

（1）标准 GIS 架构。ArcGIS Engine 提供一个标准架构来开发 GIS 应用程式。世界上最热门的 GIS 应用程式（ArcMap 及 ArcCatalog）都是使用相同的软体物件组建立的。ArcGIS Engine 背后的架构非常完整并且可以延伸，它包括了基础层级几何作业，以及专业地理资料库 GIS 编辑功能。

（2）开发者控管功能。ArcGIS Engine 提供一组通用开发者控管功能，让使用者轻松地就能编写出功能齐全的通用应用程式。ArcGIS Engine 提供的控管项目有：MapControl、PageLayoutControl、ArcReaderControl、TocControl（目录）及 ToolbarControl，并具有数个预建的工具及指令。Engine 控管项目以 ActiveX、Net Assemblies、Visual Java Beans 及 Motif Widgets 传递。

（3）跨平台支援。ArcGIS Engine 以及它所有相关的物件及控制项目都可适用于多种平台。所支援的平台有 MicrosoftWindows（NT 4、2000、XP 及 2003）、Solaris（2.8，2.9）、Linux（Redhat 7.3）、HP - UX（11.11）及 IBM AIX（5.1）。

（4）支持多种开发语言。ArcGIS 支持多种开发语言，包括 COM、NET、JAVA 及 C++。开发者可以使用多种不同的工具编写物件，诸如整合的 Microsoft Visual Studio 环境，或 UNIX 上的 C++ 程式编辑软体。

（5）开发者资源。ArcGIS Engine 开发者套件提供一套 Help System，它整合支援不同的 API（Java、COM、.Net、C++），另外还有物件模型图以及程式码样本，帮助开发者编写使用。套件中还包括了数个开发工具及工具软体，配合在 Engine 环境下编写程式。

（6）Optional Runtime 功能。除了提供支持标准 ArcGIS Runtime 的所有物件，ArcGIS

Engine 开发者套件还包括额外的元件,可用来升级并建立地理资料库,以及执行 ArcGIS 3D Analyst、ArcGIS Spatial Analys 升级版内的丰富功能。

其核心还是在使用 ArcObjects 组件库。ArcGIS Engine 中的对象是与平台无关的,能够在各种编程接口中调用,开发人员能够通过它提供的强大工具方便灵活地构建 GIS 系统,ArcGIS Engine 很好地综合了两种组件式 GIS 的优点,在掌握了 ArcObjects 组件库之后,使用 ArcGIS Engine 开发 GIS 系统相当方便、快速。

3)ArcObjects 的开发方式

(1)利用 ArcGIS 桌面应用程序内置的 VBA 宏进行客户化。这种客户化只是修改一下 ArcMap 的界面或利用这些桌面软件内置的开发环境 VBA 进行客户化,主要用于让桌面软件完成一些重复性的工作或添加一些扩展的功能,这种开发方式简单、快速,但是不能脱离桌面软件而独立运行。

(2)在 ArcObjects 组件库基础上进一步封装自己的 COM 组件。新建一个 DLL、EXE 或 OCX 工程,引用 ArcObjects 库,定义自己的接口和功能,底层功能的实现仍依赖于 ArcObjects。这种开发方式具有最大的灵活性和重用性,所写的组件既可添加到 ArcGIS 桌面应用中,也可用于独立的应用程序中。

(3)开发独立的 EXE 应用程序。随着 ArcGIS 9 中 ArcGIS Engine 的出现,这种开发方式的使用会有明显的增加,将是以后 ArcObjects 开发的主流。在 VB 中使用这种开发方式的一般过程是新建一个 EXE 工程,引入 ArcObjects 库,然后编写代码完成特定功能。这种开发方式的优点在于:开发人员可以从某个组件库中取出所需的某个组件并快速组装到一起,以构造所需的应用程序,从而加快应用程序的开发。

4.2.3.3 系统构建

水资源评价信息管理系统的逻辑结构可划分以下三个层次:

(1)底层为信息支持层,为水资源管理决策提供信息支持。主要由水雨情信息等的各类实时监测信息和历史信息、取用水统计信息等组成的水资源专业数据库系统和与水资源管理决策有关的水文、地理、空间、社会经济等数据库系统。

(2)中间层为系统应用层,为系统提供水资源量供需分析、预测和优化调度手段,主要建立水资源数据管理、模型等功能子系统,在系统信息支撑层支持下独立运行,相互关联,实现水资源的实时监测、规划、管理、配置和决策一体化。

(3)顶层为系统总控层(人机接口层),提供系统的人机交互界面,以流域或区域电子地图为背景,GIS 为平台工具,直观反映系统各功能模块的内容,为水资源信息的查询、统计等提供便捷的方式,并实时动态显示结果。

系统的逻辑结构见图 4-2。

4.2.4 系统功能设计

4.2.4.1 系统应用层各功能子系统设计

(1)水资源数据管理子系统。主要建立信息采集处理和专业数据库管理两个功能模块。完成水资源实时动态监测和监测数据的自动化采集、预处理,以及监测数据可靠性的实时在线分析处理。完成数据的录入、修改和维护。该子系统可提供与各类监测仪器衔接的数据采集接口,通过接口模块动态收集监测数据。

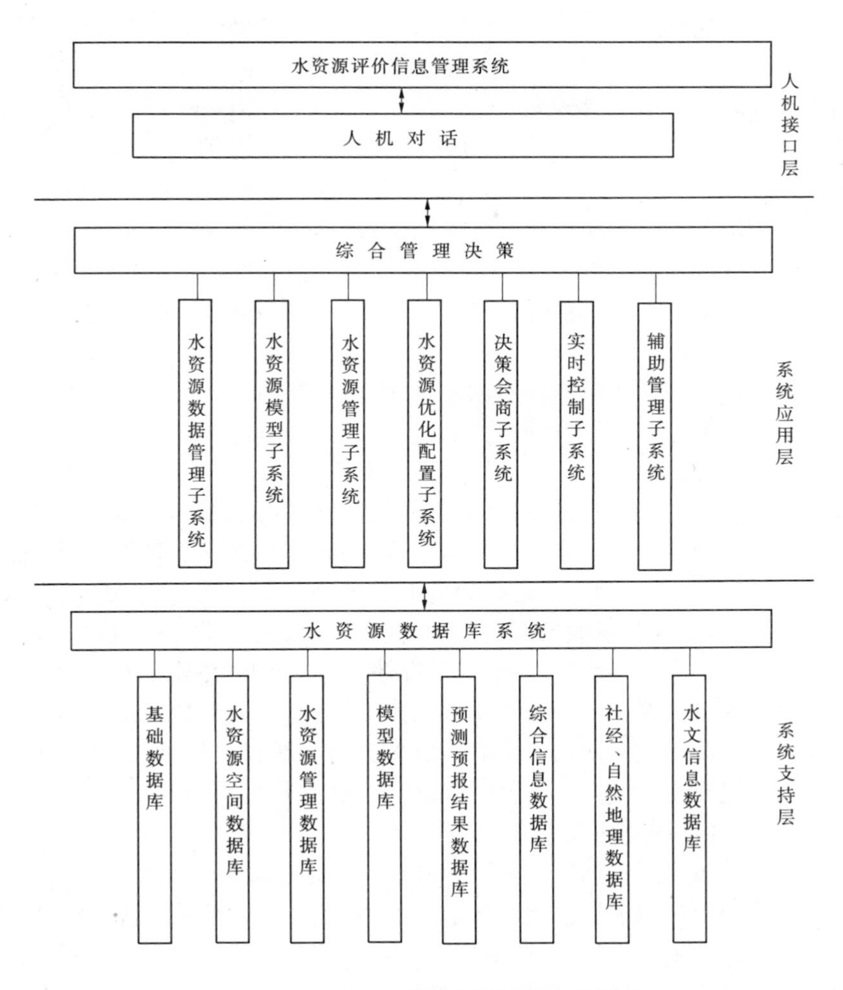

图 4-2　水资源评价信息管理系统逻辑图

(2)水资源模型子系统。水资源专业模型是整个系统的核心部分,设计目标是实现准确实时计算、评价和预测水资源量的状况、优化调度等功能。主要建立地表水(集流域产汇流、水力学模型于一体)、地下水量模拟预测模型、水资源评价管理模型组成的综合模型系统。模型之间相互关联,构成一个整体专业模型系统。通过软件接口文件或创建 COM 组件形式实现与系统的无缝集成。

(3)水资源管理子系统。系统功能是进行取水许可管理、水资源公报、水资源管理年报、旱情等缺水应急方案、水资源突发事件处理等一系列决策和日常管理工作。主要建立水资源评价、水资源公报、水资源管理年报、取水许可、建设项目水资源论证、需水及用水、缺水应急方案等管理功能模块。

(4)水资源优化配置子系统。系统功能是以水资源优化配置模型为核心,实时水资源监测信息为支撑,各种水源、取水地点和各类用水户的取水体系为研究目标,实现时空范围的取水、用水综合体系的水资源优化配置。

(5)决策会商子系统。主要提供水资源管理决策支持的环境,为水资源的优化调度、水资源规划方案制定等重大问题决策行为提供支持,提供各种分析决策所需资料的查询、各种方案和评价方法。

(6)实时控制子系统。系统的功能是将系统综合分析与决策的成果以实时报告和多媒体信号的形式进行动态显示输出,为管理决策部门进行水资源配置和管理提供参考;可将输出指令直接用于可控的自动化水资源控制设备(如供水泵站等),通过远程控制技术对系统管辖流域或区域内的重点给、排水设备及控制工程进行远距离的调节控制。

(7)辅助管理子系统。主要功能是管理、查询水资源专业数据库的综合资料,提供文件的传输和接收等功能。

上述各功能子系统在现代监测技术、通信网络和计算机网络系统支撑下,构成一个综合的信息管理决策系统,为各级水资源管理部门提供实用、先进、可靠的智能管理工具。

4.2.4.2 系统数据库设计

信息系统是提供信息、辅助人们对环境进行控制和进行决策的系统。一个信息系统的各个部分能否紧密地结合在一起以及如何结合,关键在数据库。数据库是信息系统的基本且重要的组成部分,它是为了一定目的,以特定的组织形式存储的相互联系的数据集合,把现实世界的事物及其联系抽象而成的信息转换成计算机世界的数据。它把信息系统中大量的数据按一定的模型组织起来,提供存储、维护、检索数据的功能,使信息系统可以方便、及时、准确地从数据库中获得所需的信息。因此,只有对数据库进行合理的逻辑设计和有效的物理设计才能开发出完善而高效的信息系统。具体地说,数据库设计是指对于一个给定的应用环境,构造最优的数据库模式,建立数据库及其应用系统,使之能有效地存储数据,满足各种用户的应用需求。

数据库的设计一般主要包括三个部分,即概念设计、逻辑设计以及物理设计。概念设计的目标是产生反映用户需求的数据库概念模型,它是现实世界到信息世界的抽象,具有独立于具体的数据库实现的优点,因此是用户和数据库设计人员之间交流的语言。当完成数据库的概念设计后,就要进行数据库的逻辑设计。逻辑设计的任务是把信息世界中的概念模型利用数据库管理系统所提供的工具映射为计算机世界中为数据库管理系统所支持的数据模型,并用数据描述语言表达出来,内容包括具体关系分析、确定数据模型、确定文件组织方式等。物理设计的任务是将数据库的逻辑模型在实际的物理存储设备上加以实现,从而建立一个具有较好性能的物理数据库,这时,所需做的是,确定所有数据库文件的名称及其含字段的名称、类型和宽度以及确定各数据库文件需要建立的索引,在物理上组织数据,以便使它符合软件的语法规则和数据结构。

水资源评价信息管理有关的信息源主要有来自水文数据库的实时水雨情、水量、地下水位等水文信息,供水、用水、需水等上报的信息,相关的空间地理、社会经济等信息。各类水资源信息通过接口模块访问、调入和人工统计输入等方式录入数据库系统。数据库系统主要功能是管理、存储相关信息,为水资源优化调度方案的制定和辅助管理等提供支撑。同时,可进行水资源各类信息查询、检索、数据上报等。根据水资源管理涉及到的信息,按类主要建立如下数据库:基础数据库,基于 GIS 的水资源空间和属性数据库,水资源管理数据库,模型数据库,预测预报结果数据库,综合信息数据库,水文信息数据库,社会经济和自然地理数据库。

1)数据库构成

本系统根据辉县市张村乡水资源开发研究的总体目标、时空尺度与制定的指标体系，并根据所采用软件的特点，构建了空间数据库、属性库和模型库。

空间数据库是将采集的遥感信息矢量化或将有关的图件用扫描的方式输入计算机，经 ArcEdit 模块数字化和编辑构建而成。内容包括雨量站分布图、观测井分布图、地形等高线、河流水系、公路、居民地、地形分区等图形文件。

属性数据有两类，一类是由多边形的面积、周长、矢量线段的长度、坐标等组成，它们是系统处理有关算法时自动生成的。这类属性数据可以直接记录在图形文件中，与空间数据存放在一起，也可以某种结构存储为属性文件单独存放。另一类是用户属性数据，如降水量与降水入渗补给系数、水面蒸发量及干旱指数、河川径流量、径流系数、地下水含水层渗透系数、山区地下水开采净消耗量、给水度、历年工业用水量、生活用水量等观测和统计数据。

数学模型是水资源评价地理信息系统的主要分析手段。模型的建立是在空间数据库与属性数据库构建的基础上，运用 Statistics 模块通过对空间数据与属性数据的分析，使水文信息含有各种空间信息，建立降水、径流、地下水、山前侧向补给、蒸发、地表水和地下水可利用量、农业生态灌溉需水量、生活用水量等数学模型。

2)地理数据库 GeoDatabase

GeoDatabase 是 ArcInfo 8 引入的一个全新的空间数据模型，是建立在 DBMS 之上的统一的、智能化的空间数据库。所谓“统一”，在于 GeoDatabase 之前所有的空间数据模型都不能在一个同一的模型框架下对 GIS 通常所处理和表达的地理空间要素，如对矢量、栅格、三维表面、网络、地址等进行统一的描述。而 GeoDatabase 做到了这一点。所谓“智能化”;是指在 GeoDatabase 模型中，地理空间要素的表达较之以往的模型更接近于我们对现实事物对象的认识和表述方式。GeoDatabase 中引入了地理空间要素的行为、规则和关系，当处理 GeoDatabase 中的要素时，对其基本的行为和必须满足的规则，我们无需通过程序编码;对其特殊的行为和规则，则可以通过要素扩展进行客户化定义。这是其他任何空间数据模型都做不到的。

GeoDatabase 的模型结构简述如下:

(1)对象类(Object class)。在 GeoDatabase 中，对象类是一种特殊的类，它没有空间特征，其实例为可关联某种特定行为的表记录(Row in table)。如某块地的主人，在“地块”和“主人”之间，可以定义某种关系。

(2)要素类(Feature class)。同类空间要素的集合即为要素类。如河流、道路、植被、用地、电缆等。要素类之间可以独立存在，也可具有某种关系。当不同的要素类之间存在关系时，我们将其组织到一个要素数据集(Feature dataset)中。

(3)要素数据集(Feature dataset)。要素数据集由一组具有相同空间参数(Spatial Reference)的要素类组成。将不同的要素类放到一个要素数据集下的理由可能很多，但一般而言，在以下三种情况下，我们考虑将不同的要素类组织到一个要素数据集中:①专题归类表示——当不同的要素类属于同一范畴。如全国范围内某种比例尺的水系数据，其点、线、面类型的要素类可组织为同一个要素数据集。②创建几何网络——在同一几何网络中充当连接点和边的各种要素类,须组织到同一要素数据集中。如配电网络中,有各种开关、变压器、电缆等,它们分别对应点或线类型的要素类,在配电网络建模时,我们要将其全部考虑到配电网络对应的几何网络模型中去。此时,这些要素类就必须放在同一要素数据集下。③考虑平面拓扑(Planar topologies)——共享公共几何特征的要素类,如用地、水系、行政区界等。当移动其中的一个要素时,其公共的部分也要求一起移动,并保持这种公共边关系不变。此种情况下,我们得将这些要素类放到同一个要素数据集下。

(4)关系类(Relationship class)。定义两个不同的要素类或对象类之间的关联关系。例如,我们可以定义房主和房子之间的关系、房子和地块之间的关系等。

(5)几何网络(Geometric network)。几何网络是在若干要素类的基础上建立的一种新的类。定义几何网络时,我们指定哪些要素类加入其中,同时指定其在几何网络中扮演什么角色。如:定义一个供水网络,我们指定同属一个要素数据集的"阀门"、"泵站"、"接头"对应的要素类加入其中,并扮演"连接(junction)"的角色;同时,我们指定同属一个要素数据集的"供水干管"、"供水支管"和"入户管"等对应的要素类加入供水网络,由其扮演"边(edge)"的角色。

(6)Domains。定义属性的有效取值范围。可以是连续的变化区间,也可以是离散的取值集合。

(7)Validation rules 对要素类的行为和取值加以约束的规则。如规定不同管径的水管要连接,必须通过一个合适的转接头;规定一块地可以有 1~3 个主人。

(8)Raster Datasets。用于存放栅格数据。可以支持海量栅格数据,支持影像镶嵌,可通过建立"金字塔"索引,并在使用时指定可视范围提高检索和显示效率;

(9)TIN Datasets。TIN 是 ARC/INFO 非常经典的数据模型,用不规则分布的采样点的采样值(通常是高程值,或其他任意类型的值)构成的不规则三角集合。用于表达地表形状或其他类型的空间连续分布特征。在 ArcGIS 8.1 版中,TIN 存放在 Coverage 的 workspace 中。

(10)定位器(Locator)。它是定位参考和定位方法的组合,对不同的定位参考,用不同的定位方法进行定位操作。所谓定位参考,不同的定位信息有不同的表达方法,在 GeoDatabase 中,有四种定位信息,即地址编码、＜X,Y＞、地名及邮编、路径定位。定位参考数据放在数据库表中,定位器根据该定位参考数据在地图上生成空间定位点。

从前面的阐述中我们可以看到,相对于其他的空间数据模型而言,GeoDatabase 有其明显的优势:①在同一数据库中统一管理各种类型的空间数据;②空间数据的录入和编辑更加准确,这得益于空间要素的合法性规则检查;③空间数据更面向实际的应用领域,不再是无意义的点、线、面,而代之以电杆、光缆和用地等;④可以表达空间数据之间的相互关系;⑤可以更好地制图,对不同的空间要素,我们可定义不同的"绘制"方法,而不受限于 ArcInfo 等客户端应用已经给出的工具;⑥空间数据的表示更为精确,除了可用折线方式以外,还可用圆弧、椭圆弧和 Bezier 曲线描述空间数据的空间几何特征;⑦可管理连续的空间数据,无须分幅、分块;⑧支持空间数据的版本管理和多用户并发操作。

由此可见地理数据库 GeoDatabase 对地理要素类和要素类之间的相互关系、地理要素类几何网格、要素属性表对象、注释类等进行有效管理,并支持对地理数据库要素数据集、关系以及几何网络进行建立、删除、修改等更新操作,在操作中更加便捷且功能强大。

地理数据库 Geodatabase 及其组成要素之间的层次结构如图 4-3 所示。

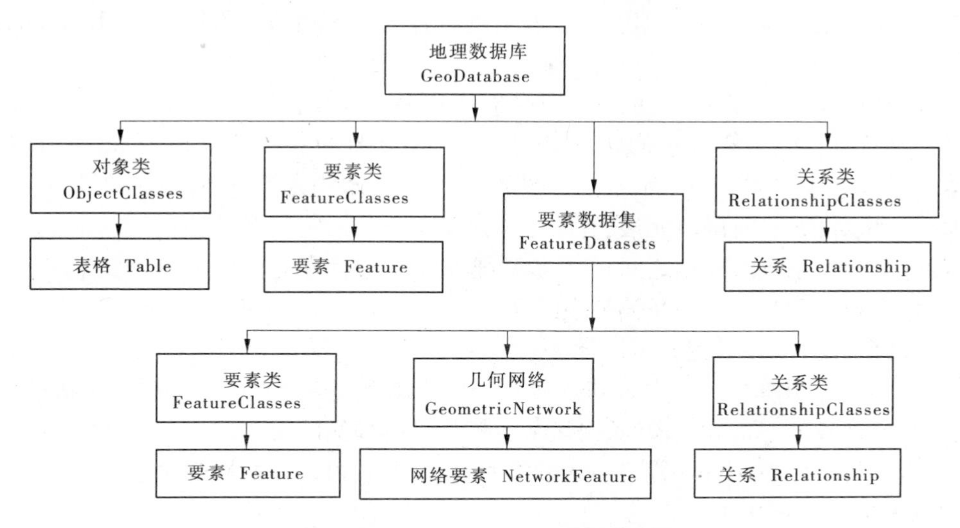

图 4-3 地理数据库及其组成要素之间的层次结构

4.3 模型库设计

4.3.1 概述

模型是在对所描述的对象与过程进行大量专业研究的基础上总结的客观规律的抽象和模拟。人们认识和研究客观世界一般有三种方法:逻辑推理法、实验法和模型法。模型法是我们了解和探索客观世界的最方便有效的方法。它在客观世界和科学理论之间架起一座桥梁,通过这座桥梁可以分析研究系统的各个侧面。客观世界的实际系统是极其复杂的,它的属性也是多方面的。但是,建立模型绝不能企图将所有这些因素和属性都包括进去,否则,模型不但不能解决实际问题,反而把问题搞复杂了,只能根据系统的目的和要求,抓住本质属性和因素,忽略非本质因素,准确地描述系统。因此,模型来源于实际又高于实际,但比客观世界更简单、更抽象,它是认识问题的飞跃和深化,而且它又是认识客观世界的重要手段。

作为对研究对象及其变化过程的抽象与模拟,模型是在充分的专门研究基础上概括的客观规律的表述。因此,它有助于研究者有效地从众多相关因素中寻找重要的成因联系与因果关系,促进研究工作的逐步深化。模型的建立一般主要有如下步骤:

(1)问题分析,明确目标和建模任务要求;

(2)对系统问题进行调查分析,找出主要因素,确定主要变量及变量间的相互关系;

(3)明确研究问题的模型结构与约束条件;

(4)确定问题的模型参数;

(5)对模型进行实验、预测及评价研究;

(6)根据实验结果适当修改、完善模型。

建立模型的过程是一个不断完善的过程。根据对模型的测试、使用和评价，可以往返修改，直到得出较满意的结果为止。

模型库则是提供模型存储和表示的模式的计算机系统。目前，模型在模型库中存储的方式主要有程序表示法、数据表示法以及逻辑表示法，应根据不同情况采用不同的存储方式。

水资源评价信息管理系统的核心部分即水资源专业模型库，设计目标是实现准确实时计算、评价和预测水资源量的状况等功能。水资源评价主要建立地表水(集流域产汇流、水力学模型于一体)、地下水量模拟预测模型，包括水均衡模型、时间序列模型、人工神经网络模型、数值法(有限单元法、有限差分法等)、灰色系统模型、偏最小二乘回归模型等组成的综合模型系统。模型之间相互关联，构成一个整体专业模型系统。

下面介绍利用灰色系统及偏最小二乘回归两种方法所建立的模拟预测模型。

4.3.2 灰色 Verhulst 模型

灰色系统预测模型用于中长期预测是一种有效的方法。但是，当需水量按照"S"形曲线增长或增长处于饱和阶段时，采用灰色模型进行预测的误差较大，预测精度不能满足实际要求。将灰色 Verhulst 模型引入到需水量预测中，可以很好地解决这个问题。

4.3.2.1 灰色 GM(1,1)模型

设有 n 个原始数据构成一维时间序列 $\{x_i^{(0)}, i=1,2,\cdots,n\}$，对此序列进行一阶累加(1－AGO)生成，得新数据序列为

$$x_i^{(1)} = \sum_{k=1}^{i} x_k^{(0)} \qquad (i = 1,2,3,\cdots,n) \tag{4-1}$$

建立灰色 GM(1,1)模型的一级白化微分方程为

$$\frac{\mathrm{d}x^{(1)}(t)}{\mathrm{d}t} + ax^{(1)}(t) = b \tag{4-2}$$

式中：a、b 为待定参数。

灰色 GM(1,1)模型参数 $A=[a,b]^{\mathrm{T}}$ 的最小二乘估计为

$$A=[a,b]^{\mathrm{T}}=(B^{\mathrm{T}}B)^{-1}B^{\mathrm{T}}Y \tag{4-3}$$

式中：$B=\begin{bmatrix} -z^{(1)}(2) & 1 \\ -z^{(1)}(3) & 1 \\ \vdots & \vdots \\ -z^{(1)}(n) & 1 \end{bmatrix}$，$Y=\begin{bmatrix} x^{(0)}(2) \\ x^{(0)}(3) \\ \vdots \\ x^{(0)}(n) \end{bmatrix}$

$z^{(1)}(k)=0.5x^{(1)}(k)+0.5x^{(1)}(k-1), \qquad k=2,3,\cdots,n$

将计算求得的参数 a、b，代入式(4-2)，并求解，取 $x^{(1)}(0)=x^{(0)}(1)$，即得灰色 GM(1,1)预测模型。

$$\hat{x}^{(1)}(k+1)=[x^{(0)}(1)-\frac{b}{a}]\mathrm{e}^{-ak}+\frac{b}{a} \quad (k=0,1,\cdots) \tag{4-4}$$

灰色 GM(1,1)模型比较适用于具有较强指数规律的序列，只能描述序列的单调变化过程，而对于一些特殊的序列增长公式，例如当序列按照"S"形曲线增长或增长处于饱和阶段时，采用灰色 GM(1,1)模型将产生较大预测误差，精度不能满足实际要求，而将灰色

Verhulst 模型引入到需水量预测中，则很好地解决了这个问题，同时保留了灰色预测方法的优势和特点。

4.3.2.2 灰色 Verhulst 模型

1）Verhulst 模型

1937 年，德国生物学家 Verhulst 从生物繁殖过程中数量变化特征将 Malthurian 模型作了修正，加入了一个限制发展项，得到了如下的 Verhulst 模型

$$\frac{\mathrm{d}p(t)}{\mathrm{d}t}=ap(t)-bp^2(t) \tag{4-5}$$

这是一个非线性微分方程，其解为

$$p(t)=\frac{ap_0}{bp_0+(a-bp_0)\mathrm{e}^{-a(t-t_0)}} \tag{4-6}$$

式中：t_0 为起始时刻；p_0 为 $p(t)$在 t_0 时的值，即初始值。

2）灰色 Verhulst 模型的建立

Verhulst 模型主要用于描述具有饱和状态的过程，即 S 形过程，常用于人口预测、生物繁殖预测和产品经济寿命预测等。

在实际问题中，常遇到原始数据本身呈 S 形，这时我们可以取原始数据为 X_1，而认为 X_0 为 X_1 的 1－AGO 序列，建立 Verhulst 模型直接对 X_1 进行模拟。

与灰色 GM(1,1)模型的建立方法类似，取原始数据为 X_1，而把 X_1 的一次累减（1－IAGO）记为 X_0，即 $x^{(1)}(k)=\sum_{i=1}^{k}x^{(0)}(i)$，建立灰色 Verhulst 模型的白化微分方程为

$$\frac{\mathrm{d}x^{(1)}(t)}{\mathrm{d}t}+ax^{(1)}(t)=b(x^{(1)}(t))^2 \tag{4-7}$$

式中：a、b 为参数项，其最小二乘估计为

$$A=[a,b]^{\mathrm{T}}=(B^{\mathrm{T}}B)^{-1}B^{\mathrm{T}}Y \tag{4-8}$$

其中：$B=\begin{bmatrix}-z^{(1)}(2) & (z^{(1)}(2))^2\\ -z^{(1)}(3) & (z^{(1)}(3))^2\\ \vdots & \vdots\\ -z^{(1)}(n) & (z^{(1)}(n))^2\end{bmatrix}$，$Y=\begin{bmatrix}x^{(0)}(2)\\ x^{(0)}(3)\\ \vdots\\ x^{(0)}(n)\end{bmatrix}$

$z^{(1)}(k)=0.5x^{(1)}(k)+0.5x^{(1)}(k-1),\qquad k=2,3,\cdots,n$

取 $x^{(1)}(0)=x^{(0)}(1)$，求解微分方程(4-7)可得到灰色 Verhulst 模型的时间响应式为

$$\hat{x}^{(1)}(k+1)=\frac{ax^{(1)}(0)}{bx^{(1)}(0)+(a-bx^{(1)}(0))\mathrm{e}^{ak}} \tag{4-9}$$

而 $\hat{x}^{(1)}(k+1)$即为对原始序列 X_1 的模拟，得到原始序列 X_1 的灰色 Verhulst 预测模型为

$$\hat{x}^{(1)}(k+1)=\frac{ax^{(1)}(0)}{bx^{(1)}(0)+(a-bx^{(1)}(0))\mathrm{e}^{ak}} \tag{4-10}$$

4.3.2.3 灰色 Verhulst 模型的改进

预测模型通常随着预测步长的增加预测精度减低，灰色 Verhulst 模型也不例外，真正具有较高预测精度和实际意义的预测值仅仅为第一、第二步预测值，而其他预测值只是反

映未来发展趋势。为提高灰色 Verhulst 模型的预测精度,可采用等维灰数递补(新陈代谢)数据处理技术来对灰色 Verhulst 模型进行改进。具体做法为:当预测出一个新值时,把它按时序加入到样本序列中,同时去掉样本序列中最早的一个数据,保证样本序列维数不变,然后据此样本序列重新率定灰色 Verhulst 模型参数,这样周而复始直到完成预测目标为止。

4.3.2.4 应用实例

通过对张村乡 1991～2003 年生活综合用水量的统计资料分析,其数据序列基本符合 Verhulst 模型所刻画的特征,因而采用灰色 Verhulst 模型对张村乡生活综合用水量进行预测建模。选取 1991～2000 年共计 10 年的数据建模,2000～2003 年的 3 年数据作预报检验。

首先取

$$x^{(1)}(0)=x^{(0)}(1)=83.74$$

可得灰色 Verhulst 的时间响应式:

$$\hat{x}^{(1)}(k+1)=\frac{ax^{(1)}(0)}{bx^{(1)}(0)+(a-bx^{(1)}(0))e^{ak}}=\frac{606.109\,8}{0.110\,034+0.144\,955\,8\cdot e^{-0.254\,989\cdot k}}$$

上述模型对张村乡生活需水量的模拟结果见表 4-1。

表 4-1 模拟及误差检验

年份	实际数据 (万 m^3)	模拟数据 (万 m^3)	残差 (万 m^3)	相对误差 (%)
1991	83.74	—	—	—
1992	84.15	84.10	0.05	0.06
1993	84.26	84.45	-0.19	0.23
1994	84.67	84.80	-0.13	0.15
1995	85.14	85.13	0.01	0.01
1996	85.30	85.46	-0.16	0.18
1997	86.08	85.78	0.30	0.35
1998	86.13	86.09	0.04	0.05
1999	86.52	86.39	0.13	0.15
2000	86.68	86.68	0	0

经检验,最大相对误差 0.23%,可见所建灰色 Verhulst 模型满足模拟精度的要求。应用已建立的灰色 Verhulst 模型进行预测,结果如表 4-2 所示,最大预测的相对误差仅 0.24%,表明本模型有很高的预测精度。检验表明,灰色 Verhulst 模型可用于生活需水量的模拟预测。

表 4-2 预测结果精度

年份	实际数据(万 m^3)	预测数据(万 m^3)	残差(万 m^3)	相对误差(%)
2001	86.76	86.97	-0.21	0.24
2002	87.32	87.25	0.07	0.08
2003	87.35	87.52	-0.17	0.19

计算结果表明,在中长期用水量预测中采用此模型,可以很好地解决趋势呈"S"形或处于饱和阶段的预测问题,且具有较高的预测精度。

4.3.3 偏最小二乘回归模型

地下水位变化与含水层、隔水层厚度,断层导水性、裂隙网络发育程度、岩溶等众多因素有关,是一个十分复杂的地质系统。由于该系统的复杂性和不确定性,要建立确定性预报模型困难很大。实践证明,避开系统内部各种因素的变化机理,研究其最终作用结果,建立长自回归模型是一种行之有效的地下水位预报方法。

偏最小二乘回归是一种新型的多元统计数据分析方法,它集多元线性回归分析、典型相关分析和主成分分析的基本功能于一体,将建模预测类型的数据分析方法与非模式的数据认识性分析方法有机地结合在一起,能够在自变量存在严重相关性的条件下进行回归建模。较之最小二乘回归,偏最小二乘回归模型更易于辨识系统信息与噪声,每一个自变量的回归系数更容易解释。总之,用偏最小二乘回归进行回归模型建模分析,其结果更加稳定可靠。

4.3.3.1 地下水动态预报的数学模型

动态数据建模的一种常用方法是时间序列法,即当我们所关心的影响因素错综复杂或不易得到时,我们直接采用时间作为变量综合地代替这些因素来加以研究,时间变量反映的是决定因变量变化的因素的联合影响。

最典型的时序时域模型是自回归滑动平均模型(ARMA 模型):

$$x_t - \varphi_1 x_{t-1} - \cdots - \varphi_p x_{t-p} = a_t - \theta_1 a_{t-1} - \cdots - \theta_q a_{t-q} \tag{4-11}$$

其中:p、q 分别为模型的自回归阶数和滑动平均阶数;$\varphi_1,\cdots,\varphi_p$ 为自回归系数,$\theta_1,\cdots,\theta_q$ 为滑动平均系数;a_t 为白噪声序列。$q=0$ 时,式(4-11)成为自回归模型(AR 模型)。

ARMA 模型具有广泛的适应性,凡具有连续谱的平稳零均值随机序列均可用 ARMA 模型去近似拟合。基于下述三个理由,我们用一个充分高阶的 AR 模型来近似替代 ARMA 模型,即采用当前较为流行的长自回归方法来建立地下水动态预报模型:

(1)在平稳性条件下,任一 ARMA 序列可以看做是一个无穷阶 AR 序列,从而是有一列有限阶 AR 序列的逼近。并且可以证明,当 $p_N \to +\infty$,$p_N\sqrt{(\lg N)/N} \to 0$,时,AR($P_N$)的谱与序列的真实谱之间能一致地接近到很好的程度。

(2)ARMA 模型是一个非线性模型,通常需要非线性方法求解,而这些迭代方法计算量都较大,不适合于实时处理过程。而 AR 模型有非常简便的递推估计方法,计算量较小,适应实时处理的需要。

(3)AR 模型的参数估计精度较高。

4.3.3.2 参数识别

AR(p)模型中阶数 p 的确定与系数 $\varphi_1,\cdots,\varphi_p$ 的估计是两个互相关联的问题。为此,我们首先假设已得到$\{\varphi\}$的某种估计$\{\hat{\varphi}\}$来确定 p,即模型定阶;然后再给出系数$\{\varphi\}$的估计方法。

关于阶数的确定,目前尚没有一个非常有效的方法,通常需要多个因素同时考虑。有经验定阶公式:

$$p_N = C\cdot[N^{0.3}] \quad (2\leqslant C\leqslant 4) \tag{4-12}$$

例如,当 $N=1\,416$ 时,p_N 在 16~32 之间。

AR(p)模型的系数估计方法有多种,如矩估计、极大似然估计、最大熵谱估计等。但这些方法或失之过粗,无法满足精度要求;或失之过繁,无法满足实时处理的速度要求。最小二乘估值方法(LS 估计)既具有较高的估值精度,又具有较少的计算量,故一般采用此种方法。但最小二乘估计对自变量之间具备较高相关性的情况,会大大降低建模精度。采用偏最小二乘回归方法,进行 AR(p)模型参数的估计建模,探索提高建模精度。

4.3.3.3 偏最小二乘回归方法

当因变量个数只有一个时,偏最小二乘回归模型就是单因变量的(记为 $PLS1$)。

(1)数据标准化处理:标准化处理是指对数据同时进行中心化——压缩处理,中心化使样本点的重心与坐标系的原点重合,便于计算;而压缩处理可以消除变量的量纲效应,使变量都具有同等表现力,即

$$\hat{x}_{ij} = (x_{ij} - \bar{x}_j)/s_j \quad (i=1,2,\cdots,n;j=1,2,\cdots,p) \tag{4-13}$$

其中:x_{ij} 是 X 矩阵的第 i 行第 j 列元素的值;s_j、$\bar{x}_j$ 分别是矩阵 X 第 j 个自变量的标准差和平均值。矩阵 X 经标准化处理后的数据矩阵记为 $E_0=(E_{01},E_{02},\cdots,E_{0p})_{n\times p}$,矩阵 Y 经标准化处理后的数据矩阵记为 $F_0=(F_{01},F_{02},\cdots,F_{0q})_{n\times q}$。

(2)提取成分 t_h,并求出回归系数 r_h,方法如下:

提取 E_0 的第一成分 t_1:$t_1=E_0w_1$,w_1 是 E_0 的第一个轴,它是一个单位向量,即 $\|w_1\|=1$;记 u_1 是 F_0 的第一个成分,$u_1=F_0c_1$,c_1 是 F_0 的第一个轴,并且 $\|c_1\|=1$;根据下面的公式求出 w_1、t_1、p_1、E_1、r_1。

$$w_1=\frac{E'_0F_0}{\|E'_0F_0\|};t_1=E_0w_1;p_1=\frac{E'_0t_1}{\|t_1\|^2};$$

$$r_1=\frac{F'_0t_1}{\|t_1\|^2};E_1=E_0-t_1p'_1;F_1=F_0-t_1r_1$$

其中:w_1 为矩阵最大特征值所对应的特征向量;p_1 为回归系数向量;r_1 为回归系数。

进行交叉有效性验证:若 $Q_1^2\geqslant 0.097\,5$,继续计算;否则,只提取一个成分 t_1。至第 h 步($h=2,3,\cdots$),已知数据 E_{h-1}、F_0,有

$$w_h=\frac{E'_{h-1}F_0}{\|E'_{h-1}F_0\|};t_h=E_{h-1}w_h;p_h=\frac{E'_{h-1}t_h}{\|t_h\|^2};$$

$$r_h = \frac{F'_{h-1} t_h}{\| t_h \|^2}; E_h = E_{h-1} - t_h p'_h; F_h = F_{h-1} - t_h r_h$$

检验交叉有效性,若 $Q_h^2 \geqslant 0.097\ 5$,继续计算第 h 步;否则,若 $Q_h^2 \leqslant 0.097\ 5$,则停止求成分的计算。

(3)推求偏最小二乘回归模型:

这时,得到 m 个成分 $t_1, t_2, \cdots, t_m$,实施 F_0 在 $t_1, t_2, \cdots, t_m$ 上的回归,得

$$\hat{F}_0 = r_1 t_1 + r_2 t_2 + \cdots + r_m t_m \tag{4-14}$$

由于 $t_1, t_2 \cdots, t_m$ 均是 E_0 的线性组合,即

$$t_h = E_{h-1} w_h = E_0 w_h^* \tag{4-15}$$

记 $w_h^* = \prod_{j=1}^{h-1} (I - w_j p'_j) w_h$,所以 $\hat{F}$ 可写成 E_0 的线性组合形式,即

$$\hat{F} = r_1 E_0 w_1^* + \cdots + r_m E_0 w_m^* = E_0 (r_1 w_1^* + \cdots + r_m w_m^*) = E_0 (\sum_{h=1}^{m} r_h w_h^*) \tag{4-16}$$

记 $y^* = F_0, x_j^* = E_{0j}, \beta_j = \sum_{h=1}^{m} r_h w_{hj}^* (j = 1, 2, \cdots, p)$,其中 w_{hj}^* 是 w_h^* 的第 j 个分量,则上式可还原成标准化变量的回归方程

$$\hat{y}^* = \beta_1 x_1^* + \cdots + \beta_p x_p^* \tag{4-17}$$

进而得到原始变量的偏最小二乘回归方程

$$\hat{y} = \alpha_0 + \alpha_1 x_1 + \cdots + \alpha_p x_p \tag{4-18}$$

式中:$\alpha_0 = [E(y) - \sum_{j=1}^{p} \beta_j \frac{s_y}{s_{x_j}} E(x_j)]$;$\alpha_j = \beta_j \frac{s_y}{s_{x_j}}$。

其中 t_h 是主成分;w_h 是特征向量;p_h 是回归系数向量;r_h 是回归系数。

(4)交叉有效性判别:

在许多情形下,偏最小二乘回归方程并不需要选用全部的成分 $t_1, t_2, \cdots, t_A$ 进行回归建模,可以选择前 m 个成分($m < A, A =$ 秩(X)),仅用这 m 个成分 $t_1, t_2, \cdots, t_m$ 就可以得到一个预测性能较好的模型。事实上,如果后续的成分已经不能为解释提供更有意义的信息时,采用过多的成分只会破坏对统计趋势的认识,引导错误的预测结论。

在偏最小二乘回归建模中,究竟应该选取多少个成分为宜,这可通过考察增加一个新的成分后,能否对模型的预测功能有明显地改进来考虑。在单因变量的偏最小二乘回归中,记 y_i 为原始数据,$t_1, t_2, \cdots, t_m$ 是在偏最小二乘回归过程中提取的成分。$\hat{y}_{hi}$ 是使用全部样本点并取 $t_1 \sim t_h$ 个成分回归建模后第 i 个样本点的拟合值。$\hat{y}_{h(-i)}$ 是在建模时删去样本点 i,取 $t_1 \sim t_h$ 个成分回归建模后,再用此模型计算的 y_i 的拟合值。记

$$SS_h = \sum_{i=1}^{n} (y_i - \hat{y}_{hi})^2; PRESS_h = \sum_{i=1}^{n} (y_i - \hat{y}_{h(-i)})^2$$

则交叉有效性可以定义为

$$Q_h^2 = 1 - \frac{PRESS_h}{SS_{h-1}} \tag{4-19}$$

当 $Q_h^2 \geqslant 0.097\ 5$ 时,表明加入成分 t_h 能改善模型质量,否则不能。

4.3.3.4 应用实例

1)建立基于 PLS1 的长自回归模型

以位于张村东 50m 的观测孔为例,取 1982～2003 年的地下水位长观资料,其中以 1982～2001 年的 1 416 个数据资料建立预报模型,2002～2003 年资料留作精度检验与评价。建立的地下水位动态模型:时间序列(长自回归)预报模型,取 $p=24$。

$$x_t = a_t + \varphi_1 x_{t-1} + \cdots + \varphi_p x_{t-24} \tag{4-20}$$

在进行交叉有效性检查时,以 $Q_h^2 \geqslant 0.0975$ 作为是否显著的标志,由交叉有效性结果(见表 4-3)可知,采用 t_1、t_2、t_3 三个成分做偏最小二乘回归模型预测效果最好,得到回归方程如下:

$$\begin{aligned}\hat{y}=&0.1676+0.3364x_1+0.2759x_2+0.2176x_3+0.1625x_4+0.1130x_5+0.0701x_6\\&+0.0345x_7+0.0056x_8-0.0173x_9-0.0333x_{10}-0.0437x_{11}-0.0493x_{12}\\&-0.0506x_{13}-0.0483x_{14}-0.0427x_{15}-0.0353x_{16}-0.0253x_{17}-0.0143x_{18}\\&-0.0031x_{19}+0.0078x_{20}+0.0181x_{21}+0.0274x_{22}+0.0362x_{23}+0.0439x_{24}\end{aligned} \tag{4-21}$$

利用式(4-21)的回归方程,预报 2002～2003 年的地下水位,与真实数据比较(见图 4-4),由 144 个观测数据的比较可看出,预测效果相当好。计算相对均方误差 E_1、拟合准确率指标 E_2 和预报效果指标 E_3(见表 4-4),其相对均方误差小于 20%,模型拟合较好。

表 4-3 偏最小二乘的交叉有效性判别

成分个数	Q_h^2	临界值
1	0.751 3	0.097 5
2	0.232 6	0.097 5
3	0.047 1	0.097 5

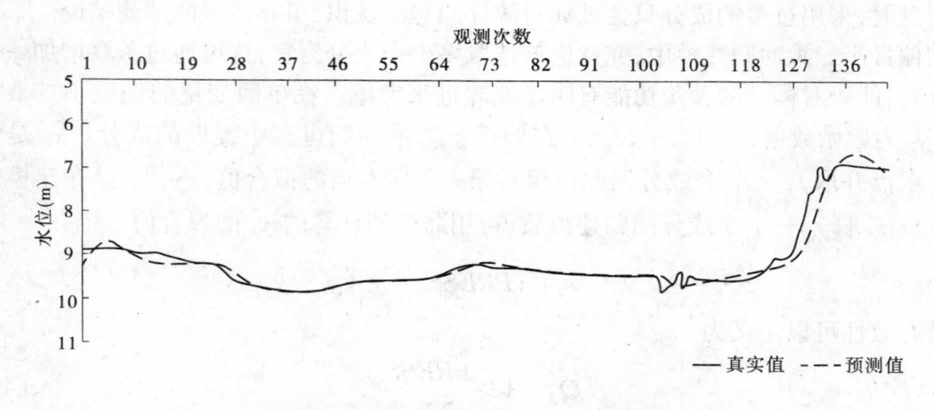

图 4-4 观测井水位预测值与真实值比较

表 4-4　水位预报模型精度检验与评价结果

拟合结果			预报效果		综合评价
E_1(%)	E_2(%)	评价	E_3(%)	评价	
4	0.99	好	98	好	好

2)模型评价

通过以上算例,表明偏最小二乘方法能很好地应用于地下水相关分析中,并有如下特点:

(1)偏最小二乘法能很好地处理自变量相关性较强的情况,这在水文相关分析和建立回归模型中将有广泛的应用;

(2)偏最小二乘法能使自变量和因变量之间的相关关系取到最大值,所获得的模型相关分析精度较高;

(3)偏最小二乘回归方法给出的模型,其结构符合地下水变化的特性,计算结果较可靠。

4.4　张村乡水资源评价

4.4.1　张村乡概况

4.4.1.1　自然地理

张村乡位于辉县市东部,与卫辉市毗邻。地势北高南低,属丘陵半山区。面积 104km^2,其中耕地面积 3 410.67hm^2。全镇辖 28 个行政村,35 个自然村,总人口 3.28 万。

区域内地貌较为复杂,西北、北部为山区、丘陵区,东南部为山前倾斜平原,山丘区地形西北高东南低,平原区是南、北、西三面高,东面低,高程在 170~250m 之间,地面坡度 1/1 000~1/5 000。

土壤分布:在山区多为灰棕色森林土和砾砂土,土层极薄,分布不均;山麓梯田多为红棕色壤土,冲积层一般厚为 1~2m;平原地带土壤岩性呈沙壤土或黄土亚沙土,含有机质较多,干时较为疏松,透水性能较强,土层较厚,土地肥沃,宜于农业生产。

4.4.1.2　气候特征

张村乡位于亚热带向暖温带过渡地带,属大陆性季风半湿润气候,受季风影响较大,四季分明。冬季在蒙古高压控制下,盛行西北风,气候干燥,天气寒冷;夏季受西太平洋副热带高压控制,多东南风,降水较为集中。多年平均降水量为 505.8mm,降水年际间差异很大,年最大降水量为 1995 年(674.8mm),年最小降水量为 1984 年(318.8mm),最大年为最小年的 2.1 倍;年内分配也极不均匀,一般 6~9 月份降水量约占全年水量的 81%。

区内平均气温 14.2℃,最低气温发生在 1 月份,月平均 −5.7℃,最高气温发生在 7 月份,月平均 32.5℃。极端最高气温为 43℃,极端最低气温为 −18.3℃。年水面蒸发量 1 671.7mm。平均年内无霜期为 212 天,冰冻期 112 天左右。

4.4.1.3　社会经济状况

区内粮食以小麦、玉米为主,间种谷子和红薯等杂粮,经济作物以中药材、花生为主,间种棉花、蔬菜及瓜类等，复种指数为1.71。土特产品有山楂、紫皮大蒜、杂粮、松花皮蛋、核桃等。

矿产资源有煤、铜、锌、银等十几种，在发展乡镇企业上，坚持立足当地，强化管理，依靠科技，提高效益，初步形成以水泥、红砖、运输、医药、煤炭为主的基础产业，采石、印刷、化工、炮竹等工业行业并存的工业体系。

4.4.2 评价原则及方法

4.4.2.1 评价范围及内容

(1)本次评价的范围为张村乡所辖全区。

(2)评价计算中涉及的面积以水资源分区面积为基准，在文字叙述上同时参考《辉县市年鉴2000》提供的数据。

(3)评价内容主要有降水量、蒸发量、地表水资源量、地下水资源量、水资源总量、水资源可利用量等。

4.4.2.2 评价分区

评价分区主要依据以下原则划分：①有利于水资源开发利用、规划和管理；②有利于揭示水资源开发利用中存在的问题；③有利于资料收集、统计、分析和汇总。

由于张村乡地域较小，将全区分成平原与山区进行水资源评价。

4.4.3 降水

降水是地表水、地下水的基本补给来源。一个区域的水资源量，主要取决于降水量的大小、时空分布及下垫面特征，分析降水规律可为改造自然、兴利除害以及工农业生产安排提供可靠的科学依据。

4.4.3.1 降水资料的收集与整理

本次评价中，为了确保计算精度，依据下列要求选择雨量站：

(1)实测资料系列较长；

(2)面上分布均匀，在空间分布上具有较好的代表性；

(3)资料质量可靠，采用的资料均为经过整编和审查的成果。

根据上述要求和张村乡的实际情况，本次降水分析收集了市属雨量站的资料，经对比分析最后采用了辉县市水文站提供的张村乡区域内的滑峪、井南凹、大山前和砂锅窑等4个雨量站1981～2000年的观测资料。

4.4.3.2 降水量计算

1)单站计算

计算张村乡各选用雨量站年降水量特征(包括年降水量最大值和最小值以及出现年份、各统计年限年降水量)和雨量站各统计年限降水量特征值(包括统计参数均值、C_v 和 C_s/C_v 以及50%和75%不同频率年降水量)。在频率分析中，采用P－Ⅲ型分布曲线，应用期望值经验频率公式，适线法估计参数，其中，P－Ⅲ型分布曲线中的均值一律采用算术平均值，适线时不做调整；C_v 值先用矩法计算，再用适线法调整确定；C_s/C_v 值采用2.0。单站分析结果见表4-5。

表 4-5　1981～2000 年张村乡各雨量站年降水量特征值

雨量站名称	统计参数			不同频率年降水量(mm)	
	年降水量(mm)	C_v	C_s/C_v	50%	75%
滑峪	524.9	0.24	2.0	511.1	421.1
大山前	508.6	0.24	2.0	497.0	426.0
井南凹	495.6	0.22	2.0	489.0	421.7
砂锅窑	494.2	0.20	2.0	485.1	415.2

2)全区计算

利用泰森多边形法和 P－Ⅲ型分布曲线适线法,得到全区各统计年限特征值(包括统计参数均值、C_v 和 C_s/C_v 以及 50%和 75%不同频率年降水量)。张村乡多年平均降水量 505.8mm, C_v = 0.20, C_s/C_v = 2, 50% 和 75% 频率年降水量分别为 495.6mm 和 421.0mm。

4.4.4　降水量时空分布特征

4.4.4.1　降水量的区域分布

(1)降水量等值线图绘制。为反映张村乡区内多年平均降水量的地区分布规律,根据 4 个雨量站的观测资料,计算多年平均值。参照地形、地貌、气候等影响因素及历年较大降水分布走向,绘制 1981～2000 年同步期年降水量均值等值线图。

(2)降水空间分布。根据绘制的 1981～2000 年等值线图分析,区内降水在空间上存在比较明显的差异。通过对比分析可以发现,在各时期总的降水趋势基本上是由西北向东南方向逐渐减少;滑峪一片是全区降水量最大地区,西部的大山前和东南部的砂锅窑区内降水量小,这一带为区内最干旱地区(见图 4-5)。

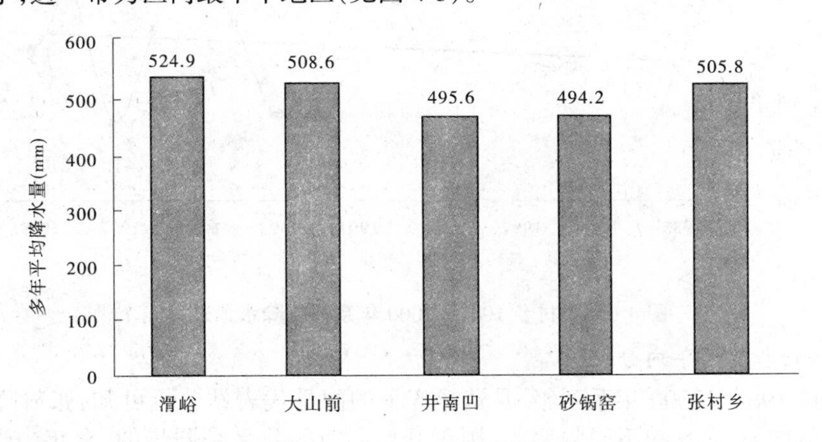

图 4-5　各选用雨量站(1981～2000 年)多年平均降水量

4.4.4.2　降水量的年际变化

年降水量变差系数以及最大年降水量与最小年降水量的比值等反映了张村乡降水量的年际变化特征(见表 4-6)。利用张村乡各雨量站 1981～2000 年资料系列计算的降水量

统计参数 C_v,绘制出同步期的年降水量变差系数 C_v 等值线图。

从张村年降水量变差系数等值线图可看出,C_v 值在 0.20~0.24 之间,其变化规律基本上是从西北向东南递减。这说明张村乡西北部的降水量年际变化幅度大于东南部。

从表 4-6 可知,张村乡年降水量年际变化是比较大的,年降水量的最大最小值比值在 2~3 之间。其比值变化规律也是从北向南递减。这从侧面反映出张村出现极端严重洪涝灾害和极端严重干旱的可能性都很大。

以全区年均降水量为例,在 1981~2000 年的水文周期内,年降水量在 500mm 左右上下波动(见图 4-6)。通过利用 P－Ⅲ型分布曲线适线法,可得全区平水年(50%)年降水量为 495.6mm,枯水年(75%)年降水量为 421.0mm。

表 4-6 雨量站年降水量特征值

雨量站名称	1981~2000 年		最大		最小		最大最小值比值
	多年平均(mm)	C_v 值	年降水量(mm)	出现年份	年降水量(mm)	出现年份	
滑峪	524.9	0.24	791.4	1998	274.9	1984	2.88
大山前	508.6	0.24	703.7	1991	313.4	1993	2.25
井南凹	495.6	0.22	735.4	1982	329.0	1984	2.24
砂锅窑	494.2	0.20	709.0	1995	270.1	1984	2.62

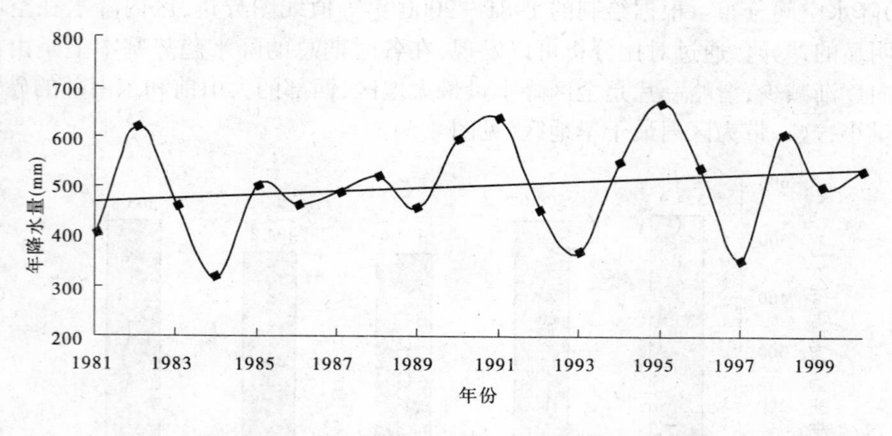

图 4-6 张村乡 1981~2000 年系列年降水量过程线

4.4.4.3 降水量的年内分配

通过对 1981~2000 年系列年、月资料齐全的雨量代表站分析可知,张村降水量的年内分配极不均匀,而且在不同频率年,雨季开始的时间几乎是同步的,全年中连续最大 4 个月降水量都发生在 6~9 月,汛期的降水量比较集中,降水量占全年降水总量的 80%以上(枯水年除外,只有 71%),正是由于雨量分配不均匀,一年之内会出现春旱秋涝现象,直接影响农作物生长。以多年平均为例,非汛期(当年 10 月至次年 5 月)往往连续 2 至 3 个月无降水或降水量很小,总降水量为 88.9mm,占全年降水量的 18%,而汛期(6 月至 9

月)降水集中,强度大,总降水量为416.9mm,占全年降水量的82%;而且月最大降水量为177.5mm,占全年降水量的35%,月最小降水量为1.2mm,占全年降水量的0.2%,降水在年内分配极不均匀(见图4-7)。

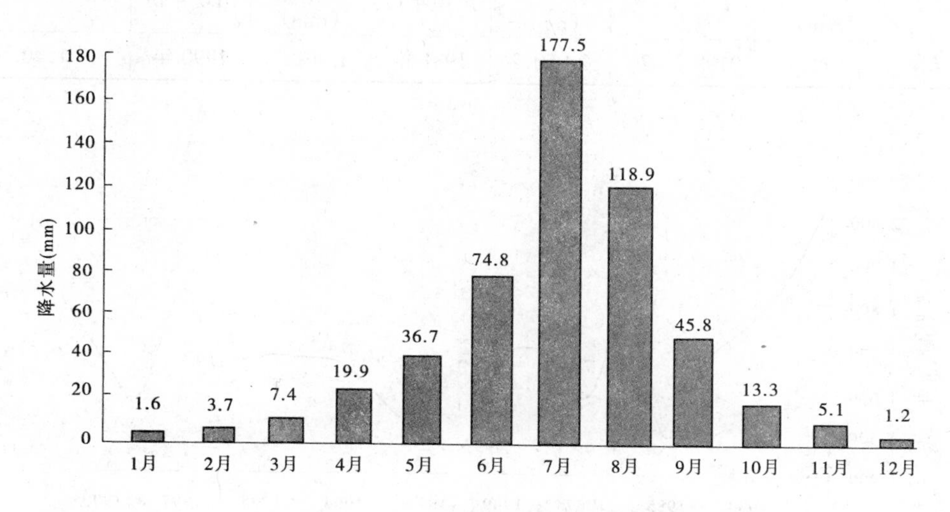

图4-7 张村乡多年平均降水量月分配图

4.4.5 蒸发

4.4.5.1 水面蒸发

水面蒸发的分析计算,旨在研究陆地的蒸发能力,探讨陆地蒸发能力的时空分布规律,为水平衡要素分析和水资源总量的计算提供依据。水面蒸发量主要受当地气压、气温、湿度、风、辐射等气候因素的综合影响。

1)资料的选择

为了确保评价结果的精确度,在选择蒸发站时应该考虑下列要求:①实测资料系列较长;②面上分布均匀,在空间分布上具有较好的代表性;③资料质量可靠,采用的资料均为经过整编和审查的成果。但是,由于受基本资料的限制,在张村乡只有乡气象代表站,蒸发资料为1981~2000年系列,为400mm口径蒸发皿(E_{40})观测。本次蒸发能力分析中,陆面蒸发量近似用E_{601}型蒸发器观测的水面蒸发量代替;所以应将E_{40}蒸发资料换算为E_{601}型蒸发器的蒸发值,用以近似代替天然水体的水面蒸发量。

根据《中国水资源评价》中水面蒸发折算系数的分析,考虑张村乡地理位置和地形地貌的特点,E_{40}蒸发皿的折算系数采用0.65。

2)蒸发能力计算

由于只有一个蒸发代表站,因此本次蒸发能力计算采用算术平均法求全区逐年蒸发量特征值(包括多年平均年水面蒸发量和年水面蒸发量月分配)。

3)蒸发能力年际变化

利用乡代表站1981~2000年系列水面蒸发资料,可得全区1981~2000年蒸发特征值以及年水面蒸发量过程线(见表4-7、图4-8)。

表 4-7　全区 1981～2000 年系列蒸发特征值

站名	1981～2000 年系列			年最大		年最小		年最大最小比值
	年平均蒸发量（mm）	C_v	C_s/C_v	蒸发量（mm）	出现年份	蒸发量（mm）	出现年份	
张村乡	1 671.7	0.08	2	2 050.2	1981 年	1 461.3	1990 年	1.40

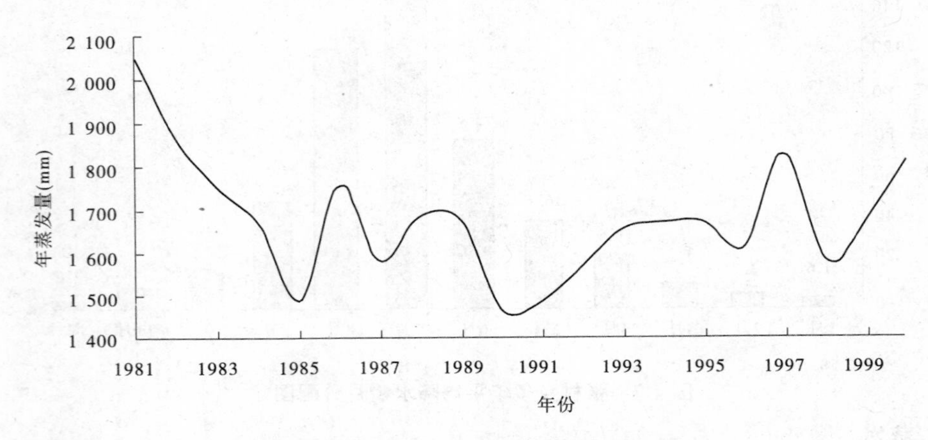

图 4-8　张村乡年水面蒸发量过程线

水面蒸发量的多年变化与气温、地温、湿度等各种气候因素有关，但相对于年降水量的多年变化而言，选用蒸发代表站的 1981～2000 年系列的水面蒸发量年际变化都比较小。从表 4-7 中可知，张村乡蒸发站的 C_v 值为 0.08；最大水面蒸发量与最小水面蒸发量的比值为 1.4，不超过 2.0，这也从另一方面反映出水面蒸发量年际变化比较小的特征。

4)蒸发能力年内分配

通过对张村乡逐年逐月的水面蒸发量分地区有一些差别，但总的来讲，水面蒸发年内分配规律基本一致。夏季水面蒸发量最大，一般占全年水面蒸发量的 45%左右；其次是春季，占全年的 30%左右；冬季最小，仅占全年的 12%左右（见图 4-9）。从张村（1981～2000 年系列）多年月平均蒸发量过程线（见图 4-10）可知，水面蒸发量从 1 月份开始递增，5、6 月份达到最高，7 月开始递减到 12 月份。

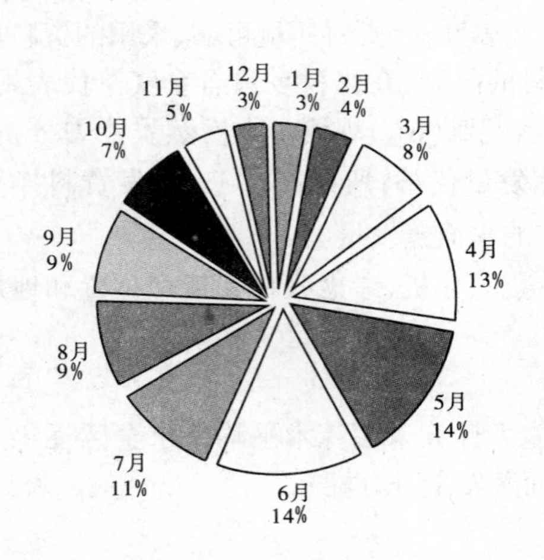

图 4-9　张村乡（1981～2000 年）多年平均各月蒸发量分配图

4.4.5.2　干旱指数

干旱指数是反映气候干湿程度的指标，等于该地年水面蒸发量与年降水量的比值，计算公式为

$$r = E/P \tag{4-22}$$

式中：r 为干旱指数；E 为年水面蒸发量；P 为年降水量。

当干旱指数 $r>1$ 时，蒸发能力大于降水量，气候偏于干旱，r 越大气候越干燥；反之，当干旱指数 $r<1$ 时，降水量大于蒸发能力，表示该地区的降水量满足蒸发所需，气候偏于湿润，r 值越小气候越湿润。根据干旱指数，可以将气候分为十分湿润、湿润、半湿润、半干旱和干旱 5 级干湿程度。气候干湿程度分级见表 4-8。

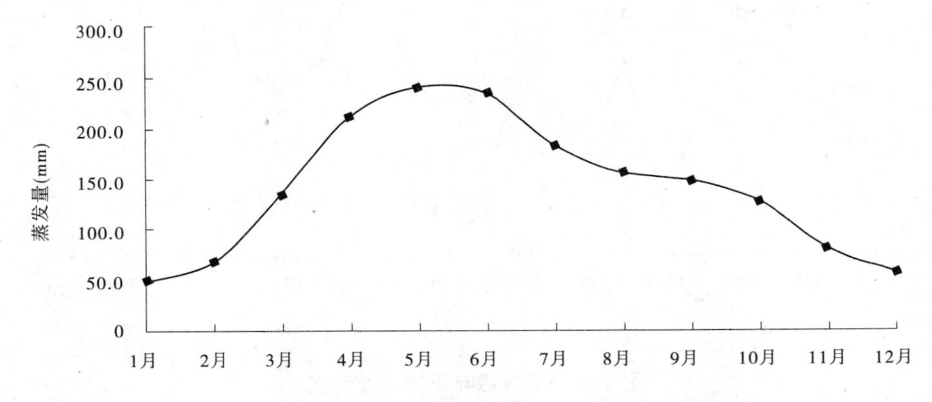

图 4-10　张村乡(1981～2000 年)多年月平均蒸发量过程线

表 4-8　气候干湿程度分级

气候分带	干旱指数 r	气候分带	干旱指数 r
十分湿润	<0.5	半干旱	3～7
湿润	0.5～1	干旱	>7
半湿润	1～3		

本次干旱指数评价采用交叉点法，即利用 1981～2000 年同步期的年降水量均值等值线图与水面蒸发年均值等值线图重叠在一起，求出交叉点的干旱指数。

根据张村乡 1981～2000 年历年降水量和蒸发量可知历年干旱指数(见表 4-9)。由历年干旱指数可知：区内多年平均干旱指数为 3.5，表现为半干旱气候特征；从干旱指数变化图(图 4-11)可知，张村乡 1981～2000 年干旱指数在平均值 3.5 上下波动，气候特征表现为半干旱半湿润气候。

表 4-9　1981～2000 年干旱指数

年份	干旱指数	年份	干旱指数	年份	干旱指数
1981	5.1	1988	3.2	1995	2.5
1982	3.0	1989	3.7	1996	3.0
1983	3.8	1990	2.4	1997	5.0
1984	5.2	1991	2.3	1998	2.6
1985	3.0	1992	3.4	1999	3.3
1986	3.8	1993	4.4	2000	3.3
1987	3.2	1994	3.0	年平均	3.5

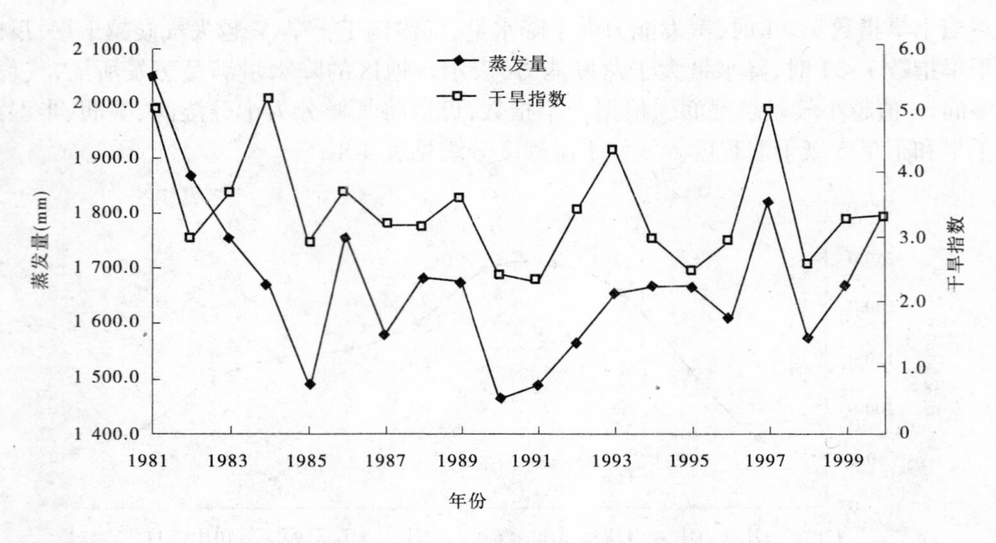

图 4-11 蒸发量与干旱指数变化

4.4.6 地表水资源量

因张村乡区域内无实测径流资料,我们采用水文等值线图法估算年正常径流量。

依据河南省水文手册中辉县多年平均径流深和各种频率的年径流深等值线图,先在等值线图上勾出所求河段设计断面的控制流域范围,即圈出分水线,并确定流域面积重心(或形心)的位置。重心位置可通过作分别平分流域的相互垂直的两条直线的交点来确定,然后根据等值线用直线内插法确定出重心处的多年平均年径流值。该值就作为本流域,也即设计断面的年正常径流值的估计值。

上述方法一般适用于等值线比较少,且分布比较均匀的小河流域。而对于山区或流域面积较大的平原地区,由于等值线较多且分布不均匀,为了提高计算精度,宜采用流域面积加权平均的方法来计算。即

$$R_0=\frac{\frac{1}{2}(R_1+R_2)F_1+\frac{1}{2}(R_2+R_3)F_2+\cdots+\frac{1}{2}(R_{n-1}+R_n)F_{n-1}}{F} \tag{4-23}$$

式中:$R_1,R_2,\cdots,R_n$ 为等值线表示的径流深度,mm;$F_1,F_2,\cdots,F_{n-1}$ 为流域界线以内两等值线间所围的面积,km^2;F 为流域总面积,km^2,即 $F=\sum_{i=1}^{n-1}F_i$;R_0 为所求的年正常径流深,mm。

张村乡地处山地丘陵区,宜采用流域面积加权平均的计算方法,分析计算得到多年平均径流深为148.6mm,50%频率年地表水年径流深为132.7mm,75%频率年地表水年径流深为76.7mm。可得多年平均地表水资源量为1 545.44万m^3,50%频率年地表水资源量为1 380.08万m^3,75%频率年地表水资源量为797.68万m^3。

区内地表径流的年内分配直接受降水量的季节变化影响,地表径流年际间和年内变化都很大。

4.4.7 地下水资源量

地下水资源是指赋存于饱水带岩土空隙中的重力水。本次评价的地下水资源量主要是指与大气降水、地表水体有直接补给或排泄关系的动态地下水量,即参与现代水循环而且可以不断更新的地下水量。评价的重点为近期下垫面条件下多年平均浅层地下水资源量及其分布规律。以野外试验资料和长期的地下水动态观测资料为基础,按不同水文地质单元或水文地质亚区计算确定有关水文地质参数,分析地下水的补排关系,探索大规模人类活动影响地下水资源的时空分布和动态变化规律,分析和计算地下水资源补给量、资源量和可开采资源量等。

4.4.7.1 评价区的划分

地下水的补给、径流、排泄情势受地形地貌、地质构造及水文地质条件的制约,地下水资源的评价是按水文地质单元进行,然后归并到各水资源分区和行政分区。

1)分区原则

在分区时主要考虑了以下几个原则:①保证行政分区的完整性;②尽可能兼顾流域水系的完整性;③基本上能反映水资源条件在地区上的差别;④自然地理条件和水资源开发利用条件基本相似的区域划归同一区;⑤边界条件清楚、区域基本闭合,有一定的水文测验资料或调查资料可供计算或验证。

2)计算分区

首先,根据张村乡区域地形、地貌特征,将评价区划分为平原区和山丘区,作为Ⅰ级类型区。其次,根据次一级地形地貌特征、含水层岩性及地下水类型,将山丘区划分为一般山丘区和岩溶山丘区;将平原区划分为一般平原区和山间平原区,作为Ⅱ级类型区。

全区内地下水资源量系指该评价区山丘区地下水资源量加平原区地下水资源量,减去二者重复量,即为该区内地下水资源量。

4.4.7.2 评价方法

山丘区以多年平均排泄量作为地下水资源量,排泄量包括河川基流量、山前侧向排泄量、地下水实际开采净消耗量等。由于山丘区地下水大部分已转化为河川径流,部分补给平原区,山丘区地下水一般没有多大实际开采价值,因而张村乡地下水资源评价的重点在平原区。

平原区以地下水总补给量减去井灌回归量作为地下水资源量,并用总排泄量校核。平原区的总补给量及资源量包括:①天然补给量——降水入渗补给量;②转化补给量——山前及相邻区域侧渗补给量;③回归补给量——井灌入渗补给量。其中前两项为地下水资源量,回归补给量是地下水本身的重复量,不计在地下水资源量内。而总排泄量包括潜水蒸发量、侧向排泄量和地下水实际开采量。

4.4.7.3 区域水文地质条件

1)地下水赋存条件和分布规律

张村乡北部山丘区,由侵蚀剥蚀中山区和剥蚀－堆积低山丘陵区等组成,沟谷发育、地形坡度大。地下水主要为基岩裂隙水。基岩含水岩组含水性与透水性较差,往往沿震旦系界面或下寒武系岩顶面有泉水溢出。岩溶水主要赋存于中、上寒武系灰岩与下、中奥陶系灰岩中,地下水位埋深大于70m,一般无泉水出露。

平原区地下水类型以孔隙潜水为主，为山前冲洪积倾斜平原孔隙潜水等。在山前倾斜平原前缘地带内广泛分布有浅层的承压水；主要含水层为中粗砂层、中细砂和粉细砂层等。潜水形成条件有较明显的分带性，山前侧斜平原的地下水埋藏较深，此处表土层较薄，其下部为卵砾石层，易接受地表水流及当地降雨垂直入渗补给，故为地下水接受地表水和大气降水补给的渗入带（又称地下水的深藏带）。此带含水层单一，富水性较强。深藏带以南，随着地形的突然变缓迅速过渡到浅藏带或径流带，其地下水埋深一般较浅，由于岩性发生变异，形成了两个以上的含水层，第一含水层为潜水，以下为承压水。

平原区广泛分布着承压水，承压含水层主要由砂砾石与中粗砂层组成，隔水顶、底板多由亚黏土组成，且连续性较差，含水层产状复杂；承压含水层大多在地面以下 30～50m 即可遇到，主要是接受垂向补给和侧向径流补给，人工开采是该层地下水排泄的主要方式。

2）含水岩（层）组特征

根据张村乡区内含水介质的岩性、贮水条件、含水层等水文地质特征，划分出如下三大含水岩（层）组：即第三、第四系松散岩类含水岩组，碎屑岩类孔隙含水层组及碳酸盐类岩溶裂隙含水层组。

第三、第四系孔隙含水层组的岩性由砂、砂石组成，垂深 50m 以浅含孔隙水，50m 以深含承压水，水量丰富，单位涌水量为 0.331～85L/(s·m)，渗透系数为 10～100m/d；之下三叠系、二叠系碎屑岩类孔隙裂隙承压含水岩组裂隙不发育，富水性较弱；下伏石炭系、奥陶系、寒武系石灰岩岩溶裂隙发育，富水性较强，水量丰富，透水性良好的寒武系碳酸岩在西北部山区广泛出露，为良好的天然补给区。太古界火成岩、变质岩及元古界震旦系变质岩富水性较弱，构成了区域隔水底板。

区域地下水的补给，主要来源于西北、北部山区的侧向径流补给及大气降雨补给。

3）富水性划分

（1）较强富水区（单井涌水量大于 3 000m^3/d）：含水层主要为中更新统（Q_2）含水层组和上更新统（Q_3）含水层组的卵砾石层，及第三系上新统（N_2）薄层砂卵砾石和胶结砾岩或砂层。主要分布在砂锅窑—柴庄村一带，含水层总厚度 35.00～47.00m，底板埋深 121m 以下。

（2）一般富水区（单井涌水量 1 000～3 000m^3/d）；主要分布在郗庄村—北山凹—大王庄一带，含水层岩性为卵砾石层，可见厚度 19.00～46.70m。

（3）弱富水区（单井涌水量小于 1 000m^3/d）；主要分布在小山前—三庆村一带，含水层主要以砂为主，厚度 10m 左右。

4）地下水埋藏条件及动态特征

地下水的埋藏条件一方面受地形、地貌和水文地质条件的控制，另一方面受降水、地表水体等补给条件和人工开采的影响。由于地下水动态特征主要受人工开采和大气降水的影响，以下所述的地下水埋藏条件及动态特征为有地下水动态观测资料以来的情况（1982～2003 年）。

（1）地下水位的年际变化。根据 1982～2003 年地下水动态监测资料，地下水具有一年补给多年消耗及地下水位动态变化周期同降水周期一致的特点。地下水位在周期的第一年(补给年)接受大量行洪补给,达到周期内最高值后再次接受补给,水位复又回升,达到又一周期的最高值。该区地下水位处于相对稳定状态,没有出现连续下降或上升的趋势(见图 4-12)。

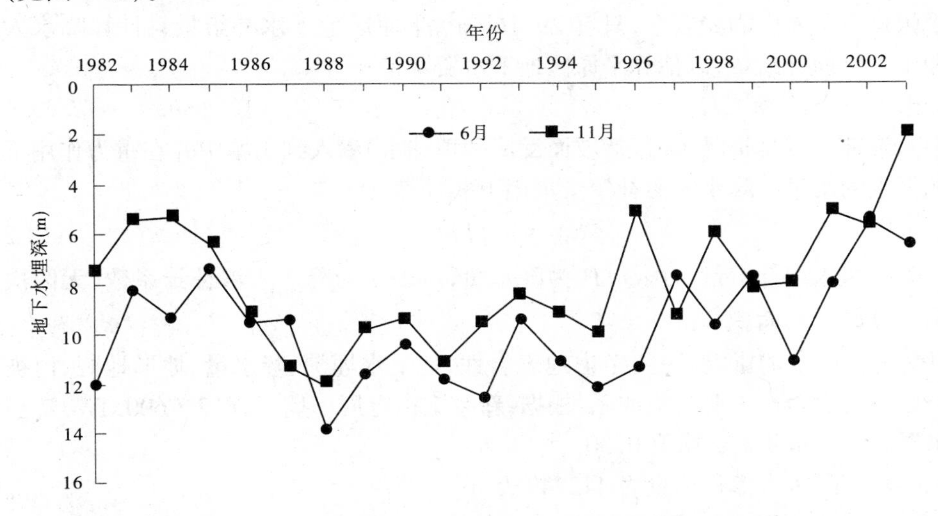

图 4-12　张村乡 1 号井(砂锅窑)地下水埋深年际变化过程线

(2)地下水位的年内变化。为分析地下水位的年内变化规律,选择代表性地下水动态观测孔的系列资料进行分析,从图 4-13 地下水埋深年内变化过程线可知,区域内地下水年内变化存在一定季节性规律,直接受降雨影响。1～2 月和 11～12 月份,变化不大,3～6 月份地下水位总体上呈现出下降趋势,7～10 月份地下水位基本上呈现上升的态势。从总体上看,近 20 多年来地下水位上升了 5～10m,地下水埋深从 20 世纪 80 年代的 6～12m 下降到 90 年代的 8～12m,继而又上升到了 21 世纪初的 4～6m。

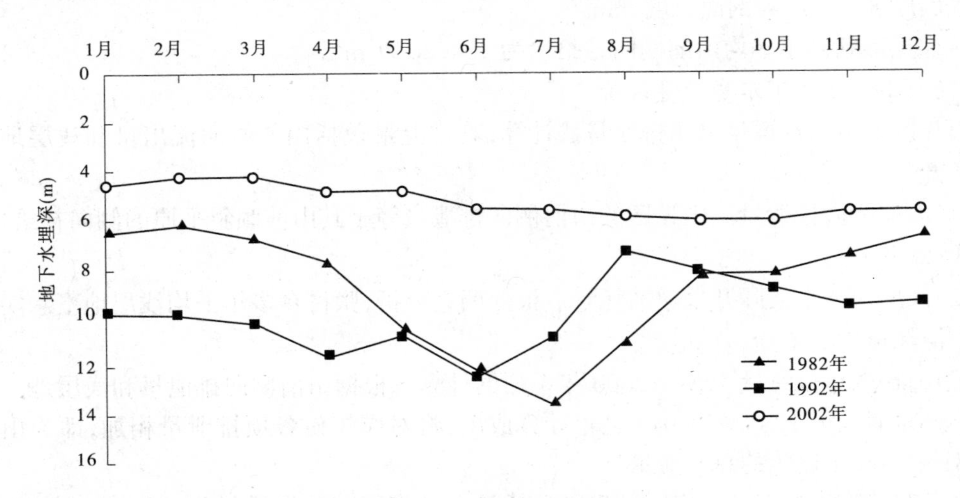

图 4-13　张村乡 1 号井(砂锅窑)地下水埋深年内变化过程线

4.4.7.4 平原区地下水资源量评价

平原区地下水资源量计算的重点是浅层地下水，而深层承压水不参与地下水资源量评价。平原区地下水资源量采用补给量法计算。

由于张村乡平原区面积较小，只有 29.16km^2，平原区地下水补给量只计算降水入渗补给量和山前侧向补给量，以估算平原区地下水资源量。

1)降水入渗补给量

降水入渗补给量是指降水(包括坡面漫流和填洼水)渗入到土壤中并在重力作用下渗透补给地下水的水量。降水入渗补给量采用下式计算：

$$Q_r = 0.1P\alpha F \tag{4-24}$$

式中：Q_r 为降水入渗补给量，万 m^3；P 为降水量，mm；α 为降水入渗补给系数(无因次)；F 为均衡计算区计算面积，km^2。

α 值受多种因素的影响，主要考虑地表岩性、地下水埋深、降水量、地形地貌、植被等因素。平原区地表岩性主要为第四系，根据《新乡宝山电厂一期工程(2×600MW)辉县尚厂厂址水资源论证报告》，α 取值 0.30。

平原区多年降水入渗补给量为 442.49 万 m^3。

2)山前侧向补给量

山前侧向补给量是指发生在山丘区与平原区交界面上，山丘区地下水以地下潜流形式补给平原区浅层地下水的水量。

根据地下水流入剖面，在各段分别选择相应的地下水观测网观测井，计算历年平均水力坡降。根据得到的数据，进行历年侧向补给量计算，计算公式为

$$Q_{侧补} = 36.5KIML \tag{4-25}$$

式中：$Q_{侧补}$ 为地下水侧向补给量，万 m^3/年；K 为剖面渗透系数，m/d；I 为水力坡降；M 为含水层厚度，m；L 为剖面长度，km。

经计算得到多年平均山前侧向补给量为 104.20 万 m^3。

4.4.7.5 山丘区地下水资源量评价

山丘区地下水资源量采用排泄量法计算，其排泄量包括山前侧向流出量和浅层地下水实际开采净消耗量。

(1)山前侧向排泄量。山丘区的山前侧向排泄量等于其山前倾斜平原的侧向补给量，为 104.20 万 m^3。

(2)浅层地下水实际开采净消耗量。根据调查分析，张村乡多年平均浅层地下水实际开采净消耗量为 358.08 万 m^3。

(3)山丘区总排泄量 1981～2000 年系列的计算。根据山前侧向排泄量和浅层地下水实际开采净消耗量 1981～2000 年逐年计算成果，将对应年份各项排泄量相加，即为山丘区 1981～2000 年逐年的总排泄量。

由于在计算浅层地下水实际开采净消耗量中已将回归补给量扣除，所以以上计算所得的排泄量即为山丘区浅层地下水资源量，亦即山丘区降水入渗补给量。

山丘区近期下垫面条件下多年平均地下水资源量为 462.28 万 m^3(见表 4-10)。

4.4.7.6　地下水资源总量评价

地下水资源总量可采用下式计算：

$$Q_{总} = Q_{山} + Q_{平} - Q_{侧} \tag{4-26}$$

式中：$Q_{总}$ 为水资源分区多年平均地下水资源量；$Q_{山}$ 为山丘区 1981～2000 年期间的年均地下水资源量；$Q_{平}$ 为平原区 1981～2000 年期间的年均地下水资源量；$Q_{侧}$ 为平原区 1981～2000 年期间的年均山前侧向补给量。

根据以上计算的成果，张村乡近期下垫面条件下多年平均地下水资源量为 904.77 万 m^3（见表 4-10 和图 4-14）。

表 4-10　张村乡地下水资源量统计　（单位：万 m^3）

年份	年降水量(mm)	平原区			山丘区			水资源总量
		降水入渗量	侧向补给量	总量	侧向排泄量	浅层开采量	总排泄量	
1981	405.7	354.86	101.62	456.48	101.62	386.65	488.27	843.13
1982	621.3	543.49	80.66	624.15	80.66	443.98	524.64	1 068.13
1983	466.2	407.81	52.65	460.46	52.65	401.79	454.44	862.25
1984	318.8	278.86	122.64	401.50	122.64	462.12	584.76	863.62
1985	503.3	440.26	105.16	545.42	105.16	345.07	450.23	890.49
1986	465.3	407.02	122.65	529.67	122.65	400.70	523.35	930.37
1987	491.3	429.75	133.23	562.98	133.23	376.75	509.98	939.73
1988	523.8	458.18	89.17	547.35	89.17	386.11	475.28	933.46
1989	456.4	399.28	88.79	488.07	88.79	335.39	424.18	823.46
1990	600.7	525.45	125.53	650.98	125.53	397.08	522.61	1 048.06
1991	640.0	559.87	136.31	696.18	136.31	359.27	495.58	1 055.45
1992	457.6	400.26	124.76	525.02	124.76	403.17	527.93	928.19
1993	373.2	326.43	125.52	451.95	125.52	349.19	474.71	801.14
1994	557.5	487.66	35.56	523.22	35.56	367.74	403.30	890.96
1995	674.8	590.34	55.37	645.71	55.37	307.29	362.66	953.00
1996	542.4	474.51	118.72	593.23	118.72	347.67	466.39	940.90
1997	361.0	315.78	124.66	440.44	124.66	301.80	426.46	742.24
1998	614.8	537.78	157.58	695.36	157.58	278.76	436.34	974.12
1999	504.6	441.40	88.72	530.12	88.72	263.43	352.15	793.55
2000	538.3	470.86	94.66	565.52	94.66	247.72	342.38	813.24
平均	505.8	442.49	104.20	546.69	104.20	358.08	462.28	904.77

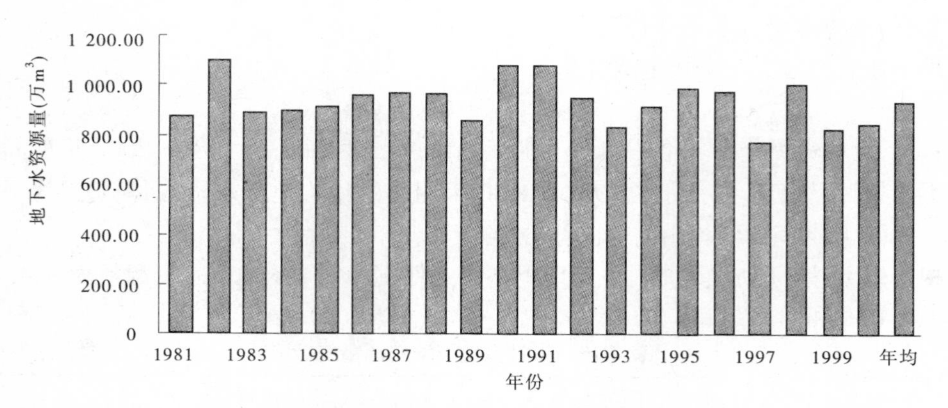

图 4-14　张村乡地下水资源量年际变化

4.4.8　水资源总量及其可利用量

4.4.8.1　转化关系与计算方法

一定区域的水资源总量定义为：当地降水形成的地表和地下产水量。地表径流量包括坡面流和壤中流，而不包括河川基流量；地下产水量指降水入渗对地下水的补给量，应为河川基流、潜水蒸发、河床潜流和山前侧渗等项之和。

计算某一区域的水资源总量时，必须在深刻了解区域水循环规律的基础上，分析大气降水、地表水、土壤水、地下水之间以及山丘区与平原区、山丘区与山丘区、平原区与平原区之间的水量转化关系，扣除水资源的重复计算量。

根据降水、地表水、地下水的转化平衡关系，区域水资源总量可用下式计算：

$$W = R_s + U_p \tag{4-27}$$

或

$$W = R + U_p - R_g \tag{4-28}$$

式中：W 为水资源总量；R_s、R 分别为地表径流量与河川径流量；U_p 为降水入渗对地下水的补给量；R_g 为河川基流量。

上式是将地表水和地下水统一考虑后，扣除了地表水和地下水互相转化的重复量，计算区域水资源总量的表达式。其原则上适用于山丘、平原等各种类型区的水资源总量计算。根据张村乡水资源的形成、运移转化机理分析，计算全区水资源总量的计算式为

$$W = R + Q - D \tag{4-29}$$

式中：W 为水资源总量；R 为地表水资源量；Q 为地下水资源量；D 为地表水与地下水互相转化的重复水量。

地表水资源量(R)，等于平原区产生的地表径流和山丘区地表水资源量，就是降水形成的河川径流量，不包括区域以外产流流入的水量，但包括了山丘区地下水补给河流的基流量。

地下水资源量(Q)，等于山丘区地下水资源量($Q_{山}$)加平原区地下水资源量($Q_{平}$)，并减去山前侧渗量和平原区与相邻外区域接壤的边界侧向补给量(Q_g)。

地表水与地下水互相转化的重复水量(D)包括两项：一项是河川基流量 R_g，因山丘区地下水资源中也包含有河川基流量 R_g；另一项是平原区地下水的转化补给量 Q_s 即平

原区为降水入渗补给量形成的河道排泄量。

根据张村乡的实际情况，平原区面积较小，平原区内降水入渗补给量形成的河道排泄量较小，可不计算；而山丘区亦无地表径流，河川基流也可忽略不计，所以张村乡水资源总量可用下式计算

$$W = R + Q \tag{4-30}$$

经计算得：地表水资源量为1 545.44万m^3，平原区降水入渗补给量为442.49万m^3，山丘区地下水总排泄量为462.28万m^3，多年平均水资源总量为2 450.21万m^3。

4.4.8.2 水资源可利用量

水资源可利用量由地表水可利用量和地下水可利用量组成。

1)地表水资源可利用量

地表水资源可利用量，是指在可预见的时期内，在经济合理、技术可行及满足河道内(含河流湖泊有关湿地)生态环境用水的前提下，通过地表水工程措施可能为河道外用户提供的一次性最大水量(不包括回归水的重复利用量)。

(1)地表水资源可利用量计算的原则。张村乡地表水资源可利用量计算遵循以下原则：①水资源可利用量是以水资源可持续开发利用为前提，水资源的开发利用对张村乡经济社会的发展起促进和保障作用，且又不对本地区的生态环境造成破坏。即水资源可持续利用的原则。②统筹协调生活、生产和生态等各项用水原则。

(2)地表水资源可用量分析计算。张村乡区内地表径流多为降水直接形成，因年降水集中，当地几乎无引蓄水工程，汛期降水很难被利用，地表水资源可利用率很低，根据经验取0.2。利用地表水资源可利用率和张村乡多年平均地表水资源量(1 545.44万m^3)，可知张村乡多年平均地表水资源量可利用量为309.09万m^3(见表4-11)。

表4-11 张村乡地表水可利用量分析结果 (单位：万m^3)

区域名称	地表水资源量	不同保证率地表水资源量		地表水可利用量	不同保证率地表水可利用量	
		50%	75%		50%	75%
张村乡	1 545.44	1 380.08	797.68	309.09	276.02	159.54

2)地下水可开采量

地下水可开采量分平原区地下水可开采量和山区地下水可开采量，因山丘区地下水很难利用，本次只考虑平原区的地下水可开采量。

平原区浅层地下水可开采量采用可开采系数法。所谓可开采系数(ρ，无因次)是指某地区的地下水可开采量($Q_{可开}$)与同一地区的地下水总补给量($Q_{总补}$)的比值，即$\rho = Q_{可开}/Q_{总补}$。确定了可开采系数ρ，就可以根据地下水总补给量$Q_{总补}$，确定出相应的可开采量，即$Q_{可开} = \rho \times Q_{总补}$。

考虑到张村乡平原地下水开采现状，应选用较大的可开采系数，参考取值范围为0.8～1.0，此处开采系数$\rho = 0.8$。

由前面的计算可知，平原区地下水总补给量$Q_{总补}$为546.69万m^3，所以平原区浅层

地下水可开采量 $Q_{可开}$ 为 437.35 万 m^3。

3)水资源可利用总量

水资源可利用总量是指在可预见的时期内,在统筹考虑生活、生产和生态环境用水的基础上,通过经济合理、技术可行的措施在当地水资源中可以一次性利用的最大水量。

本次规划中水资源可利用总量的计算可利用下式估算:

$$Q_{总} = Q_{地表} + Q_{地下} - Q_{重} \tag{4-31}$$

式中:$Q_{总}$ 为水资源可利用量;$Q_{地表}$ 为地表水资源可利用量;$Q_{地下}$ 为地下水资源可开采量;$Q_{重}$ 为重复计算量。

重复计算量 $Q_{重}$ 主要是平原区浅层地下水的渠系渗漏和渠灌田间入渗补给量的开采利用量部分。由于张村平原浅层地下水的渠系渗漏和渠灌田间入渗补给量较小,在平原浅层地下水资源量的计算过程中没有考虑,所以水资源可利用总量的计算可利用下式估算:

$$Q_{总} = Q_{地表} + Q_{地下}$$

经计算可知张村乡水资源可利用总量为 746.44 万 m^3(见表 4-12。)

表 4-12　张村乡水资源可利用总量分析结果　(单位:万 m^3)

区域	地表水可利用量	不同保证率地表水可利用量		地下水可利用量	水资源可利用总量	不同保证率水资源可利用总量	
		50%	75%			50%	75%
张村乡	309.09	276.02	159.54	437.35	746.44	713.37	596.89

4.4.8.3　张村乡用水现状

张村乡现状年(2003 年)总人口为 33 234,人口增长率控制在 5‰,随着生活水平的提高,乡镇企业迅速发展,生活和工农业用水量都不同程度的增加,张村乡境内引蓄水工程较少,地表水利用程度不高,所以用水一般以地下水为主。调查分析现状年的用水状况见表 4-13。

表 4-13　张村乡现状年用水状况调查　(单位:万 m^3)

区　域	乡镇企业	农业灌溉	生活用水	合计
张村乡	34.26	45.94	87.55	167.75

4.5　系统实现

4.5.1　系统的主要内容

张村乡水资源评价信息管理系统是在对张村乡水资源情况进行调查和综合分析评价的基础上,以张村乡基础地理空间信息为骨架,水资源专题信息为核心,以 ArcGIS 9 为信息系统平台,以水资源综合分析为灵魂的一套专题地理信息的管理查询系统。其特点是不但具有水资源以及和水资源相关的环境背景的基础信息,更有对水资源综合分析评价的方法和成果，并以可视化的形式表现出来，生动、直观。

该系统的建立分为两个部分：①基础地理空间信息和水资源专题信息空间图形库和属性库的构建(即信息数字化，包括地图数据和相关属性数据的输入)；②系统应用软件的设计与实现(建立用户的水资源信息及其综合评价查询系统)。

系统开发平台为 ArcGIS 9，开发工具为 VB、AO 控件和 ArcGIS Engine 控件。

4.5.1.1 系统的开发原则

本系统的开发原则是从实际工作需要出发，以真正解决用户关心的实际问题为目的，达到实用性、通用性和先进性的结合。

4.5.1.2 系统开发的具体内容

实现水资源相关基础地理信息的数字化，建立张村乡基础地理信息数据库(1∶2 000)；实现对水资源信息的整理、组织，建立水资源专题信息数据库。同时对具有空间特征的水资源信息创建空间特性；建立张村乡与水资源相关的地理信息数据图形库和属性数据库；实现张村乡基本地理数据、水资源专题数据的集成。实现对各种信息的管理、查询检索、信息提取和显示功能；本次水资源评价结果的显示：

(1)从涉及的信息内容来说，包括基础地理信息、水文基础资料信息、地表水资源信息、地下水资源信息、水资源利用状况的中间成果和结论。

(2)从功能模块来说，主要含有地理基础信息管理和查询、水资源数据库、水资源信息查询、图形显示、评价成果等。

4.5.2 系统主要功能操作介绍

4.5.2.1 系统的界面

运行“辉县市张村乡水资源评价信息管理系统.exe”。出现系统进入界面。输入用户资料后，登录即可进入系统主界面。

在系统的主界面中可以看到系统的主菜单组成：“文件”、“视图”、“空间操作”、“工具”、“应用模型”、“水资源调查信息统计表”、“评价结果”和“帮助”。

4.5.2.2 工具栏各项功能

工具栏针对地图数据实现操作功能和地图元素的属性查询功能。每个工具条按钮上都配备有一定信息提示，用户将鼠标移动到按钮上即可知道此按钮的功能。

(1)地图的显示。本系统可以打开多种矢量文件格式，主要文件格式为 Shape 文件，还可以打开地图文档等。有打开、关闭、加载图层等相应按钮实现打开、关闭图层功能。可以通过工具条上按钮漫游、全景显示、放大、缩小、固定缩小、固定放大来实现对地图的相应操作。

(2)地图编辑。系统能够对打开的地图进行编辑修改，首先点击启动编辑按钮，进入地图编辑状态，选择编辑图层 等高线 ，就可通过编辑要素、画要素、删除要素等按钮对所选图层进行编辑修改。

（3）空间选择。针对窗口中地图的某一个图层，可利用选择要素 按钮，以点击或画矩形框的形式选择一个或多个地图元素，并通过放大所选要素 按钮放大察看所选要素，根据图形选择 按钮可以对地图中所画的任意图形选择要素，清除选择 可以取消选择的要素。

（4）属性数据显示查询。点击单击显示属性 按钮，可以显示出地图中相应要素的属性信息，也可以通过空间关系选择要素 按钮和通过属性选择要素 按钮选择空间要素，然后点击显示选择要素的属性 按钮可以查询其属性信息（见图 4-15～图 4-18）。单独点击属性表 按钮可以查询图层属性（见图 4-19）。

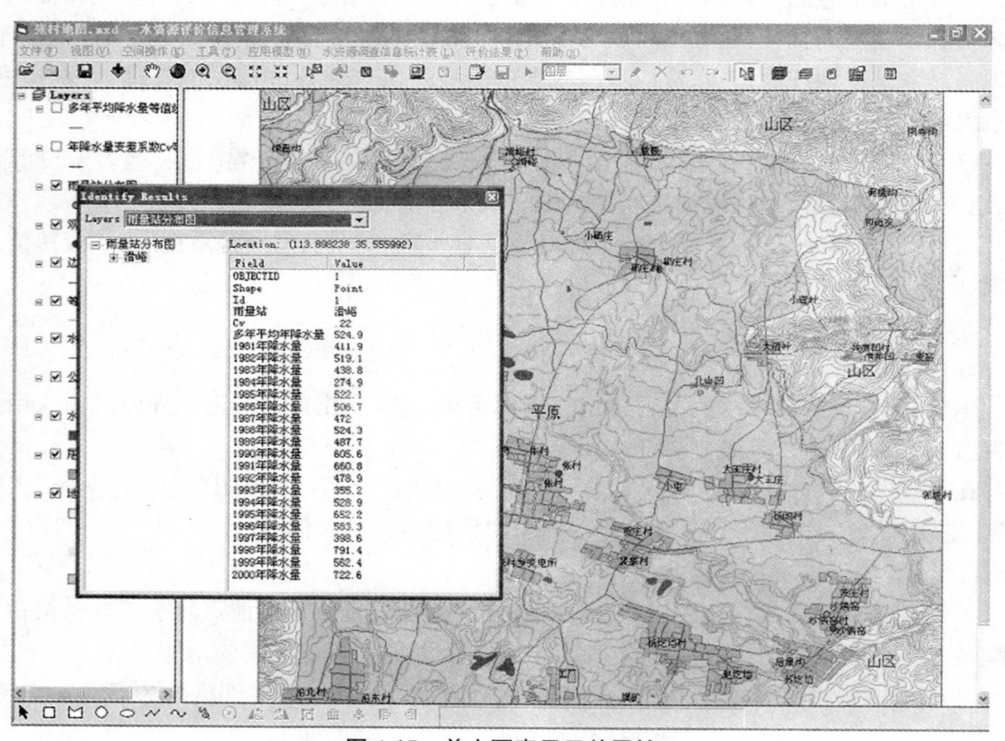

图 4-15　单击要素显示其属性

4.5.2.3　主要菜单功能介绍

（1）文件菜单功能。该模块主要执行地图文件的创建修改（包括打开、新建要素类、创建个人地理数据库、创建图层文件、打印和退出）。

（2）视图菜单功能。该模块提供系统视图的显示功能（包括鹰眼图）。

（3）空间操作菜单功能。该模块主要实现地图的空间操作功能（包括三维分析、全球可视化、缓冲区分析、图层切割、叠加求交、叠加求并、合并小多边形、生成等值线和生成栅格，见图 4-20～图 4-22。

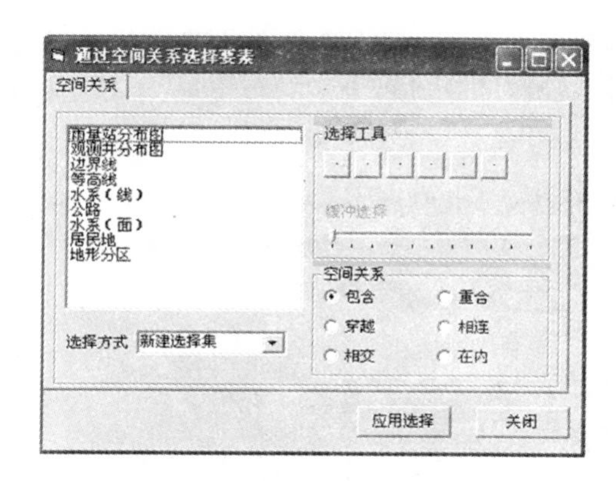

图 4-16 通过空间关系选择要素界面

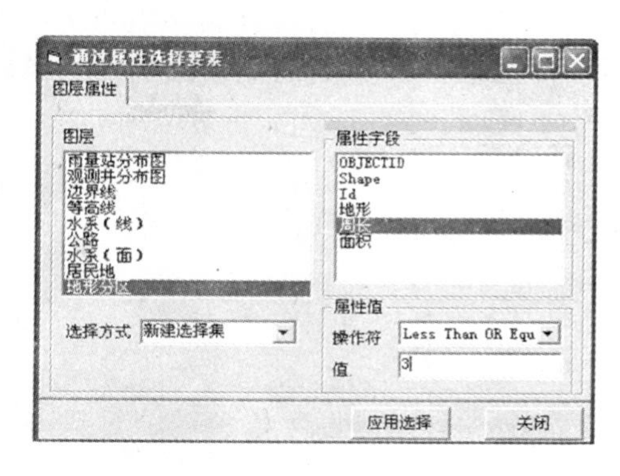

图 4-17 通过属性选择要素界面

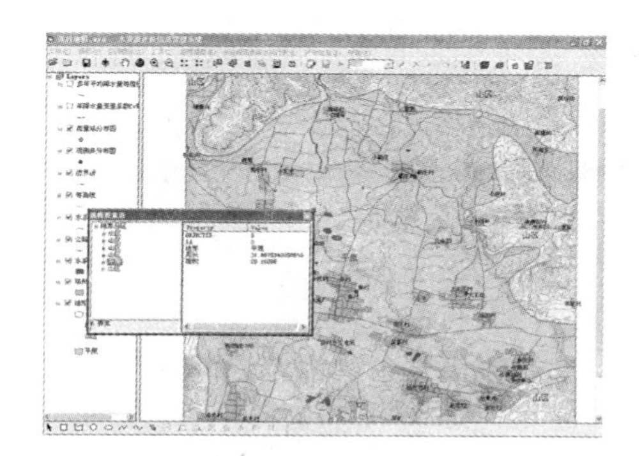

图 4-18 选择要素并查询其属性

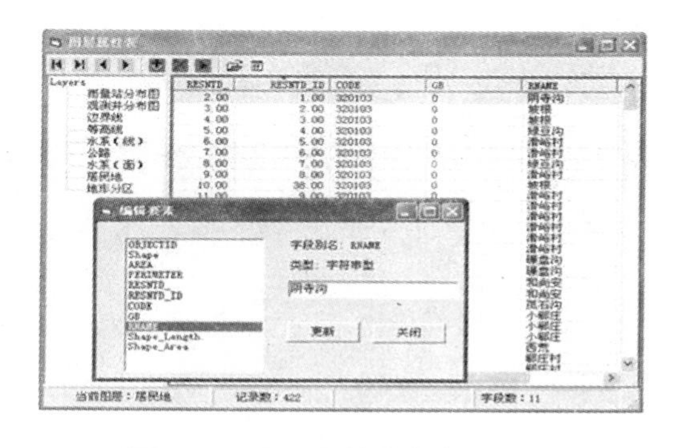

图 4-19 图层属性信息查询界面

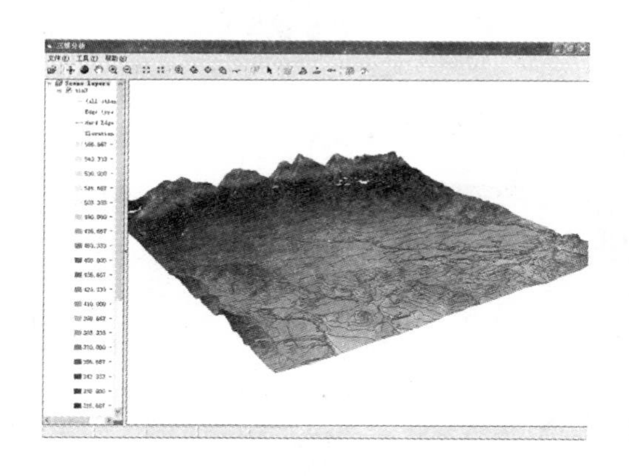

图 4-20 三维分析

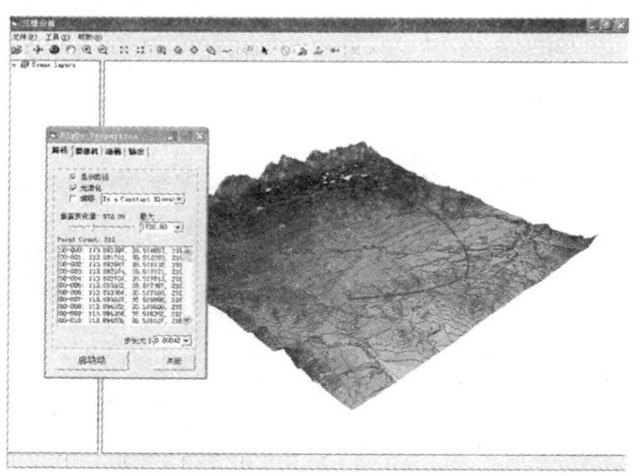

图 4-21 三维动态演示

(4)工具菜单功能。该模块主要实现图层的管理和数据的导入导出功能(包括图层管理,元数据和数据导入/导出,见图 4-23)。

(5)应用模型菜单功能。该模块主要为水资源评价的计算模型(包括灰色 Verhustm 模型预测生活需水量,偏最小二乘回归模型预测地下水位,见图 4-24)。

(6)水资源调查信息统计表菜单功能。该模块主要显示的是资源的调查评价信息,并以图形直观地显示出来(各雨量站的观测资料、观测井的水位、全区的蒸发量、干旱指数等的统计图表,见图 4-25~图 4-28)。

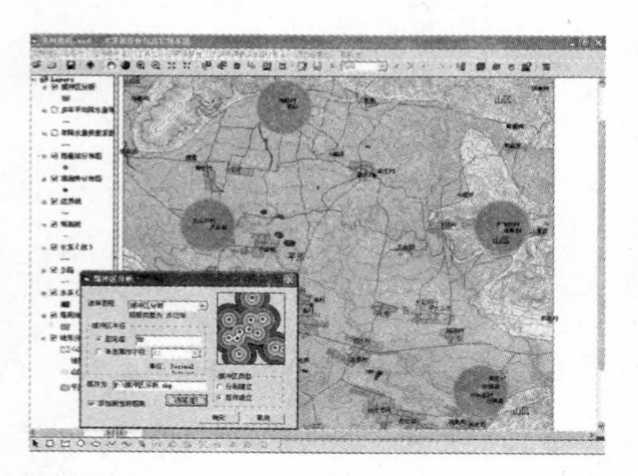

图 4-22　缓冲区分析

图 4-23　图层管理

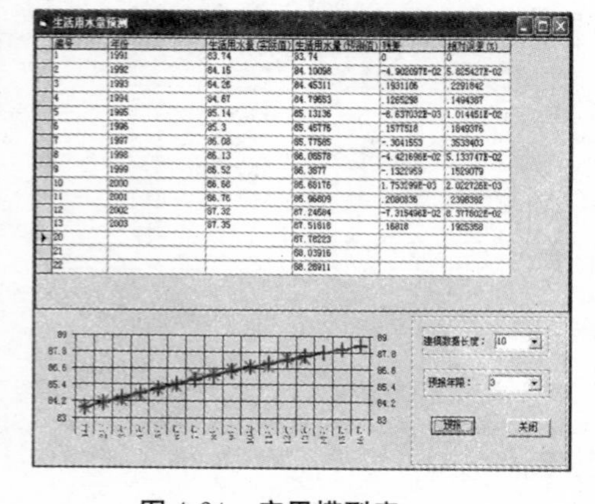

编号	年份	生活用水量(实际值)	生活用水量(预测值)	残差	相对误差(%)
1	1991	83.74	83.74	0	0
2	1992	84.15	84.10098	-4.902097E-02	5.825427E-02
3	1993	84.26	84.45311	.1931106	.2291842
4	1994	84.67	84.79653	.1265298	.1494387
5	1995	85.14	85.13136	-8.637032E-03	1.014451E-02
6	1996	85.3	85.45776	.1577518	.1849376
7	1997	86.08	85.77585	-.3041553	.3533403
8	1998	86.13	86.08578	-4.421696E-02	5.133747E-02
9	1999	86.52	86.3877	-.1322959	.1529079
10	2000	86.68	86.68176	1.753299E-03	2.022726E-03
11	2001	86.76	86.96809	.2080836	.2398382
12	2002	87.32	87.24684	-7.315496E-02	8.377602E-02
13	2003	87.35	87.51818	.16818	.1925358
20			87.78223		
21			88.03916		
22			88.28911		

图 4-24　应用模型库

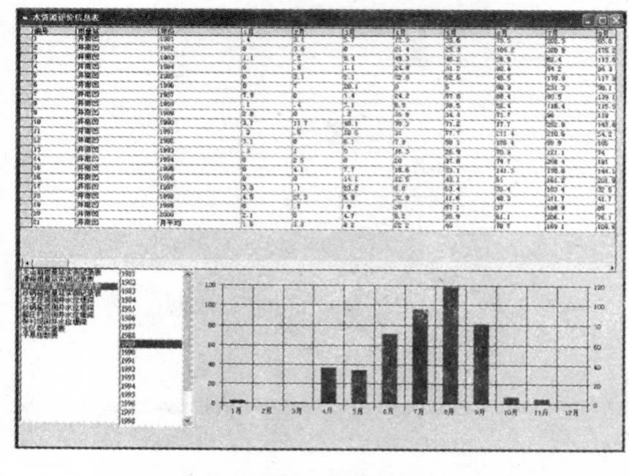

图 4-25　雨量站降水量统计信息图表

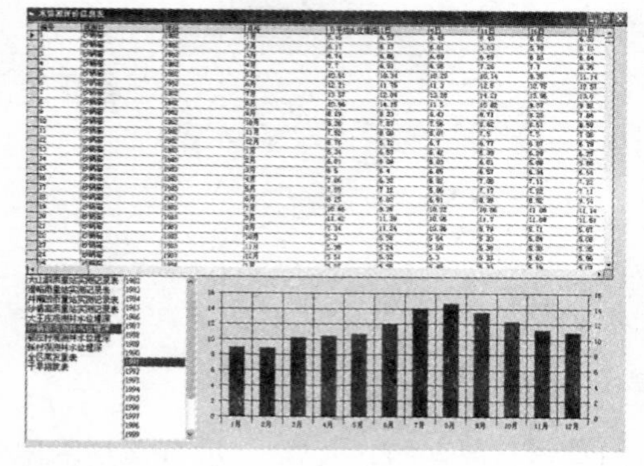

图 4-26　观测井水位统计信息图表

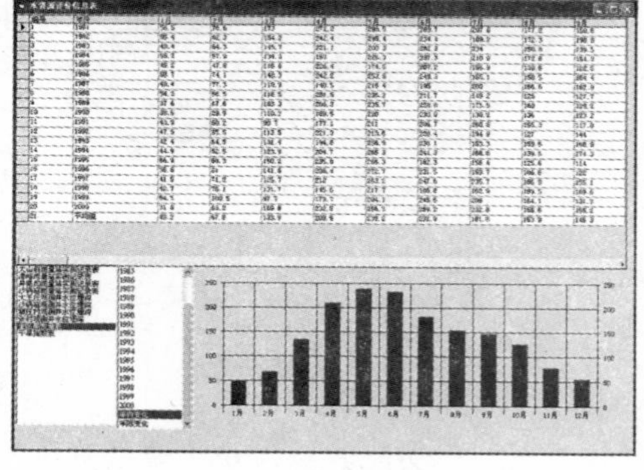

图 4-27　全区蒸发量统计信息图表

(7)水资源评价成果菜单功能。该模块主要显示本次水资源评价的成果(包括地表水资源、降水量、蒸发量、径流量评价，地下水资源量，水资源总量和可利用量和用水现状等，地形分区以及根据统计结果绘制同步期年等值线图等，见图 4-29～图 4-31)。

以上为本系统的基本使用功能，尚不完善，还需要不断丰富改进。

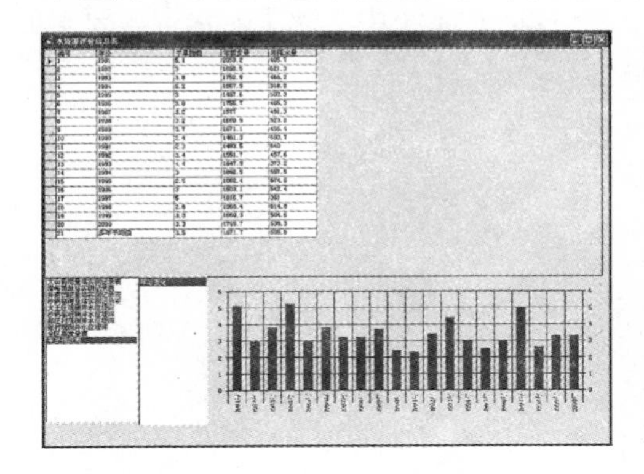

图 4-28　干旱指数图表

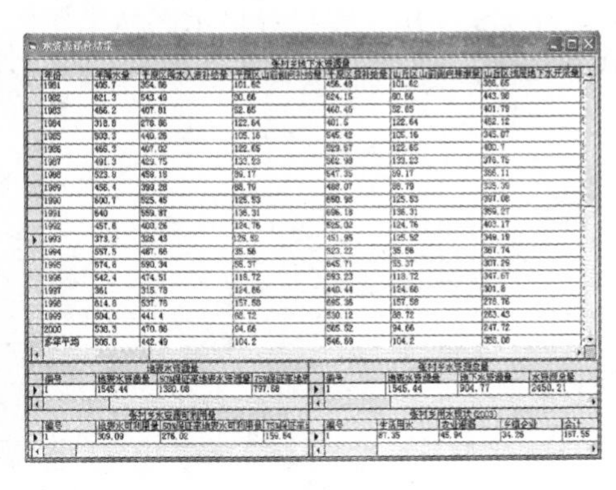

图 4-29　水资源评价结果

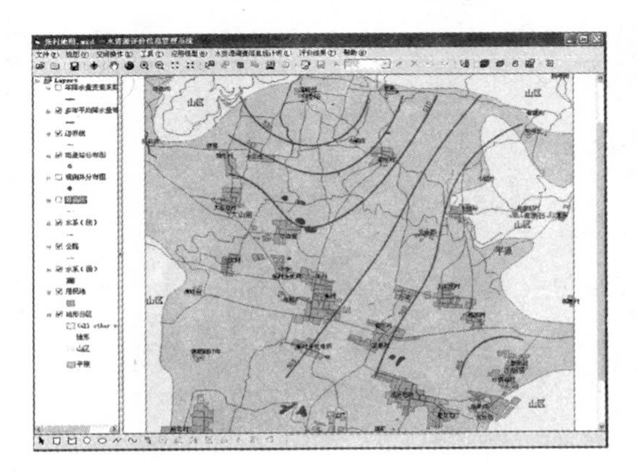

图 4-30　1981～2000 年降水量等值线

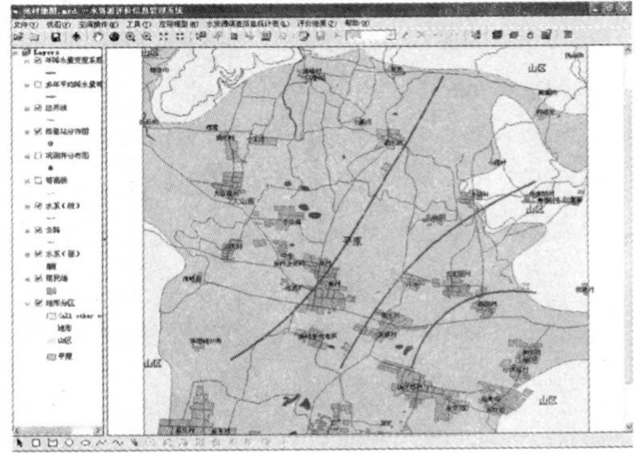

图 4-31　1981～2000 年降水量变差系数 C_v 等值线

4.6　结论与展望

本章阐述了利用 Visual Basic 6.0 和 ArcGIS 9 的基于 ArcObjects 的组件模块 ArcGIS Engine 进行二次开发，构建了水资源评价信息管理系统的方法，实现了对水资源评价信息的管理、部分水资源要素的预测功能，具有结构合理、功能强大、操作简单的特点。本章的主要成果和结论有：

(1)结合辉县张村乡水资源利用现状，对其区内水资源进行分析评价，包括降水、蒸发、地表水资源、地下水资源、水资源总量以及水资源的可利用量，详细介绍了水资源评价中的一般原则和方法。

(2)对水资源要素的预测模型进行研究，运用灰色系统理论和偏最小二乘的方法分别建立生活用水量预测模型和地下水水位预测模型，经过实测发现预测效果较好。

(3)介绍了系统开发和数据库设计的方法，并由此建立管理水资源评价结果的数据库、图形库和模型库，在对数据库编程技术进行研究的基础上，将空间数据与属性数据相关联，构建地理数据库 Geodatabase，实现空间数据与属性数据的双向查询功能。

(4)将地理信息系统(GIS)应用于水资源评价中，使用 Visual Basic 6.0 计算机语言和 ArcGIS 的组件库 ArcGIS Engine 开发水资源评价信息管理系统，将地理信息与评价结果集中管理，并能够直观显示区域水资源状况；同时在系统中实现了对水资源要素的实时预测功能。

第 5 章　旱作农区降水高效利用技术

干旱是一个长期存在的世界性难题，全球干旱、半干旱地区的面积约占陆地面积的35%，我国干旱、半干旱区所占的比例更大，约占国土面积的52.5%，河南省的半干旱、半湿润易旱区耕地面积占全省耕地面积的64%。干旱不仅制约着农林牧业的健康发展，而且还常常伴随着严重的生态环境问题——沙漠化、土地沙化、土壤盐碱化、水土流失等，严重地影响着人类的生存环境。同时，受地形、地貌与水土流失的影响，我国的半湿润地区也存在着严重的干旱灾害和生态环境问题，同样威胁着人类社会的健康、持续发展。之所以产生一系列的生态、环境问题，恶劣的人类生存与发展环境，其实质是水资源的问题。因此，解决水资源的利用，尤其是降水的高效利用，是解决生态、环境问题的本质所在。

河南省干旱灾害发生频繁的地区，多集中于旱地农业所在的豫西北太行山区、太行山山前平原，以及部分黄海平原的半干旱区——安阳、焦作、济源、新乡、三门峡与洛阳的北部、郑州市的西北部等，豫西浅山丘陵和豫中平原岗地的半干旱偏湿润区——开封、郑州东南部、许昌西北部、洛阳与三门峡的南部等，豫中平原和南阳盆地的半湿润易旱区——南阳盆地、平顶山、许昌东南部、漯河、周口、商丘等(见图 5-1)。

5.1　降水利用的发展历史

降水资源的利用具有悠久的历史。早在 4 000 年以前，古代中东的纳巴特人就在涅杰夫沙漠开展了降水的利用，他们把从岗丘汇集的径流通过渠道分配到各个田块供作物利用(或把径流贮存到窖里以备后用)，并获得了较好的收成。阿富汗等干旱、半干旱地区的国家也推广使用了纳巴特人利用雨水资源的方法。20 世纪 70 年代以来，美国、苏联、突尼斯、巴基斯坦、印度、澳大利亚等国对集水面进行了大量的研究，如墨西哥利用天然不透水的岩石表层作为集水面，美国则利用化学材料进行处理以提高集水面的集水效率，美国、索马里、墨西哥等国在集水面上铺设了大量的塑料薄膜、沥青纸、金属板等方法进行降水资源的收集与利用，效果十分可观，但费用太高。目前，德国、日本、加拿大等许多发达国家采用了铁皮屋顶集流的方法，将汇集的雨水径流贮存到蓄水池中，再通过输水管道进行庭院花卉、草坪、林木的灌溉，有效地提高了降水的利用率。20 世纪 80 年代以来，世界各地掀起了对降水利用的高潮，不仅少雨国家(如以色列等)发展较快，而且一些多雨国家(如东南亚国家)也得到迅速发展，降水的利用形式也日趋多元化，并从生活用水向城市生态用水和农业用水方向发展。同时，随着降水资源利用的发展，1982 年成立了国际雨水集流系统协会，20 年间在世界各地召开了多次国际雨水收集大会。联合国粮农组织和国际干旱地区农业研究中心，以色列、美国、澳大利亚等国成立了干旱研究机构，专门从事降水利用和农业用水问题的研究，充分反映了国际社会对降水资源利用的重视。

我国劳动人民在黄河流域创造出许多降水利用的经验。早在约 4 100 年前夏朝的后稷便开始推行区田法，战国末期创立了高低畦种植法和塘坝，明代出现了水窖。在此期间

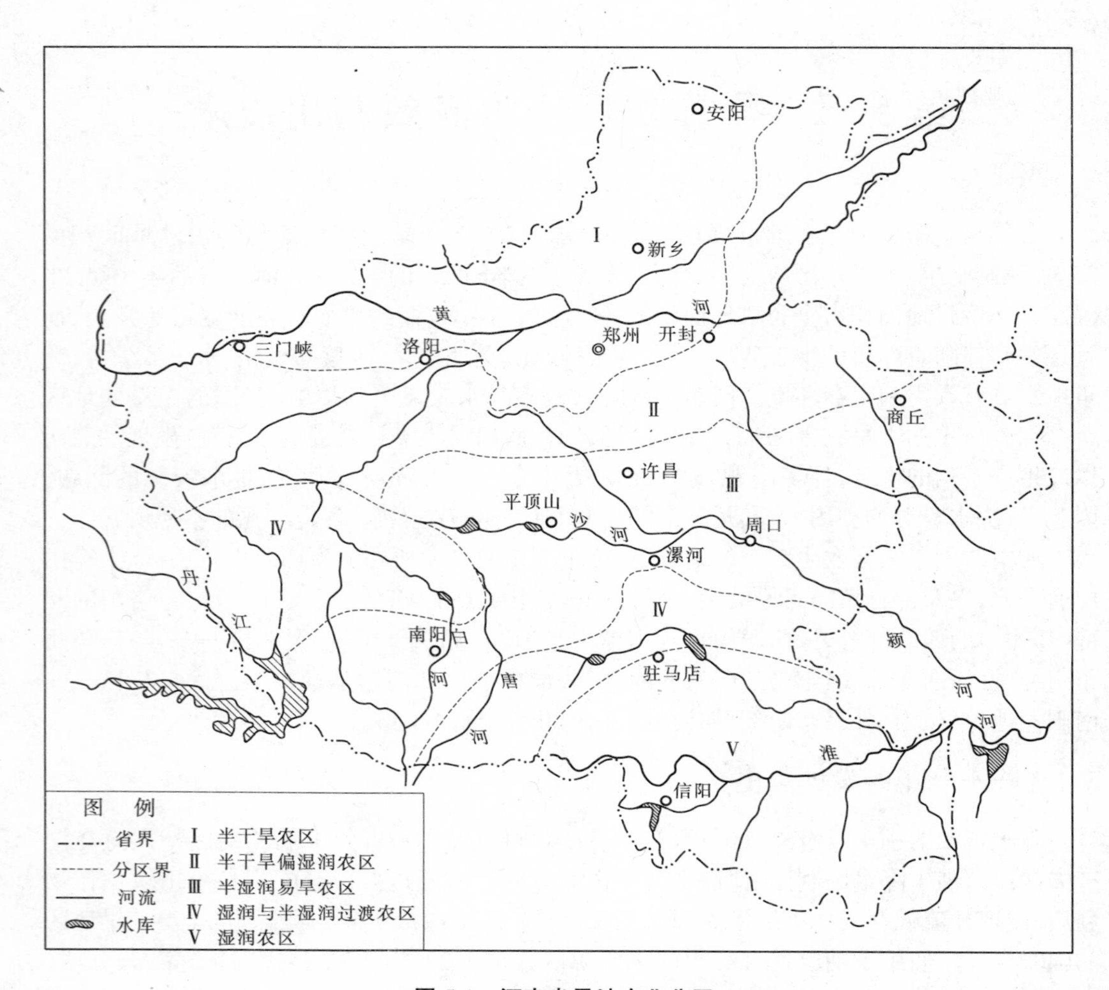

图 5-1 河南省旱地农业分区

(资料来源:龚光炎等,《河南省旱地农业分区及其战略设想的研究》,见《河南省旱地农业分区及其设想研究》1~20 页)

相继创造性地建立了水窖、坎儿井、大口井和蓄水塘等雨水蓄积工程设施。20 世纪 50~60 年代,创造出了鱼鳞坑、隔坡梯田等就地拦蓄利用技术。近年来,全国各地,尤其是中西部旱地农业区,纷纷实施了雨水集流利用工程,如甘肃的"121 雨水集流工程"、陕西的"甘露工程"、山西的"123"工程、宁夏的"窖窑工程"和内蒙古的"112 集雨节水灌溉工程"以及河南集雨抗旱工程等,这些省区雨水利用技术的研究与应用,取得了一些成果,在旱区农业生产与人民生活中取得显著的成效,抗御和减轻了自然灾害,改善了区域的生态环境,减轻了水土流失,提高了旱地农业的生产活力,增强了旱地农业的竞争力。党和国家领导人也十分重视节水农业和旱地农业的发展,党的十五届三中全会提出了"大力发展节水灌溉,把节水灌溉作为一项革命性的措施来抓",江泽民强调指出:"各级领导都要有一种强烈的意识,就是十分注意节约用地、节约用水,这两件事涉及农业的根本、人类生存的根本,在我国尤其意义重大。"江泽民还指出:"大力推进科教兴农,发展高效、高产、优质农业和节水农业。"陈俊生同志提出"发展节水农业是当前和今后我国农业的一个关键问题”。反映了节水和降水利用在我国具有重要的现实和长远的意义。同时,《全国生态环境建设规划》把“大力发展雨水集流节水灌溉和旱作节水农业”作为重要研究和应用内容,现在又成立了“国家旱地农业研究工程中心”和“国家节水灌溉工程技术研究中心”,相信我国未来的降水利用技术和旱地农业与节水农业的发展更加产业化、规模化、精细化、科学化。

5.2 降水资源利用技术

5.2.1 就地拦蓄入渗利用技术

自然降水通过植被截留后到达土壤表面,或直接降落土壤表面,利用降水的重力和土壤颗粒间毛管力的共同作用,使水分在土壤中产生相应的运动。随着表层孔隙不断被水填充,当入渗达到一定的限度后,降水在土壤表面形成径流。不同土壤的渗透性(见表 5-1)、贮水能力(见表 5-2)等因土壤质地、容重、表层厚度、地表坡度、耕作措施等的不同而形成不同的土壤降水可贮存效应。因此,采用人为的营造田间微集水面、增加耕作层厚度、减小地面坡度、改进耕作措施等水土保持与耕作技术,提高降雨的土壤入渗速率、增加土壤的贮存水量、减少降水的径流损失、延长土壤水分的有效供应和利用时间,从而达到提高降水资源的利用率和利用效率,实现抗旱减灾、旱地农业发展与生态环境改善的多重目的。

表 5-1 不同土壤的入渗能力

土壤类型或质地	地点	入渗能力(mm/h)	数值来源
A.温带土壤			
a.耕作土壤 黏壤土	美国	2.5~5.0	Morgan, 1969
黏沙壤土	美国	7.5~15.0	Morgan, 1969
壤土	美国	12.5~25.0	Morgan, 1969
沙壤土	美国	25.0~50.0	Morgan, 1969
b.长有松林的浮岩土壤	新西兰	630	Selby, 1967
c.长有未成熟松林(2~3m)的浮岩土壤	新西兰	47	Selby, 1967
B.热带森林土壤			
a.砖红壤性粉沙黏土	马来西亚	10.0~13.6	Eylts, 1967
b.砖红壤性粉沙黏土	马来西亚	8.6~89.0	Eylts, 1967
c.块状砖红壤	马来西亚	15~420	Eylts, 1967
d.块状砖红壤	马来西亚	107~650	Tippetts 等,1967
e.红棕色砖红壤	马来西亚	116~132	Tippetts 等,1967
f.深度风化的片麻岩	尼日利亚	84~240	Thomas, 1974
C.稀树草原土壤			
a.沙质阶地砖红壤	圭亚那	233	Eden, 1964
b.片蚀砖红壤	圭亚那	70	Eden, 1964

表 5-2 不同土壤的水分常数与有效水分(占土壤容积的百分比,%)

土 壤	田间持水量	稳定凋萎系数	有效水分
沙 土	9	2	7
沙壤土	27	11	16
壤 土	34	13	21
淤壤土	38	14	24
黏壤土	30	16	14
黏 土	39	22	17
泥炭土	55	25	30

5.2.1.1 水土保持工程技术

豫西、豫北丘陵旱地,不仅水资源缺乏,而且水土流失严重,每逢雨季,暴雨形成大量的地面径流,顺坡而下,它所经过的农田,不仅水过田干,而且挟带走大量的表层肥土和肥料。据测定,坡度为10°～30°坡耕地,每年的流失水量为216m^3/hm^2,冲走表土96.9t。这些表土含有氮素51kg,有机质765kg,相当于流失厩肥8.25t/hm^2。年复一年的水土流失,使表层土壤层次变薄、地力严重下降;在水土流失严重的坡耕地,有机质含量仅1.7～2.5g/kg,有效磷含量仅12～15mg/kg,许多农田变为难以耕种的石渣地。豫西的洛阳—三门峡一带旱坡地水土流失严重,其年平均水蚀模数在1 225t/km^{2}以上,个别地方高达1 500～2 215t/km^2。据豫西13个县(市)统计,水土流失面积总计14 434.2km^2,占豫西13个县(市)总面积的62%,成为河南省地力最薄、产量最低的地区之一。通过修筑水平梯田、水平沟、隔坡梯田、鱼鳞坑等水土保持工程技术的研究与应用,有效地提高了降水的拦蓄入渗,增加了土壤蓄水量,提高了降水的利用率。

1)修筑梯田,拦蓄雨水

洛阳市农业局旱地办统计,至2000年底全市共进行坡耕地改造12.44万hm^2,有效地控制了水土流失,提高了降水的就地拦蓄入渗,增强了土壤接纳存蓄降水的能力。根据调查,经过坡耕地改造后,单位土壤增加蓄水量300m^3/hm^{2}以上,相当于为农田浇了一次水,小麦平均增产30%左右。孟津县王良乡桐乐村组织全村村民通过打堰填土,增加活土层,将全村207hm^{2}坡耕地全部治理一遍,实现了“小水不出地,大水不出沟”,增强了保水能力。几年来,小麦单产均稳定在3 000kg/hm^{2}以上。南召县是一个“七山一水一分田一分道路和庄园”的典型山区县,年降水量虽在900mm以上,但多集中在7、8、9三个月和北部山区,7、8、9月降水量占全年降水量的57.4%,深山区年降水比平原区多243mm,旱灾频繁,平均年2.6次,因此有“十年九旱”之称。该县根据自身实际,围绕“土”字做文章,在“土”字上下工夫,按照“提高质量,保证速度,加强防护”的原则,对全县的岗坡丘陵区进行了坡耕地的改造,建成“沿着等高线,绕着坡势转,里切外垫倒流水,活土层达到二尺半(83cm),田埂高宽各1尺(34cm),人路水路穿中间”的高标准水平梯田2.07万hm^2。改造后的梯田基本达到连续80mm降水无径流、达到暴雨无冲毁农田的要求,最大限度地蓄积天然降水。在2000年春长达5个月没有降水的情况下,5月中旬测定5～20cm耕层含水量均在10%以上，比没改造的坡耕地高6%以上，花生平均产量3 229.5kg/hm²，比1999年正常年景增产22.7%。

2)深耕松土，增加降水入渗，扩大土壤水分库容

据测定，采用深耕松土，可有效地提高降水的入渗量，扩大土壤蓄水能力，疏松深度在20cm以上，耕层有效水分可增加4.0%～5.6%，渗透率提高13%～14%，粮豆增产8%～12%；在伏雨前深松，可使40～100cm土体蓄水量增加73%，小麦增产5.9%～29.6%。表5-3、表5-4的结果表明采取深耕、松土具有显著的增加土壤蓄水量、促进作物生长发育、提高农作物产量等功效。在耕种深度上，不同的耕深与对照相比均有不同程度的增产，分别增产295.5～1 036.5kg/hm²，增幅8.9%～31.4%，并以耕深26.6cm效果最佳(见表5-3)；而在耕翻的同时，采取松土的措施，可以增加小麦的次生根、叶面积系数和穗粒数、千粒重，提高小麦产量。耕翻加松土与单独的耕翻相比，小麦的增产幅度分别达12.3%～16.8%(见表5-4)。

表5-3 小麦在不同耕深下的产量效应(河南省旱地办，禹州市张得乡，1989)

耕深(cm)	不同试验点产量(kg/hm²)				平均产量(kg/hm²)	比CK增减(kg)	增减(%)	位次
	柳树沟	郑村	大槐树	合计				
13(CK)	2 875.5	2 973.0	4 042.5	9 891	3 298.5			5
20.0	3 231.0	3 922.5	4 372.5	11 526	3 838.5	540.0	16.4	2
26.6	4 065.0	4 260.0	4 680.0	13 005	4 335.0	1 036.5	31.4	1
33.3	3 525.0	3 450.0	4 140.0	11 115	3 705.0	406.5	12.4	3
40.0	3 397.5	3 172.5	4 207.5	10 777.5	3 592.5	295.5	8.9	4

表5-4 深松法与耕翻法对小麦生长发育的影响

(河南省孟津县旱地办，孟津阎凹，1989)

编号	处理	次生根(条)	单株分蘖(个)	叶面积系数	每公顷穗数(万)	穗粒数(粒)	千粒重(g)	产量(kg/hm²)	增减(%)
1	机耕深松	7.20	7.10	4.94	544.5	33.3	33.5	4 500.0	13.8
	机耕	5.69	6.43	4.40	574.5	30.6	31.9	3 982.5	
2	畜耕深松	9.07	5.67	3.73	577.5	33.9	34.2	5 244.0	24.1
	畜耕	6.60	6.67	3.42	541.5	31.5	32.6	4 225.5	
3	机耕浅松	5.97	7.10	2.54	510	23.7	33.6	5 056.5	12.3
	机耕	5.73	7.47	2.36	540	28.3	32.5	4 507.5	
4	畜耕浅松	6.90	5.80	4.68	549	32.8	31.9	4 617.0	16.8
	畜耕	4.93	9.90	3.56	408	31.2	33.0	3 952.5	

注：机耕深度为30cm，畜耕深度为24cm。

5.2.1.2 保护性耕作栽培技术

保护性耕作栽培就是通过采取不同的间套轮作、休闲、农林间作等所进行的耕作栽培,如少耕免耕栽培技术、带状间作技术、粮草等高线带状轮作技术、水平沟耕作技术、沟垄耕作技术等。少耕免耕栽培具有土壤结构好、耗能少、增加土壤有机质、维持土壤生态良性循环等优点,同时提高土壤贮水量,减少水分蒸发。据美国内布拉斯加州统计资料,常规耕作蒸发损失为88%,而免耕法只有57%,土壤贮水率增加10%~20%,作物产量增加900kg/hm^2 左右,少耕免耕栽培技术目前在国外发展很快,如美国在20世纪90年代初以每年360万 hm^2 的速度发展。就河南省农业耕地的情况而言,今后应在豫东、豫北易风蚀的沙土区和豫西的黄土丘陵水土流失严重区进行试验研究与推广应用。洛阳农科所的试验表明,采用少耕免耕栽培技术,具有省工、减轻水土流失和水分无效蒸发,提高土壤蓄水量、改善土壤结构等特点,今后应在旱地农业区大力推广应用。

5.2.2 地面覆盖技术

旱地农业区多处于干旱、半干旱、半湿润易旱区,降水量相对较少,但蒸发量却很大,多是降水量的2~4倍,即使有效的降水贮存到土壤中,也常常因为很强的蒸发作用而无效地浪费掉。研究资料表明,在干旱、半干旱地区的降水中有70%~80%以径流和蒸发的形式损失掉,仅有20%~30%为作物所利用。即使是半湿润易旱区的降水也有60%以径流和蒸发的形式被浪费和损失。因此,如何提高土壤贮存水分的利用效率,减少无效蒸发,是提高降水利用率的重要途径。减少土壤水分无效蒸发途径的方法有很多,如工程措施、生物措施、化控措施等,通常采用的是地面覆盖技术,地面覆盖物质可以采用麦糠、作物秸秆、柴草、砾石、保墒剂、抑腾蒸发剂等。研究表明,采用地面覆盖技术,具有增加土壤蓄水量、减少无效蒸发、延长水分在土壤水库的集蓄时间、提高土壤有机质等多种功效,是提高降水资源利用率的有效途径之一。主要的地面覆盖技术有如下几种。

5.2.2.1 有机物质覆盖技术

有机物质覆盖就是利用农作物秸秆、干草、柴草、枯草等植物残体,或各种有机物质燃烧后的灰分,或植物残体经过动物利用转化后的排泄物沤制的厩肥,或植物残体堆沤腐熟的有机肥等直接覆盖于土壤表面,它们不仅可以提高土壤的温度,增加土壤有机质和养分,而且可以降低土壤水分蒸发速率,提高土壤保蓄水分的能力。开封沙地试验站田间试验表明,花生秸秆覆盖较不覆盖的潮湿雏形土耕层水分含量增加4.5%~38.5%,0~40cm土层蓄水量增加5.9%~23.4%,花生增产31.8%,且保水效果显著。陕西永寿和山西屯留等地用秸秆覆盖的小麦、玉米地等,水分利用率提高15.3%~57.6%。陕西渭北的研究结果表明,小麦收获后覆盖麦草可使每公顷增产粮食600~651kg,降水利用率由传统的20%~30%提高到50%~60%。河南省镇平县1997~2001年大面积地推广了麦糠、碎麦秸、柴草等有机物质覆盖技术,据小麦田覆盖的麦糠试验调查,冬前小麦群体增61.5万/hm^2,春季最高群体增55.5万/hm^2;突出表现为小麦分蘖早、大分蘖多、成穗率高;收获考种测试表明,其小麦每公顷成穗数增加29.25万穗,穗粒数增加1.6个/株,千粒重提高1.52g,小麦单产达4 755kg/hm^2,比不覆盖的小麦增产585kg/hm^2,增幅为14.1%。1月份测定的0~10cm地温比对照提高0.9℃,含水量比对照提高2.5%,达到14.5%。连续3年覆盖后,土壤耕层有机质达到12g/kg,速效钾含量提高11~24mg/kg。

在全县千亩(66.7hm^2)、万亩(667hm^2)示范方进行覆盖的小麦比不覆盖的小麦平均增产10%以上。

5.2.2.2 地膜覆盖技术

利用塑料薄膜覆盖于土壤之上,具有增温、保墒、减少蒸发、提高降水入渗深度等功能,从而改善土壤的微生态环境,实现农作物的增产和降水利用率的提高。黄土高原林地试验表明,采用塑料薄膜覆盖的林地,土壤水分含量提高24.3%。河南省农业科学院土壤肥料研究所(简称河南省农科院土肥所)的试验结果表明,通过塑料薄膜覆盖的耕地在降水量小的时候,可以明显提高降水的入渗深度,与不覆盖地膜相比,平均入渗深度提高3~5倍,从而有使10mm以下的无效降水转变为有效降水的可能。宁夏南部旱地的试验表明,秋后覆盖地膜,2m土体的土壤水分增加525m^3/hm^2,春小麦增产50%。1998年我国地膜覆盖面积达660多万hm^2,其中地膜玉米增产1 500kg/hm^2,地膜小麦增产1 200kg/hm^2。2001年在连续干旱的情况下,洛阳市宜阳县推广的2 000hm^2 地膜小麦,平均产量达3 985.5kg/hm^2,比不覆盖薄膜的小麦增产1 072.5kg/hm^2,增产幅度达36.8%;寻村镇龙王村的千亩(66.7hm^2)示范方,平均单产达到5 527.5kg/hm^2。土壤水分含量测试表明,地膜覆盖的麦田0~10cm和10~20cm层的土壤含水量分别比对照提高4.2%和5.9%。

5.2.2.3 生物覆盖技术

利用有机生物体覆盖土壤表面,可以发挥其根系的固定作用和叶枝的遮挡作用,从而减少水分径流损失和土壤无效蒸发。同时,由于增加了地面的覆盖度,降水的强度被减缓,径流量小,实现了增强土壤水分入渗和降低水土流失的双重功效。王斌瑞应用低等植物石果衣覆盖地面试验表明,采用生物覆盖一般可减少土壤表面蒸发30%~40%。

5.2.2.4 化学覆盖技术

化学覆盖就是利用化学物质覆盖于土壤表面,从而形成一层连续的化学薄膜,切断土壤毛细管,阻止土壤水分通过,实现抑制土壤水分蒸发和提高水分利用率的目的。苏联早在20世纪30年代就使用石脑油皂抑制土壤水分蒸发,减少水分蒸发60%~70%。目前国外通常采用胶乳、石蜡、沥青、石油等喷洒在地面上,防止土壤水分蒸发。我国部分地区也做过一些试验,虽然效果好,但由于成本太高,以及生态问题,而无法推广应用。

5.2.2.5 砾石覆盖技术

就是利用卵石、砾石、粗砂和细砂的混合体进行的覆盖技术,通过砾石覆盖改变了降水的入渗方向,减少了太阳的直接辐射,从而实现了保持土壤水分、减少无效蒸发和提高水分利用率的目的。我国最成功的就是甘肃、新疆的“砂田”,成功地生产了白兰瓜、哈密瓜等名优特产品。

5.2.3 雨水集流技术

旱地农业区域的降水特征决定了其降水高效利用的难度,由于其降水分配的季节性不均和供需错位,只有通过人为的调节措施,进行雨水的收集、贮存,才能供农作物生长关键季节使用,从而提高降水的利用率。

雨水集流技术就是利用自然和人工营造的集流面把降水径流收集到特定的场所,如蓄水池、蓄水窖、蓄水井等。目前,我们多采用庭院、场院、屋顶、路面、坡地、塑料大棚棚面等进行降水的收集。集水的材料一般采用塑料棚膜、混凝土、混合土夯实、喷沥青夯实的地面、砖瓦面等。据甘肃定西地区水土保持研究所的测定，不同集水材料的集水效率具有明显的不同，用塑料薄膜、混凝土、混合土、原土处理的集水面，集水效率分别平均为59%、58%、13%和9%；单位面积年集流量分别为0.259、0.256、0.055、0.038m^3/m^2，均高于自然状态下的集流面。山西临汾地区水土保持研究所对村庄道路、砖瓦屋顶、水泥砂浆抹面、塑料薄膜覆盖面、灰土夯实的集流效率进行了试验测定，结果表明其集流效率分别为15.50%、30.30%、83.03%、89.63%和32.34%。根据这些试验、研究和测定结果，自1989年起河南省旱地办公室在河南省主要旱地农业县进行了雨水集流技术的推广应用。

5.2.3.1　利用庭院、屋顶集雨，解决旱区人畜吃水问题，发展庭院经济

农村一般都有碾实的场院、庭院，建筑的房屋坡面均匀、防水性能好，这些是人为的"天然"集流、雨水收集面，从而为旱区的季节性降水收集提供了良好的条件。河南省旱地办公室在总结其他经验的基础上，在豫西、豫西北严重缺水区，根据其多年降水量、降雨强度，进行了庭院蓄水设施的修建，解决旱区农村人畜吃水的问题，同时利用富余水发展了庭院经济。

5.2.3.2　利用坡地、道路集雨，发展微集水节水灌溉工程

河南省的旱地多为丘陵、岗地和山坡地，有天然的集雨面和集流坡，同时随着当地经济的发展和国家、省政府对旱地农业的开发，修筑了众多的硬化路面，如柏油路、水泥路等，再加上碾实、"硬化"的田间小道，都可以用来作为旱地蓄水井、窖的集雨面和集流面。根据全省旱地农业发展的实际及各地的农业生产状况，1989～2001年全省共修建人工防渗蓄水井、蓄水窖、蓄水池7万多座，总蓄水量达800万m^3。一般的蓄水井、窖50～80m^3，大的蓄水100～200m^3；一般蓄水池蓄水3 000～5 000m^3，大的蓄水量达到20 000m^3。同时，配套以节水灌溉工程，促进了全省旱地农业的健康发展。如卫辉市太公泉乡道士坟村地处太行山区，地上无坑塘，地下无井泉，水源奇缺，石厚土薄，种在天，收在天，人畜吃水十分困难，生产用水更无法保证，风调雨顺的年份，粮食产量仅1 500kg/hm^2左右。1992年在省、市、县旱地办的大力支持下，该村积极配合，克服重重困难，大搞井窖与滴灌系统相结合的微集水工程建设，按照科学选址、科学防渗防漏与现代化滴灌相配套的原则，利用天然坡面截蓄径流、挖窖蓄水，采取蓄水窖、地埋管、滴灌三结合的方法，实现了一窖多能，彻底解决了吃水、用水问题，达到了多蓄、少耗、多用的目的。经过几年的艰苦奋斗，目前已建成全封闭水窖150个，总容量27 500m^3，引进安装滴灌设备50套，使昔日用水贵如油的穷山村显示了勃勃生机：①解决了全村人畜的吃水问题，家家用上了自来水管，农民高兴地说"拧开水龙头，清水哗哗流，用水不出门，不磨肩膀不发愁"。②建成了旱涝保收田20.8hm^2，实现了人均一亩（667m^2）水浇田，作物产量明显提高，1993年小麦总产达48 450kg，比历史最高的1989年增长29.2%，1994年全村粮食总产达14万kg，比1993年增长27%。滴灌小麦产量最高达到5 610kg/hm^2，1996年全村粮食达到16万kg，比1993年增产31%。村民深有感触地说："滴灌真是好，滴滴水入地，墒足地虚苗情好，建水窖就是建粮仓，集水就是集粮"。③结束了新中国成立40多年来吃粮靠统销、不向国家作贡献的历史，几年来共向国家交售粮食5万多kg。④改变了农民挖野菜，吃干

菜的历史，每户水窖周围都发展了自己的菜园，蔬菜品种多，实现了户户、季季有鲜菜。⑤开始了农产品的深加工，全村每年加工红薯4万多kg，生产粉条8 000多kg，增值1万多元。⑥利用集水向高产高效农业发展，逐步发展了日光温室3座和畜牧养殖厂2座。⑦微集水节水灌溉工程彻底地改善了农业生产条件，为旱地农村奔小康打下了良好的基础，该村农民人均纯收入由原来的200元增长到1 000多元。其中容量达7 000多m^3的“天下第一窖”就建在该村，成为远近闻名的“旱地水窖第一村”。兰州大学干旱农业生态国家重点实验室赵松龄教授、河南农业大学杨好伟教授等专家一致认为道士坟村发展的水窖微集水工程和节水灌溉为旱地农业的发展找到了新的突破口，为加快发展旱地农村经济找到了新的出路，为北方旱地农业发展作出了创造性贡献。

道士坟村的发展成为卫辉市和河南省微集水节水灌溉工程发展的典范，并带动了全市和全省微集水节水灌溉工程的发展，推动了河南省旱地农业的高效持续发展。10年来，卫辉市共建成水窖7 744座，总蓄水量150.38万m^3，增加节水灌溉设备1 500套，埋设节水灌溉管道2 800m，解决了山丘旱区38个行政村8 017人和7 137头牲畜的用水问题。同时，新增灌溉面积857.8hm^2，平均单产3 000kg/hm^2，年增产262.74万kg，增加经济效益341.56万元。尤其是近几年山丘区连续遭受干旱威胁，特别是2001年春季连续4个月的干旱，更显示了微集水节水灌溉工程的巨大威力。据试验测试，1995年的大旱之年，滴灌1次的冬小麦单产2 250kg/hm^2，滴灌2次的单产4 650kg/hm^2，滴灌3次的单产5 625kg/hm^2，而同等肥力没有浇水的地块单产仅900kg/hm^2，3种不同的滴灌次数分别比未滴灌的小麦增产150%、417%和525%，增收124.2元、345.0元和434.7元，水分利用率由地面灌溉的25%提高到95%，达到了巧用的目的，使有限的蓄水灌溉效益提高4～5倍。

再如汝阳县马寺村，它是汝阳县南部贫困山区十八盘乡西部的一个穷山村，全村205户675人，35.1hm^2坡耕地，人均坡耕地仅0.052hm^2。“打井没有地下源，引水难取沟中泉，山涧滴水难入田，一遇干旱成灾难”是其过去的写照。通过对其自然条件、经济条件的调查，1991年在省、市、县旱地办的支持下，开始了微集水节水灌溉工程的建设，经过10年的不懈努力，完成土方9.58万m^3，建成微集水节水灌溉工程58处，总蓄水量5.2万m^3，使该村70%的坡耕地变成了可灌溉农田，人均可灌溉农田0.036hm^2。同时，解决了该村90%农户饮水难的问题，60%的农户用上了自来水。据统计部门统计，该村粮食总产由原来的145t增加到281t，净增93.8%，其中夏粮由55t增长到94t，增长70.8%；秋粮由90t增加到187t，增长107.8%，全村人均占有粮食415kg；全村经济收入由1992年的23.5万元提高到2000年的89.6万元，增长了2.8倍，其中种植业收入由1992年的12万元增加到2000年的38万元，增长2.2倍；农民人均纯收入由1992年的286元增加到2000年的1 150元，增长了3倍多。

位于灵宝市南部丘陵山区的周家塬村，年降水量不足600mm，农民经济贫困、发展缓慢，自1998年实施旱作农业项目以来，全村采取微集节水补灌为突破口，将旱地贮水窖与其他先进的节水农业技术结合起来，确定“突出重点，集中连片，综合开发，提高效益”的原则，提出“修一条好路，建一处旱窖，浇一片果园，富一户人家”的指导思想，在全村经过统一规划、统一实施，典型引路、示范带动，取得显著成效。3年来，累计完成微集水工程

1 200余座，建千方高位蓄水池 1 处，埋设 PUVC 输水管道 9 000 余米，配备节能型移动灌溉设备 20 套，滴灌设备 2 套，发展节水浇灌面积 166.67hm²。该项工程使全村 133.33hm² 小麦年增产 25 万 kg，166.67hm² 果园新增果品 20 万 kg，年增产值 60 万元，为群众脱贫致富奔小康创造了良好条件。济源下冶乡朱庄村位于王屋山腹地，是典型的旱地农业区，1992 年在省、市旱地农业办公室的支持和指导下，该村大力发展微集水石榴生产，取得显著效益。2000 年全村种植石榴 10hm²，总产 8 万 kg，销售到上海、郑州等大中城市，总收入 30 多万元，仅此一项全村人均增收 600 余元，成为旱地农业结构调整的典型村。

实践证明，微集水节水灌溉工程是山区改善农业生态环境和农业可持续发展的有效途径。

5.2.3.3 修建小型的蓄水水库

以小流域为单元，修建小型的蓄水水库，将旱地区域的降水拦蓄起来，一方面可以回补河川、谷地的地下水位，为川地的集约高效农业提供丰富的水分资源，另一方面为丘陵旱地的集雨补灌、节水灌溉提供水分保证。同时，也可以将降水资源的利用与水土保持、生态环境改善等紧密地结合在一起，促进旱地农业生态环境的不断改善，为旱地农业区域的综合高效发展提供水分资源。如陕县东凡乡全乡耕地面积 1 933.33hm²，仅有水浇地面积 400hm²。旱坡地占总耕地面积的 79.3%，易发生春旱、伏旱、秋旱，干旱发生面积 90%以上。为战胜旱魔，东凡乡人民先后修建小型水库 2 座——库容 87 万 m³ 的金山水库和 35 万 m³ 的石疙瘩水库，3 处塘坝蓄水 10 万 m³，百米深井 40 眼(正常使用 29 眼)，挖小土井 120 眼，建流动泵站 24 处，在 2001 年严重干旱的情况下旱地浇水面积 266.67hm²，地膜覆盖 553.33hm²，抗旱保苗1 600hm²。加上小麦地膜覆盖技术的应用，2001 年小麦在长达 5 个月的干旱中，平均单产 3 225kg/hm²，与全县相比，平均增产 225kg/hm²。其中 280hm² 地膜覆盖小麦平均单产4 620kg/hm²。

5.2.4 雨水贮存技术

雨水贮存技术是一项综合应用技术，其本质就在于将土壤、水窖等蓄积的降水资源合理地保蓄起来，使其无效蒸发和渗漏减少到最低限度，为降水资源的高效利用奠定基础。目前，我们通常将集流面所拦蓄的水分资源贮存到蓄水井、蓄水窖、水库、塘坝、小水库、土壤水库等“容器”中。土壤水库贮存的降水资源，由于其特定的生态环境——蒸发量是降水量的 2～4 倍，因此贮存在土壤中的降水应积极地采取地面覆盖技术、土壤水分保蓄技术等“保护”起来，以降低土壤的无效蒸发，为农作物的高效利用提供基础保证，从而提高土壤水分和降水资源的利用率。小型水库、水库、塘坝等是一个开放性的贮水系统，存在着严重的水面蒸发和渗漏现象，渗漏由于其有效地补给地下水，多数国家常在减少水面水分蒸发上采取积极的措施，国外一些地方采用液态化学制剂“喷施”在水面上，以抑制水分蒸发，降低水面水分的无效蒸发，也有采用轻质水泥板、聚苯乙烯、橡胶和塑料等制成板材等抑制水面的水分蒸发，但由于成本太高，目前许多国家正在研究一些廉价而绝热的材料以覆盖到水面上抑制水分的蒸发。水窖则是一项相对较好的贮水系统，无蒸发，关键是要把旱地蓄水窖的渗漏问题解决好。目前的蓄水窖有红胶泥水窖、混合土水窖、混凝土壳水窖等，甘肃定西地区水土保持研究所对不同质地、材料所建的水窖的水分保存率进行了测试,结果表明,红胶泥水窖的水分保存率为75.4%,贮水成本为0.23元/(m^3·a),具有投资少、成本低的优势,但使用寿命短;混凝土薄壳水窖水分保存率为97.1%,虽然一次性投资高,但使用寿命长,贮水成本为0.41元/(m^3·a),不失为一个更佳的选择。河南省旱地农业区域的蓄水窖以混凝薄壳、混合土、混合土垫塑料薄膜等多种形式存在,主要是各地的经济条件差异所致,但均起到了良好的贮水效果。

5.2.5 降水高效利用栽培技术

5.2.5.1 膜际栽培技术

膜际栽培就是将农作物播种到覆盖地膜之间或地膜边缘,其目的在于充分利用降水量小时的有效降水,从而保证农作物的正常生长,提高降水利用效率。试验证明,膜际栽培技术具有增温、保墒、集流、增产增效、提高降水利用率的特点(见表5-5～表5-7)。2001年在济源试验结果表明,采用膜际栽培技术的小麦具有明显增温效果,在小麦160天的生育期内地温和气温均较不采取膜际栽培技术的对照分别提高151℃和176.8℃(见表5-5)。通过对0～10cm、10～20cm不同耕层深度的土壤含水量测定表明,采取膜际栽培技术的小麦土壤含水量分别比对照的土壤含水量提高0.9个百分点和3.0个百分点(见表5-6);小麦生长发育特征方面,膜际栽培的小麦单株分蘖个数、返青群体数量、成穗数与对照相比分别增加0.6个、99万/hm^2和144.3万穗/hm^2(见表5-7),从而使其小麦在大旱之年增产效果显著,单产达348.2kg,较对照增产50.9%。

表5-5 膜际小麦增温保墒效果 (单位:℃)

时间	天数(天)	地膜		对照		较对照增减幅度	
		气温	地温	气温	地温	气温	地温
2000年10月20日～12月31日	70	436.2	399.1	348	322	88.2	77.1
2001年1月1日～4月15日	90	588.1	603.9	499.5	530	88.6	73.9
合计	160	1 024.3	1 003	847.5	852	176.8	151

表5-6 膜际小麦土壤含水量

处理	0～10cm	10～20cm
地膜膜际栽培	8.7%	15%
对照	7.8%	12%
与对照对比增幅	0.9%	3%

表5-7 小麦发育特征

处理	播量(kg/hm^2)	基本苗(万/hm^2)	单株分蘖(个)	三叶大蘖(个)	返青群体(万/hm^2)	成穗数(万穗/hm^2)
地膜膜际栽培	82.5	165	5.3	3.5	846	625.5
对照	82.5	150	4.7	2.8	747	481.2

河南省农科院土肥所节水研究室1999～2000年在禹州市丘陵旱地上采用抗旱保墒

剂和地膜覆盖相结合的方法,运用膜际栽培技术,进行甜玉米、西红柿、辣椒等作物的栽培试验,结果表明膜际栽培具有明显的集雨作用,测定表明当形成有效降水时,地膜可提高降水的入渗深度,当降水形成3~4cm深的墒情时,采用此项技术可使降水入渗深度达12~20cm,提高3~5倍。1999年单位平均收入22 500元/hm^2,2000年单位平均收入39 750元/hm^2,实现了提高降水利用率和农作物增产增效的目的。

5.2.5.2 双膜栽培技术

双膜栽培是为提高降水的有效利用,运用不同的塑料薄膜而建立起来的蓄水、保水、抗蒸发,集径流、防渗漏等为一体的降水利用与种植结构调整相结合的综合栽培技术。具体模式为首先在60cm深处1m宽度耕地埋入25~35cm的塑料薄膜,形成蓄水槽,也就是说,蓄水槽占1/4~1/3。然后覆土施肥,在地表盖地膜,地膜与地膜间空隙一个在蓄水槽上,一个在两蓄水槽中间,以便于土壤蓄水。同时在坡耕地的坡下部,建立蓄水井,供大雨、特大雨时贮藏富余水,在农作物生长的关键季节或严重干旱时采用节水灌溉技术进行适时补灌补充农作物生长的水分供应,从而提高降水的利用效率和农业生产效益。农作物种植在蓄水槽两边和膜际边缘。该项技术具有涵蓄降水、减少蒸发和坡耕地水土流失、水分的四季调控、提高降水利用率和水分利用效率等优点。据洛宁县雷新周和河南省农科院土肥所试验结果表明,1999年年收入达22 500元/hm^2,是非试验用地的3~5倍。2000~2001年小麦生育期属重旱年份,通过采用此项技术小麦产量达6 480kg/hm^2,而对照仅2 745kg/hm^2。充分显示了该项技术抗旱、增产、增效和提高水分利用率的巨大潜力。建议在河南省豫西丘陵旱地大面积推广应用,变科技成果为先进生产力,促进旱地农业区域农业经济的良性、高效、持续发展。

5.2.5.3 抗旱保水剂红薯穴施技术

针对红薯种植区存在的病虫害及旱灾减产等问题,在禹州市红薯病虫害严重的岗旱地进行了抗旱保水剂穴施对红薯产量、病害发生特征等方面的试验研究。试验设置对照、抗旱保水剂、抗旱保水剂+多元微肥3个处理,抗旱保水剂和抗旱保水剂与多元微肥的混合体按穴平均地施用到每株红薯上,保水剂按60kg/hm^2施用。试验表明,抗旱保水剂、抗旱保水剂+多元微肥两个处理均有明显的增产效果(见表5-8),而且它们对红薯黑斑病等病害具有一定的防治效果。实测产量表明,抗旱保水剂和抗旱保水剂+多元微肥处理分别比对照增产14.07%和23.74%,抗旱保水剂处理的坏红薯减少90.7%,单株重、单块重均有不同程度的增加。抗旱保水剂与多元微肥的复合施用为解决红薯的病害问题提供了有效的途径,其机理和效果尚待进一步研究。

5.2.5.4 赵守义降水资源高效利用技术

赵守义降水资源高效利用技术的核心是"蓄住天上水,保好地下墒",提高了降水资源和土壤水分的利用率。即:①深耕多耙,遇雨即耙。有效地蓄积了自然降水,经过耙地使耕作层内张外合,保好地下墒。据历年测定,0~200cm的土壤水分,在正常年景可多蓄水450~750m^3/hm^2。②以水促肥,以肥调水,发挥水肥的相互作用机制,提高水肥的利用效率。多年来坚持有机无机肥相结合、氮磷钾合理配比,N:P:K=1:0.61:0.68。从而使麦田水分利用率提高1/3~1/2,实现了以肥调水、以水保肥的目的。③适时早播,精播匀播。选用根系发达、抗旱、适应性强、增产潜力大的小麦品种,每年9月28日至10月2日

表 5-8 抗旱保水剂穴施对红薯产量参数的影响

项目	CK		抗旱保水剂		抗旱保水剂 + 多元微肥	
	单株重(kg)	块重(kg)	单株重(kg)	块重(kg)	单株重(kg)	块重(kg)
1	0.70	0.23	0.80	0.80	0.85	0.43
2	0.70	0.23	0.70	0.18	0.92	0.41
3	1.06	0.21	1.04	0.26	1.21	0.30
4	1.02	0.20	1.04	0.26	1.24	0.31
5	1.04	0.21	1.17	0.59	1.12	0.56
6	0.85	0.85	1.17	0.59	1.32	0.44
7	1.25	0.42	0.65	0.33	0.55	0.28
8	0.85	0.17	1.47	0.29	1.85	0.46
9	0.49	0.25	1.10	0.37	1.40	0.47
10	0.89	0.22	0.98	0.33	1.10	0.37
11	0.54	0.18	0.68	0.34	0.75	0.25
12	0.76	0.38	0.68	0.34	0.75	0.38
13	0.32	0.16	0.85	0.28	1.05	0.35
14	0.70	0.23	0.30	0.30	0.40	0.40
15	0.43	0.22	0.75	0.38	0.80	0.40
平均	0.77	0.24	0.89	0.33	0.96	0.39
单产(kg/hm^2)	28 950		33 023		35 820	
比 CK 增产(%)			14.07		23.74	

播种,播量75～90kg/hm^2。④以保墒和提高土壤水分利用率为中心进行麦田管理。遇雨适时中耕,保持地面疏松。据测定冬前松土镇压可提高耕层土壤含水量 2.5%左右,返青期提高3%～4%。同时要做好防病、防虫、防青干,搞好“一喷三防”。通过以上措施,0～200cm 的土层蓄水量为 430 多 mm,比传统耕作法多蓄水 40 余 m^3/hm^2,降水水分生产效率达到 18.15～21.30kg/(mm·hm^2);单位小麦籽粒产量连续 14 年达到 7 500kg/hm^2 以上(见表 5-9),最好的 1993 年小麦籽粒产量达到 9 175.5kg/hm^2。尤其值得提出的是,在 2001 年严重干旱面前,赵守义降水高效利用技术的小麦籽粒产量达到了 7 612.5kg/hm^2,水分利用效率为 17.70kg/(mm·hm^2),按当年小麦生育期降水量计算则为 33.15 kg/(mm·hm^2),反映了该降水资源利用技术的综合优势。如洛宁县 2001 年推广应用赵守义降水资源高效利用技术 1.33 万 hm^2,平均单产达 4 285.5kg/hm^2,比常规播种增产 549kg/hm^2,增幅达 14.7%,累计全县增产小麦 732 万 kg。

表 5-9　1988～2001 年赵守义降水资源高效利用技术小麦产量情况

年份	小麦产量（kg/hm²）	水分利用效率（kg/(mm·hm²)）	年份	小麦产量（kg/hm²）	水分利用效率（kg/(mm·hm²)）
1988	7 815.0	18.15	1995	7 686.0	17.85
1989	8 314.5	19.35	1996	7 789.5	18.15
1990	8 892.0	20.70	1997	8 844.0	20.55
1991	7 620.0	17.70	1998	8 599.5	19.95
1992	7 584.0	17.70	1999	7 630.5	17.70
1993	9 175.5	21.30	2000	7 507.5	17.40
1994	9 127.5	21.30	2001	7 612.5	17.70

5.2.5.5　坡耕地降水资源高效利用技术

坡耕地降水资源高效利用技术的实质就是以种节水、以肥调水、以土蓄水、以管保水，实现“四水”相结合提高降水资源的利用率。

(1)以种节水。试验证明，适宜于旱薄地的豫麦 25 号、豫麦 10 号、高优 503、小偃 54、洛麦 2 号等，抗旱指数达到 0.956，生产 $1kg/hm^2$ 小麦耗水量比当地的老品种少 0.48mm，对自然降水的利用提高 11.7%。生产实践也证明，选育小麦抗旱品种在粮食生产中的作用占 25%以上。因此，选用小麦抗旱品种是提高干旱条件下小麦产量和降水资源利用率的主要途径。

(2)以肥调水。旱地因地力差异，水分生产效益悬殊很大。据测定，单产 6 000 kg/hm^2以上的旱肥地每 1mm 降水生产小麦 $21.15kg/hm^2$；单产 3 $750kg/hm^2$ 的中等旱地每 1mm 降水生产小麦为 $12kg/hm^2$；单产 3 $000kg/hm^2$ 以下的，每 1mm 水生产小麦 $7.5～10.5kg/hm^2$，高低相差 1 倍多。据我们在新郑市辛店乡、荥阳市崔庙镇及新密市白寨乡试验，在旱地单施农家肥，每 1 000kg 农家肥可增产小麦 7～9.5kg，而与化肥相配合则可增产 15～25kg。磷肥在试验中有明显的促根作用，越是干旱年份，磷肥作用越是明显。另外在试验中，增施 $150kg/hm^2$ 硫酸钾，不仅提高了小麦抗病抗倒性和品质，而且每穗增加 3～4 粒，千粒重增加 1.6g，每公顷增产 525kg。另外还发现钾肥的促根作用非常明显，单株可增加 1～4 条次生根。因此，合理施肥是提高土壤蓄水保墒能力的有效措施，特别是增施有机肥，不仅养分全、肥效长，而且可以改善土壤结构，协调水、肥、气、热，起到了以肥蓄水的作用。

(3)以土蓄水。据据试验测定，坡地改为梯田后，可以减少地表径流 70%左右，提高土壤蓄水量 30%，使小麦增产 20%～30%；机耕比蓄耕土壤耕层加深 8～10cm，可多蓄水 18.5mm，每公顷增产 10.7%，每加深 1cm 耕层，每公顷增产小麦 225kg 左右。因此，进行坡耕地改梯田和机耕深翻是纳雨保墒、以土蓄水的重要措施。

(4)以管保水。旱地小麦由于蒸发水分消耗量大，而降水又相对偏少，因此必须加强以保蓄水分，提高水分利用率为中心的小麦田间管理，如中耕镇压，中后期叶面喷洒磷酸二氢钾、增产菌、FA 旱地龙等微肥、激素、抑腾蒸发剂等，减少水分无效蒸发，促进小花分化，加快籽粒灌浆速度，提高粒重，增加产量。如镇平县几年来累计将坡耕地降水资源利用技术在小麦生产上推广应用 5.33 万 hm^2，小麦增产 630kg/hm^2，新增总产3 360万 kg，创社会经济效益 2 016 万元。

5.2.6 水肥耦合技术

根据土壤肥力和农业生态学原理，通过合理施肥，培肥土壤肥力，以肥调水，以水保肥，肥水结合，充分发挥水肥的协同效应和相互促进机制，提高作物的抗旱能力和水分利用效率。开封沙地试验站长期田间试验结果表明，在氮磷肥不变的基础上，土壤耕层蓄水量与有机肥施用量呈显著正相关，水分利用率也随之而增加，每增施 15t/hm^2 有机肥，水分利用率增加 0.6kg/(mm·hm^2)。同时，土壤耕层有效养分明显提高，在 30～90t/hm^2 有机肥范围内，有机质、全氮、水解氮、速效钾和阳离子代换量的增长率分别为 72.2%～127.8%、25.9%～36.7%、33.1%～66.9%、7.8%～39.2%、9.5%～32.7%。同时，黄土高原旱地长期试验表明，增施有机肥可提高单位土壤的蓄水量和水分利用效率。施有机肥比不施有机肥每公顷增加蓄水量 750～900m^3，水分利用效率提高 50%～80%，小麦产量提高 20%～30%。

5.3 降水高效利用技术

降水水分的高效利用同灌溉水的节水高效一样，同样存在输水节水、灌溉节水、农艺节水、管理节水等 4 个方面的节水与高效利用，即减少输水过程中的水分蒸发和渗漏损失，提高输水效率；选择合理的灌溉方式，提高田间灌溉中的水分利用率；采取有效的农艺节水措施，提高土壤蓄水能力和保墒性能，减少农田土壤水分蒸发损失；建立高效的节水灌溉制度，提高旱地农作物节水补灌水分的生产效率等 4 个环节。但同时由于降水利用的特殊性，降水的高效利用技术还应包括保存节水，即减少水分贮存过程中的水分蒸发和渗漏损失，提高水分的保存率。

5.3.1 输水节水

建立高效的输水系统是旱地农业发展的客观需要。引流、提灌的地表水和地下水，可以采取低压管道输水系统，减少输水过程中的渗漏、蒸发损失，其水的输送有效利用率可达 95%。同时，低压管道输水系统还具有减少耕地占用、提高输水速度、有效控制灌溉水量等特点。

5.3.2 灌溉节水

由于旱地农业区域多是丘陵、山地，地面起伏较大，为减少水分无效蒸发和渗漏，提高水资源的利用效率，在田间灌溉中应采取先进的灌溉技术体系，如喷灌、微灌、膜上灌、渗灌、移动式灌溉等。喷灌适用于平原和山地丘陵等各种类型的旱地，通过技术研究与应用，我们可以将水、养分供应联合在一起，使作物需要的养分和水分及时地供应于作物的生长和发育，同时喷灌还可喷施农药，控制作物病虫害。为充分发挥喷灌的节水增产作用，应优先应用于经济价值高且连片种植集中管理的作物，以尽快收回投资，增强农民的自信心和信赖度。根据耕地所处的位置和当地农业经济发展的状况，可以选择不同的喷灌方式：固定式、半固定式和移动式。与地面灌溉相比，大田作物喷灌一般可节水 30%～50%，增产 10%～30%。

微灌包括滴灌、微喷灌和涌泉灌。微灌可根据作物需水要求，通过低压管道系统与安装在末级管道上的灌水器，将水和作物生长所需的养分和水分以很小的流量均匀、准确、适时、适量地直接输送到作物根部附近的土壤表面或土层中进行灌溉，从而使灌溉水的深层渗漏和地面蒸发减小到最低限度。微灌适用于所有的地形和土壤，特别适用于干旱缺水的地区，我省豫北半干旱区和豫西半湿润易旱区是微灌最有发展前途的地区。微灌具有投资大、使用期长、水分利用率高等特点，因此应尽量发展经济价值高、合理密植的作物。与地面灌溉相比，微灌一般省水50%～80%，增产效果十分显著。

膜上灌是在地膜种植的基础上，把以往的地膜旁侧灌水改为膜上灌水，水沿放苗孔和地膜旁侧渗水对作物进行灌溉。通过调整膜的渗水孔数及孔的大小来调整灌水量，可获得较常规地面灌水方法相对高的灌水均匀度，具有投资少、操作方便、便于控制水量、加快输水速度、减少土壤的深层渗漏和蒸发损失等特点，适用于所有实行地膜种植的作物，与常规沟灌玉米、棉花相比，可省水40%～60%，并有显著增产效果。

地下灌溉是把灌溉水输入地面以下铺设的透水管道浸润根层土壤，供给作物所需水分的灌溉工程技术。根据供水方式的不同可分为地下浸润灌溉、地下管道灌溉和地下排灌两用系统。适宜于旱地农业区域的灌溉方式是地下管道灌溉，它适用于水资源紧缺、地下水位较深、灌溉水质较好、计划湿润土层以下有弱透水土层的地区。地下灌溉具有减少表土蒸发损失、水分利用率高的特点，与常规沟畦灌相比，一般可增产10%～30%。

坐水种技术是利用坐水单体播种机，使开沟、浇水、播种、施肥和覆土一次完成，特别适用于我国有效水源的旱地农业区。与常规沟畦灌玉米相比，可节水90%，增产15%～20%。

移动式灌溉可以减少重复投资所造成的经费浪费现象，克服固定式灌溉投入大、地面是否平整等方面的问题，而且减少田间灌溉用水量，从而提高大田作业效率。可以说移动式灌溉具有更节水、更机动灵活、投资少等特点。据统计，我国大田地面灌溉需水量1 200～1 500m^3/(hm^2·次)，而滴灌或移动式灌溉则只有120～150m^3/(hm^2·次)，尤其是河南省旱地农业区域的旱灾多为季节性干旱，移动式灌溉机械可“短、平、快”地解决局部干旱和旱灾问题，适合我省省情，若能将之与我省大面积的蓄水窖、池有机地结合起来，将在未来旱地农业发展中极大地推动我省旱地农业的节水、优质、高效持续发展。但移动式灌溉机械也存在水箱盛水有限的缺点，今后应加强移动式灌溉机械水箱供水量和补水技术的研究，为发展移动式灌溉机械提供基础条件。因此，在目前难以解决此项困难和田间水管网站未能到田头的情况下，应在旱地农业区大力发展贮水池、贮水窖或贮水罐，收集降水季节过剩的雨水，解决或缓解农作物的季节性干旱问题，实现“以雨水治旱”的旱地农业发展战略。

5.3.3 管理节水

管理节水包括选择合理灌溉制度和建立准确的土壤墒情监测与预报系统，以及旱地农田的节水管理技术。节水灌溉制度就是把有限的灌溉水在作物生育期内进行最优分配，以提高灌溉水向作物可吸收根层的贮水转化，以及光合产物向经济产量转化的效率。可采用调亏灌溉、非充分灌溉、集水补灌等灌溉方式，利用滴灌、渗灌、膜上灌等先进的灌溉技术，巧补关键水；同时对作物进行抗旱锻炼，采用蹲苗、促控等技术，降低田间蒸腾量，提高作物对降水的利用率。一般采用集水补灌、调亏灌溉可节水30%～50%。土壤墒情监测和预报技术就是利用先进的科学技术、测定仪器,如张力计、中子仪、电阻法、FDR土壤水分测定仪、TDR土壤水分测定仪等监测土壤墒情,数据分析处理后结合天气预报,对适宜灌水时间、灌水量进行预报,可以做到适时适量灌溉,有效控制土壤含水量,达到节水、增产的目的。

5.3.4 农艺节水

农艺节水的技术包括减少土壤田间无效蒸发、水肥耦合、抗旱节水品种筛选与应用、农作物优化布局、化学节水技术产品应用、田间耕作与栽培技术、农田中耕与管理等很多方面,分述如下:

(1)降低无效蒸发是提高农业用水利用率的主要技术途径,目前比较成熟的技术是采用地膜覆盖和秸秆覆盖。实践表明,地膜覆盖不仅具有增湿保湿、保墒提墒的作用,而且可以促进种子萌发,促进作物早出苗、出壮苗且早熟高产。地膜覆盖作物与不覆盖相比,一般增产20%~50%,而且产品的质量也有一定的提高。秸秆覆盖是一种原料丰富、发展前景广阔、效益明显的节水技术,它具有改土培肥、保持水土和增产效果明显的特点。试验表明,沙壤质和中壤质连续覆盖后,土壤有机质由0.88%、0.94%逐渐增至1.06%和1.17%,农田冬闲期秸秆覆盖一般增产10%~20%,干旱年份达50%以上,水分利用效率提高0.48~0.85kg/m^3。

(2)以肥调水、水肥耦合技术是提高水资源利用效益的重要手段。研究结果表明,作物的产量与温度、光照、水分、肥料等因素有密切关系,在其他因素不变的情况下,作物的需水量与肥力相互耦合,呈现出规律性变化关系。开封沙地试验站长期田间试验结果表明,在氮磷肥不变的基础上,土壤耕层蓄水量与有机肥施用量呈显著正相关,水分利用率也随之而增加,每增施15t/hm^2有机肥,水分利用率增加0.6kg/(mm·hm^2)。同时,土壤耕层有效养分明显提高。

(3)优化作物布局和抗旱节水品种筛选与应用是实现农艺节水的重要途径和具体体现,通过调整作物布局,建立不同根系农作物的间套轮作,可以较充分地利用不同层次的土壤水分,提高土壤水利用效率和单位土地生物学产量,形成不同区域适应性的高效种植模式,达到增产、节水与高效相结合。在合理间套轮作下,一般农田水分利用效率提高1.5~2.25kg/(mm·hm^2),增产15%~30%。若选用抗旱、节水、高产品种一般较原主栽品种增产10%~25%,水分利用效率提高1.5~2.25kg/(mm·hm^2)。

(4)化学节水技术与产品应用是目前提高水分利用效率和农艺节水的热点与难点,化学节水技术就是利用高分子化合物的吸水、保水功能,研制成抗旱剂、壮根剂、保水剂、种衣剂等化学节水技术产品,然后在农业上采用科学的方法应用,达到抑制作物生长发育中过度的水分蒸腾,防止奢侈耗水,减轻干旱危害,促进作物根系下扎,提高土壤深层水分利用的综合技术。目前,我国已研制成功壮丰安、氟铃脲、复合包衣剂、黄腐酸及多功能抑蒸抗旱剂和ABT生根粉、高能抗旱保水剂、枝改型抗旱保水剂、营养型抗旱保水剂等多种保水剂、壮根剂、种衣剂,在农业生产中起到了良好的节水、保墒和增产效果。试验表明,壮丰安具有促使小麦等作物增强抗旱、抗寒、抗倒伏等多种功效,增产10%~15%。小麦、玉米经保水剂拌种,出苗率提高20%~30%,增产15%~25%;喷黄腐酸可使作物叶片蒸腾速率降低19%~27%,田间耗水量减少7%~9%,增产9%~12%,水分利用效率提高

25%～35%;用 ABT 生根粉拌种或浸种,可提高土壤贮水利用率 20%以上;营养型抗旱保水剂可增强小麦抗旱、减少田间无效蒸发,增产 10%～25%,采用水肥+保水剂综合技术可提高红薯的抗旱、抗病等多种功效,增产 15%～30%。

(5)保护性耕作技术具有土壤结构好、耗能少、增加土壤有机质、维持土壤生态良性循环等优点,同时提高土壤贮水量,减少水分蒸发,是提高农艺节水的重要途径。试验表明,保护性耕作休闲期土壤表层的贮水层厚度比传统耕作高 14～27mm,平均高 20.68mm,播种前的土壤含水量比传统耕作高 1.34～2.58 个百分点。免耕和深松与传统耕作相比,水分利用效率分别提高 10.6%、16.4%,降水利用效率分别提高 11.9%、19.5%,肥料利用效率提高 10%以上。另据美国内布拉斯加州统计资料,常规耕作蒸发损失为 88%,而免耕法只有 57%,土壤贮水率增加 10%～20%,作物产量增加 900kg/hm^2 左右。

第 6 章　集雨补灌工程综合效益评价指标体系及模型研究

6.1　概论

6.1.1　立题背景

我国作为一个人口大国、农业大国，受经济条件和自然条件限制，资源性缺水和工程性缺水并存。水资源短缺已成为制约我国工农业生产发展和人民生活水平提高的关键因素。农业是用水大户，目前我国农业水资源利用量约占总水资源利用量的 73%。因此，农业用水节水研究尤为重要。大力发展节水型灌溉农业，努力提高粮食单产，是解决粮食问题的主要途径。我国半干旱、半湿润地区一般年降水量在 300～700mm 之间，且年际和年内分布很不均匀。每年汛期降水量占全年总降水量的 60%～70%，且多以暴雨形式出现，使得降雨直接利用受到严重影响，并造成严重的水土流失。

由于我国气候、地理、地质条件差异大，水资源总量的有限性和时空分布的不均衡性，导致部分地区农村人口饮水困难和旱地灌溉缺水，解决这些矛盾需要投入大量的建设资金。由于现实农村经济水平较低，投入大量的建设资金与农村经济水平还不相适应。因此，应该探索一种与我国农村经济条件更相适应、利于推广的集雨补灌工程模式。

随着国民经济发展和人口增长，对水的需求量不断增加，水的供求矛盾日益突出。近年来对水问题的研究越来越得到人们的普遍关注和重视。随着区域社会经济的发展，人们对生态发展、环境保护意识的增强，生态、环境用水也日益增多。生态用水、景观用水、工业用水、城乡供水和农业用水间的矛盾势必加剧，农业用水面临日益严峻的挑战。因此，发展节水农业，一方面是为了农业持续发展的自身需要，另一方面可以挤出更多的水量支持工业和城市化的发展，这也是世界各国在用水量上重新分配的一个必然趋势。

我国一方面水资源短缺，另一方面由于工程落后、管理不善尚存在农业用水严重浪费的现象。目前，我国灌溉水利用率平均仅为 45%左右，与发达国家相比差距很大，但同时也说明我国农业节水的潜力很大。积极开展雨水集蓄利用，开辟水源新途径，采用节水灌溉管理决策技术，建立工程建设与管理综合评价体系，对缓解我国水资源供需矛盾、提高工程建设与管理水平将起到非常积极的作用。为此，实施节水型灌溉农业，已成为事关我国农业持续发展乃至国民经济发展的一项战略性的根本大事。

针对上述问题，本研究以国家“863”节水农业项目“北方半干旱集雨补灌旱作区节水农业综合技术体系集成与示范”课题为依托，开展集雨补灌工程综合效益评价指标体系及模型研究，为我国旱作节水农业的工程措施、农业措施和生物措施的有效结合提供有益的探讨。该研究主要包括雨水集蓄利用区生态经济系统的优化规划研究，集雨补灌工程综合效益评价指标体系的理论探讨和建立方法研究，以及集雨补灌工程的多层次模糊综合效益评价模型的研究等三个部分。

6.1.2 研究目的和意义

生产实践证明,旱地集雨灌溉工程是近年来解决我国旱地灌溉、提高耕地利用率、提高作物单产的一种新型有效措施。由于缺水,近年来各国都致力于发展节水型农业,并且十分强调管理在节水灌溉中的地位和作用。研究农业节水需探讨农田供水从水源到生成产量各个环节的节水途径、措施及其潜力,尽可能减少每一环节的无效水分损耗。我国在灌溉农业节水方面也做了大量工作,包括采用工程措施减少输水损失,提高水的利用率;采用先进灌水技术、节水型灌溉制度以及减少棵间蒸发等。但总体看来,理论研究较成熟,软科学研究相对落后且研究技术路线单一。在灌区节水高效灌溉工程规划设计管理工作中,科学合理地确定灌区灌溉模式是首要工作之一。

我国是一个农业大国,广大的农村有1亿多户农户,房前屋后庭院面积达340多万hm^2。由于雨水集蓄工程一般规模小,分布较散,不会造成不利的环境影响,且有利于生态保护。因此,凡有效降雨在250mm以上的地区,都可开发雨水资源,除解决生活用水外,实施节水灌溉,秋水春用,变被动抗旱为主动抗旱,这是我国21世纪水资源可持续利用的一个有效途径;发展雨水集蓄利用技术对于解决干旱、半干旱地区的生活用水和农业的补充灌溉,促进农业生产,建设生态系统具有十分重要的作用和广阔的应用前景。

本研究针对以上问题,从有效集蓄利用雨水、支持集雨补灌工程健康发展的角度出发,开展集雨补灌工程综合效益评价指标体系及模型研究,探讨研究雨水收集、贮存以及项目建设管理方面的有关问题。参考以往对于项目综合评价等方面的宝贵知识和经验,在理论支持的基础上,将老一辈水利专家的经验、农业科技知识和现代社会新技术的发展充分地结合起来,为我国雨水集蓄利用的发展提供决策参考,以指导雨水集蓄利用工程的规划、建设,使其发挥更大的效益。

目前,我国正处于传统农业向现代农业转变的时期,农业科技的总体水平还较低。集雨补灌工程综合效益评价指标体系及模型的研究,将对我国北方缺水地区合理确定水资源的利用、正确选择节水灌溉模式及加强对工程项目的科学管理提供决策依据并对科学普及、推广节水型灌溉农业,推动农业生产发展和实现农业现代化产生一定影响,从而提高灌区综合灌溉管理水平。应用于灌区灌溉管理和建设项目管理中,建立相关的知识库,将使大量专家的宝贵经验知识,在现代化技术手段的支持下发挥更大的作用,为提高我国农村经济的现代化水平作出应有的贡献。

6.1.3 研究现状与问题

研究的最终目标是建立一套集雨补灌工程综合效益评价指标体系,以及评价集雨补灌工程综合效益的多层次模糊综合评价数学模型,评价指标体系和评价模型的建立首先需要研究领域的专业基础理论和大量的最新研究成果作理论支撑。在本研究中,除涉及雨水集蓄利用工程这一新的研究领域外,还涉及指标评价体系以及经济、技术、社会影响、生态环境和管理等专业研究领域。

6.1.3.1 集雨补灌工程综合效益评价指标体系及确定方法研究现状

雨水集蓄利用工程是一项系统工程,涉及因素多,投资大,其决策是否科学合理,实施方案是否经济可行,项目实施是否按质按量,实施后是否真正发挥了效益等,均需要予以科学的评价分析。通过评价可以发现问题,总结经验,同时有效监督项目实施过程与效果，使雨水集蓄利用工程项目充分发挥效益，实现水资源的可持续利用与国民经济的可持续发展。

为了提高雨水集蓄利用工程项目决策的科学水平，全面分析项目的实际效果，需要研究探讨适合雨水集蓄利用工程项目特点以及新形势下项目管理需求的评价新方法，研究雨水集蓄利用工程项目实施效果、实施后效益的综合评价指标体系，提出合理的定性指标量化方法。在各种量化的指标基础上，提出综合评价的计算方法，指导实施方案制订与项目建设。

在工程规划阶段，一般主要由部分专家和决策人凭经验，遵循"技术－经济"工程设计原则，以对某几项重要因素的分析结果来确定工程标准与形式。而随着社会经济发展，生态、环境、资源问题的日益突出，人们也逐渐意识到在工程评价选择上传统的"技术－经济"原则存在严重不足。不合理的技术和经济消费，加上人口的急剧增长，将导致资源枯竭和环境恶化的危机。因而，在进行现代化工程技术决策时，"技术－经济"的准则和"资源－环境－社会"这一非技术方面的准则需同时考虑。显然，"资源－环境－社会"准则是当今可持续发展研究和强调的主题，在工程规划设计中，拓宽决策视野，更新决策方法，寻找适合客观实际、便于应用的决策途径，是当前的一项紧迫任务。

程吉林先后提出了喷灌工程设计方案的双方案、多方案的多层次语言化和定量化相结合模糊数学综合评判模型，首次将模糊数学理论应用于节水灌溉领域。该成果将影响评价、比较方案的因素分为技术指标、经济效益指标、技术经济指标和其他指标类 4 个因素集，构造了多层次模糊综合评判模型。

孔祥元从技术经济观点出发，将影响因素划分成两种类型，共选择了 14 个影响因子，用层次分析法进行了灌水技术优选研究，其成果特点是方法简单、直观。但在考虑因子方面仍有一定的局限性。

王德次以 7 种灌水方式为论据，从工程规划总目标投入少、收益高、技术可行三方面考虑，按层次划分将评价指标体系确定为技术类、代价类、效益类三方面指标，共考虑了 21 个影响因子，并用模糊综合评判法进行了灌水技术优选研究。

刘维峰等以节水高产为目标，以灌溉面积、节水量、投资额和净现值等为比较指标，在定性分析基础上，应用层次分析法，进行不同节水灌溉方案选择问题研究，并取得了在投资一定或规划面积一定条件下的最佳灌水方式优选结果，使国内节水灌溉方法选择方面的研究成果向前迈进了可喜的一步。

罗金耀在总结节水灌溉综合评价理论与模型研究中，认为目前在节水灌溉工程规划设计中，还未找到能全面考虑系统各方面因素的行之有效的科学决策法。并考虑到由于节水灌溉工程规划设计涉及面广，影响因素多，是一个十分复杂的多目标决策问题，提出用一般评价方法难以将众多的定量与定性指标有机结合在一起加以评述，认为研究成果中可能度和满意度理论是解决此类问题的有效方法之一。并针对喷灌工程特点，将影响灌水技术选择指标体系划分成 6 个方面，包括了 42 个因子。最后应用模糊综合评判法进行不同喷灌方案之间方案优选研究，得出较理想结果。与以往研究成果相比，考虑问题较全面，层次划分清楚有序。但所考虑因子比用于相同灌溉模式不同设计方案之间的优选更为适宜。

徐建新从不同方案之间优选的角度出发,划分出 4 类 22 个指标因子,用半结构多目标模糊优选理论,与专家打分相结合进行了灌溉模式方案优选的研究,并研制了相应的软件。但该软件在专家打分的计算机录入过程和软件的灵活实用以及系统的容错性、完整性方面还有待进一步完善和提高。

路振广划分 7 类 41 个指标因子,用系统模糊优选熵权模型进行节水灌溉项目综合评价。

张庆华、白玉慧、倪红珍等运用层次分析理论和方法,建立了综合考虑项目国民经济评价、技术评价和社会评价及内部收益率、净现值、效本比、投资回收期、灌水均匀度、灌水强度、灌溉水利用率、节水灌溉方式的安全性、可靠性、地形适应性、作物的适应性、施工难易程度等因素的节水灌溉方式选择层次分析模型,阐述了综合评价节水灌溉方式总排序、单排序及其各影响因素权重计算方法。

可以说,工程综合效益评价指标体系的研究经历了一个由常规方法到系统分析方法转变的过程,系统工程、模糊数学、层次分析等理论逐步介入,使得评价过程中的定性和定量指标得到了有机的结合,并向着和人工智能技术、决策支持系统技术相结合的方向发展。

在综合评价指标体系方面,所考虑的因素越来越全面、详细,但是到目前为止其研究中对于随着政治经济、地理条件的改变指标因子之间变化趋势及其关系分析则做得很少,对于所建指标体系以及指标因子之间的权重分析也还有待深入。

6.1.3.2 工程综合效益评价理论及模型的研究现状

张三力强调,为了实施有效的项目管理,但凭人们一般的办事经验是不行的。关于项目管理,国内外已经在实践中总结了一套系统的理论、原则、方法和技术,并进行了详细的介绍。他还介绍了世界银行、亚洲开发银行对工程建设项目后评价的执行程序、管理模式、监测评价、信息系统及指标体系。

张三力详尽地阐述了工程项目评价的方法论:统计预测的原理和方法、对比原则——有无对比法和逻辑框架法,并提出效益评价方法有:经济效益的评价方法、环境效益和社会效益的评价方法、项目可持续性的评价方法、综合评价方法,基本上形成了一套比较系统的项目评价体系。

姚光业指出,项目评价指标体系的建立,可以为国家制定投资计划、政策提供依据。通过项目评价,可以发现宏观投资管理中的不足,从而及时地修正某些不适合经济发展的技术经济政策,修订某些已经过时的评价指标与参数。同时,国家还可以根据评价反馈的信息,合理确定投资规模和投资流向,协调各产业、各部门之间及其内部的各种比例关系。

白鸿莉提出项目竣工投产、交付使用后,通过项目后评价,针对项目实际效果所反映出来的从项目决策、设计、实施到生产经营各阶段存在的问题,提出相应的改进措施,使项目尽快实现预期目标,更好地发挥效益。

邹一峰、邹欣详细论述了项目评价的客观基础、技术经济指标和指标体系理论,以及评价方法的决定性评价方法、比较型评价方法、不确定性评价方法、系统分析法、价值工程等。

吴添祖等以技术和经济的关系为切入点,对项目的经济性评价方法、建设项目可行性研究、项目的可持续性发展评价、价值工程等方面作了全面的论述。

郑垂勇等以项目为载体,以经济研究为目标,以数学和计算机为手段,通过寻找、比较和选择经济上最有利的决策理论和综合分析技术,使人们能够综观全局,比较优劣,做出合理的判断,以获得最佳的经济效果。

张金锁等阐述了技术经济分析的方法论,又详细讨论了重要的技术经济分析指标和分析方法,尤其重点谈了技术方案的财务评价、国民经济评价、综合评价、综合评价指标体系的确定等。

崔志清、何长宽等对水利工程的评价依据、原则、内容及基本方法做了全面的论述,并对项目的国民经济评价、财务评价、工程评价、经营管理评价、环境影响评价、社会影响评价等做出了详细分析,并提出了具体方法,形成了一套完整的指标评价体系。

韩振中等系统地阐述了灌区节水改造项目的评价标准、评价内容分类、评价指标体系的构建、综合评价以及基于计算机技术的评价指标体系的应用探讨。

综上所述,很多学者在工程项目的评价领域进行了有益的探索,积累了很多成果,但是在技术、经济、环境、管理等几个方面的评价指标体系的构建和相关计算机软件方面还有很大的局限性和不完善的地方。计划在吸收他们先进研究成果的基础上对这一领域做进一步的研究与探讨,使其得到提高和完善,促进学科发展和节水管理水平的提高。

6.1.4 主要研究内容及技术路线

6.1.4.1 主要研究内容

在集雨补灌工程综合效益评价指标体系的研究过程中主要采用以下方法:首先查阅资料,综观国内外雨水集蓄利用的历史,充分分析研究雨水集蓄利用的发展、现状以及取得的成效,同时结合我国农村经济、技术、环境等方面的实际发展水平,确定了建立集雨补灌工程评价指标体系的重要性、可行性以及依据、要求和原则。其次选择具有代表性的在建和已建集雨补灌工程,深入调查了解工程从方案确定到规划设计以及运行管理各阶段的经验做法和存在问题,从中分析集雨补灌工程实施和正常运行的各种主客观影响因素,初步确定评价指标体系的初选指标,然后对上述初选指标进行比较分析,舍弃重复性(或交叉性)的指标,仅保留少数重要的交叉性指标,但在考虑其权重时分别赋予较低值,因此筛选出简单明了、内涵丰富、信息真度高的指标作为代表性指标。其次,广泛征求咨询专家、行政领导和集雨补灌区管理人员以及农民的意见和建议,并借鉴已有研究成果,在此基础上,经过多次反复修改、补充与完善,设计出集雨补灌工程综合效益评价指标体系。从而初步确定了以经济、技术、社会影响、生态环境和管理等方面作为评价角度的集雨补灌工程综合效益评价指标体系。

集雨补灌工程综合效益评价模型的研究内容主要包括:分析研究国内外工程的综合评价理论和方法,同时研究层次分析法和模糊理论,将经济、技术、社会影响、生态环境和管理等五个方面作为工程建设与管理综合效益评价的依据,建立多层次模糊综合评价模型。研究用层次分析法结合专家打分确定集雨补灌工程综合效益评价指标体系中各个指标的权重,用模糊理论结合专家打分确定评价指标体系中各个指标的隶属度,从而通过多层次模糊综合评级模型确定集雨补灌工程在经济方面、技术方面、社会影响方面、生态环境方面和管理方面的效益值以及工程综合效益值,初步探讨定量、定性问题模糊隶属度的确定方法。

6.1.4.2 研究技术路线

考虑从分析集雨补灌工程模式入手,首先建立整体研究框架,明确需要解决的问题,将问题划分为有区别、相对独立的子问题,然后分别研究各个子问题(经济方面、技术方面、社会影响方面、生态环境方面和管理方面),最后将子问题协调连接建立完整的集雨补灌工程综合效益评价指标体系。对子问题的研究也视研究问题的不同,分层解决。

针对集雨补灌工程建设、管理特点,以经济、技术、社会影响、生态环境和管理等五个方面作为工程建设与管理综合效益评价的依据,根据评价指标定性、定量因素混合的特点,建立具有三层(总体—分系统—因子)结构特点的指标评价体系及原则,引入层次分析法、专家评分法和模糊数学等理论,建立多层次模糊综合评价数学模型,进行集雨补灌工程建设管理的综合效益评估,通过多层次模糊综合评价模型确定集雨补灌工程在经济、技术、社会影响、生态环境和管理等方面的效益值以及工程综合效益值,并确定其发展等级,以指导工程规划设计、建设及管理工作。

6.2 雨水集蓄利用概况及区域生态经济系统的优化规划

6.2.1 雨水集蓄利用综述

雨水资源的利用有广义和狭义之分。从广义上讲,凡是利用雨水的活动都可以称为雨水利用。如兴建水库、塘坝和灌溉系统等开发利用地表水的活动,打井开采地下水的活动以及人工增雨措施等活动。而狭义的雨水利用是指直接利用雨水的活动,如利用一定的集雨面收集雨水用于生活、农业生产和城市环境卫生等。

6.2.1.1 雨水集蓄利用技术发展历史

雨水利用是一项被广泛应用的传统技术。据有关资料记载,雨水利用可追溯到公元前6 000多年的阿滋泰克(Aztec)和玛雅文化时期,那时人们已把雨水用于农业生产和生活所需。公元前2 000多年的中东地区,典型的中产阶级家庭都有雨水收集系统用于生活和灌溉。阿拉伯人收集雨水,种植了无花果、橄榄树、葡萄、大麦等。在利比亚的干燥河谷内,人们用堤坝、涵管把高原上的水引至谷底使用。埃及人用集流槽收集雨水作为生活之用。2 000年前,阿拉伯闪米特部族的纳巴泰人在降雨仅100余mm的内盖夫(Negev)沙漠,创造了径流收集系统,利用极少量的雨水种出了庄稼,后人称之为纳巴泰方法。20世纪70年代从卫星照片上发现了埃及北部的径流收集系统和非洲撒哈拉东南部存在的集水灌溉系统。在印度西部的塔尔沙漠,人们通过水池、石堤、水坝、水窖等多种形式收集雨水,获得足够的水量来支持世界上人口最稠密的沙漠(60人/km^2)。500多年前,科罗拉多的阿那萨基人建造数以千计的小坝截留雨水种植玉米、豆子和蔬菜。雨水利用曾经有力地促进了世界上许多地方古代文明的发展。

然而,从19世纪末、20世纪初开始,随着现代技术的兴起,先是地下水的开采在许多地方逐渐取代了雨水利用技术。接着,以控制洪涝灾害、利用河川径流和开采地下水为目标的当代水利工程的修建,又对社会经济的发展,特别是农业的持续稳定增长,发挥了很大的作用,取得了巨大的效益,雨水利用渐渐被人们遗忘。但是,人类社会经济的进一步发展,人口的不断增长,对有限的水资源提出了越来越高的要求,水资源的紧缺已成为许多地方制约经济发展的因素，同时，大型水利工程引起越来越多的生态环境问题也迫使人们思考和寻找其他出路。因此，近20年来，雨水利用又重新引起了人们的注意。特别是联合国"国际供水与卫生十年"（IDWSSD）开展以来，这一技术迅速在世界各国复兴和发展，成为许多国家解决水资源不足，特别是农村人口生活用水困难的一个重要途径。

国内外雨水集蓄技术的应用概括起来可分为两方面，即在生活方面的应用和在农业灌溉方面的应用，其集蓄雨水的目的主要是解决包括城市和农村的生活用水。日本是在城市中开展雨水利用规模最大的国家，所集蓄的雨水主要用于冲洗厕所、浇灌草坪，也用于消防和发生灾害时应急使用。美国从20世纪80年代初就开始研究用屋顶雨水集流系统解决家庭供水问题，1983～1993年，美国国际开发署资助了一项面向全球的雨水收集系统计划（RWCS），以后又建立了雨水收集信息中心（RWIC）和一个通讯网。在农村利用雨水规模最大的是泰国，20世纪80年代以来开展的"泰缸"（Tai jar）工程，建造了1 200多万个2m^{3}的家庭集流水泥水缸，解决了300多万农村人口的吃水问题。澳大利亚在农村及城市郊区的房屋旁，普遍建造了用波纹钢板制作的圆形水仓，收集来自屋顶的雨水。据南澳大利亚的一项抽样问卷调查表明，使用雨水的居民比用城镇集中供水系统的要多。在非洲肯尼亚的许多地方，联合国开发署和世行的农村供水和卫生项目把雨水存贮罐作为项目的一个重要内容。

雨水集蓄技术在农业生产上的应用是全球未来发展的趋势。20世纪中叶以来，国外兴起了对径流农业（Runoff Agriculture）的研究和实践。以色列政府制定了为期30年的庞大的径流农业计划，在内盖夫地区建立可持续发展的农业生态系统。联合国有关组织把发展适合当地条件的径流农业技术作为援助非洲的一项重要内容，组织发达国家科技人员在非洲许多地区作了大量试验示范。以色列通过多年努力，重新起用和改进了古代的纳巴泰系统，并被中东、非洲及美洲一些国家的干旱地区竞相效仿。在技术方面还研究了集流面材料及相应的集流效果，提出了设计方法和发展农业的基本技术措施。巴西的一地区进行了利用田间土垄富集雨水的试验和示范，对比试验表明，此种措施可使作物增产17%～58%。

6.2.1.2 雨水集蓄利用工程的组成

所谓雨水集蓄利用工程是指在干旱、半干旱及其他缺水地区，将规划区内及周围的降雨进行汇集、存贮，以便作为该地区水源加以有效利用的一种微型水利工程。它具有投资小、见效快、适合家庭经济等特点。

雨水集蓄利用工程系统一般由集雨系统、净化系统、存贮系统、输水系统、生活用水系统（解决人畜饮水及生活用水）及田间节水系统（解决农田补充灌溉）等部分组成。其系统构成如图6-1所示。

1）集雨系统

集雨系统主要是指收集雨水的场地，按集雨方式可分为自然集雨场和人工集雨场。自然集雨场主要是利用天然或其他已形成的集流效率高、渗透系数小、适宜就地集流的自然集流面集流。人工集雨场是指无可直接利用场地作为集流场的地方，而为集流专门修建的人工场地，人工集流场常用的集流防渗材料有混凝土、瓦（水泥瓦、机瓦、青瓦）、塑料薄膜、衬砌片（块）石、天然坡面夯实土等。

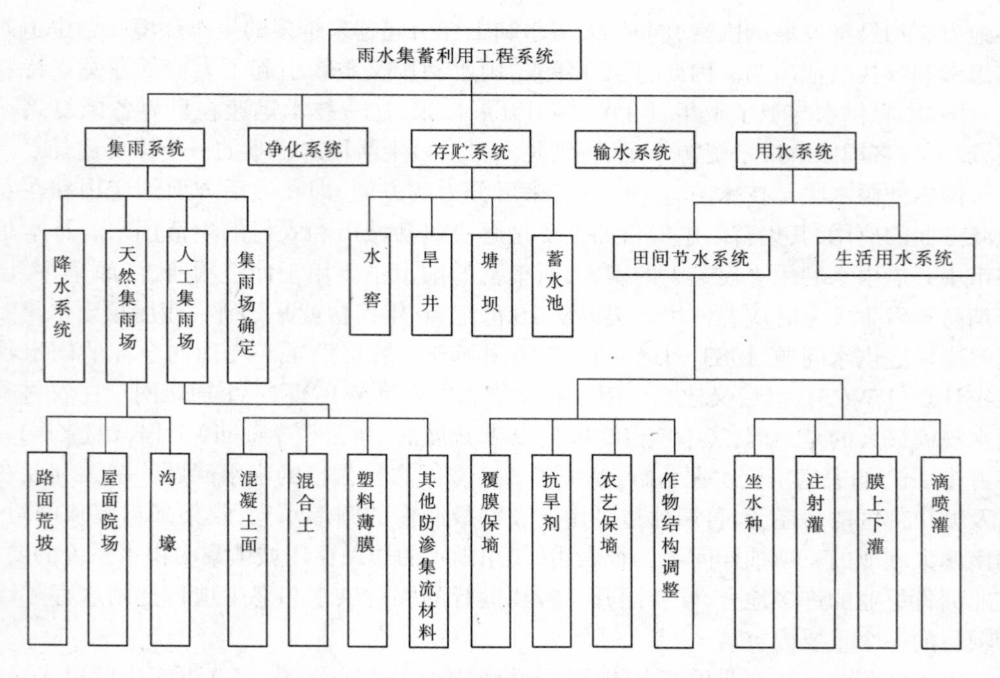

图 6-1　雨水集蓄利用工程系统

2)输水系统

输水系统是将集雨场的雨水引入沉沙池的输水沟(渠)或管道。

3)净化系统

在所收集的雨水进入雨水存贮系统之前,须经过一定的沉淀过滤处理,以去除雨水中的泥沙等杂质。常用的净化设施有沉沙池、拦污栅等。

4)存贮系统

存贮系统可分为蓄水池(水柜)、水窖、旱井、涝池和塘坝等。

5)生活用水系统

生活用水系统包括提水设施、高位水池、输水管道、水处理设施等。

6)田间节水系统

田间节水系统包括节水灌溉系统与农艺节水措施。节水灌溉系统包括首部提水设备、输水管道、田间灌水器等。为有效提高水的利用效率,除灌溉系统外,还常配有田间农艺节水措施如地膜覆盖、化学制剂的施用、选用抗旱品种等。

6.2.2　我国雨水集蓄利用概况

6.2.2.1　雨水集蓄利用的发展背景

雨水集蓄利用技术在我国也有很久的历史。早在 2 500 多年前,安徽省寿县修建了大型平原水库——芍陂,拦蓄雨水用于灌溉。秦汉时期,在汉水流域的丘陵地区还修建了串联式塘群,对雨水进行拦蓄与调节。我国西北干旱半干旱地区通过长期的生产实践,创造了许多雨水集蓄利用技术,建造了如坎儿井、土窖、大口井等多种蓄水设施,对当地农业的发展发挥了十分重要的作用。

我国西北黄土高原丘陵沟壑区、华北干旱缺水山丘区、西南旱山区，主要涉及13个省(市、自治区)，742个县(市)，面积约200万km^2，人口2.6亿。水资源贫乏，区域性、季节性干旱缺水问题严重又不具备修建骨干水利工程的条件，是这些地区的共同特征。

北方黄土高原丘陵沟壑区与干旱缺水山区多年平均降水量仅为250～600mm，且60%以上集中在7～9月份，与作物需水期严重错位。根据试验资料，该地区的主要作物在4～6月份的需水量占全年需水量的40%～60%，而同期降水量却只有全年降水量的25%～30%。由于特殊的气候、地质和土壤条件，区域内地表和地下水资源都十分缺乏，人均水资源量只有200～500m^3，是全国人均水资源量最低的地区。“三年两头旱，十种九不收”是当地干旱缺水状况的真实写照。

西南干旱山区尽管年降水达800～1 200mm，但85%的降水集中在夏、秋两季，季节性的干旱缺水问题也十分突出。这些地区大部分属喀斯特地貌，土层瘠薄，保水性能极差，雨季降雨大多白白流走；许多地方河谷深切、地下水埋藏深，水资源开发难度大；加之耕地和农民居住分散，不具备修建骨干水利工程的条件，干旱缺水是当地农业和区域经济发展的主要制约因素。

由于缺水，上述地区0.26亿hm^2耕地中，70%是“望天田”，粮食平均单产小麦只有1 500kg/hm^2左右，玉米只有2 250kg/hm^2左右，遇到大旱年份，农作物还要大幅度减产甚至绝收，农业生产水平低下，种植结构与产业结构单一，农村经济发展十分落后。区域内有国家级贫困县353个，约占县(市)总数的一半，贫困人口2 350万，有3 420万人饮水困难，是全国有名的“老、少、边、穷”地区和扶贫攻坚的重点地区。为了生存，当地群众普遍沿用广种薄收的传统耕作方式，陡坡开荒，盲目扩大种植面积，陷入“越穷越垦，越垦越穷”的恶性循环，区域内25°以上的坡耕地面积有310多万hm^2，有50%以上的面积属水土流失面积，生态环境恶劣。

改变这一地区的贫困落后面貌，关键是要解决好水的问题。实践证明，大力发展小、微型雨水集蓄工程，集蓄天然雨水，发展节水灌溉是这些地区农业和区域经济发展的唯一出路，而且这项措施投资少，见效快，便于管理，适合当前上述区域农村经济的发展水平，应该大力推广，全面普及。

6.2.2.2 雨水集蓄利用的发展现状与成效

1)发展历程

长期以来，上述地区的群众就有集蓄雨水，解决人畜饮水困难的做法。从20世纪80年代末期开始，随着节水灌溉理论、技术、设备的广泛推广应用，群众将传统的雨水集蓄工程与节水灌溉措施结合起来，实施雨水集蓄利用，发展农业生产，从试点示范到规模发展，大致经历了以下三个阶段：

(1)试验研究阶段。通过对相关技术的试验研究，论证了雨水集蓄利用工程的可行性和可持续性，提出了雨水集蓄利用的理论与方法，编写了《干旱半干旱地区雨水集蓄利用》、《集水农业的理论与实践》、《半干旱丘陵山区集雨节水灌溉工程试验》等一批实用论文，为雨水集蓄利用工作的开展奠定了理论和技术基础。

(2)试点示范阶段。甘肃、宁夏、陕西、山西、内蒙古、河南、四川等省(区)在试验研究的基础上，进一步开展试点示范工作，使雨水集蓄利用从单项技术发展为农业综合集成技术;从单一的利用模式走向高效综合利用;从理论探讨、技术攻关走向实用阶段,走出了一条干旱山区农业和社会经济发展的新路子。

(3)推广应用阶段。1997~1998年,有关部门联合组织的雨水集蓄利用试点工作带动了西北、西南、华北地区雨水集蓄利用工作的迅速发展,各级政府和广大群众对雨水集蓄利用的认识进一步提高,工程建设开始从零散型向集中连片型发展,“人均半亩到一亩基本农田”、“一园一窖”成为广大群众奋斗的目标。

据不完全统计,到1999年底,西北、西南、华北13个省(区)共修建各类水窖和水池等小、微型蓄水工程464万个,总蓄水容量13.5亿 m^3;发展灌溉面积150多万 hm^2,其中节水灌溉工程面积43万 hm^2;解决了2 380多万人、1 730多万头牲畜的饮水困难和近1 740万人的温饱问题。

雨水集蓄利用的工程模式与技术方法也呈现出灵活多样的特点。集流面形式有自然坡面、路面、人工集雨场(碾压场、薄膜、混凝土等),其中西南地区主要依靠天然集流,北方地区采用人工集流场或天然集流场与人工拦截措施相结合;蓄水工程形式北方地区以窑、窖、旱井为主,南方地区以水池、水窖、塘坝为主;节水灌溉的方法有坐水种、点浇、管道输水灌溉、滴灌、渗灌、喷灌及精细地面灌等。普遍采用了地膜覆盖及其他综合农业技术措施,有些地区还开始发展设施种植、养殖业。

2)取得的成效

(1)解决了干旱缺水山区的基本生存问题。集雨工程的建设有效地解决了缺水地区分散农户的人畜饮水问题和贫困农户的温饱问题。甘肃省通过“121”雨水集流工程,在不到两年的时间里,解决了130万人、118万头牲畜的饮水困难。

(2)为农村产业结构调整、农民增收和山区经济发展创造了有利条件。雨水集蓄利用工程的实施,使当地农业种植结构从传统、单一的粮食种植向粮、果、菜、花等综合发展;农村产业结构从单一的种植业,向农、林、牧、副、渔业全面发展。

(3)促进了社会稳定、民族团结和农村精神文明建设。雨水集蓄利用工作的开展,密切了党群、干群关系,减少了用水纠纷,稳定了社会秩序。此外,通过房前、屋后集雨工程的建设,农村卫生状况得到很大改善,有力地促进了农村精神文明建设。

(4)对保持水土和改善生态环境发挥了重要的作用。雨水集蓄利用使农作物单产有了较大提高,传统的广种薄收开始让位于精耕细作,部分地区出现了退耕还林、还草的现象。这对于减少水土流失、建设生态农业和保护环境,都具有十分重要的意义。

(5)有利于加快西部地区发展。雨水集蓄利用工程的实施,带动了西部山区农村产业结构的调整以及农村经济的发展,这对于加快西部地区的发展步伐,实现我国跨世纪的宏伟目标具有重要的现实意义。

6.2.2.3 雨水集蓄利用工程技术的发展前景广阔

我国是一个水资源不丰富的国家,每公顷可耕地占有量只有世界平均水平的1/2,而北方地区又远低于全国水平。干旱缺水已成为工农业生产发展的制约因素,特别是西北地区的陕、甘、宁、青、新等省(区)及内蒙古西部,土地辽阔,总面积占全国的40%,但水资源不足全国的10%,多数地区年降水量在400mm以下,且降水年内分配不均,多集中在6~9月,多以暴雨形式出现,造成水土流失。但这些地区却是我国重要的农牧业区,光热条件好,可供开发的耕地和草地资源潜力很大,而干旱缺水是制约这里土地和草地资源优势发挥的主要因素,相当一部分耕地是没有灌溉就没有农业的地方,这里又是"老、少、边、穷"地区,群众生活较贫困。南方地区虽降雨较多,但降雨分配不均,再加上地形坡度大,径流很快流入沟底,不易取用,季节性干旱几乎每年出现。西南地区石灰岩山区分布广,岩溶发育,裂隙多,漏水严重,雨水虽多,但山高水低,很难利用。沿海诸岛屿,虽然雨量丰富,但由于其面积小,河流短,雨后径流很快流入大海,再加上土层薄,地下水也很缺乏,生产生活用水都十分困难。滨海地区地表水污染严重,地下水多为咸水,淡水资源也十分缺乏。上述这些地区,由于地形条件和经济条件的限制,兴建骨干水利工程不但投资大、工期长、施工难度大,而且难以全面解决灌溉问题。因此,如何充分利用当地降雨资源,发展灌溉,提高作物产量,脱贫致富,不仅是当地迫切需要解决的问题,也是我国农业生产中一个带战略性的问题。

我国幅员辽阔,广大的农村,上亿户农户,房前屋后庭院面积达340多万 hm^2。由于雨水集蓄工程一般规模小,分布较散,不会造成不利的环境影响,且有利于生态保护,对建设生态系统具有十分重要的作用和广阔的应用前景。因此,凡有效降雨在250mm以上的地区,都可开发雨水资源,除解决生活用水外,实施节水灌溉,秋水春用,变被动抗旱为主动抗旱,这是我国21世纪水资源可持续利用的一个有效途径。

6.2.2.4 经验、问题与对策

1)积累的经验

总结各地雨水集蓄利用的发展情况,主要有以下几方面的经验和做法:一是领导重视。很多地方都成立了由主要领导挂帅的专门组织机构,负责项目组织实施,保证工作的正常开展。二是政策扶持。如改革体制,明晰产权,实行"谁建、谁有、谁管、谁用",多干多补、少干少补、先贷后补、先干后补等政策。三是多方筹资。将扶贫和农业综合开发、水利、水土保持等多项资金统筹安排,向雨水集蓄利用工程倾斜;向农民提供"小额信贷";鼓励私营企业主或个人通过投资兴建雨水集蓄利用工程进行土地开发等。四是严格管理。许多省(区)都制定了相应的规范、规程和管理办法,对雨水集蓄利用工程的发展起到了良好的保障作用。

2)存在的问题

(1)认识问题。一些地区的干部和群众对雨水集蓄利用认识不全面,或认为雨水集蓄利用可以代替一切,无所不能;或认为雨水集蓄利用小打小闹,成不了大气候,不值得花大力气。客观地看,雨水集蓄利用是在特殊季节、特定自然环境条件下,发挥特殊作用的小、微型水利工程,是对大中型水利工程的有效补充。在地面水和地下水都十分缺乏、骨干水利工程覆盖不到的地区,这些"小微水"可以发挥大作用。

(2)投入不足。发展雨水集蓄利用的地区多为贫困山区,地方财力与群众自筹资金能力均十分有限。近几年的雨水集蓄利用工作取得了良好的效果,各级政府和广大群众对发展雨水集蓄利用的愿望十分强烈。按照贫困地区"人均半亩到一亩基本农田"的远景目标,还需要发展雨水集蓄利用面积300多万 hm^2,需求很大。但由于资金限制,目前每年能发展的雨水集蓄利用面积不足20万 hm^2。投入不足,是制约雨水集蓄利用发展速度的主要原因。

(3)技术与管理问题。由于技术指导和服务力度不够,部分雨水集蓄利用工程的规划布局不尽合理,影响了工程效益的充分发挥。

雨水集蓄利用工程的配套措施也有待进一步提高。有些地区只注重蓄水工程建设,忽略了雨水汇集措施和沉沙过滤设施的配套建设。有的地区田间节水综合措施不完善,没有充分引导农民将集雨与节水灌溉、节水增产农艺措施及种植业和养殖业的发展结合起来。有些地区重建设、轻管理,不利于充分发挥有限水资源的利用效率。集雨工程虽然为缺水地区解决生存和区域经济发展创造了重要的基础条件,但它仅仅是脱贫致富奔小康这一系统工程中的重要一环,只有与当地农、林、牧、副、渔业的可持续发展以及农民的增产和增收措施相结合,才能显示出其强大的生命力。

3)对策措施

(1)因地制宜,科学规划。搞好雨水集蓄利用工作一个非常重要的方面就是要因地制宜,根据各地降雨、土壤、地形和经济发展水平,科学地制定工程发展规划,合理布局,因地制宜地选择适合当地情况的工程模式与节水灌溉方法,防止出现“行政命令”、“一轰而上”、“一刀切”的现象,确保工程质量和效益。

(2)广泛筹资,加大投入力度。发展雨水集蓄利用的地区多为贫困山区,地方财力与群众自筹资金能力均十分有限,国家应加大投入力度,安排专项资金扶持这类地区大力开展雨水集蓄利用工程建设;同时,国家现行的扶贫、农业综合开发等各项资金也应向这方面倾斜,鼓励群众自力更生开展雨水集蓄利用工程建设。

(3)加强技术指导,提高科技含量。为保证雨水集蓄利用工作的健康发展,需加强人员的培训与技术交流,加大推广力度,引导农民将雨水集蓄工程与节水灌溉技术、先进的农艺措施相结合,提高水分的利用效率。加强新材料的研制及推广应用,降低建设成本,延长工程寿命。

(4)严格管理,确保工程质量与效益。加强领导,深化改革,建立良性运行机制。在工程建设与管理上,搞好工程项目管理,实行技术经济责任制和项目责任制,统一组织验收,确保工程质量。对已建工程,加强运行管理,搞好水质的保护。充分调动广大群众的积极性,形成群众自主利用、自行维护管理的良好局面,使工程发挥最大效益。

6.2.3 雨水集蓄利用区生态经济系统的优化规划

随着雨水集蓄利用的发展,区域生态经济系统也发生了相应的变化。本研究计划在对雨水集蓄利用区生态经济系统分析的基础上,针对其优化发展问题,运用层次分析法,构建雨水集蓄利用区生态经济系统规划的数学模型,对设定的各种方案进行优劣性评价,为解决雨水集蓄利用区复杂的生态经济规划提供决策依据。以指导实际应用,为有利于发挥当地自然优势和经济优势、有利于生态环境的改善等提供帮助。

6.2.3.1 雨水集蓄利用效益及影响

世界上许多国家和地区,已将雨水收集利用作为干旱地区人畜饮水的重要手段,并在雨水收集的农业利用方面进行了有益的探索。雨水的利用主要在于通过地表微地形改变、入渗能力的改变等方式,来改变雨水在地表上的分配变化,以及地表径流汇集方式,延长地表径流汇集时间,或改变地表径流运动路径等达到径流局部汇集,实现雨水利用的目的。雨水利用分为三种主要方式,即微地形改变雨水就地利用,微地形改变雨水叠加利用,改变地表入渗能力雨水异地利用。

雨水集蓄利用取得了显著的经济效益和社会效益。例如,甘肃省中东部地区通过“121雨水集流工程”,在一年多时间内不仅解决了实施区131.07万人、118.77万头牲畜的饮水问题,而且发展了0.78万hm^2庭院经济、11 700多处养殖业和加工业,同时在利用雨水灌溉果园和大棚蔬菜方面也取得了显著的效益。

雨水集蓄利用取得了富有成效的环境效益。生产实践中,通过修筑梯田、鱼鳞坑、水平阶等水土保持工程措施和松耕、等高耕作等水土保持农业措施,就地拦蓄雨水径流入渗,提高作物产量和林木成活率,拦截分散了地表径流,从而减轻了对土壤的冲刷侵蚀,水土保持作用十分明显。同时防止了暴雨径流对坡面、路面、沟头的侵蚀。另外,通过对干旱半干旱地区的资料分析可知,雨水集蓄利用拦蓄了部分径流泥沙,减轻了下游的淤积和防洪压力,同时利用集蓄雨水节灌作物、林草,提高了作物产量和林草成活率,改善了农田生态系统,增加了区域生态系统的稳定性。庭院屋顶雨水集蓄利用解决饮水问题,城市雨水收集可用于绿地灌溉、城市清洁等环境改善,都产生了良好的环境效益;集雨用于地下水补灌,可缓解已形成的地下水漏斗和由此产生的地下水环境问题。

总之,雨水资源的利用取得了显著的成效:①解决了干旱缺水山区的基本生存问题;②为农村产业结构调整、农民增收和山区经济发展创造了有利条件;③促进了社会稳定、民族团结和农村精神文明建设;④对保持水土和改善生态环境发挥了重要作用。

雨水集蓄利用虽然具有众多优越性,但毕竟是对正常水文循环的一种人工干预,从而影响了区域的径流、蒸发、入渗及地下水位,会对区域水环境、生态环境和局域气候造成一定的负面影响。比如说,雨水集蓄会减少河流径流量,减少地面入渗,在国道等重要道路旁边修筑大量水窖会对道路安全造成影响等。虽然一些文献提及开发利用的雨水只可能占全部雨水资源的1% ~ 2%,所减少的河川径流量也只是1‰ ~ 5‰,但我们仍需注意其带来的不良影响,尤其在降雨量少的干旱半干旱地区,要防止雨水资源的过度利用对环境的影响。有关专家指出,我国黄土高原区的雨水集蓄要谨慎,不要一味地追求经济效益,而应该尽量满足土壤贮水量,使其就地入渗,雨水集蓄工程只能收集降雨产生的超渗径流,这样才能更好地保持水土,利于植被,实现生态系统良性循环。王文元等人指出,无论是雨水直接利用还是派生资源的利用都存在着严重的问题,这些问题已导致资源、环境和生态的负面效应,使农业可持续发展面临严重的挑战。

6.2.3.2 区域生态经济系统

区域生态系统是由区域内生物群落与无机环境之间通过能量流动、物质循环和信息传递而形成的矛盾统一体。区域经济系统是区域内的各种经济成分及各种社会经济关系,在一定的地理环境和社会制度下的集合,有人口、环境、资源、物资、资金、科技等基本要素,各要素在空间和时间上,以社会需求为动力,通过投入产出链渠道,运用科学技术手段有机组合在一起,构成了区域生态经济系统。由此可见,区域生态经济系统是由区域生态系统和区域经济系统相互交织而成的复合系统,它是一个能够优化利用区域内各种资源、形成生态经济合力、产生生态经济功能和效益的开放系统。

综上所述,区域生态经济系统是通过物质循环、能量流动和信息传递把人口、自然、社会联结在一起,构成生态经济有机整体。其生产和再生产的目的,就是要创造出更多的使用价值流，以满足人类生存和社会发展的需要。由于内在、外在的动力以及各种影响，区域生态经济系统处于不断运动、变化和发展之中，其平衡也是一种相对的、动态的平衡。

通过以上对雨水集蓄利用和区域生态经济系统的研究分析可以发现，雨水的集蓄利用将会引起不同程度的区域环境的影响，包括对区域水环境的影响、区域生态环境的影响等。所以我们对雨水集蓄利用区的开发，应该一切从实际出发，在对雨水集蓄利用区生态经济系统现状调查和对资料初步分析的基础上，以当地的经济繁荣、人民富裕、生态平衡和社会进步为目标，对雨水集蓄利用区的有利因素、制约因素和潜力因素整体考虑、统筹兼顾的规划思路，充分考虑雨水资源的利用引起的生态经济系统的变化以及引起的一系列反应，运用层次分析法合理确定雨水集蓄利用区的生态经济系统规划，从而科学地制定出雨水集蓄利用区的宏观发展战略。

6.2.3.3 雨水集蓄利用区生态经济系统的优化规划

层次分析法(Analytic Hierachy Process，AHP)又称多层次权重分析法，是国外20世纪70年代末提出的一种新的定性分析与定量分析相结合的系统分析方法。这种方法适用于结构较为复杂、决策准则较多而且不易量化的决策问题，其思路简单明了，尤其是紧密地和决策者的主观判断和推理联系起来，使决策者对复杂问题的决策思维过程系统化、模型化、数字化，从而可以有效避免决策者在结构复杂和方案较多时逻辑推理上的失误，对系统问题的规划起到优化作用。

层次分析法的基本内容是：首先根据问题的性质和要求，提出一个总的目标；然后将问题按层次分解，对同一层次内的诸因素通过两两比较的方法确定出相对于上一层目标的各自的权系数；这样层层分析下去，直到最后一层，即可给出所有因素(或方案)相对于总目标而言的按重要性(或偏好)程度的一个排序。具体叙述如下：

第1步，明确问题，提出总目标。

第2步，建立层次结构，把问题分解成若干层次。第一层为总目标；中间层可根据问题的性质分成目标层(准则层)、部门层、约束层等；最低层一般为方案层或措施层。

第3步，求同一层次上的权系数(从高层到低层)。假设当前层次上的因素为A_1，$A_2,\cdots,A_n$，相关的上一层因素为C(可以不止一个)，则可针对因素C，对所有因素A_1，$A_2,\cdots,A_n$进行两两比较，得到数值a_{ij}，其定义和解释见表6-1。记$A=(a_{ij})_{n\times n}$，则A为因素$A_1,A_2,\cdots,A_n$相应于上一层因素C的判断矩阵。记A的最大特征根为λ_{max}，属于λ_{max}的标准化的特征向量为$W=(W_1,W_2,\cdots,W_n)^T$，则$W_1,W_2,\cdots,W_n$给出了因素$A_1,A_2,\cdots,A_n$相应于因素C的按重要(或偏好)程度的一个排序。

第4步，求同一层次上的组合权系数。设当前层次上的因素为$A_1,A_2,\cdots,A_n$，相关的上一层因素为$C_1,C_2\cdots,C_m$，则对每个C_i，根据第3步的讨论可求得一个权向量$W^i=(W_1^i,W_2^i,\cdots,W_n^i)$。如果已知上一层$m$个因素的权重分别为$a_1,a_2,\cdots,a_m$，则当前层每个因素的组合权系数为：

表 6-1　标度说明

相对重要程度	定 义	解 释
1	同等重要	目标 i 和 j 同样重要
3	略微重要	目标 i 比 j 略微重要
5	相当重要	目标 i 比 j 重要
7	明显重要	目标 i 比 j 明显重要
9	绝对重要	目标 i 比 j 绝对重要
2,4,6,8	介于两相邻重要程度间	

注:若目标 i 与 j 比较的判断为 a_{ij},则目标 j 与 i 比较的判断 $a_{ji} = 1/a_{ij}$。

$$\sum_{i=1}^{m} a_i W_1^i, \sum_{i=1}^{m} a_i W_2^i, \cdots, \sum_{i=1}^{m} a_i W_n^i \tag{6-1}$$

如此一层层自上而下求下去,一直到最低层所有因素的权系数(组合权系数)都求出来为止,根据最低层权系数的分布即可给出一个关于各方案优先程度的排序。

由式(6-1)可知,若记 B_k 为第 k 层次上所有因素相对于上一层上有关因素的权向量按列组成的矩阵,则第 k 层次的组合权系数向量 W^k 满足:

$$W^k = B_k \cdot B_{k-1} \cdot \cdots \cdot B_2 \cdot B_1 \qquad (B_1 = 1)。 \tag{6-2}$$

第 5 步,一致性检验。在得到判断矩阵 A 时,有时会出现判断上的不一致性。还需利用一致性指标进行检验,即要求一致性指标 $CI \leqslant 0.1$,随机一致性比率 $CR \leqslant 0.1$ 其中

$$CI = \frac{\lambda_{\max} - n}{n - 1}, CR = \frac{CI}{RI} \tag{6-3}$$

RI 为平均随机一致性指标,其值可以通过查表求得。对于 3~9 阶矩阵分别为:

n	1	2	3	4	5	6	7	8	9
RI	0	0	0.58	0.90	1.12	1.24	1.32	1.41	1.45

对多层次判断矩阵的一致性检验,其计算道理一样。

对于判断矩阵的最大特征根和相应的特征向量,可利用和积法计算。

(1)按列将 A 规范化,有

$$\overline{b_{ij}} = a_{ij} \Big/ \sum_{k=1}^{n} a_{kj}$$

(2)计算 $\overline{W}_i$

$$\overline{W}_i = \sum_{j=1}^{n} \overline{b_{ij}} \qquad (i = 1,2,\cdots,n)$$

(3)将 $\overline{W}_i$ 规范化,有

$$W_i = \overline{W}_i \Big/ \sum_{i=1}^{n} \overline{W}_i \qquad (i = 1,2,\cdots,n)$$

W_i 即特征向量 W 的第 i 个分量。

(4)计算

$$\lambda_{max} = \sum_{i=1}^{n} \frac{\sum_{j=1}^{n} a_{ij} W_i}{n W_i}$$

6.2.3.4　应用举例

1)问题概述

砂锅窑雨水集蓄利用区位于河南省辉县市的北太行山区,属土石丘陵区。由于人们对自然资源的特点、潜力、适应性以及农、林、牧三者的相互依赖、相互促进的关系缺乏深刻认识,致使土地利用极不合理,农、林、牧矛盾突出,土壤瘠薄,植被稀疏,水土流失严重,生态环境日益恶化。要扭转生态经济的恶性循环,不但涉及到生态系统能量、物质的转换平衡,而且涉及到生产力的布局和生产关系的调整等问题。因此,为了更合理地发展砂锅窑雨水集蓄利用区,该区域的生态经济系统规划必须结合目前的具体情况,应用层次分析的系统工程方法,提出定量的生态经济规划模型,以便于领导决策,最终加快该雨水集蓄利用区的综合治理与合理开发。

根据对砂锅窑雨水集蓄利用区生态经济系统现状调查,在对资料初步分析的基础上,征求专家学者以及当地群众意见,最终确定以当地的经济繁荣、人民富裕、生态平衡和社会进步为该区域的生态经济系统规划目标,确定结构层次为三层,见图6-2雨水集蓄利用区生态经济系统结构图。

2)构造判断矩阵

针对砂锅窑雨水集蓄利用区实际情况,结合以上确定的生态经济系统结构图,邀请相关领域专家6名,运用层次分析法,对各分系统(B_1、B_2、B_3、B_4、B_5)和影响因子(C_1、C_2、C_3、C_4、C_5、C_6、C_7、C_8、C_9)相对于上一层次进行两两比较,得出以下判断矩阵:

判断矩阵 $A-B$

A	B_1	B_2	B_3	B_4	B_5
B_1	1	3	4	4	2
B_2	1/3	1	2	2	1
B_3	1/4	1/2	1	2	2
B_4	1/4	1/2	1/2	1	3
B_5	1/2	1	1/2	1/3	1

判断矩阵 B_1-C

B_1	C_1	C_2	C_3	C_4	C_5	C_6	C_7	C_8	C_9
C_1	1	2	1/8	1/6	1/6	1/8	1/2	1/3	2
C_2	1/2	1	1/9	1/5	1/4	1/6	1/3	1/5	3
C_3	8	9	1	4	2	1	5	4	8
C_4	6	5	1/4	1	1/3	1/4	3	2	5
C_5	6	4	1/2	3	1	1/2	5	3	4
C_6	8	6	1	4	2	1	5	3	7
C_7	2	3	1/5	1/3	1/5	1/5	1	1/4	4
C_8	3	5	1/4	1/2	1/3	1/3	4	1	7
C_9	1/2	1/3	1/8	1/5	1/4	1/7	1/4	1/7	1

判断矩阵 B_2-C

B_2	C_1	C_2	C_3	C_4	C_5	C_6	C_7	C_8	C_9
C_1	1	1/5	1/7	1/4	3	1/6	1/3	1/8	4
C_2	5	1	1/4	1/2	3	1/3	3	1/4	3
C_3	7	4	1	3	5	1	4	1/2	5
C_4	4	2	1/3	1	2	1/2	2	1/3	3
C_5	1/3	1/3	1/5	1/2	1	1/4	1/4	1/5	1/4
C_6	6	3	1	2	4	1	1/2	1/2	6
C_7	3	1/3	1/4	1/2	4	2	1	1/4	3
C_8	8	4	2	3	5	2	4	1	5
C_9	1/4	1/3	1/5	1/3	4	1/6	1/3	1/5	1

判断矩阵 B_3-C

B_3	C_1	C_2	C_3	C_4	C_5	C_6	C_7	C_8	C_9
C_1	1	8	1/3	1/5	1/6	1/2	1/6	4	1/6
C_2	1/8	1	1/8	1/7	1/3	1/3	1/7	1	1/8
C_3	3	8	1	1/2	2	3	1/4	4	1/5
C_4	5	7	2	1	4	3	1/3	1/5	1/3
C_5	6	3	1/2	1/4	1	4	1/3	6	1/5
C_6	2	3	1/3	1/3	1/4	1	1/3	3	1/4
C_7	6	7	4	3	3	3	1	5	2
C_8	1/4	1	1/4	1/5	1/6	1/3	1/5	1	1/6
C_9	6	8	5	3	5	4	1/2	6	1

判断矩阵 B_4-C

B_4	C_1	C_2	C_3	C_4	C_5	C_6	C_7	C_8	C_9
C_1	1	7	3	4	6	4	3	5	8
C_2	1/7	1	1/4	1/2	1/4	1/2	1/4	1	2
C_3	1/3	4	1	2	3	4	1/2	3	5
C_4	1/4	2	1/2	1	2	1/2	1/3	3	3
C_5	1/6	4	1/3	1/2	1	1/2	1/4	2	2
C_6	1/4	2	1/4	2	2	1	1/2	2	4
C_7	1/3	4	2	3	4	2	1	2	3
C_8	1/5	1	1/3	1/3	1/2	1/2	1/2	1	1/2
C_9	1/8	1/2	1/5	1/3	1/2	1/4	1/3	2	1

判断矩阵 B_5-C

B_5	C_1	C_2	C_3	C_4	C_5	C_6	C_7	C_8	C_9
C_1	1	1/4	1/5	1/3	1/5	1/4	1/8	1/6	1/9
C_2	4	1	2	4	1/2	3	1/2	2	1/4
C_3	5	1/2	1	2	1/2	1	1/2	1/2	1/3
C_4	3	1/4	1/2	1	1/2	1/2	1/4	1	1/2
C_5	5	2	2	2	1	2	1/2	1	1/4
C_6	4	1/3	1	2	1/2	1	1/2	1/2	1/3
C_7	8	2	2	4	2	2	1	1	1/3
C_8	6	1/2	2	1	1	2	1	1	1/3
C_9	9	4	3	2	4	3	3	3	1

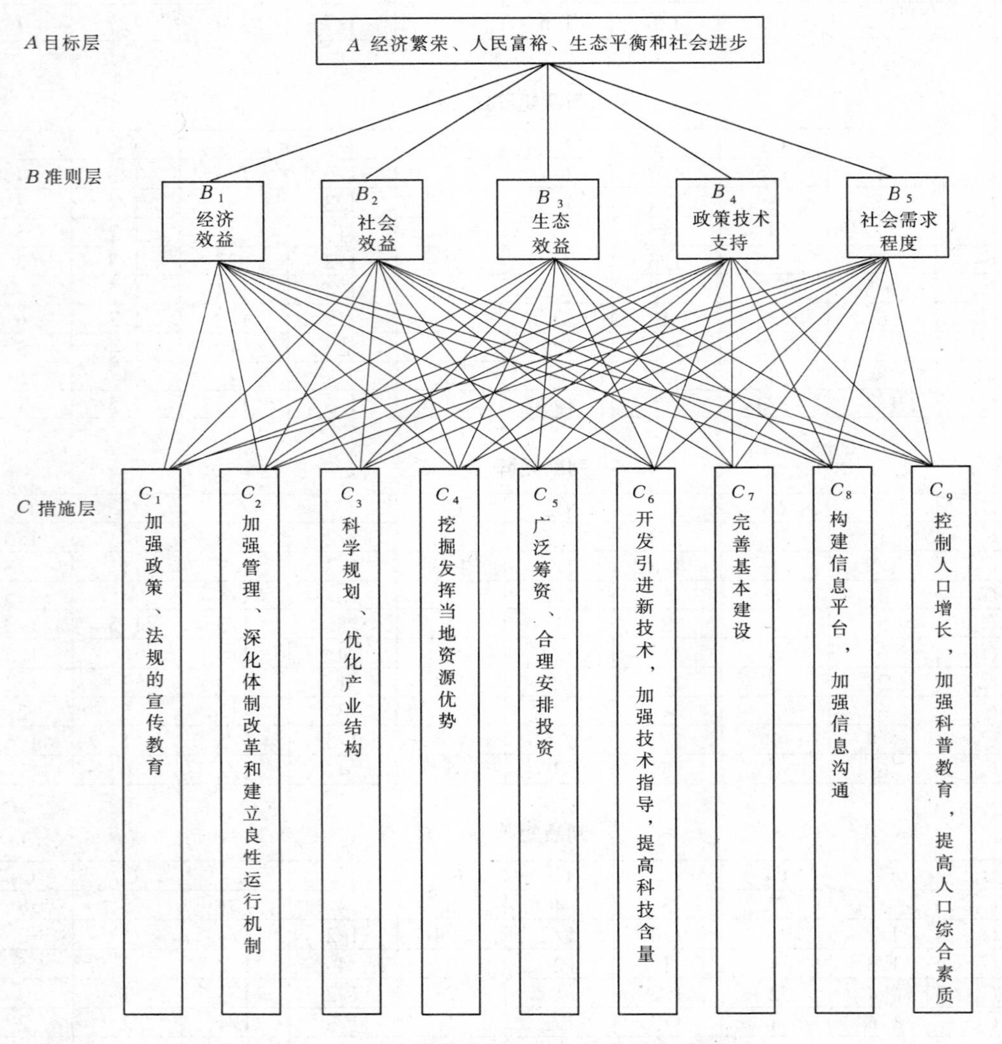

图 6-2　雨水集蓄利用区生态经济系统结构图

3)层次权系数排序

$A-B$ 矩阵：

最大特征值 λ_{max} = 5.223 2，对应的特征向量为 B_2 = (0.420 482,0.181 265,0.151 581,0.134 053, 0.112 62)^T,经检验,以上矩阵均满足一致性。

4)总排序结果及结果分析

$$W^9 = B_3 \cdot B_2$$
$$= (0.073,0.051\ 1,0.191\ 9,0.102\ 1,0.112\ 4,0.157,0.115\ 2,0.106\ 7,0.090\ 7)^T$$

矩阵的最大特征值和其对应的特征向量见表 6-2。

表 6-2　矩阵的最大特征值和其对应的特征向量

矩　阵	B_1-C	B_2-C	B_3-C	B_4-C	B_5-C
最大特征值	9.731 8	10.348	10.198	9.687 7	9.653 7
特征向量 B_3	0.03	0.041 1	0.048	0.323 6	0.02
	0.028	0.094 1	0.019 8	0.039 4	0.124 1
	0.261 6	0.204 9	0.102	0.157 7	0.072 5
	0.107 5	0.098 8	0.142 9	0.080 4	0.058
	0.168 6	0.027 4	0.099 9	0.063	0.115 2
	0.241 1	0.152 6	0.052 3	0.091 7	0.068 3
	0.048 2	0.089 9	0.255 4	0.166 7	0.155 9
	0.094 3	0.255 7	0.023 2	0.041 7	0.102 5
	0.020 7	0.035 5	0.256 6	0.035 9	0.283 3

总排序结果可以绘制成图 6-3,各指标的权重大小排序一目了然。

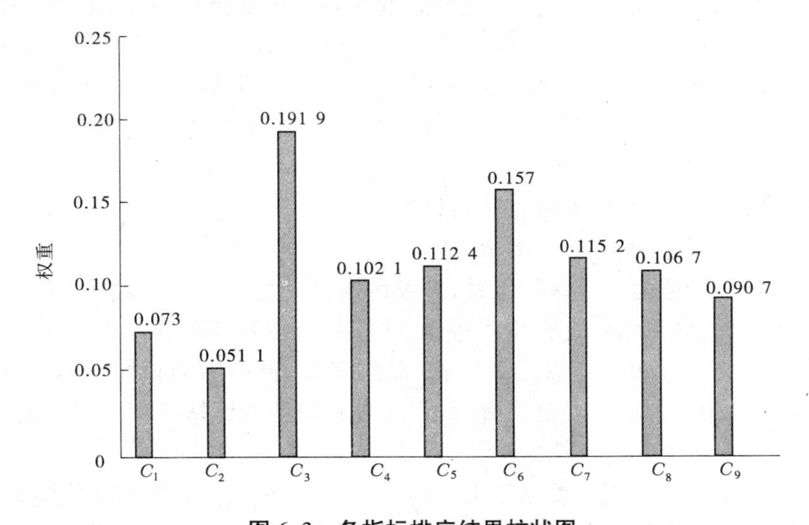

图 6-3　各指标排序结果柱状图

由计算结果和图 6-3 可见,针对雨水集蓄利用区生态经济系统发展规划问题,在以上所列的 9 条措施中,根据总权重值排序应按以下顺序优化规划:

①科学规划、优化产业结构(总权重值为 0.191 9);②开发引进新技术,加强技术指导,提高科技含量(总权重值为 0.157);③完善基本建设(总权重值为 0.115 2);④广泛筹资、合理安排投资(总权重值为 0.112 4);⑤构建信息平台,加强信息沟通(总权重值为

0.106 7);⑥挖掘发挥当地资源优势(总权重值为 0.102 1);⑦控制人口增长,加强科普教育,提高人口综合素质(总权重值为 0.090 7);⑧加强政策、法规的宣传教育(总权重值为 0.073);⑨加强管理、深化体制改革和建立良性运行机制(总权重值为 0.051 1)。

5)总结

由实例可见,层次分析法应用在雨水集蓄利用区生态经济系统发展规划中,有助于我们对复杂的雨水集蓄利用区生态经济系统发展规划问题,不仅从质的方面,而且从量的方面,对解决该问题的各种措施进行优劣性评价。从而为更加合理有效地利用宝贵的雨水资源、发挥当地自然优势和经济优势、改善生态环境、实现生态经济的可持续发展提供科学的决策。目前,我国的雨水集蓄利用工程即将全面展开,以上研究成果将更好地指导实际雨水利用区的工作。这对于普及、推广雨水集蓄利用、缓解日益突出的水资源紧张局面将起到推动作用,对推动农业生产发展和实现我国农业的可持续性发展,将产生一定的影响和体现出实际价值。

6.3 集雨补灌工程综合效益评价指标体系

6.3.1 概述

对于一项工程或一个管理单位,管理与建设的评价都需要根据其工程大小、管理的繁简建立一套相应的指标体系。这个体系是由若干单项指标组成的,而每个单项指标都有相对的独立性,用以反映某一方面的管理质量。但是要对一个工程进行全面的评价,就需将系列内的各个单项指标有机地联系起来,组成一个整体,进行综合的评价。

我国的雨水集蓄利用已经得到了充分的重视和积极的推广应用,但是它毕竟是最近几年才大规模发展起来的新的水资源利用模式,在推广应用的过程中还需要不断地总结经验,所以本节计划以一些成功雨水集蓄利用工程为参照,同时结合专家学者的有关研究,初步建立一套集雨补灌工程综合效益评价指标体系,应用于实际,以对以后的雨水集蓄利用起到指导作用。

6.3.2 建立评价指标体系的重要性和可行性

6.3.2.1 建立评价指标体系的重要性

雨水集蓄利用工程是一项系统工程,涉及因素多,投资大,其决策是否科学合理、实施方案是否经济可行、项目实施是否按质按量、实施后是否真正发挥了效益等,均需要予以科学地评价分析。通过评价可以发现问题、总结经验,同时有效监督项目实施过程与效果,使雨水集蓄利用工程项目充分发挥效益,实现水资源的可持续利用与国民经济的可持续发展。

为了提高雨水集蓄利用工程项目决策的科学水平,全面分析项目的实际效果,需要研究探讨适合雨水集蓄利用工程项目特点以及新形势下项目管理要求的新的评价方法,研究雨水集蓄利用工程项目实施效果、实施后效益的综合评价指标体系,提出合理的定性指标量化方法。在各种量化的指标基础上,提出综合评价的计算方法,指导实施方案制订与项目建设。

有了科学合理的评价指标体系,就能为项目科学规范管理提供理论支撑,为项目实施与效益评价提供科学依据,促进雨水集蓄利用工程在我国的顺利实施与推广。

(1)保证雨水集蓄利用工程的科学性与合理性。雨水集蓄利用工程具有明确的指导原则与目标,从项目区现状条件、水土资源状况等出发,对项目规划实施方案以及项目的必要性进行评价,考察项目规划与实施方案的合理性,进行分析比较,选择经济效益、社会效益、生态效益等效益显著的最佳方案,保证雨水集蓄利用工程技术合理、措施可行,保障项目区提高水资源利用率与增强为农业服务功能的总体目标的实现。

(2)指导项目区节水改造规划设计,强化项目管理。从项目区改造技术可行性、水资源紧缺程度、国家政策以及前期项目完成情况几个方面评价项目的紧迫性与必须性,通过直观量化的指标,对需要改造项目方案进行排序,为项目安排与选择提供依据,提高项目管理的科学水平。

(3)为项目区节水改造提供方向性导向。在节水改造评价中,对项目执行情况从不同角度进行评估,掌握项目投资、工程建设与管理体制改革等方面执行情况,从而为项目区的发展方向与重点提供决策和规划,指导各项目区项目的实施。

(4)保障项目实施后效益发挥。对实施方案、项目安排、项目执行以及项目完成后目标实现程度与效益进行评价,从不同环节对改造项目进行了科学指导与决策,同时使项目建设完成后真正实现预期目标,提高水资源有效利用率,减缓生态系统恶化趋势,改善农业基础设施,为农业与国民经济可持续发展提供有力支撑。

6.3.2.2 建立评价指标体系的可行性

近年来,雨水集蓄利用越来越受到人们的重视,政府倡导,政策支持,人民积极踊跃参与,取得了可喜的成绩,同时也积累了丰富的经验。

(1)西南四省(区)雨水集蓄利用工作开展情况。四川、云南、贵州、广西干旱山区和石山区是我国有名的“老、少、边、穷”地区。作为典型的喀斯特地貌发育地区,区域内石山面积占63%,大部分地区山高坡陡,岩石裸露,岩溶洞穴纵横交错,保水性能差。加之河谷深切,地表水系少,地下水埋藏深,缺乏修建骨干水源工程的条件,雨季大量的降水大多白白流走。又由于山区地形破碎,耕地和农民居住都比较分散,即使有大型水利工程,也很难把水引到分散的耕地和农民家中,水资源开发利用难度大。多年来,这里水利基础设施建设发展滞后,严重制约了农业和社会经济的发展。为了生存和发展,这里的群众很早就开始在房前屋后零星地修窖建池,集蓄雨水,供人畜饮用。四省(区)不约而同地把发展雨水集蓄利用作为主攻方向和首要措施,加强组织领导,加大工作力度,使雨水集蓄利用工作逐步由试点示范转入成片发展、全面推广阶段。雨水集蓄利用工程作为干旱山区农民生活生产的基础设施,近几年在促进当地农业和区域经济发展方面发挥了巨大作用,主要表现在如下方面:①解决了人畜饮水的历史性难题;②走出了干旱山区农业发展的新路子;③促进了农村经济发展和农民增收;④有利于保持水土、退耕还林、建设生态农业。

(2)雨水集蓄利用对华北干旱山丘区经济、社会发展有着至关重要的影响,为干旱山丘区寻求新的水源提供了重要途径。内蒙古、山西两省(区)境内山丘多属干旱、半干旱区,山丘面积分别占到本省(区)的1/3和1/2,由于受客观自然条件的限制和其他因素的影响,没有大的径流和不具备修建骨干水源工程的条件,区域性、季节性干旱缺水突出,地表水和地下水开发利用难度大,水资源贫乏,水土流失严重,生态环境恶劣。多年来,为了改变和摆脱干旱山丘区缺水和贫困的状况,两省(区)各族人民在各级党委、政府的领导下进行了长期不懈的努力和实践探索，根据山丘区夏秋雨量比较集中且不易拦蓄的特点，因地制宜，通过修建路边、场边、地边、河边、院边小水窖、小水池、小水柜、小塘坝、小水库等“五小”形式的微型水利工程，大搞雨水集流工程建设，拦蓄天上水，有效地解决了当地人畜饮水和农田灌溉缺水的困难，实践效果很好、很成功，为干旱山区水源利用、开发提供了重要途径和可能，探索出了一条干旱山区农业和经济、社会发展的新路。雨水集蓄利用在山区产生着社会、经济效益：①促进了山区的稳定；②促进了当地农村经济的发展；③找到了丘陵山区、半干旱农牧区发展的一条重要途径；④促进了农村产业结构的调整及农业增长方式的转变。

总之，雨水集蓄利用工程在我国广大地区的广泛开展促进了区域生态经济系统的良性发展，它不仅促进了地方经济发展，还取得了巨大的社会效益。有利于减少水土流失，有利于小流域综合治理，在一定程度上减轻了下游的防洪负担，减少了灌溉对其他地表水及地下水的依赖，有利于充分利用水土资源，有利于保护生态环境。雨水集蓄利用工程在取得了显著综合效益的同时，也产生了其他方面的一些影响。

研究如何解决雨水集蓄利用工程在经济、技术、社会影响、生态效益和管理等方面的评价问题，对促进雨水集蓄利用工程的建设和生态经济系统建设的健康发展有着非常重要的意义。虽然农业、林业、水利和水土保持等方面的研究工作者采用不同的评价方法，在各自的领域提出了许多评价指标，但是如何把雨水集蓄利用工程的建设同生态经济系统建设、可持续性发展建设等结合起来，尚缺乏完整的综合评价指标体系。所以有必要从雨水集蓄利用工程的建设同生态经济系统建设、可持续性发展建设相结合的角度出发，提出一套综合评价雨水集蓄利用工程的涵盖技术、经济、社会和生态效益的评价指标体系及其标准，为雨水集蓄利用工程的建设同生态经济系统建设、可持续性发展建设向规范化、科学化发展提供依据。

6.3.3 建立评价指标体系的依据、要求和原则

6.3.3.1 建立评价指标体系的依据

集雨补灌工程是一项涉及方方面面的复杂的系统工程，评价的主要依据有：

(1)水利部发布的《大型水利工程项目后评价实施暂行办法》(修改稿)；

(2)国家计委、建设部发布的《建设项目经济评价方法与参数》(第二版)；

(3)水利部发布的《水利建设项目经济评价规范》(SL72—94)；

(4)水利部发布的《关于试行财务基准收益率和年运行费标准的通知》；

(5)国家和地方政府及有关部门颁布的有关法律、法规、规范、规章条例、办法及现行财税政策等；

(6)经上级主管部门批准的可行性研究报告、设计任务书、初步设计、施工图、竣工验收报告和决算报告；

(7)工程运行管理、生产运行情况的有关资料。

6.3.3.2 建立评价指标体系的要求

研究集雨补灌工程综合效益评价指标体系，是要提出判断、评价一个地区在雨水集蓄利用工程方面实用的一套指标体系。为此，这一指标体系应满足以下基本要求：

(1)能够全面反映雨水集蓄利用工程的状况。既有反映经济、技术、社会、生态环境、

管理各系统本身主要情况的指标,又要有反映其间协调程度的指标,指标体系具有系统性、完整性。

(2)静态指标与动态指标相结合。经济系统、社会系统、环境系统、管理方面本身都处于不断变化之中,其间的关系也是动态的,因此要求"协调发展"的指标体系既能反映其现状,又能反映其主要变动趋势。

(3)定量指标与定性指标相结合。为了能够运用指标体系对雨水集蓄利用工程的各主要方面做出确切的评价和判断,指标必须尽可能量化,同时对一些有重要意义而又难以定量的方面,用定性指标进行描述。

(4)指标体系应该具有实用性和针对性。所选指标应该比较易于获取或测定,并且针对本区域的发展情况。

(5)所选指标应该与集雨补灌工程有密切关系或对其有直接影响。影响因素很多,只有那些与评价结果有密切关系、有直接影响的指标才应被选入。

6.3.3.3 建立评价指标体系的原则

建立指标体系是综合评价工作的基础,评价指标体系的建立要做到系统性、可比性、通用性、简洁性。集雨补灌工程是一个多层次、多方位、多约束和多功能的"自然－社会－经济"复合系统,要对其进行十分深入、十分具体的评价具有很大的难度。指标体系科学与否,直接关系到评价结果的客观性和正确性。因此,集雨补灌工程经济、技术、社会影响、生态环境和管理综合效益评价指标体系的建立,应遵循如下原则:

(1)评价指标体系必须简明扼要,具有相对独立的内涵,能够充分反映雨水集蓄利用工程的本质特征,且不存在重复设置。所选指标要能反映目前效果与长远效果、单项效果与综合效果、局部效果与整体效果、微观效果与宏观效果等。

(2)评价指标体系必须能够全面反映集雨补灌工程的综合效益。即设置指标既能用来反映集雨补灌工程建设前的效益现状,又能用来反映集雨补灌工程建设后的效益;既要反映集雨补灌工程的经济效益,又要反映雨水集蓄利用工程的社会效益和生态环境效益等多个方面。

(3)评价指标体系必须科学合理,所选指标要有可靠依据,能够用于定量分析,便于收集、整理、统计和建立指标分析标度。有些必不可少而又难以定量的评价指标,也可用定性的方式予以替代,并设置相应的标准。

(4)评价指标体系要有可操作性。即指标数值的计算要简单明了,既不失科学性,又能为实际工作者尽快掌握,并在具体实践中加以应用。

(5)评价指标体系必须尊重实践,较好地反映雨水集蓄利用工程建设的区域特征。

6.3.4 评价指标的确定方法

集雨补灌工程综合效益评价指标体系的建立方法是,首先选择具有代表性的在建和已建集雨补灌工程,深入调查了解工程从方案确定到规划设计以及运行管理各阶段的经验做法和存在问题,从中分析集雨补灌工程实施和正常运行的各种主客观影响因素,初步确定评价指标体系的粗选指标,然后对上述初选指标进行比较分析,舍弃重复性(或交叉性)的指标,仅保留少数重要的交叉性指标,但在考虑其权重时分别赋予较低值,因此筛选出简单明了、内涵丰富、信息真度高的指标作为代表性指标。其次,广泛征求咨询专家、行政领导和集雨补灌区管理人员以及农民的意见与建议,并借鉴已有研究成果,在此基础上经过多次反复修改、补充与完善,确定出集雨补灌工程综合效益评价指标体系。

本研究中鉴于时间限制,在参考相关领域专家学者的已往研究成果基础上,主要确定一个比较典型的在最后的应用中作为一个模板式的指标体系。而对于其他类似工程来说,应根据相应的工程具体情况,对指标体系做进一步的修正和最后的确定。现对集雨补灌工程中的评价指标体系做一介绍。

为了明确各指标在系统中的作用,参考有关专家研究成果,按照指标(影响因素)属性的不同,将其归纳为5类:经济方面指标、技术方面指标、社会影响方面指标、生态环境方面指标、管理方面指标。每一大类指标根据所表征的问题性质的不同,分为若干子类指标。根据影响因子建立的雨水集蓄利用工程综合评价指标体系层次结构见图6-4。第一层为目标层,第二层为指标分系统层,第三层为指标因子层。共建立5个分系统21个指标因子。

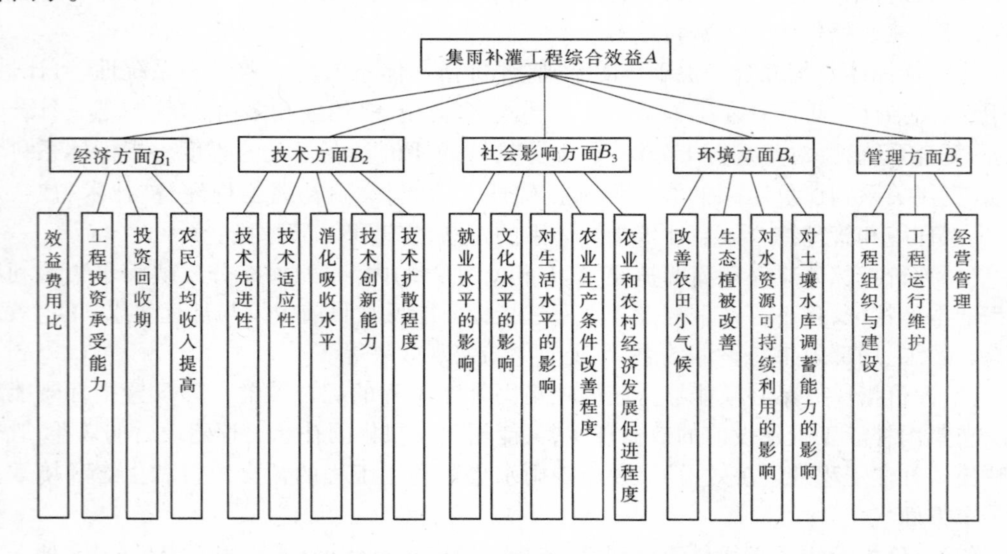

图6-4　集雨补灌工程综合效益评价指标体系

按照指标特征,雨水集蓄利用工程综合评价指标体系中具体指标因子可分为定量指标和定性指标两类。定量指标是可以直接量化的指标;定性指标只有通过统计分析、经验判断和有关其他数学方法才能量化确定。

6.3.4.1　评价指标体系的构成

指标体系的结构,主要就是指形成指标组合的逻辑结构。这一逻辑结构直接反映了体系对象的系统性质,因而也就决定着指标体系的科学性和系统目标的实现。一个科学的指标体系,不仅要有一个合乎科学原理的指标,更重要的是要有一个科学的结构,依靠科学的结构分散的指标才能排列和组合成系统,真实地描述雨水集蓄利用工程的评价面貌,并由此而最终实现系统的目标。

由于集雨补灌工程涉及的范围很广,涉及影响评价结果的因素非常复杂,很难通过一个固定的指标体系和参数来进行广泛的评价。通过对大量指标(因素)的分析与综合,按照指标属性的不同，将其归纳为 5 大类：经济方面指标、技术方面指标、社会影响方面指标、环境方面指标以及管理方面指标。每一大类指标根据所表征问题性质的不同，可以分为若干子类指标，如果需要，子类指标根据其内涵的宽窄又可进一步分为次级子类指标。本研究根据上述集雨补灌工程的内容和设置原则同时结合项目实际情况，采用二级指标体系来描述雨水集蓄利用工程综合效益评价指标体系的递阶层次结构：第一层为总目标 A，第二层是分目标层 B，分别为经济效益 B_1、技术效益 B_2、社会影响效益 B_3、环境效益 B_4 和管理效益 B_5，第三层是因子指标 C，共 21 个。各分目标的作用及因子指标构成分述如下。

1)经济效益

经济效益评价指标主要反映集雨补灌工程的财务收益、国民经济收益和社会收益的状况，是以现有实际条件为依据，对雨水集蓄利用工程的经济效益状况进行评价。经济效益评价是反映本目标体系的第一个子目标，一般工程项目经济评价分为国民经济评价和财务评价，本研究主要结合集雨补灌工程为地方农业项目服务的实际情况，确定了以下具有代表性的综合指标。它由下列指标组成：效益费用比(C_1)、工程投资承受能力(C_2)、投资回收期(C_3)、农民人均收入提高(C_4)。这 4 项指标反映该项目在经济方面的情况。

2)技术效益

技术效益主要是从技术角度反映技术引进后集雨补灌工程技术能力的增强程度，是反映目标体系的第二个子目标。技术效益的主要评价对象是技术引进中与技术的选择、获得及使用推广有较大关系的部分，该子目标由下列指标组成：技术先进性(C_5)、技术适应性(C_6)、消化吸收水平(C_7)、技术创新能力(C_8)、技术扩散程度(C_9)。

3)社会效益

社会效益主要反映集雨补灌工程对社会发展目标的贡献和影响，也就是对社会的各项发展目标所带来的益处。它是目标体系的第三个子目标。由下列指标组成：就业水平的影响(C_{10})、文化水平的影响(C_{11})、对生活水平的影响 (C_{12})、农业生产条件改善程度(C_{13})、农业和农村经济发展促进程度(C_{14})。

4)生态环境效益

生态环境效益是指集雨补灌工程修建、运行过程中对自然与生态环境的影响。是反映目标体系的第四个子目标。这本可以放在社会效益里评价，但目前大家普遍在加强环境保护，更加重视资源利用以及可持续性发展，因此单列为一个子目标，由下列指标组成：改善农田小气候(C_{15})、生态植被改善(C_{16})、对水资源可持续利用的影响(C_{17})、对土壤水库调蓄能力的影响(C_{18})。

5)管理效益

管理效益是指在集雨补灌工程的修建、运行过程中在管理方面产生的影响，是反映目标体系的第五个子目标。由下列指标组成：工程组织与建设方面的影响(C_{19})、工程运行维护(C_{20})、经营管理方面的影响(C_{21})。

本指标体系发出专家问卷(见本章附录 1)若干份，访问专家后，通过征求专家意见最后确定集雨补灌工程综合效益评价指标体系构成，如图 6-4 所示。

6.3.4.2 各指标计算及定性分析

由于雨水集蓄利用工程是一个复杂的系统,需要从不同的角度、各个方面去评价其综合效果。所选指标涉及经济、技术、社会、环境和管理等各个因素,必须全面反映工程项目的效益及影响状态,它们是互相联系、互相依存的整体。综合效果评价的本质是通过对项目建设过程中的效益和费用的计算分析,对项目建设生产过程中的诸多因素给出数量概念。因此,在评价指标中凡能量化的都应进行定量分析和计算,但由于项目的复杂性和广泛性,许多指标难以量化,只能定性地分析。这就要求进行实事求是地、准确地定性分析和描述,采用定性和定量相结合的方法得出评价结论。参考有关领域研究成果,各指标分述如下。

1)经济效益

集雨补灌工程主要是为了缓解当地水资源供需矛盾,工程的直接效益为增产效益。经济效益分析主要根据水利部《水利建设项目经济评价规范》(SL72—94)和有关资料,采用动态分析法进行计算,分别计算其效益费用比、投资回收年限,以及分析当地对工程的分摊投资承受能力和工程的修建对当地群众收入的提高。

(1)经济效益费用比。经济效益费用比 R 按下式计算:

$$R = \frac{B_0}{K_0 + C_0}$$

$$K_0 = \frac{i(1+i)^n}{(1+i)^n - 1} \cdot K$$

式中:B_0 为年效益,元;K_0 为工程投资折算年值,元;C_0 为年费用,元;i 为年资金利率,取 7%;n 为工程使用年限,年;K 为工程总投资,元。

经济效益费用比应大于 1。

(2)工程投资承受能力。有些工程按照投资计划,其资金一部分来源于国家财政,一部分来源于地方财政资金配套,还有一部分可能来源于当地群众的分摊。工程投资承受能力程度就是分摊到当地政府、群众的资金相对于当地政府、群众的实际收入的比例,它应该体现在具体相对数值上,一般不超过人年均收入的 7%。

(3)投资回收期。指从项目开工之日起,项目每年获得净收入收回全部项目投资所需要的时间。

投资回收期 T 按下式计算:

$$T = \frac{\lg(B_0 - C_0) - \lg(B_0 - C_0 - iK)}{\lg(1+i)}$$

式中:$i = 7\%$,其他符号意义同前。

计算的投资回收期应小于限定的回收期。

(4)农民人均收入提高。

通过项目的实施,为当地群众的农业生产创造了便利条件,改善了农作物的种植结构,提高了当地群众的经济收入,对当地群众的生活产生积极的改善作用,它在数值上主要体现为农民的增产增收。

2)技术评价

技术评价指标主要反映在集雨补灌工程技术引进过程中,引进技术的实用性、先进性、消化吸收能力、创新和扩散能力等情况。引进先进的适用技术和设备,采用和推广此项新技术后,不但能使项目本身得益,而且能在消化、吸收、创新的基础上,扩散到全行业和地区,因此技术评价反映了技术引进对项目乃至对整个国民经济的技术进步作出的贡献水平。这些指标都是一些主观评价的指标,由于主观指标是反映人们主观认识差异与变化的指标,是定性指标,也即软指标,这些差异与变化的内涵和外延不是很明确,其概念具有模糊性。因此,对技术效益采用专家咨询的办法进行评价。

(1)技术的先进性。技术的先进性是一个相对的、动态的概念。由于各国的经济、技术发展水平不同,确定技术先进性的客观标准亦不相同。通俗地讲,采用的技术应高于本地区、本行业现有的技术水平,并具有较长的寿命周期和较广泛的应用前景。具体到某一引进项目,技术的先进性应主要体现在项目的具体性能参数和具体指标上。

(2)技术的适用性。新技术引进(如关键技术、工艺、原材料和元器件等),不仅可以大大缩小同国外的技术差距,而且可以节约资金,提高劳动生产率。适用性主要从两个方面考虑:①引进技术与我国资源因素的适应性,应能充分利用本地区的丰富资源,而不是那些特殊、稀缺资源或依赖进口资源。②对我国人口资源的适用性,我国人口众多,劳动力丰富,但劳动力素质较差,引进技术应多考虑劳动密集型的生产。

(3)消化吸收水平。在引进技术工作中"消化"是对引进技术或设备的结构、特点、使用方法的理解和掌握过程。"吸收"是指引进方能独立地按照自己的要求熟练地使用该引进技术或设备的过程。消化吸收评价就是对引进的新技术、新工艺、新设计思想等的消化吸收程度进行评价,其内容有技术培训、生产设计、实际能力、元器件国产化程度等。

(4)技术创新能力。在引进的技术中虽然都具有一定的先进性,但由于资源和环境的差异,实施起来会存在这样那样的问题。因此,在对引进技术消化吸收的基础上,再根据自己的条件与特点,不断地对其进行必要的改造创新,使技术水平逐步赶上或超过输出方。创新评价就是对引进技术进行再创新能力的分析,即在引进技术的基础上是否发展了新技术、新工艺、新的管理方法、新产品等。

(5)技术扩散程度。技术扩散是指对技术引进在本地化的基础上进行创新后,实现技术推广、扩散,从而真正实现技术竞争力的持续增强。从微观角度讲,就是引进技术通过消化、吸收、创新后在行业内部的技术应用范围的扩散。扩散评价就是对引进技术扩散程度的评价,评价的内容是对引进的新技术、新工艺、新思想等在领域、行业或地区的扩散程度的分析。通俗地讲,也就是引进的这项技术是否能积极推广应用在国内的其他地区、相关项目,应用的程度如何等。

3)社会效益

社会效益评价指标主要反映集雨补灌工程对社会发展的影响和贡献水平,主要由下列指标组成。这些指标仍以定性分析为主,由专家咨询法得到其评价结果。

(1)对就业水平的影响。对就业水平的影响是指新项目的单位投资所创造的新的就业机会。在劳动力充分的条件下,集雨补灌工程应尽可能地以一定数量的资金创造更多的就业机会。同时,项目的实施改善了以往的劳动力分布结构,可以通过改善劳动条件改善从业结构。

(2)对文化水平的影响,是指集雨补灌工程对所在行业或地区文化适应性的分析。注重评价项目是否有助于促进文化教育的发展,有助于促进科学技术的传播,有助于文化素质的整体提高。

(3)对生活水平的影响,是指集雨补灌工程对当地群众收入、地方收益、国家收益等的提高所引起的群众生活质量的改善与提高。农民生活水平的提高包括多方面,包括物质和精神等方面的变化。

(4)农业生产条件改善程度。农业生产条件的好坏主要是看农业生产对各种自然灾害尤其是对水旱灾害的抗御能力。不同的灌水技术因其耗水量不同、对水资源持续利用影响不同,在很多方面存在着差异,所以,在水资源比较紧缺的地区,上述情况会影响到水源的灌溉保证率以及作物的生态环境,从而影响到农业生产条件的改善程度。

(5)农业和农村经济发展促进程度。发展集雨节水灌溉的根本目的是改善农业生产条件、促进农业和农村经济的持续稳定发展。一项节水灌溉工程技术对农业和农村经济发展促进作用如何,关键是看是否符合当地现阶段生产力发展水平的要求。

4)环境效益

环境评价指标主要反映集雨补灌工程项目对自然环境、生态平衡的影响程度。其主要内容包括改善农田小气候,生态植被改善,对水资源可持续利用的影响,对土壤水库调蓄能力的影响。这类指标难以定量,仍采取定性分析法。

(1)改善农田小气候,是指工程建设运行期间对灌区气候等方面产生的一些影响而引起的变化。雨水的集蓄利用改变了原来局部地区的循环状态,也就是一定程度上改变了原来的大气-土壤-植物系统。

(2)生态植被改善,是指工程建设运行期间对灌区内的动物、植物等生态系统产生的影响而引起的变化。工程的实施引起了土壤含水量的变化,对本地的植物生长会产生一定的积极作用,从而有利于水土保持工作。

(3)对水资源可持续利用的影响,是指雨水的集蓄利用对原来地表、地下、土壤水的循环系统产生的影响,应采取综合措施,引导其朝良性方面发展。

(4)对土壤水库调蓄能力的影响,土壤水库是指地表以下潜水位以上的土壤孔隙蓄水容积。土壤水库调蓄能力大小主要取决于地下水埋深。合理调控地下水位及其相应的土壤水库库容,对于蓄存雨水、解决降雨年际年内分配不均、实现降雨多年调节以丰补歉、充分利用降雨资源、发展节水农业、减轻或免除洪涝渍灾害、防治土壤盐碱化具有重要作用。

5)管理效益

管理效益评价是对集雨补灌工程项目在组织建设、投入使用、发挥效益和运行维护过程中的评价。由下列指标组成:工程组织与建设方面(C_{19})、工程运行维护(C_{20})、经营管理(C_{21})。这类指标难以定量,主要结合实际情况采取定性分析法。

(1)工程组织与建设方面。主要是对集雨补灌工程的组织与建设过程的各个方面的评价。包括项目组织机构的人员配备、项目的组织实施、施工过程中对各项规定的严格执行等方面。

(2)工程运行维护方面。主要是对集雨补灌工程在建设完工后的正常运行过程中的定期检查、维修保养、保持良好运行状态进行评价，以及对工程为用水区供水状况进行分析评价，考察其是否满足用水区的用水要求。

(3)经营管理评价。主要是对管理单位的水、电费的计价标准和收取等进行综合评价，以及考察其如何改进、提高供水效益，是否达到了良性循环。

6.4 多层次模糊综合评价理论与方法

6.4.1 概述

在前面的章节，我们已初步探讨、建立了集雨补灌工程综合效益评价指标体系，对每一个指标分别进行了描述，这些分散的描述缺乏整体性，特别是在某些指标值较好而另一些指标较差的情况下，很难判别项目综合效益的优劣，而本研究的最终目的是要评价一项雨水集蓄利用工程综合效益的大小。如果说上一节明确了评价的对象，那么进一步的工作就是要寻找如何运用这一指标体系来评价综合效益的评价方法，通过这种方法，将各指标值量化，求出综合效益总的数值。

目前国内外建立的综合评价方法有许多种，常用的方法有S图评判方法、价值工程原理方法、层次分析法、模糊综合评判法等，简述如下。

6.4.1.1 S图评判方法

S图是联邦德国订立的一套正规评价新产品技术经济价值的方法和指标体系，它分别从技术角度、经济角度以及技术经济综合效益的角度对产品进行评价，并把这套研究评价指标体系列入工业标准(VD12225号)。

6.4.1.2 价值工程原理方法

用价值工程原理评价技术经济效益的公式为

$$V(\text{vaule},价值系数) = \frac{F(\text{function},功能)}{C(\text{cost},成本)}$$

式中的“功能”应理解为产品的必要功能，“成本”应是保持该必要功能所需要的最低成本，价值系数体现了产品的功能与成本之间的匹配程度，即技术与经济的综合价值。

6.4.1.3 层次分析法(AHP)

以上两种方法确实解决了技术经济的定量评价问题，计算方法都不复杂，适合于从一系列功能角度评价某一产品的技术经济价值。对于已建立的如图6-4所示的这样一个较为复杂的技术引进评价指标体系，单纯地用前面的这两种方法就显得“力不从心”。其一，因为指标个数较多；其二，在评价某一产品的性能时只用到平行的一组指标，而上述指标体系同时具备若干个子目标，且每个指标、子目标之间又牵扯到了纵向、横向的制约关系。

近年来，在系统的综合评价问题中，尤其是在涉及到较多定性因素时，层次分析法得到了广泛应用。层次分析法是美国著名运筹学家F.L.SaatY于20世纪70年代提出的。它的基本思想就是将一个难以完全用定量方法分析的系统问题分解为各个组成因素，将这些因素按照支配关系分组形成有序的递阶层次结构，这样就形成比原问题简单得多的层次，在这些层次上逐层分析，通过两两比较的方式，确定层次诸因素的相对重要性。它不仅可以将人的主观判断用数量形式表达和处理，还可以检验人们的判断是否前后矛盾。因此，用它来解决判断系统中众多因素之间的相对重要性问题极为有用。

在目前所有确定指标权重方法中，层次分析法可以说是一种比较科学合理、简单易行的方法，被世界各国所普遍采用。本研究所要研究的雨水集蓄利用工程综合效益评价体系中，各个指标所起的作用是不同的，就像在物价的变动中，粮食和副食品价格变动对居民生活的影响比其他种类价格变动的影响要大得多。因此，为了评价的科学性，通常需要对不同的指标赋予不同的权数。指标的重要性主要从指标包含的信息量、敏感性和独立性这几个方面来进行判别。本研究采用层次分析法来确定权重，其主要原理是把复杂的问题分解为各个组成元素，将这些元素按支配关系分组形成有序的递阶层结构。根据一定的比率标度，通过两两比较的方式，将判断定量化，形成比较判断矩阵，计算确定层次中诸元素的相对重要性，确定出各指标相对于上层的相对权重。

6.4.1.4 模糊综合评价法

所谓模糊综合评价法，是运用模糊数学和模糊统计方法，通过对影响某事物的各个因素的综合考虑，对该事物的优劣作出科学的评价。这种方法的最大优点是不但能处理现象的模糊性，综合各个因素对总体的影响作用，而且能用数字来反映人的经验。因此，凡涉及到多指标的综合判断问题，都可以用模糊评判法解决。

雨水集蓄利用工程综合效果评价是一个比较典型的涉及到多因素、多指标的综合判断问题。而有许多难以定量的指标都是根据专家们的经验主观判断确定的，并且这种评价还存在着结论的模糊性。如雨水集蓄利用综合效果好还是不好，往往不能用一个具体的点值来表现，只能用一个数值区域来表示，因而其评价结果具有模糊性。模糊评判法能够较好地处理多因素、模糊性以及主观判断等问题。

对工程建设管理综合效益方面的评价是一项重要的基础性工作，其评价方法也比较多，如综合指数法、属性识别法、模糊数学法、物元法和人工神经网络法等，这些评价方法各有其特点，但在进行综合评价时，由于各单项指标的评判结果往往是不相容的和独立的，直接利用评价常常会遗漏一些有用的信息，甚至得到错误结果。例如，综合指数法主观性就比较强，当评价指标值介于两个相邻级别时，很难准确判断其属于哪个级别；多因子综合评价中确定因子权重也存在主观性，缺乏比较客观可靠的确定环境因子权重的方法。灰色关联度法对样本多少和有无规律都无限定，而且思路清晰，计算量小，不会出现量化结果与定性分析结果不符的情况。但是，灰色关联度分析评价中权重的计算一般采用简单算数平均方法和均方差法等来确定权重，这会在一定程度上影响计算的结果。因此，引入模糊评判法是评价集雨补灌工程综合效益的一个有效的方法。

综上所述，本项目计划运用系统工程、模糊数学、层次分析的有关理论原理，结合集雨补灌工程的实际要求，综合专家意见，建立层次模糊综合评价模型来评价集雨补灌工程的综合效益。复杂系统的分析评估，需要考虑的因素较多，而这些因素（或指标）可以划分为不同层次，形成一个多层次的结构模型。多层次模糊综合评价模型，是将层次分析法(AHP)与模糊决策方法有机结合，形成多层次模糊综合评价方法，从而为复杂系统的综合评估提供了一种新方法。本研究通过建立二级评价指标体系，分解成层次结构。利用层次分析法，确定评价指标的权重，选用模糊数学的方法，对多层次的主观指标评价问题建立模糊综合评价模型，将模糊因素数量化。也就是将层次分析法和模糊评判法这两种方法结合起来，再引入等差打分法，利用向量的乘积，最后求出综合效益评价结果的代数值。

6.4.2 模糊理论概述

6.4.2.1 模糊的产生

世界的本源是模糊的，人类的认知水平也是从混沌空蒙走向明晰和精确，从抽象的语言描述到具体的数字表示。17 世纪牛顿和莱布尼兹创立了微积分，更使人类的认知产生了一个飞跃，以致数学被人们看成是“严谨、精确”的化身。但随着人的认知水平和科学技术的发展，人们开始认识到，复杂的事物是难以精确化的，复杂的系统很难用精确的数学进行描述：丰富多彩的世界绝不是 Contor 的集合所能描述的。例如“胖和瘦”、“快和慢”、“美和丑”等概念是没有明确的界限的。尽管我们对什么是“秃头(bald)”和“正常头发(hirsute)”有一个非常清晰的概念，但用数学上精确语言对二者的定义却会得到相悖的结论。其次，数学的应用领域逐渐扩大，各门学科甚至过去与数学很少联系的生物学、心理学等社会和人文学科都迫切要求数字化、定量化地描述和分析。但这些学科的大多数概念是模糊的，很难用精确的数学方法处理其语义属性，需要有研究和处理具有模糊性概念的数学来为这些学科提供新的数学描述语言和工具。于是有人开始研究模糊。

1965 年美国学者 L.A.Zadeh 的“fuzzy sets”的著名论文，宣告了“模糊数学”正式诞生。Zadeh 认为，有时精确远不如模糊更符合事物的本原。在现实生活中复杂事物要想绝对精确是不可能的，本来就是含糊的事物要想精确化也是不可能的，实际上只是把不准确程度降低到无关紧要的水平罢了。Zadeh 在这篇论文中，首次成功地运用数学方法描述了“模糊性”，突破了 Contor 集合论的二值逻辑的束缚，解决了 J.Tukasiewicz 和 E.Post 等人的三值逻辑论和多值逻辑论无法处理的一些关键概念，提出了一个求解逻辑问题的更一般的、更抽象的方法。其关键思想是承认由于客观事物的差异所引起的中介过渡的不分明性，承认渐变的隶属关系。一个元素可以部分地属于某个集合，一个命题可以部分地为真。其中隶属函数是描述某个元素模糊性的关键，是模糊数学赖以建立和发展的奠基石。

自 1965 年来，模糊数学已渗透到了数学的各个分支，如模糊拓扑、模糊逻辑、模糊概率、模糊规划、模糊系统等方面已取得了重大的理论研究成果，模糊分析理论与方法在气象预报、医疗诊断、人工智能、模式识别和模糊控制、商品评价，以及农林地质等学科方面显示了其强大的生命力。

模糊数学理论的飞速发展和应用的广泛普及，主要在于它反映了人脑的不确定性思维，利用数学的方法妥善处理了生活中“亦此亦彼”的现象，是人类认知水平自然发展的过程，也是人类认知过程的一种转变和飞跃。

事实上，早在 1923 年，著名哲学家罗素就论述过模糊性在现实生活和自然界各个领域中的客观存在问题。恩格斯曾明确而高度概括地指出“一些差异都在中间阶段融合，一些对立都经过中间环节而相互过渡”；“辩证法不知道什么绝对分明和固定不变的界限，不知道什么无条件的非此即彼，它使固定的形而上学的差异互相过渡，除了‘非此即彼’，又在适当的地方承认‘亦此亦彼’，并且使对立互为中介”。因此，模糊性是客观存在的自然属性的论点有着坚实的哲学基础。模糊性不是由于人的主观认识达不到客观实际而造成的，而是事物的一种客观属性，是事物的差异之间存在着中间过渡，是事物或现象的归属界限的不确定性所带来的亦此亦彼的表征结果。从另一方面讲，模糊性也不是由于人的认知思维的不确定性存在造成的，而恰恰相反，是人的思维力求确切反映自然事物或现象的本质属性时的一种客观再现，亦即模糊性是事物的本质属性，“模糊”模式是一种能较好地模拟人类思维模式的工具。

因此，模糊数学并不是“模糊”的数学，它是采用严格的、精确的数学手段处理模糊现象的一门数学。模糊数学是传统数学的延伸和推广，与传统数学一样，有着严格的数学理论基础。从认识发展的观点来看，它实际上也是对客观世界的一种精确反映，体现了人类认识能力的深化，是以模糊达到精确的手段。

6.4.2.2 模糊集合论的基本原理

模糊数学可称为是继经典数学和统计数学之后数学的又一个新发展，它将 Contor 集合隶属函数的二值值域{0,1}扩展为模糊集合隶属函数的连续值域[0,1]，为描述和反映客观世界中各种模糊事物与现象如模糊概念、模糊目标和约束以及各系统之间的模糊关系提供了有效的手段。模糊数学打破了普通集合论的束缚，并与数学严密整合，其特征在于：

(1)隶属函数的引入。前已述及，隶属函数是模糊数学的基础，是描述某个元素与集合关系的关键。用模糊数学处理实际问题时首先要解决的就是如何确定隶属函数。隶属函数的定义可作这样的解释：给定论域 U 上的一个模糊子集 A(为便于与普通集合区别，将 A 记做 $\underset{\sim}{A}$)，对任意的 $x \in U$，都对应有一个实数 $\mu_{\underset{\sim}{A}}(x) \in [0,1]$，$\mu_{\underset{\sim}{A}}(x)$称为 x 对集合$\underset{\sim}{A}$ 的隶属度，$\mu_{\underset{\sim}{A}}$ 就是 $\underset{\sim}{A}$ 的隶属函数。$\mu_{\underset{\sim}{A}}(x)$的值表示元素 x 隶属于集合 A 的程度，$\mu_{\underset{\sim}{A}}(x)$的值越接近于 1，表示 x 隶属于$\underset{\sim}{A}$ 的程度越高；$\mu_{\underset{\sim}{A}}(x)$的值越接近于 0，则表示 x 隶属于$\underset{\sim}{A}$ 的程度越低。

(2)模糊数学的分解定理和扩张原则。这是沟通模糊数学与经典数学的桥梁，因为任何模糊数学的定理都可以通过分解定理化为普通集合的问题来处理，而扩张原则可以把普通集合扩张到模糊数学中去。模糊数学使用的是经典集合的方法，却是对经典集合的推广和发展。以上面的例子为例，若 $\mu_{\underset{\sim}{A}}(x)$的值域为{0, 1}，则$\underset{\sim}{A}$ 就蜕化为普通集合。可见，普通集合是模糊数学的一个特例。

按 Zadeh 给模糊集合论的一种解释，在模糊集合论中，任何领域都可以模糊化，只要用模糊集代替其中由普通集合所表示的概念，而精确度只是实现某个任务所需的最小精度。因此，模糊集理论出现了很多分支，如模糊运算、模糊数学规划与决策分析、模糊概率理论、模糊控制、模糊神经网络理论和模糊拓扑等。所以，模糊理论是通过对一般领域的模糊化，从而使许多理论变得更具一般性和具有更强的解决实际问题的能力；与传统数学相比，模糊数学并不是着眼于提供一种普通数学解决不了的方法，而是通过拓展其外延，在一个更广泛的范围内分析和解决问题，在某些方面使问题解决得更容易和客观，与人的思维方式相一致。

6.4.3 多层次模糊综合评价原理及模型

雨水集蓄利用工程是一个复杂系统，由图 6-4 集雨补灌工程综合效益评价指标体系的递阶层次结构图可见，集雨补灌工程综合效益的评价问题，涉及到经济、技术、社会影响、环境、管理等多个效益目标因素。为了全面正确地评价其综合效益，需要考察多方面的指标，但是，因评价指标较多，若不进行综合就难以清晰概括地反映集雨补灌工程的综合效益,同时也不便于不同工程间的横向比较和单个工程的纵向时间序列比较。为了对其进行合理可行的评价,在参考以往专家学者的研究成果基础上,计划采用多层次模糊综合评价模型来解决这一问题。

6.4.3.1 多层次模糊综合评价原理与模型

多层次模糊综合评价就是先把要评判的同一事物的多种因素,按某一属性分成若干层次,然后对每一层次进行综合评判,在此基础上再对初层次综合评判的结果进行高层次的综合评判。

一个被评对象相对于这些指标的评价(优,良,中,差,劣)具有一定的模糊性,需要运用模糊集合论来研究。将评价因子即因素集 U 根据某种属性分成 m 个因素子集,记做 $u_1,u_2,\cdots,u_m$,设 $U=\{u_1,u_2,\cdots,u_m\}$为评价因素集(即指标集);$V=\{v_1,v_2,v_3,v_4,v_5\}=\{$优、良、中、差、劣$\}$为评价集,即评价等级的集合;则模糊矩阵

$$\underline{R}=\begin{pmatrix}\underline{R_1}\\ \underline{R_2}\\ \vdots\\ \underline{R_m}\end{pmatrix}=\begin{pmatrix}r_{11} & r_{12} & \cdots & r_{1n}\\ r_{21} & r_{22} & \cdots & r_{2n}\\ \vdots & \vdots & & \vdots\\ r_{m1} & r_{m2} & \cdots & r_{mn}\end{pmatrix}_{m\times n}$$

为评价矩阵。

$\underline{R_i}=\{r_{i1},r_{i2},\cdots,r_{in}\}$为相对于评价因素 u_i 的单因素模糊评价,它是评价语集 V 上的模糊子集。r_{mn} 为相对于第 u_m 个评价因素给于 v_n 评语的隶属度($n=1,2,3,4,5$)。

U 上的模糊子集 $\underline{A}=(a_1,a_2,\cdots,a_i,\cdots,a_m)$称为权重。其中 a_i 为第 i 个评价因素对应的权值,且 $a_i\geqslant 0,\sum_{i=1}^{m}a_i=1$。

模糊综合评判数学模型的标准形式:

$$\underline{B}=\underline{A}\cdot\underline{R}$$

$\underline{A}$ 是论域 U 上的模糊子集,即模糊向量,而评判结果 $\underline{B}$ 是 $\underline{V}$ 上的模糊子集,把模糊关系矩阵(即单因素评价矩阵)$\underline{R}$ 看成模糊变换器,$\underline{A}$ 为输入(总因素),$\underline{B}$ 为输出(总评判结果)。开始对每个 u_i 模糊综合评价一级模型分别进行评判。u_i 的单因素评判矩阵为 $\underline{R_i}$,于是,第一级的模糊综合评判就可以进行了。再将 u_i 作为一个元素看待,用 v_i 作为它的单因素评判矩阵,这样就构造了新的评价矩阵,这样层层计算下去就可以了。

对于集雨补灌工程综合效益评价而言,因评价因素(指标)、需要考察的方面甚多,需建立多级模糊层次综合评价模型,见图 6-5。

按照图 6-4 的层次结构和图 6-5 的多级综合评价模型框图,由低层到高层逐层确定权重分配并进行该层的综合评价,将其所得结果作为高层次的模糊矩阵,进行高层次的综合评价。这样既反映了各评价因素间客观存在的层次关系,又克服了评价因素过多难以分配权重的弊病。具体评价流程见图 6-6。

由此可见,运用多层次模糊综合评价模型来评价集雨补灌工程的综合效益,简单易行,精确度高。传统评分法,要对评审因子划分等级、规定档次和给出分数,这样就会出现同一因子,本来差距不大,但由于处在两个不同档次而被分为两类;或者相反,本来差距较

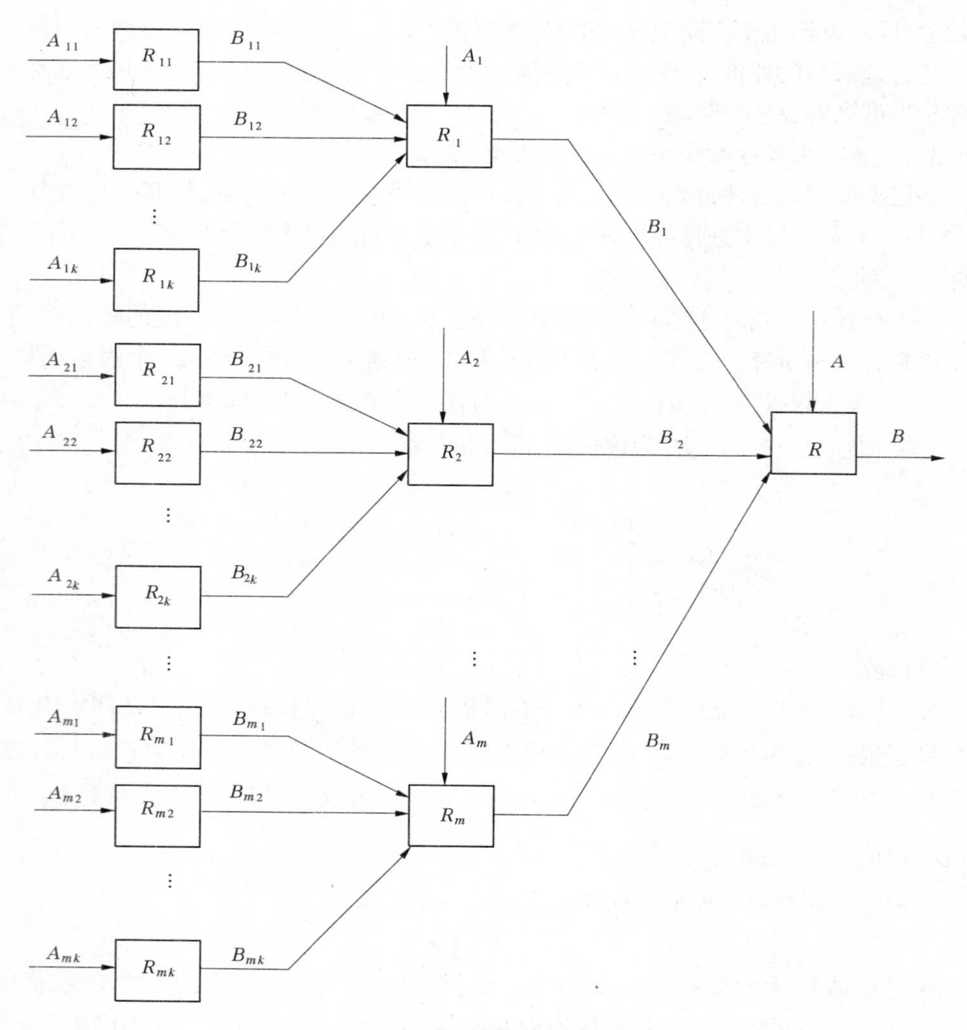

图 6-5　多层次模糊综合评价模型图

大,但处于同一档次而被分为一类,而得到相同的级分。如果采用多层次模糊综合评判方法,用模糊变换原理和隶属函数表示可能的程度就克服了上述的弊端,从而提高了分类精度和评价的准确性;另外用多层次模糊综合评判方法建模容易,计算不繁,又易于指标量化。采用多层次模糊评价方法,为解决多因素综合评判权重不好分配找到一个有效途径。多因素的综合评价问题,若采用单层次评判法,评审因子多,其中有的权重必然很小,再经过复合运算,又损失部分信息,最后计算结果必然不够精确,若采用多层次评判,把因子分属各个层次,然后再作权重分配,就不感到困难了。因此,这一方法比对单层确定权值的评价方法更具有优越性和实用价值。多目标、多层次的综合评判系统将一个复杂的目标系统按属性横向归类,按递阶要求纵向分层,从而使系统内诸因素间及诸因素与总目标间的相互关系清晰明了,再采用恰当的方法确定出各因素的权重组,就可以对复杂系统进行较全面科学的评判。模糊数学的出现,是基础领域研究的重大突破,它摆脱了传统数学理论"非此即彼"的确定性,反映出"亦此亦彼"的模糊性。雨水集蓄利用工程是一个系统工

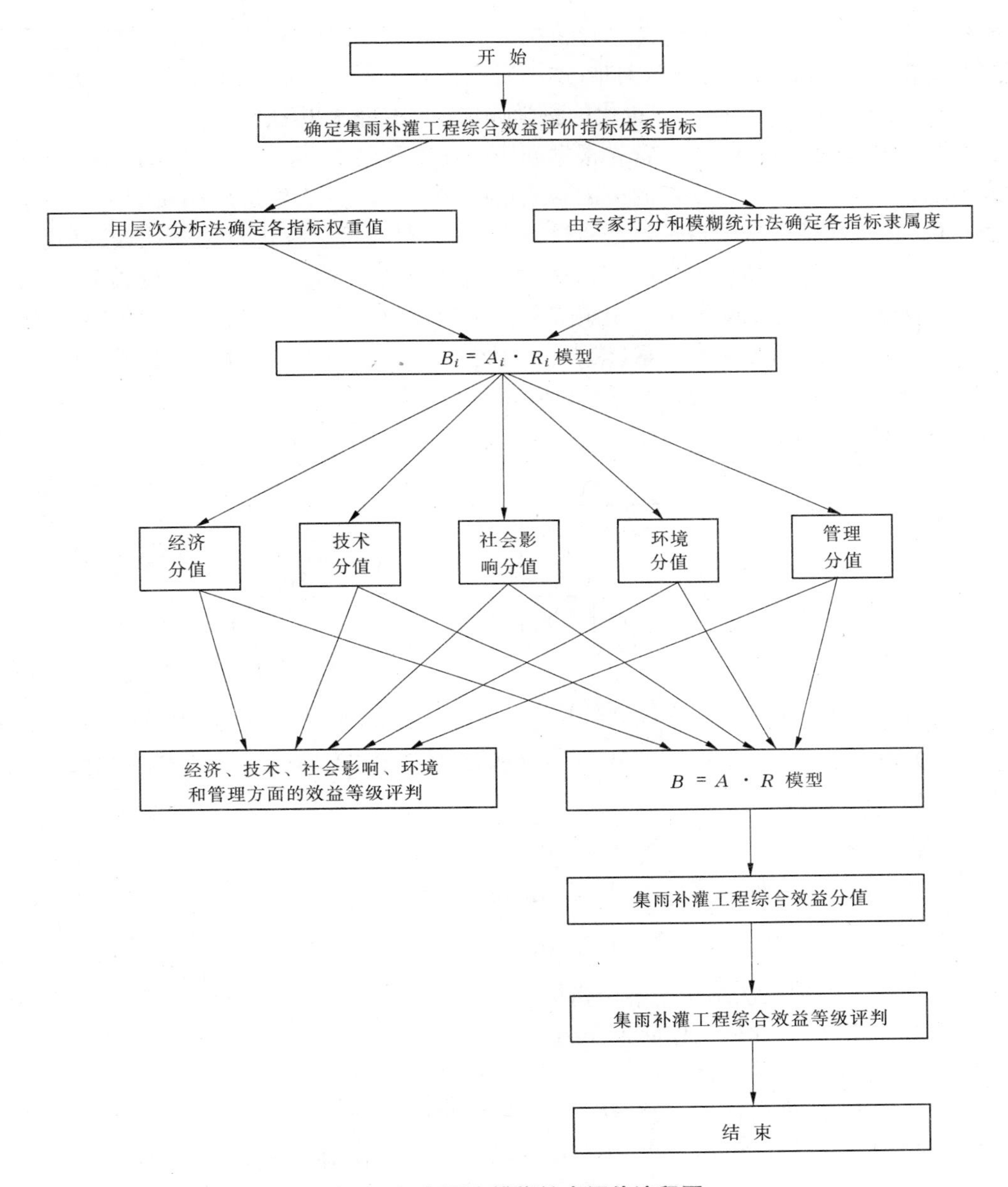

图 6-6 多层次模糊综合评价流程图

程,涉及到方方面面许多因素,有许多因素因条件尚不成熟而显得扑朔迷离,或因其自身的特点而难以明确其值,就明其因,在这个阶段,专家的个人经验往往显得必需和重要。他们往往能够透过纷纭复杂的表面现象抓住问题的本质,通过看似支离破碎、互不相干的问题寻求规律,从而高效、迅速地解决实践中的具体问题。

6.4.3.2 评价指标权重的确定

权重是表示因素重要性的相对数值。所谓重要性,缺乏精确的定义和明确的外延,因此是一个模糊的概念,它可以有许多程度不同的等级,例如:非常重要、很重要、重要、比较重要、有点重要、不太重要、不重要等,这些等级均属于有弹性的软划分。在雨水集蓄利用工程综合评价效益评价中,由于各个评价指标对综合效益的影响程度是不同的,直接分析多个指标对综合效益的影响非常困难,本项研究在确定评价指标权重时,运用了美国学者T.L.Saaty提出的将定性问题定量化的科学方法——层次分析法。

层次分析法的基本内容是:首先根据问题的性质和要求,提出一个总的目标。然后将问题按层次分解,对同一层次内的诸因素通过两两比较的方法确定出相对于上一层目标的各自的权系数,结合本项目也就是通过专家分析,对评价指标进行两两比较,确定其相对重要性,得到比较判断矩阵,再计算矩阵的标准化特征向量,并进行一致性检验,这样层层分析下去,先由下而上对各指标用矩阵向量法确定权重后,再将最下层权重向上传递,直到最后一层,即可给出所有因素(或方案)相对于总目标而言的按重要性(或偏好)程度的一个排序,也就是确定了各评价指标的权重。

例如有如下层次结构:

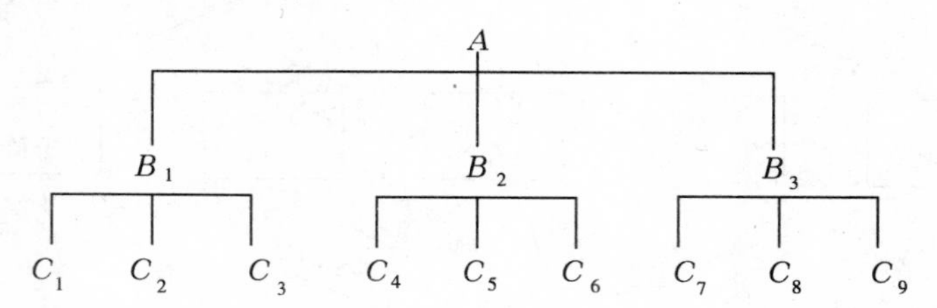

设 B_1,B_2,B_3 相对于 A 的权重$(W_{B_1A},W_{B_2A},W_{B_3A})=(0.3,0.3,0.4)$,$C_1,C_2,C_3$ 相对于 B_1 的权重$(W_{C_1B_1},W_{C_2B_1},W_{C_3B_1})=(0.5,0.3,0.2)$,则 C_1,C_2,C_3 相对于 A 的权重就分别为:

$W_{C_1A}=W_{C_1B_1}\times W_{B_1A}=0.5\times 0.3=0.15$

$W_{C_2A}=W_{C_2B_1}\times W_{B_1A}=0.3\times 0.3=0.09$

$W_{C_3A}=W_{C_3B_1}\times W_{B_1A}=0.2\times 0.3=0.06$

依次类推可得到层次结构中各个指标因素相对于终极目标的权重。本部分在前面已经有了详细的叙述,故此处只作简单介绍。

6.4.3.3 评价指标隶属度的确定

一般情况下,评价指标集中的指标可以分为两类:一类为定量指标,另一类为定性指标,在多层次模糊综合评价过程中,用传统的数值定量方法难以客观、准确地作出前后一致的评价,例如项目对生态环境的影响,一般难以精确计量,而只能用"很好"、"较好"、"一般"、"较差"及"很差"等带有模糊属性的语言来表示。这些概念之间的划分,本身亦具有明显的模糊性。因此,采用模糊技术与专家系统理论,把工程实践中难以定量描述的问题采用专家经验或数学理论先模糊化,再运算前后一致的明确答案。

各单因素隶属度的确定采用模糊统计与德菲尔相结合的方法,现把确定评价指标隶属度的单因素模糊评价方法介绍如下:

1)确定评价因素集

将评价因子即评价因素集 U 根据某种属性分成 m 个因素子集,记作 $u_1,u_2,\cdots,u_m$,设 $U=\{u_1,u_2,\cdots,u_m\}$为评价因素集(即指标集)。

2)确定评语集 V 及标准隶属度集 W

设 $V=\{V_1$(很好),V_2(较好),V_3(一般),V_4(较差),V_5(很差)$\}$为评价集,即评价等级的集合,例如取值 $W=\{W_1(1.0),W_2(0.75),W_3(0.5),W_4(0.25),W_5(0)\}$为某一隶属度集。

3)专家评语

发放印有评价指标与评价等级的表格给专家。由 s 个专家对 t 个指标打分,打分时并不要求给出具体的分值,而是在 5 个评语级别:“很好”、“较好”、“一般”、“较差”、“很差”中认为最合适的级别上打“√”即可,打分表见本章附录 3。

4)隶属度的计算

根据 s 位专家的评语,作模糊统计分析计算,就可以得到关于 t 个评价指标的从 U 到 V 的模糊关系,即评价矩阵$\underline{R}$,用模糊评价矩阵$\underline{R}$ 来描述:

$$\underline{R}=\begin{pmatrix}\underline{R}_1\\ \underline{R}_2\\ \vdots\\ \underline{R}_m\end{pmatrix}=\begin{pmatrix}r_{11} & r_{12} & \cdots & r_{1n}\\ r_{21} & r_{22} & \cdots & r_{2n}\\ \vdots & \vdots & & \vdots\\ r_{m1} & r_{m2} & \cdots & r_{mn}\end{pmatrix}_{m\times n}$$

其中$\underline{R}_i=\{r_{i1},r_{i2},\cdots,r_{i5}\}$为相对于评价因素 u_i 的单因素模糊评价,它是评价语集 V 上的模糊子集。$r_{ij}(i=1,2,\cdots,m;j=1,2,\cdots,n)$为相对于第 u_i 个评价因素给于 v_j 评语的隶属度$(j=1,2,\cdots,n)$,计算如下:

根据回收整理后专家的评语,得到对 i 个评价指标有 V_{i1}个 V_1 级评语,V_{i2}个 V_2 级评语,…,V_{in}个 V_n 级评语。那么,对 $i=1, 2,\cdots,m$ 有:

$$r_{ij}=V_{ij}/\sum_{j=1}^{n}V_{ij}\quad(j=1,2,\cdots,n)$$

6.4.4 综合效益评价结果的推求以及效果等级的确定

6.4.4.1 综合效益评价结果的推求

根据图 6-4 确定的集雨补灌工程经济、技术、社会影响、环境和管理综合效益评价指标体系,按照上述介绍的方法,对拟进行综合效益评价的集雨补灌工程打分,将权向量矩阵中的总排序权值 A 和评价矩阵R 代入多层次模糊综合评价数学模型,通过模糊矩阵的合成运算,就可以通过以下多层次模糊综合评价模型逐层进行计算:

$$B_i=A_i\cdot R_i=(b_1,b_2,\cdots,b_n)_i\quad(i=1,2,\cdots,m)$$

在计算过程中若 $\sum_{j=1}^{n}b_j\neq 1$,则采用“归一化”处理为$\overline{b}=(\overline{b}_1,\overline{b}_2,\cdots,\overline{b}_n)$,其中:

$$\overline{b}_j=b_j/\sum_{j=1}^{n}b_j\quad(j=1,2,\cdots,n)$$

设分数值按以下档次划分:

$$F=(f_1,f_2,f_3,f_4,f_5)=(100,80,60,40,20)$$

这样就可以根据以上的初步计算结果按以下方法得出最终结果:

$$Z_1=\overline{B}_1\cdot F;Z_2=\overline{B}_2\cdot F;Z_3=\overline{B}_3\cdot F;Z_4=\overline{B}_4\cdot F;Z_5=\overline{B}_5\cdot F;$$

$$Z=(Z_1,Z_2,Z_3,Z_4,Z_5)^{\mathrm{T}}$$

最终评价结果 $Q = A \cdot Z = \sum_{i=1}^{5} A_i \cdot Z_i$。

这样通过层层计算，就可以得出某集雨补灌工程在经济方面、技术方面、社会影响方面、环境方面和管理方面的效益评价的具体数值，再通过同样道理进行综合叠加运算，就可以得出工程整体综合效益评价的具体数值。

上面的计算结果(包括某集雨补灌工程在经济方面、技术方面、社会影响方面、环境方面和管理方面的效益评价的具体数值以及工程整体综合效益评价的具体数值)是选择了某集雨补灌工程的一个时间作为评价切入点，如果选择不同的时间序列，例如，把时间点选为工程建设初期、工程建设中期、工程建设运行期，就可以得出一个按照时间序列发展的经济方面、技术方面、社会影响方面、环境方面和管理方面的效益评价的具体数值和工程整体综合效益评价的具体数值，这样就可以比较该集雨补灌工程在不同时间的分指标和综合指标的动态效益，根据这些分指标和综合指标的动态效益的数值，可以绘制出动态曲线，可以清楚地分析出各分指标和综合指标效益的变化，同时也可以根据该动态曲线对该工程以后在各分指标和综合指标效益的发展效果做出预测。

同样道理，如果把上述集雨补灌工程综合效益评价指标体系以及评价模型应用于不同的集雨补灌工程，可以计算出各个集雨补灌工程在经济方面、技术方面、社会影响方面、环境方面和管理方面的效益评价的具体数值和工程整体综合效益评价的具体数值，这样就可以作出一个横向比较，利于总结各集雨补灌工程的优劣，总结经验，改善不足。

如果对不同的集雨补灌工程再引入不同的时间序列，那将是一个囊括横向、纵向的时空大系统复杂评价，可以更深层次地剖析各个集雨补灌工程的综合情况，加以推广应用，必将产生重大影响，对于提高雨水集蓄利用工程综合效益具有重要的实际应用价值。

6.4.4.2 综合效益效果等级的确定

本项研究中，评价指标的量化和确定是从经济、技术、社会影响、环境和管理等 5 个方面进行的综合评价，一个经济、技术、社会影响、环境和管理等考虑到社会及生态综合效益最佳、生态系统建设接近完全理想化的集雨补灌工程，其评价指标总得分值为 100(考虑到集雨补灌工程在经济方面、技术方面、社会影响方面、环境方面和管理方面的效益评价的具体数值及工程整体综合效益评价的具体数值介于[100,0]，所以规定综合效益效果等级的分值范围定为[100,0])，一个综合效益最差、生态经济系统建设完全达不到有关标准最低限度的雨水集蓄利用工程，其评价指标总得分值为 0 分。根据雨水集蓄利用工程实践、区域社会经济发展和我国农业生态经济建设试点的有关要求，参照水土保持、环境保护、国土整治、农业、林业及畜牧业等有关部颁标准情况的研究，雨水集蓄利用工程经济、社会和生态综合效益评价指标总分值超过 80 分，可确认该集雨补灌工程已经达到比较理想的程度。雨水集蓄利用工程的综合效益分数越高，说明综合治理效益越好，工程越成功，生态经济系统建设越完善，经济、社会和生态效益越高。

综合分析国内集雨补灌工程的整体情况，同时紧密结合我国集雨补灌工程的实际水平，经征求专家系统成员的意见，把集雨补灌工程系统按照综合效益情况划分为 4 个等级：

总分数 Q 在 80～100 为优等工程；

总分数 Q 在 70～80 为良好工程；

总分数 Q 在 60～70 为中级成功工程；

总分数 Q 在 60 以下为失败工程。

通过多层次模糊综合评价模型计算出的雨水集蓄利用工程综合效益的分值，再根据以上专家对分值的划分，可以确定工程综合效益的总体水平。

6.4.5 专家打分工作中应注意的问题

6.4.5.1 参加打分的专家选聘应注意的问题

采用专家参与评判确定指标量化值或优选权重过程中，专家选聘的合理与否，直接影响最后结果的准确程度，所以在专家的选聘过程中应该注意：所选专家必须对待评价的指标所涉及的各方面情况非常熟悉，且有经验，所选专家在评价指标领域应该有一定的权威性；所选专家在专业分布上要全面、合理，有代表性；专家人数要适当（一般取 6～10 人），各类专家比例应合理，专家人数过少，代表性不好而且易于造成个人好恶偏见对最终评价结果的影响过大，人数过多，则数据处理工作量过大，评判周期过长，而最后结果的准确性不一定能够提高。

6.4.5.2 采用专家打分应注意的问题

对专家打分可以采取调查问卷的形式，也可通过函询的方法，应避免权威、资历、口才、劝说、压力等的影响。

在请各专家进行打分时，应针对不同方案对各专家的打分结果进行专家意见的一致性程度检验，即要采用专家的倾向性意见，对于意见不集中的方案，应采取重新打分，或另请专家进行打分。可以采用如下特尔菲(Delphi)法进行打分，并对打分结果进行评估。

特尔菲法是国内外十分流行的一种方法，其实质就是反馈与函询的调查，它的主要特点是函询与反馈，而且通过函询的方法还可以避免权威、资历、口才、劝说、压力等的影响。该法还必须保证反馈的过程自始至终采用匿名的方式，而且允许专家在反馈意见中后一次修改前一次的意见。这就更有利于专家消除顾虑，对定性问题给出更合理的量值。

特尔菲法评估的结果，主要由两种统计方式获得，如果对调查的问题希望专家回答的是准确的数据时，就用调查结果的中位数表示倾向性意见，并以上四分位数和下四分位数之差表示意见一致性程度。如果只要求专家对评价方案给出优劣评价或排序，则可把不同专家评定的对不同方案的名次相加，得到该方案的排序和。哪个方案排序总和值最小，则该方案就是专家的倾向性方案。例如，有 5 个待选择方案，现由 6 位专家独立地按自己的意见给方案排序，其结果列于表 6-3。

表 6-3 专家评分结果

方案	专家代号						排序总和
	01	02	03	04	05	06	
A	1	2	1	2	2	1	9
B	2	1	2	3	1	3	12
C	3	4	5	1	6	2	21
D	4	3	3	4	4	5	23
E	5	5	4	5	5	4	28

由表 6-3 可以看出，方案 A 的排序结果最优，因此在方案决策时应选择方案 A。但是，仅仅如此还不够，我们还需要知道参加排序的几位专家的意见是否集中，也就是所谓的"一致性"。通常用一个 0～1 之间的系数来表示专家意见一致性的程度，称为"一致性系数"，该系数愈接近于 1，说明专家意见愈集中，反之则反。一致性系数的计算公式为：

$$C = \frac{12S}{m^2(n^3 - n)} \tag{6-4}$$

式中：C 为一致性系数；S 为专家排序总和的方差和，用下式计算：

$$S = \sum x^2 - \frac{(\sum x)^2}{n} \tag{6-5}$$

式中：x 为某方案的专家排序之和；m 为专家数目；n 为方案数目。

按式(6-4)可以求得表 6-3 的 $C = 0.65$。这个值相对偏低，说明专家意见不够集中，因此我们在确定采用方案 A 时应持慎重态度，或者让专家重新进行优选排序。

上述专家排序方法，可以直接扩展到数值的评定。即如果在定性指标中，要求专家给出量值，可先按方案数将量值划分为 n 个档次。若要求量值越大越好，可将数值最大的档排序为 1，数值最小的档排序为 n，反之则倒过来。然后即可按上述方法计算一致性系数，进而做出选择或确定所要求的指标的量值。

6.5 评价指标体系在项目区的应用

6.5.1 基本情况介绍

6.5.1.1 项目区基本情况

以辉县市砂锅窑示范区为例。辉县市位于太行山南麓，北邻林州，南通获嘉、修武，东接卫辉，西邻山西陵川。全市土地面积 2 007km^2，其中山丘区占 61.5%。该区域是河南省省级贫困地区。该示范区总面积 26.67hm^2，农业以种植业为主，工业基础薄弱。种植业以小麦、玉米、林果和蔬菜为主，同时还种植一些药材如板蓝根，以及部分果树如核桃等。畜牧业仅限于家庭饲养，以猪、牛、羊和鸡为主。

1)气象条件

该区属暖温带大陆性季风气候区，四季分明，光照充足，温度适中。春季干旱多风；夏季炎热多雨，易成洪涝；秋季温和凉爽，降水减少；冬季寒冷干燥，雨雪稀少。

2)土壤、地下水情况

示范区为山地丘陵区，地势起伏较大。土壤以黏土为主，田间持水率为 25.47%(占干土重量百分数)。

灌区浅层地下水矿化度一般为 0.5～1.5g/L，pH 值 7.2 左右，属弱碱性淡水。地下水动态属"入渗补给—蒸发开采"型，水平运动较滞慢，垂向交替运动频繁，接受大气降水和其他地表水体补给，消耗蒸发和开采。由于近年天气持续干旱，农民迫于生产、生活需要，在地上水资源严重不足情况下被迫过量开采地下水，造成区内地下水位逐年下降，地下水位一般在 10～14m，最大埋深达 20.8m，严重制约区域经济发展。

3)示范区作物种植情况

示范区是一个以粮棉为主的旱作农业区，适种作物主要为冬小麦、夏玉米、棉花、谷子、大豆和花生等。耕作制度为：冬小麦—夏玉米(或夏播棉、夏大豆、夏谷)一年两熟制；春播棉—冬闲田一年一熟制；冬小麦—夏玉米—冬闲田—春播棉(或春谷、春大豆)二年三熟制。

根据区域现状种植结构和农业区划，及各种作物的需水规律，确定灌区代表作物和种植比例为：秋播作物以冬小麦为代表，种植比例65%；夏播作物以夏玉米为代表，种植比例为65%；春播作物以春播棉为代表，种植比例为35%。复种指数1.65。

6.5.1.2 项目基本情况

辉县市砂锅窑集雨补灌工程作为试点示范工程建设，主要为满足示范区26.67hm^{2}地的农田用水和经济作物用水。

1)主要工程及投资

(1)水窖：水窖根据集雨场的分布而选择合适地方建造，尽量沿等高线围绕项目区布置，这样大部分水窖可以实现自流灌溉，其余不能实现自流灌溉的水窖通过水泵提水来灌溉；该工程共修建水窖58个，每个水窖容积为35m^3，造价为2 500元，合计14.5万元。

(2)蓄水池：主要为了蓄积开矿过程中排出的地下水，对雨水不足时起到调节作用；该工程修建大型蓄水池2个，容积分别为1 500m^{3}和500m^3，蓄水池造价合计6万元。

(3)水保工程：根据当地地形特点修建的鱼鳞梯田和坡改地工程，同时结合降雨特点，为充分集蓄利用雨水而对地表集雨场的处理工程；该项投资计30万元。

(4)田间配套工程：为配合水窖、蓄水池充分发挥水源的有效使用率，需要建设田间配套工程，主要是田间输水管网和蓄水池输水管网的配套；该项投资计18万元。

(5)其他费用按10%计。

(6)资金筹措：本项目总投资合计75.35万元，其中国家投资60万元，省、市、县配套15.35万元，考虑到该地区经济条件比较落后，故群众不参与投资分摊，群众出工参与工程建设。一般项目分摊资金不超过人年均收入的7%(人年均收入按1 000元计)，即70元。

2)效益分析

(1)经济方面。

砂锅窑集雨补灌工程主要是为了缓解当地水资源供需矛盾，工程的直接效益为增产效益。经济效益分析主要根据水利部《水利建设项目经济评价规范》(SL72—94)和有关资料，采用动态分析法进行计算，分别计算其效益费用比、投资回收年限，以及分析当地对工程的分摊投资承受能力和工程的修建对当地群众收入的提高。基准年为2003年，分析期为工程使用年限，按25年计，项目区工程当年投资完工，不计施工期投资利息。

①增产效益。集雨补灌工程的直接效益为增产效益。项目实施后，26.67hm^{2}示范区增收15 000～22 500元/hm^2，分别为高效粮食作物和高效经济作物的情况，取粮食作物增收15 000元/hm^2，水利增产效益分摊系数取0.6，故每年增产效益为$B_0 = 15\ 000 \times 23.33 \times 0.6 = 21$(万元)。

按0.1hm^2/人计算，23.33/0.1 = 233(人)，由增产效益可以计算出人均收入提高：

增产效益/人数 = 210 000元/233人 = 901.29元/人

②工程投资折算年值。工程投资折算年值计算公式如下：

$$K_0 = \frac{i(1+i)^n}{(1+i)^n - 1} \cdot k = 7\% \times (1+7\%)^{25} \times 75.35/[(1+7\%)^{25} - 1] = 6.47(万元)$$

③工程年运行费。包括以下几项：

工程大修费：工程大修费率按工程投资的2%计算，平均年工程大修费为1.51万元。

年维修费用：根据其他工程经验，年维修费率按工程投资的0.8%计算，平均年工程大修费为0.6万元。

管理费用：按管理人员3人，每人年补助工资3 000元，全年管理费为0.9万元。

能源费用：项目区年抽水量7万m^3，按费用0.2元/m^3计算，年能源费为1.4万元。

以上合计为年运行费：$C_0 = 4.41$万元。

④经济效益费用比。经济效益费用比R按下式计算：

$$R = \frac{B_0}{K_0 + C_0} = 21/(6.47 + 4.41) = 1.93$$

⑤投资回收期。投资回收期T按下式计算：

$$T = \frac{\lg(B_0 - C_0) - \lg(B_0 - C_0 - iK)}{\lg(1+i)}$$

$$= \frac{\lg(21 - 4.41) - \lg(21 - 4.41 - 7\% \times 75.35)}{\lg(1 + 7\%)}$$

$$= 5.6(年)$$

经济效益费用比$R = 1.93 > 1$，投资回收期$T = 5.6$年，可以看出，工程经济合理，工程效益较好。

(2)技术方面。

砂锅窑集雨补灌工程实施过程中，引进了水窖这一新工艺。其主要特点是质量可靠、成本低廉、省材省工和建设工期短。该项目引进的水窖是雨水集蓄利用的一种很有效的方式，水窖在国内其他地区有一定的应用，但是水窖在砂锅窑集雨补灌区还是一种比较先进的工艺。结合项目区气候、土质等客观条件，水窖的原材料简单方便，低廉的建设成本适应了贫困地区农村的投资水平，利于饮水解困项目的有效实施。在参考其他地区应用的前提下，结合砂锅窑地区实际情况，对其直径、高度进行了适当的调整，进一步提高了它的施工便利性。本技术在该地区是首次引进，它产生的良好效益将推动该技术的推广应用，其经济效益是随着应用范围的扩大而扩大的，并将在国内饮水解困项目区和旱地集雨各项目区更加凸显出来，也必将推动雨水集蓄利用工作。

(3)社会影响方面。

集雨补灌工程的实施，极大地改善了当地农业生产条件，提高了农业的综合生产能力，提高了项目区内作物的灌溉保证率。由于采取了综合的节水措施，减少了单位灌溉用水量、扩大了灌溉面积、降低了农业生产成本、增加了农民收入。这样也就对丰富当地群众的文化生活产生不同程度的积极作用。同时，项目的实施和先进技术的推广应用，可促进项目区农业结构调整，加快农业先进技术的推广应用，提高科学技术在农业生产中的贡献率，引导当地农业生产的发展方向，使农业逐步向优质、高效、节水、增产型农业发展。同时引导广大农民更新观念，改变陈旧的灌溉模式和生产模式，进一步增强节水意识，改善水资源开发利用环境，实现水资源可持续性利用和优化配置，提高水的利用率和水分生产率,使有限的水资源最大限度地为农业增产、农民增收以及国民经济和社会发展服务。

(4)生态环境方面。

集雨补灌工程的实施,将在很大程度上缓解当地水资源紧张,促进了水资源的统一管理,改变了地下水过度开采和无序开采的被动局面,遏制水资源紧缺地区地下水日益下降的趋势,从而改善了该区的水环境和区域生态环境。它推动了生态植被改善,使作物及时灌溉得到了保障,提高了作物灌溉保证率,增强了作物抗病虫能力,对本地的植物生长会产生一定的积极作用,从而有利于水土保持工作。使地下水位得以回升,大大降低大风中的风沙携带量,减少空气中的浮尘含量。它改变了原来局部地区的循环状态,推动了原来的大气－土壤－植物循环系统向良性状态发展。土壤含水量的变化对于蓄存雨水、解决降雨年际年内分配不均、实现降雨多年调节以丰补歉、充分利用雨水资源、发展节水农业、减轻或免除洪涝渍灾害起到一定作用。

(5)管理方面。

集雨补灌工程的组织实施,得到了上下各级政府的充分重视,各级政府进行了充分的准备和组织;当地群众热情高涨,积极配合项目进展。在项目的实施过程中,严格按照审批的工程建设内容使用资金,建立健全了资金使用管理的各项规章制度,实行专款专用,杜绝了截留、挤占和挪用,同时还加强了对建设资金的使用情况的监督和检查。在水窖、水池的建设中,实行了责任包干到人制度,同时加大了工程质量监督检查力度,有力地保证了工程建设质量。工程竣工后,专门成立了工程管理小组(由地方干部和用水户代表联合组成),负责工程的运行维护,水费、电费的征收等具体工作,从而有效地避免了以前水利工程普遍重建设、轻管理的弊病,为最大程度发挥工程效益、满足补灌区用水提供了保障。

6.5.2 利用多层次模糊综合评价模型对工程项目进行综合效益评价

首先参照以上对辉县市砂锅窑集雨补灌工程进行充分的综合分析,根据上一节所讨论的集雨补灌工程综合效益评价指标体系,在此评价指标选择的基础上,确定各指标的权重。本项目权重的推求,采用特尔菲法与层次分析法相结合的方法。先采用特尔菲法确定指标间的相对重要性,通过一致性检验后,再采用层次分析法进行统计计算,推算出各项评价指标的权重。为此,需要发出评价指标两两指标间相对重要性确定征询意见表,详见本章附录2。填写调查表的专家包括水利、农业、工业、经济、环保、文教卫生、社会学等方面的专家,人员组成有政府官员、大学教授、科研人员、工程技术人员、工程管理人员等。因此,可以认为这些专家的意见具有一定的代表性,这样求得的权重值是比较客观的、公正的。具体过程如下:

(1)建立评价指标体系。

(2)邀请10名专家填写问卷调查表。

(3)发放印有评价指标与等级的表格及两两比较矩阵的表格给各位专家,见本章附录2和附录3。

(4)回收表格整理后,先计算各个指标权重。

①经济、技术、社会影响、环境、管理各分系统相对总系统的权重计算。有如下判断矩阵:

A——B_1、B_2、B_3、B_4、B_5 对 A 相对重要程度判断矩阵

A	B_1	B_2	B_3	B_4	B_5
B_1	1	2	3	3	3
B_2	0.5	1	2	3	3
B_3	0.33	0.5	1	2	2
B_4	0.33	0.33	0.5	1	1
B_5	0.33	0.33	0.5	1	1

经计算可以得出以上判断矩阵的最大特征值及其对应的特征向量，即指标权重：

$$\lambda_{max} = 5.076\,9$$

$$B = (B_1, B_2, B_3, B_4, B_5) = (0.39, 0.26, 0.15, 0.1, 0.1)$$

一致性检验：

$$CI = (5.076\,9 - 5)/(5 - 1) = 0.019$$

$$CR = CI/RI = 0.019/1.12 = 0.017$$

因为 $CR = 0.017 < 0.1$，A 一致性可接受，则 B_1、B_2、B_3、B_4、B_5 相对于 A 的权重为：

$$B = (B_1, B_2, B_3, B_4, B_5) = (0.39, 0.26, 0.15, 0.1, 0.1)$$

指标权重如图 6-7 所示。

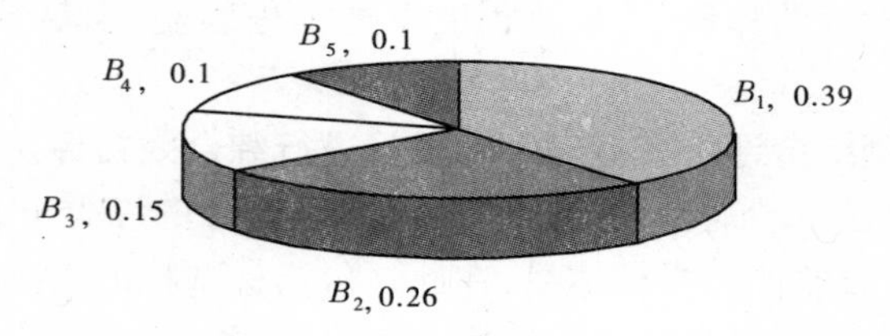

图 6-7 各分系统权重示意图

②经济效益分系统内各指标的权重计算。有如下判断矩阵：

B_1——C_1、C_2、C_3、C_4 对 B_1 相对重要程度判断矩阵

B_1	C_1	C_2	C_3	C_4
C_1	1	1	2	2
C_2	1	1	1	1
C_3	0.5	1	1	1
C_4	0.5	1	1	1

同上，可以求出以上判断矩阵的最大特征值及其对应的特征向量，即指标权重：

$$\lambda_{max} = 4.060\,6$$

$$B_1 = (C_1, C_2, C_3, C_4) = (0.35, 0.25, 0.2, 0.2)$$

一致性检验：

$$CI = (4.060\,6 - 4)/(4 - 1) = 0.020\,2$$
$$CR = CI/RI = 0.020\,2/0.9 = 0.022$$
因为 $CR=0.022<0.1$，B_1 一致性可接受，则 C_1、C_2、C_3、C_4 相对于 B_1 权重为：
$$B_1 = (C_1, C_2, C_3, C_4) = (0.35, 0.25, 0.2, 0.2)$$
指标权重如图 6-8 所示。

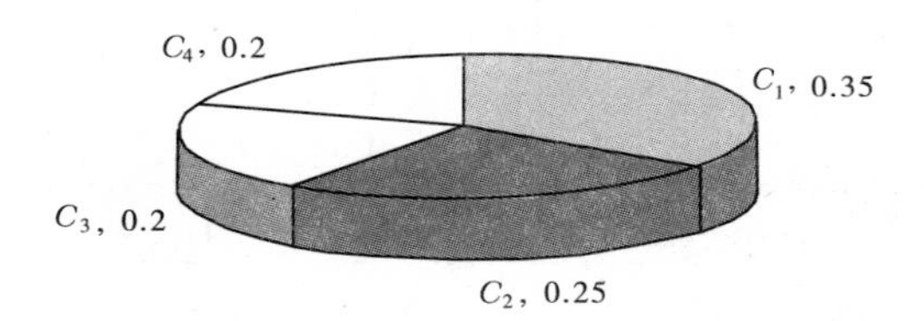

图 6-8　经济方面指标权重示意图

③技术评价分系统内各指标的权重计算。有如下判断矩阵：

B_2——C_5、C_6、C_7、C_8、C_9 **对** B_2 **相对重要程度判断矩阵**

B_2	C_5	C_6	C_7	C_8	C_9
C_5	1	1	3	1	2
C_6	1	1	3	2	2
C_7	0.33	0.33	1	0.5	2
C_8	1	0.5	2	1	1
C_9	0.5	0.5	0.5	1	1

同上，可以求出以上判断矩阵的最大特征值及其对应的特征向量，即指标权重：
$$\lambda_{\max} = 5.227\,6$$
$$B_2 = (C_5, C_6, C_7, C_8, C_9) = (0.26, 0.3, 0.12, 0.19, 0.13)$$
一致性检验：
$$CI = (5.227\,6 - 5)/(5 - 1) = 0.057$$
$$CR = CI/RI = 0.057/1.12 = 0.051$$
因为 $CR=0.051<0.1$，B_2 一致性可接受，则 C_5、C_6、C_7、C_8、C_9 相对于 B_2 权重为：
$$B_2 = (C_5, C_6, C_7, C_8, C_9) = (0.26, 0.3, 0.12, 0.19, 0.13)$$
指标权重如图 6-9 所示。

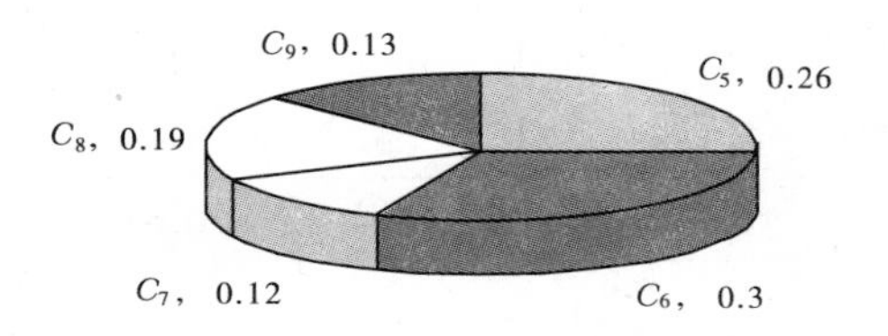

图 6-9　技术方面指标权重示意图

④社会效益分系统内各指标的权重计算。有如下判断矩阵：

B_3——C_{10}、C_{11}、C_{12}、C_{13}、C_{14}对 B_3 相对重要程度判断矩阵

B_3	C_{10}	C_{11}	C_{12}	C_{13}	C_{14}
C_{10}	1	1	0.25	0.33	0.5
C_{11}	1	1	0.25	0.33	0.5
C_{12}	4	4	1	1	2
C_{13}	3	3	1	1	1
C_{14}	2	2	0.5	1	1

同上，可以求出以上判断矩阵的最大特征值及其对应的特征向量，即指标权重：

$$\lambda_{max} = 5.035\ 5$$

$$B_3 = (C_{10}, C_{11}, C_{12}, C_{13}, C_{14}) = (0.09, 0.09, 0.35, 0.27, 0.2)$$

一致性检验：

$$CI = (5.035\ 5 - 5)/(5 - 1) = 0.009$$

$$CR = CI/RI = 0.009/1.12 = 0.008$$

因为 $CR = 0.008 < 0.1$，B_3 一致性可接受，则 C_{10}、C_{11}、C_{12}、C_{13}、C_{14} 相对于 B_3 权重为：

$$B_3 = (C_{10}, C_{11}, C_{12}, C_{13}, C_{14}) = (0.09, 0.09, 0.35, 0.27, 0.2)$$

指标权重如图 6-10 所示。

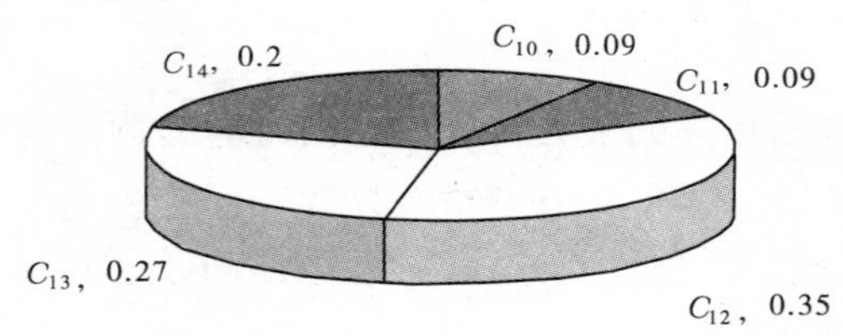

图 6-10　社会影响方面指标权重示意图

⑤环境效益分系统内各指标的权重计算。有如下判断矩阵：

B_4——C_{15}、C_{16}、C_{17}、C_{18}对 B_4 相对重要程度判断矩阵

B_4	C_{15}	C_{16}	C_{17}	C_{18}
C_{15}	1	0.33	0.25	0.5
C_{16}	3	1	1	2
C_{17}	4	1	1	2
C_{18}	2	0.5	0.5	1

同上，可以求出以上判断矩阵的最大特征值及其对应的特征向量，即指标权重：

$$\lambda_{max} = 4.007\ 5$$

$$B_4 = (C_{15}, C_{16}, C_{17}, C_{18}) = (0.1, 0.34, 0.37, 0.19)$$

一致性检验：

$$CI = (4.007\,5 - 4)/(4 - 1) = 0.002\,5$$

$$CR = CI/RI = 0.002\,5/0.9 = 0.003$$

因为 $CR = 0.003 < 0.1$，B_4 一致性可接受，则 C_{15}、C_{16}、C_{17}、C_{18} 相对于 B_4 权重为：

$$B_4 = (C_{15}, C_{16}, C_{17}, C_{18}) = (0.1, 0.34, 0.37, 0.19)$$

指标权重如图 6-11 所示。

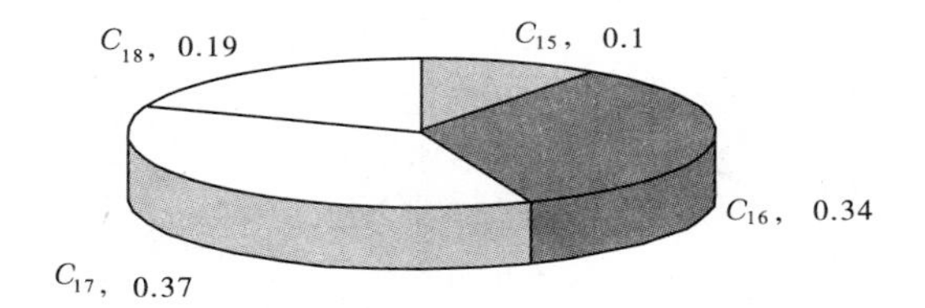

图 6-11　环境方面指标权重示意图

⑥管理效益分系统内各指标的权重。有如下判断矩阵：

B_5——C_{19}、C_{20}、C_{21} 对 B_5 相对重要程度判断矩阵

B_5	C_{19}	C_{20}	C_{21}
C_{19}	1	1	2
C_{20}	1	1	1
C_{21}	0.5	1	1

同上，可以求出以上判断矩阵的最大特征值及其对应的特征向量，即指标权重：

$$\lambda_{max} = 3.053\,6$$

$$B_5 = (C_{19}, C_{20}, C_{21}) = (0.41, 0.33, 0.26)$$

一致性检验：

$$CI = (3.053\,6 - 3)/(3 - 1) = 0.026\,8$$

$$CR = CI/RI = 0.026\,8/0.58 = 0.046$$

因为 $CR = 0.046 < 0.1$，B_4 一致性可接受，则 C_{19}、C_{20}、C_{21} 相对于 B_5 权重为：

$$B_5 = (C_{19}, C_{20}, C_{21}) = (0.41, 0.33, 0.26)$$

指标权重如图 6-12 所示。

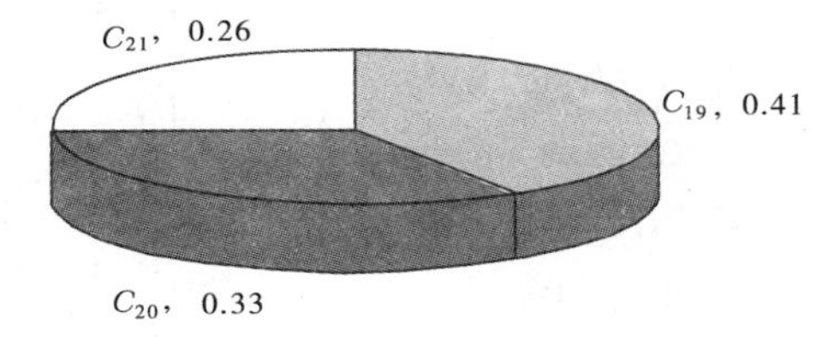

图 6-12　管理方面指标权重示意图

⑦综合权重。根据以上权重的综合分析,经过汇总后,可以得到各评价指标的权重值(见表6-4)。

表6-4 各指标权重

总目标	一级指标	权重	二级指标	权重
综合效益	经济效益	0.39	效益费用比 C_1	0.35
			工程投资承受能力 C_2	0.25
			投资回收期 C_3	0.2
			农民人均收入提高 C_4	0.2
	技术评价	0.26	技术先进性 C_5	0.26
			技术适应性 C_6	0.3
			消化吸收水平 C_7	0.12
			技术创新能力 C_8	0.19
			技术扩散程度 C_9	0.13
	社会效益	0.15	对就业水平的影响 C_{10}	0.09
			对文化水平的影响 C_{11}	0.09
			对生活水平的影响 C_{12}	0.35
			对农业生产条件改善程度 C_{13}	0.27
			对农业和农村经济发展促进程度 C_{14}	0.2
	环境效益	0.1	改善农田小气候 C_{15}	0.1
			生态植被改善 C_{16}	0.34
			对水资源可持续利用的影响 C_{17}	0.37
			对土壤水库调蓄能力的影响 C_{18}	0.19
	管理效益	0.1	工程组织、建设方面 C_{19}	0.41
			工程运行维护方面 C_{20}	0.33
			经营管理方面 C_{21}	0.26

(5)整理附录3表格中的数据后,建立模糊评价矩阵。

①根据专家打分,可得:

$$R_1=\begin{bmatrix}0.2&0.4&0.4&0&0\\0.4&0.5&0.1&0&0\\0.3&0.3&0.3&0.1&0\\0.4&0.5&0.1&0&0\end{bmatrix}\qquad R_2=\begin{bmatrix}0.5&0.3&0.2&0&0\\0.6&0.3&0.1&0&0\\0.6&0.3&0.1&0&0\\0.4&0.5&0.1&0&0\\0.5&0.3&0.2&0&0\end{bmatrix}$$

$$R_3=\begin{bmatrix}0.4&0.3&0.2&0.1&0\\0.2&0.3&0.4&0.1&0\\0.4&0.3&0.3&0&0\\0.3&0.3&0.2&0.2&0\\0.3&0.4&0.3&0&0\end{bmatrix}\qquad R_4=\begin{bmatrix}0.2&0.7&0.1&0&0\\0.4&0.5&0.1&0&0\\0.3&0.5&0.2&0&0\\0.4&0.5&0.1&0&0\end{bmatrix}$$

$$R_5 = \begin{bmatrix} 0.3 & 0.5 & 0.2 & 0 & 0 \\ 0.4 & 0.5 & 0.1 & 0 & 0 \\ 0.3 & 0.4 & 0.3 & 0 & 0 \end{bmatrix}$$

②由以上可以得到：

$B = (B_1, B_2, B_3, B_4, B_5) = (0.39, 0.26, 0.15, 0.1, 0.1)$

$B_1 = (C_1, C_2, C_3, C_4) = (0.35, 0.25, 0.2, 0.2)$

$B_2 = (C_5, C_6, C_7, C_8, C_9) = (0.26, 0.3, 0.12, 0.19, 0.13)$

$B_3 = (C_{10}, C_{11}, C_{12}, C_{13}, C_{14}) = (0.09, 0.09, 0.35, 0.27, 0.2)$

$B_4 = (C_{15}, C_{16}, C_{17}, C_{18}) = (0.1, 0.34, 0.37, 0.19)$

$B_5 = (C_{19}, C_{20}, C_{21}) = (0.41, 0.33, 0.26)$

运用多层次模糊综合评价模型 $P_i = B_i \cdot R_i$，计算可得：

$$P_1 = B_1 \cdot R_1 = (0.31, 0.425, 0.245, 0.02, 0)$$

$$\overline{P}_1 = (0.31, 0.425, 0.245, 0.02, 0)$$

$$P_2 = B_2 \cdot R_2 = (0.523, 0.338, 0.139, 0, 0)$$

$$\overline{P}_2 = (0.523, 0.338, 0.139, 0, 0)$$

$$P_3 = B_3 \cdot R_3 = (0.335, 0.32, 0.273, 0.072, 0)$$

$$\overline{P}_3 = (0.335, 0.32, 0.273, 0.072, 0)$$

$$P_4 = B_4 \cdot R_4 = (0.343, 0.52, 0.137, 0, 0)$$

$$\overline{P}_4 = (0.343, 0.52, 0.137, 0, 0)$$

$$P_5 = B_5 \cdot R_5 = (0.333, 0.474, 0.193, 0, 0)$$

$$\overline{P}_5 = (0.333, 0.474, 0.193, 0, 0)$$

③最终计算结果。

将权向量矩阵中的总排序权值 C（经济、技术、社会影响、环境和管理等方面等所包含的 21 指标的权重）和评价矩阵 R（经济、技术、社会影响、环境和管理等方面等所包含的 21 指标的隶属度）代入多层次模糊综合评价数学模型，辉县市砂锅窑集雨补灌工程在经济、技术、社会影响、环境和管理等方面的效益评价值和工程整体综合效益评价值计算结果如下：

$$F = (f_1, f_2, f_3, f_4, f_5)^{\mathrm{T}} = (100, 80, 60, 40, 20)^{\mathrm{T}}$$

经济方面：

$$Z_1 = \overline{P}_1 \cdot F = 80.5$$

技术方面：

$$Z_2 = \overline{P}_2 \cdot F = 87.68$$

社会影响方面：

$$Z_3 = \overline{P}_3 \cdot F = 78.36$$

环境方面：

$$Z_4 = \overline{P}_4 \cdot F = 84.12$$

管理方面：

$$Z_5 = \overline{P}_5 \cdot F = 82.8$$

$$Z = (Z_1, Z_2, Z_3, Z_4, Z_5)^T = (80.5, 87.68, 78.36, 84.12, 82.8)^T$$

根据以上可以计算工程整体综合效益：

$$Q = B \cdot Z = 82.64$$

结果汇总，表 6-5 和图 6-13 即为辉县市砂锅窑集雨补灌工程在经济、技术、社会影响、环境和管理等方面的效益评价值和工程综合效益评价值的计算结果和柱状图。

表 6-5　分值结果汇总

指标	得分值	指标	得分值
经济效益	$Z_1 = 80.5$	环境效益	$Z_4 = 84.12$
技术效益	$Z_2 = 87.68$	管理效益	$Z_5 = 82.8$
社会效益	$Z_3 = 78.36$	综合效益	$Q = 82.64$

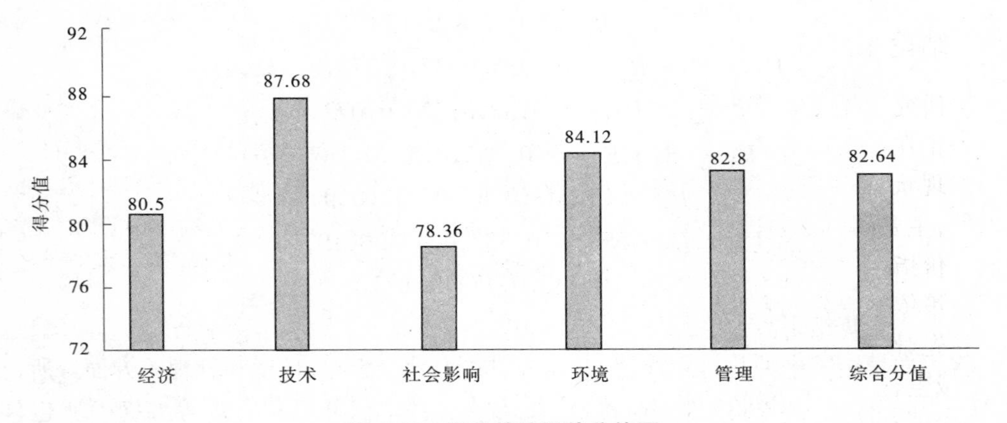

图 6-13　项目效益评价分值图

6.5.3　结果分析

根据以上辉县市砂锅窑集雨补灌工程在经济、技术、社会影响、环境和管理等方面的效益评价分值及项目的综合效益评价分值，可以清晰地看出，辉县市砂锅窑集雨补灌工程在经济、技术、社会影响、环境和管理等 5 个方面的具体情况，从而可以分析出该集雨补灌工程的总体成功度。

根据计算可知，辉县市砂锅窑集雨补灌工程综合效益的分值为 82.64，参照工程综合评判等级的分类标准，该工程整体上达到了优质级别，这说明该项目的实施整体上是成功的，在总的方面产生了明显的效益。另外从各个单方面分析，该集雨补灌工程还取得了良好的经济效益，切实在农民增产增收方面发挥了作用，对促进农业结构调整和农村经济发展起到了促进作用。从技术角度看，其效益分值最高，说明新技术工艺的引进是成功的，深受群众欢迎，并且已经发挥了作用，产生了良好效益，这也符合当地实际情况，水窖的引进很大程度上改变了当地群众的生产生活条件，因此受到较高评价。项目的实施还很大程度上改善了当地的生态环境,对小流域内的生态环境改善起到了显著作用,尤其是在水资源的时空调控、土壤水分涵养等方面。工程的实施得到了各级政府的大力支持和指导,建设和运行维护都达到了较高标准,工程效益得到了充分发挥。总之,该集雨补灌工程的实施在经济、技术、环境改善等方面都取得了显著效果,对当地经济发展产生了明显的推动作用。当然,由于是初次在本地区应用推广新技术工艺,该项目还存在着不太完善的地方,主要是与当地实际情况有关,其成长和完善还需要一定时间,在以后的过程中,其不足将会被改进。

如果该多层次模糊综合评价模型应用于其他集雨补灌工程的综合评价,则可以依上述方法进行。通过多层次模糊综合评价模型对其他集雨补灌工程的综合效益评估,可以清楚看出各个集雨补灌工程在综合效益方面的差异。这种横向比较由于比较客观地反映了各集雨补灌工程的实际情况,可以激励各工程管理单位争先夺优的积极性,若以此综合评价为依据进行同类工程的评比,会有较强的说服力。实际运用表明,本研究所提出的模型是合理可行的。它能客观地反映集雨补灌工程在各个方面的真实情况,指出集雨补灌工程的优势及存在的薄弱环节,并可以给出综合评价结果和相对排序。如果进行逐年评价,可以展现集雨补灌工程综合效益的动态变化。

6.6 结论与建议

本研究针对我国北方山丘区资源性缺水与工程性缺水现象并存的状况,雨水集蓄利用工程正在得到重视,然而由于此工程尚处于起步阶段,无论是理论还是实践上都不是很成熟的现状,为了搞好工程的规划与建设,本研究从提高雨水集蓄利用工程综合效益的角度出发,主要探讨了雨水集蓄利用区生态经济系统的优化规划,建立了集雨补灌工程综合效益评价指标体系以及多层次模糊评价模型的方法,为雨水集蓄利用的评价推广提供重要的决策依据。

首先对我国雨水资源的集蓄利用进行了综述与分析总结。随着雨水集蓄利用的发展,区域生态经济系统也发生了相应的变化。本研究针对其优化规划问题,运用层次分析法,构建雨水集蓄利用区生态经济系统规划的数学模型,对设定的各种方案进行优劣性评价和排序,为解决雨水集蓄利用区复杂的生态经济规划提供决策依据。

在对我国水利工程的建设管理评价理论与方法深入研究的基础上,确定了从经济、技术、社会影响、环境和管理 5 个方面考虑的集雨补灌工程综合效益评价指标体系的重要性、可行性以及要求、原则和依据,从而探讨了集雨补灌工程综合效益评价指标体系建立的方法,在此基础上,确定了结合项目实际的集雨补灌工程综合效益评价指标体系。

在建立了集雨补灌工程综合效益评价指标体系的基础上,考虑到集雨补灌工程的综合性和复杂性,充分分析国内外工程项目常见评价模型,结合项目的多因素、多方面的实际情况,最终确定了基于层次分析法和模糊数学理论的多层次模糊综合评价模型:用层次分析法确定集雨补灌工程综合效益评价指标体系各指标的权重,用模糊理论确定效益评价指标体系各指标的隶属度,很好地处理了定性指标和定量指标相混合的复杂系统的集雨补灌工程综合效益评价问题。

在最后,以辉县市砂锅窑集雨补灌工程作为范例进行了评价分析。通过应用实例证明，集雨补灌工程综合效益评价的指标体系的建立是合理的，集雨补灌工程综合效益的多层次模糊综合评价模型是正确的。评价指标体系和评价数学模型推广应用，将会产生重大影响，可以很好地评价该集雨补灌工程在经济方面、技术方面、社会影响方面、环境方面和管理方面的效益以及工程整体综合效益。如果以集雨补灌工程的一个时间序列作为评价各时段的切入点，就可以得出一个按照时间序列发展的在经济方面、技术方面、社会影响方面、环境方面和管理方面的效益评价以及工程整体综合效益评价。这样就可以比较该集雨补灌工程在不同时间的分指标和综合指标的动态效益，如果根据这些分指标和综合指标的动态效益的数值绘制出动态曲线，可以清楚地分析出各分指标和综合指标效益的变化，同时也可以根据该动态曲线对该工程以后在各分指标和综合指标效益的发展效果做出预测。如果把上述集雨补灌工程综合效益评价指标体系以及评价模型应用于不同的集雨补灌工程，可以评价出各个集雨补灌工程在经济方面、技术方面、社会影响方面、环境方面和管理方面的效益以及工程整体综合效益，这样就可以作出一个横向比较，利于总结各集雨补灌工程的优劣，总结经验，改善不足。

如果对不同的集雨补灌工程再引入不同的时间序列，那将是一个囊括横向、纵向的时空大系统复杂评价，可以更深层次地剖析各个集雨补灌工程的综合情况，加以推广应用，对于提高雨水集蓄利用工程综合效益具有重要的实际应用价值。目前，我国的雨水集蓄利用工程即将全面展开，以上研究成果将更好地指导实际工程设计、建设以及管理工作。这对于普及、推广雨水集蓄利用，缓解日益突出的水资源紧张局面，将起到推动作用，对推动农业生产发展和实现我国农业的可持续性发展，将产生重大影响，对于提高雨水集蓄利用工程综合效益具有重要的实际应用价值。

集雨补灌工程综合效益评价问题涉及范围广、影响因素多，由于各地区在地理、气候等实际情况上的差异，在评价体系的建立上不可能完全一致。同时，随着时间的推移、经济的发展以及社会的进步，评价体系也需相应地进行调整。因此，集雨补灌工程综合效益评价指标体系应该是随着时间的发展而不断调整完善的动态体系。这一点在评价体系的应用上是非常重要的。

尽管参考了很多专家学者的研究成果，但由于篇幅、时间、专业局限以及个人水平等方面原因，本研究对集雨补灌工程综合效益评价指标体系的研究和理解以及多层次模糊综合评价模型在雨水集蓄工程中的运用还处于初步摸索阶段，还存在着很多不足和不完善的地方，还有很多地方需进一步的深化、进一步的研究。随着我国雨水集蓄技术的发展和应用，将会发现和面临着更多问题，在雨水集蓄利用区生态经济系统的优化规划、集雨补灌工程的评价指标体系及评价模型，以及在水量问题解决后如何更好地解决化肥、农药等引起的水质问题等方面，还需进行更加深入的研究工作，以更好地发展雨水利用事业，造福社会、造福人民。

附录 1

问卷调查表 1
集雨补灌工程综合效益评价指标体系

尊敬的各位专家：

根据我国雨水利用现状以及集雨补灌工程有关实际情况(主要针对辉县市砂锅窑示范区),为对集雨补灌工程的综合效益进行评价,特列出以下初步确定的评价指标体系,望各位专家评判。

1. 请在您认为重要的程度上画 √。

2. 您认为还有更重要的评价指标,请填入空格。

评价指标（一层）	评价指标(二层)	很重要	重要	一般	不重要	很不重要
经济方面	效益费用比					
	工程投资承受能力					
	投资回收期					
	农民人均收入提高					
技术方面	技术先进性					
	技术适应性					
	消化吸收水平					
	技术创新能力					
	技术扩散程度					
社会效益方面	对就业水平的影响					
	对文化水平的影响					
	对生活水平的影响					
	对农业生产条件改善程度					
	对农业和农村经济发展促进程度					
环境方面	改善农田小气候					
	生态植被改善					
	对水资源可持续利用的影响					
	对土壤水库调蓄能力的影响					
管理方面	工程组织、建设方面					
	工程运行维护方面					
	经营管理方面					

附录 2

问卷调查表 2

尊敬的各位专家：

根据辉县市砂锅窑示范区集雨补灌工程的实际情况，建立了该工程的综合效益指标体系，见图 6-4。

为确定每个指标的相对权重，特构造两两比较判断矩阵，针对总目标 A，子目标 B_1、B_2、B_3、B_4、B_5 两两比较，哪个重要一些，重要多少。同样，针对每个子目标，它下面的各个指标相比较，哪个重要一些，请按下面的比例标度填写矩阵。该矩阵具有以下特点：

(1) $a_{ij}>0$；(2) $a_{ij}=1/a_{ji}$；(3) $a_{ii}=1$。

1～9 标度定义说明表

相对重要程度	定义	解释
1	同等重要	目标 i 和 j 同样重要
3	略微重要	目标 i 比 j 略微重要
5	相当重要	目标 i 比 j 重要
7	明显重要	目标 i 比 j 明显重要
9	绝对重要	目标 i 比 j 绝对重要
2,4,6,8	介于两相邻重要程度间	

注：若目标 i 与 j 比较的判断为 a_{ij}，则目标 j 与 i 比较的判断 $a_{ji}=1/a_{ij}$。

A——B_1、B_2、B_3、B_4、B_5 对 A 相对重要程度判断矩阵

A	B_1	B_2	B_3	B_4	B_5
B_1	1				
B_2	X	1			
B_3	X	X	1		
B_4	X	X	X	1	
B_5	X	X	X	X	1

B_1——C_1、C_2、C_3、C_4 对 B_1 相对重要程度判断矩阵

B_1	C_1	C_2	C_3	C_4
C_1	1			
C_2	X	1		
C_3	X	X	1	
C_4	X	X	X	1

B_2——C_5、C_6、C_7、C_8、C_9 对 B_2 相对重要程度判断矩阵

B_2	C_5	C_6	C_7	C_8	C_9
C_5	1				
C_6	X	1			
C_7	X	X	1		
C_8	X	X	X	1	
C_9	X	X	X	X	1

B_3——C_{10}、C_{11}、C_{12}、C_{13}、C_{14} 对 B_3 相对重要程度判断矩阵

B_3	C_{10}	C_{11}	C_{12}	C_{13}	C_{14}
C_{10}	1				
C_{11}	X	1			
C_{12}	X	X	1		
C_{13}	X	X	X	1	
C_{14}	X	X	X	X	1

B_4——C_{15}、C_{16}、C_{17}、C_{18} 对 B_4 相对重要程度判断矩阵

B_4	C_{15}	C_{16}	C_{17}	C_{18}
C_{15}	1			
C_{16}	X	1		
C_{17}	X	X	1	
C_{18}	X	X	X	1

B_5——C_{19}、C_{20}、C_{21} 对 B_5 相对重要程度判断矩阵

B_5	C_{19}	C_{20}	C_{21}
C_{19}	1		
C_{20}	X	1	
C_{21}	X	X	1

注：相对重要程度判断矩阵中标有 X 的方格不必再增写。这是由于主对角线上各方格中值必为 1，下三角各方格中的值必为相应上三角方格中的倒数。

附录3

问卷调查表3

尊敬的各位专家：

图6-4已经列出辉县市砂锅窑示范区集雨补灌工程的综合效益指标体系，请结合示范区集雨补灌工程实际，填写下列表格，评判其2级指标属于哪一等级（经济效益已经计算出所需具体数值）。

等级	很好	较好	一般	较差	很差
效益费用比＝1.93					
工程投资承受能力（农民只出工）					
投资回收期＝5.6年					
农民人均收入提高＝901.29元					

等级	很好	较好	一般	较差	很差
技术先进性					
技术适应性					
消化吸收水平					
技术创新能力					
技术扩散程度					

等级	很好	较好	一般	较差	很差
对就业水平的影响					
对文化水平的影响					
对生活水平的影响					
对农业生产条件改善程度					
农业和农村经济发展促进程度					

等级	很好	较好	一般	较差	差很
改善农田小气候					
生态植被改善					
对水资源可持续利用的影响					
对土壤水库调蓄能力的影响					

等级	很好	较好	一般	较差	很差
工程组织、建设方面					
工程运行维护方面					
经营管理方面					

第7章　旱地优势作物高效栽培技术

旱地农业，又称旱作农业、雨养农业或雨育农业，是指在干旱、半干旱和半湿润易旱地区，主要利用天然降水，通过建立合理的旱地农业结构和采取一系列旱作农业技术措施，不断地提高地力和天然降水的有效利用率，实现农业高产稳产，使农、林、牧综合发展的农业。旱地农业区呈干旱、半干旱和半湿润易旱，地多水少，地表水和地下水资源短缺，或地形丘陵起伏，发展灌溉农业有困难。因此，其水资源的高效利用主要是充分利用天然降水资源。

我国旱地农业主要分布于淮河、秦岭及昆仑山以北年水分收不抵支的广大区域。涉及16个省(市、自治区)，面积约542万km^2，占国土面积一半以上，其中有耕地0.51亿hm^2，约占全国总耕地的51%，耕地中没有灌溉条件的旱地约占本区耕地的65%。河南省的半干旱、半湿润易旱区面积440万hm^2，占全省耕地面积的63.9%，其中京广线以西典型旱作农业面积254万hm^2，占全省耕地面积的36.7%。同时，在河南省440万hm^2的旱作农业区域中，丘陵、山旱地180万hm^2，占旱地面积的41%。限制旱作农业发展的主要因子是水资源匮乏、土壤贫瘠、水土流失严重，不仅制约着农、林、牧业的健康发展，而且产生一系列的生态、环境问题，其关键问题实质上是水资源问题，尤其降水的高效利用，是解决该问题的本质所在。

因此，发展耐旱、节水、丰产的高效种植模式，推广旱地优势作物高效栽培适用技术是旱作农区长远而现实的根本出路。

7.1　旱作小麦高效栽培技术

小麦是我国北方旱作区的主要夏粮作物，豫西、豫北是河南省旱作小麦的主要播种区域，播种面积占该区总耕地面积的56.8%，产量一般只有2 250kg/hm^2左右。干旱和水分供给限制是影响河南省旱地小麦产量的一个主要因素，因地制宜地采取措施最大限度地发挥有限水资源的增产作用，提高当地旱作小麦单产，成为旱作区农业生产中的重要研究课题之一。由于小麦生育期长、阶段耗水量差异明显、品种间差异较大、年内年际降水分配变化多样，因此以提高水分利用率和单位土地作物产出率为目标，从品种筛选、抗旱作物品种配置、关键生育期补充灌溉、地面覆盖、化学节水技术产品应用等常规节水与先进节水技术相结合的观点出发，2002～2005年在国家“863”节水农业重大专项课题的支持下，我们系统地开展了旱作小麦高效栽培技术研究与应用，取得了良好效果。

7.1.1　旱作小麦高效栽培关键技术

7.1.1.1　抗旱节水优质品种的筛选

试验证明，选用抗旱、节水、高产品种一般较原主栽品种增产10%～25%，水分利用效率提高1.5～2.25kg/(mm·hm^2)。根据河南省旱地农业的生产实际和小麦品种区试的情况，在成功应用与推广郑州9023和新麦11等抗旱节水丰产优质小麦品种的基础上，我们选定以豫麦2号为对照，包括新麦12号、新麦13号、新麦9408、济麦2号、洛旱2号、洛阳9505、偃展4110、开麦18号、周麦18等10个品种在内的抗旱节水品种筛选，试验安排在国家“863”节水农业中心示范区——河南辉县张村乡山前村进行，供试土壤为黏壤质褐土，土壤基础肥力状况表现为有机质21.5g/kg，全氮1.27g/kg，全磷0.69g/kg，全钾17.5g/kg，速效氮64.2mg/kg，速效磷21.2mg/kg，速效钾194.0mg/kg。施肥采用施纯氮150kg/hm²、纯五氧化二磷75kg/hm²，一次性底施，生育期间不再追肥的施肥方式；试验采用随机区组设计，重复3次，小区面积为3m×4m=12m²。分别于小麦返青期和孕穗期各补灌一水，灌水定额为600m³/hm²。小麦播种行距为20cm，以品种的千粒重和出苗率为依据，按基本苗270万/hm²确定不同品种的播种量，开沟播种。在小麦生育期间定期记载生育期群体动态。

试验结果表明，开麦18、周麦18和洛阳9505的产量较好，分别比对照品种豫麦2号增产13.7%、11.7%和9.6%（见表7-1），品种间差异达极显著水平（$F_1=8.092^{**}$，$F_{0.05}=2.46$，$F_{0.01}=3.60$），差异性比较结果表明，开麦18、周麦18、洛阳9505三个品种间的差异不显著，与其他7个品种达5%差异性显著水平，与新麦12号，济麦2号、偃展4110等品种未达1%差异极显著水平，说明在当地农业生产中，应优先推广利用开麦18、周麦18和洛阳9505等品种，新麦12号、济麦2号、偃展4110等品种也表现出一定的适应性，可作为备选品种进行生产利用。这主要是不同品种的性状差异所决定的，洛阳9505、偃展4110和开麦18表现出大分蘖多、有效分蘖多、成穗多、千粒重较高的特点，而偃展4110和洛阳9505的穗粒数在供试品种中最少，说明这2个品种的结实性较差，要提高该品种的产量和潜力，在于促进穗分化，提高籽粒发育。周麦18、济麦2号和开麦18的千粒重和穗长均居10个供试品种的前三位，说明该3个品种的灌浆速度较快，具有大粒的特点，针对济麦2号成穗偏低的特点，可以适当增加播量和加强冬前管理，促进冬前分蘖和大分蘖发育的措施，发挥增产潜力。

表7-1 不同小麦品种的生长及产量结果

品种	株高（cm）	穗长（cm）	穗数（万）	穗粒数（粒）	千粒重（g）	单株成穗（穗）	产量（kg/hm²）	较CK增减（%）
新麦12号	66.4	7.4	559.5	34.3	38.2	2.3	6 150.0	5.7
新麦13号	66.8	7.3	483.0	29.9	41.3	1.8	5 650.5	−2.8
新麦9408	63.2	7.5	466.5	37.5	39.3	2.0	5 599.5	−5.3
济麦2号	74.5	8.7	441.0	33.3	44.7	1.6	6 124.5	5.3
洛旱2号	74.0	7.7	543.0	35.2	35.4	2.2	5 605.5	−3.6
洛阳9505	71.8	6.6	690.0	28.6	40.4	2.8	6 375.0	9.6
偃展4110	67.9	7.7	670.5	25.2	39.9	2.5	6 103.5	4.9
开麦18	71.4	9.3	586.5	35.1	41.6	2.3	6 627.0	13.7
周麦18	69.8	7.9	504.0	33.5	47.8	1.8	6 496.5	11.7
豫麦2号（CK）	67.2	7.3	537.0	35.7	36.3	2.1	5 815.5	

7.1.1.2 地面覆盖对小麦产量和水分利用的影响

研究表明，在干旱、半干旱地区的降水中有70%～80%以径流和蒸发的形式损失掉，仅有20%～30%为作物所利用；即使是半湿润易旱区的降水也有60%以径流及蒸发的形式被浪费和损失。而地面覆盖具有增加土壤蓄水、减少无效蒸发、延长水分积蓄时间、提高土壤有机质等多种功效，是提高降水资源利用率的有效途径之一。

针对旱作区生产条件差、基础设施薄弱，依靠农民自身进行大规模农田水利基础设施建设存在一定困难的实际情况，研究通过农艺措施减少土壤水分蒸发，增加天然降水的有效利用，改善农作物的水分供应及有效利用。以常规种植为对照(CK)，试验设置不同秸秆覆盖用量3 000kg/hm^2(F1)、6 000kg/hm^2(F2)、9 000kg/hm^2(F3)、12 000kg/hm^2(F4)及地膜覆盖(F5)共6个处理，结果表明秸秆覆盖和地膜覆盖处理可明显提高冬小麦的分蘖数量，秸秆覆盖6 000～12 000kg/hm^2 小麦冬前分蘖可提高175.5万～196.5万株/hm^2，为提高小麦成穗数和成穗率打下了基础。对土壤水分的影响表现为4月份以前对0～10cm、10～20cm土层的土壤水分有不同程度的增加和4月份以后的差异不大两个不同的阶段(见表7-2)。

表7-2 小麦覆盖试验FDR水分测定结果 (%)

日期(年-月-日)	深度(cm)	常规种植(CK)	秸秆覆盖(kg/hm^2)				地膜覆盖
			3 000	6 000	9 000	12 000	
2004-02-12	0～6	13.1	21.0	18.1	16.9	13.4	34.3
	6～16	27.4	29.8	31.0	30.0	33.6	28.6
2004-02-22	0～6	27.7	30.5	28.3	28.5	30.9	29.3
	6～16	31.7	35.5	30.5	32.4	36.4	36.8
2004-03-02	0～6	23.6	18.4	21.3	19.5	20.0	21.1
	6～16	21.2	28.8	29.3	32.9	31.7	26.9
2004-03-12	0～6	16.8	15.3	15.0	13.8	12.1	17.0
	6～16	26.0	28.1	25.3	26.9	31.0	22.4
2004-03-25	0～6	32.8	32.1	30.2	30.6	29.3	28.9
	6～16	33.6	34.3	34.0	37.9	36.8	34.8
2004-04-05	0～6	23.3	23.9	25.9	24.3	24.8	23.9
	6～16	31.4	28.8	29.8	26.7	29.8	24.1
2004-04-20	0～6	11.6	12.0	14.8	14.4	15.1	13.0
	6～16	16.3	20.0	17.9	21.2	20.9	17.4
2004-05-10	0～6	23.8	22.3	18.1	23.4	22.2	23.2
	6～16	30.2	28.1	31.4	30.0	35.2	33.1
2004-05-25	0～6	16.4	19.7	18.6	18.9	17.2	20.3
	6～16	28.1	27.4	30.2	24.8	22.1	26.7

与对照相比，覆盖处理均有不同程度的增产效果，增幅为 8.7%～19.7%。其中地膜覆盖处理达 5 961kg/hm^2，增产 19.7%。不同秸秆覆盖量以 9 000kg/hm^2 最好，产量达 5 814kg/hm^2，增产 16.3%，其他覆盖量增幅为 8.7%～12.5%（见表 7-3）。通过差异性检验，以地膜覆盖和秸秆覆盖量 6 000～9 000kg/hm^2 为适宜。降水利用与产量增加有着同样的变化趋势，相对降水利用率分别提高 2.4～6.0kg/(mm·hm^2)。

表 7-3　不同地面覆盖措施对冬小麦的影响效应分析

覆盖措施	小区产量(kg)				产量(kg/hm^2)	较CK增减(%)	降水利用率(kg/(mm·hm^2))	株高(cm)	穗粒数(粒)	穗数(万穗/hm^2)	千粒重(g)
	Ⅰ	Ⅱ	Ⅲ	平均							
CK	6.06	6.07	5.87	6.00	4 999.5		31.2	69.5	36.5	352.5	39.13
F1	6.65	5.89	7.01	6.52	5 430.0	8.7	33.9	69.0	37.3	363.0	38.10
F2	6.53	6.62	7.11	6.75	5 628.0	12.5	35.1	67.9	39.4	384.0	39.60
F3	7.18	6.54	7.21	6.98	5 814.0	16.3	36.3	66.2	39.8	400.5	38.90
F4	6.53	6.90	6.46	6.63	5 524.5	10.5	34.5	66.1	39.9	370.5	40.70
F5	7.27	7.00	7.19	7.15	5 961.0	19.7	37.2	76.0	41.1	411.0	39.06

从考种结果看，地膜覆盖小麦株高 76.0cm，比对照增加 6.5cm，穗数、穗粒数分别为 411 万穗/hm^2、41.1 粒/穗，比对照增加 58.5 万穗/hm^2、4.6 粒/穗，说明地膜覆盖处理在增加有效积温的同时，可以提高成穗率和促进穗分化，对小麦籽粒形成和穗发育有较好作用。秸秆覆盖增产主要表现在增加穗粒数。但从田间试验观察看，地膜覆盖在提高小麦植株发育、有效增加小麦株高的同时，有导致小麦后期倒伏的因素。

从后茬玉米产量的观察来看，秸秆覆盖处理的玉米产量与 CK 处理比较，增产 525～774kg/hm^2，增幅为 7.1%～13.9%，增长幅度有随秸秆覆盖量增加而增加的趋势，塑料地膜覆盖处理与 CK 处理比较增幅为 7.8%。基于试验结果，在旱作农业生产中大面积推广了秸秆还田技术的应用范围，并且明确了适宜的秸秆还田数量、方式及配套的水肥管理措施，收到了良好效果。

7.1.1.3　*关键生育期补充灌水小麦增产效应分析*

小麦从播种到收获要经过播种、苗期、分蘖、越冬、返青、拔节、孕穗、扬花、灌浆、成熟等历时 8 个月的生长时期，哪一个时期灌水水分利用效率最佳、小麦籽实产量更高，从而使旱作区有限的水资源发挥更大的经济和生态效益，前人在关键生育期补充灌溉、灌溉量、补灌方式等方面作了很多有益的探索，而对全生育期不同生育期灌溉量对小麦产量和水分利用效率的研究十分有限。

根据河南省小麦生长的特点和旱作区的实际及“863”节水农业研究的需要，我们在豫西丘陵岗旱地开展了小麦生育期补充灌溉增产效应及对水分利用影响的试验研究。试验结果表明，不同生育期补充灌溉对小麦增产和水分利用效率均具有明显的效果（见表 7-4），在单生育期补充灌水中以拔节期补充灌水增产效果最好，拔节期补充灌水 300m^3/hm^2、450m^3/hm^2、600m^3/hm^2 与对照相比分别增产 13.42%、16.25%和 25.13%；

孕穗期补充灌水在达到一定灌水量时增产显著，其补充灌水 600m³/hm² 时增产幅度达到24.18%，仅次于拔节期补充灌水 600m³/hm² 处理；灌浆期与返青期相比，后期补充灌水的增产效应更好一些。在返青期+孕穗期、返青期+灌浆期和拔节期+孕穗期、拔节期+灌浆期4个复合处理中，也以拔节期的复合处理增产效果最佳，并以拔节期+灌浆期增产效果最好，小麦增产幅度达到19.05%，其次是拔节期+孕穗期处理增幅达到13.42%，返青期+孕穗期、返青期+灌浆期两个处理的增产幅度分别为12.69%和4.40%。灌溉水利用效率存在同样的变化趋势。由此可见，合理的补充灌溉对旱地小麦增产和灌水利用具有积极的影响。其根本的原因在于合理地进行补充灌溉有利于提高小麦的千粒重(2.0～9.6g)、穗粒数(0.8～9.3粒)及穗长(0.1～0.5cm)。因此，小麦集雨补灌以拔节期为最佳；或采用拔节期和灌浆期相结合的方式进行补灌，对提高旱作小麦产量和灌水利用效率具有显著效果。

表 7-4 不同小麦生育期补充灌水的增产效果

处理 (补灌 m³/hm²)	平均产量 (kg/hm²)	比对照增产 (%)	株高 (cm)	穗长 (cm)	穗粒数 (粒)	千粒重 (g)	灌水利用效率 (kg/(mm·hm²))
对照	4 125.0		81.0	9.0	33.3	33.0	
返青期 300	4 378.5	6.15	84.0	9.1	41.8	38.8	8.45
拔节期 300	4 678.5	13.42	85.4	9.5	36.7	36.8	18.45
孕穗期 300	4 227.0	2.47	79.8	9.3	35.7	35.0	3.40
灌浆期 300	4 348.5	5.42	81.6	9.2	42.6	37.8	7.45
返青期+孕穗期各 300	4 648.5	12.69	79.0	9.1	34.1	38.2	8.73
拔节期+孕穗期各 300	4 678.5	13.42	81.2	8.7	37.0	38.2	9.23
返青期+灌浆期各 300	4 306.5	4.40	86.0	9.2	40.9	35.6	3.03
拔节期+灌浆期各 300	4 911.0	19.05	86.6	8.9	38.5	36.0	13.10
返青期 600	4 438.5	7.60	85.0	9.6	37.0	33.0	5.23
拔节期 600	5 161.5	25.13	85.2	8.9	39.9	40.0	17.28
孕穗期 600	5 122.5	24.18	82.8	9.0	36.0	42.6	16.63
灌浆期 600	4 582.5	11.09	79.8	8.9	40.5	38.8	7.63
拔节期 450	4 795.5	16.25	87.0	9.0	40.1	38.8	14.90

7.1.1.4 化学节水技术产品对小麦产量和降水利用的影响

利用抗旱保水剂和种子包衣剂提高旱地小麦的出苗率、存活率和降水利用率是当前旱作节水技术研究的内容之一。试验研究证明，合理使用保水剂和种子包衣剂对提高农作物产量和降水利用具有积极影响，特别是与传统抗旱节水技术的结合效果更加显著。因此，借助国家“863”节水农业项目，我们系统地开展了不同水分条件下保水剂增产效应研究，为保水剂在旱地小麦上的合理利用提供了科学依据。

试验设不灌水、补灌一水、补灌二水3种水分条件，保水剂处理设0、15、30、45、60、75、90kg/hm² 等7个用量处理，各3次重复，随机排列。补充灌水时间为拔节期和灌浆期，补灌水量分别为 450m³/(hm²·次)。小麦品种采用豫麦18—64，氮磷钾配比为 $N_{12}P_8K_8$，磷肥和钾肥及50%的氮肥作底肥一次性施入，50%的氮肥作追肥在拔节期前追施。试验用保水剂为河南省农科院研制的营养型抗旱保水剂，使用方法为条施。试验结果表明，施用抗旱保水剂的处理均比不施用抗旱保水剂的处理有明显的增产效应。不灌水处理，施用抗旱保水剂的处理分别比不施抗旱保水剂处理增产8.42%～22.75%，各抗旱保水剂处理间以施用60kg/hm² 处理为最好，其次为45kg/hm² 处理，二者增产幅度分别达19.75%和22.75%(见表7-5)。灌一水时，施用抗旱保水剂处理分别比不施抗旱保水剂处理增产10.86%～19.86%，各抗旱保水剂处理间以施用45kg/hm² 为最好，增产幅度达到19.86%；与相应不灌水处理相比，分别增产2.21%～9.35%，与各保水剂处理增产幅度相比，其增产幅度呈相反的增势。灌二水时，施用抗旱保水剂处理分别比不施抗旱保水剂处理增产10.79%～18.42%，各抗旱保水剂处理间在施用30～90kg/hm² 之间差异性较小；与相应不灌水处理相比，分别增产12.62%～21.84%；与相应灌一水处理相比，分别增产8.56%～17.65%。从其不同水分处理结果分析，我们可以看出抗旱保水剂的增产效应在水分缺乏时增产显著，而在水分较充分时增产幅度降低。

表7-5　抗旱保水剂不同补水条件的增产效应

处理	不灌水		灌一水			灌二水			
	产量(kg/hm²)	比对照增产(%)	产量(kg/hm²)	比对照增产(%)	比相应不灌水的处理增产(%)	产量(kg/hm²)	比对照增产(%)	比相应不灌水的处理增产(%)	比灌一水的相应处理增产(%)
1	2 583.0		2 761.5		6.94	3 058.5		18.43	10.74
2	2 800.5	8.42	3 061.5	10.86	9.35	3 388.5	10.79	21.01	10.67
3	2 935.5	13.65	3 207.0	16.11	9.26	3 544.5	15.91	20.78	10.55
4	3 093.0	19.75	3 310.5	19.86	7.03	3 594.0	17.49	16.20	8.56
5	3 169.5	22.75	3 240.0	17.32	2.21	3 570.0	16.73	12.62	10.19
6	2 989.5	15.78	3 196.5	15.75	6.91	3 601.5	17.77	20.46	12.67
7	2 973.0	15.10	3 078.0	11.47	3.56	3 621.0	18.42	21.84	17.65

从不同水分条件不同保水剂处理对小麦发育性状的影响不难看出，小麦增产的关键在于保水剂的使用可以增加小麦穗长和穗粒数、提高小麦籽粒千粒重(见表7-6)，从而提高小麦的产量，但过多的水分反而影响保水剂的使用效果。水分利用率和降水利用效率分析，合理的水分条件及保水剂利用对提高小麦产量与水分利用的影响效果见表7-7。因此，在旱作小麦栽培中合理地使用保水剂对改善小麦生长发育形状、提高产量和降水利用具有积极的效果，合理的补充灌溉则更有利于提高水分利用效率。

表 7-6　不同水分条件保水剂处理对小麦发育性状的影响

处理		1	2	3	4	5	6	7
不灌水	株高(cm)	59.8	58.2	63.0	66.5	63.2	67.0	62.9
	穗长(cm)	6.46	8.46	8.56	8.22	7.80	8.43	8.14
	穗粒数(个)	17.2	30.0	28.2	33.7	28.6	29.6	26.6
	千粒重(g)	38.50	37.99	38.01	39.18	38.60	37.74	37.30
灌一水	株高(cm)	61.4	62.6	61.2	59.2	58.2	65.4	59.0
	穗长(cm)	8.34	8.30	8.22	8.22	8.14	8.46	8.28
	穗粒数(个)	26.8	28.6	27.2	28.5	25.2	35.6	31.6
	千粒重(g)	42.31	39.83	39.32	42.65	40.63	39.15	42.30
灌二水	株高(cm)	58.0	58.4	63.0	59.9	57.6	65.3	54.6
	穗长(cm)	8.56	7.76	8.24	8.00	7.78	8.58	7.72
	穗粒数(个)	34.4	30.6	33.4	27.0	25.0	38.2	30.0
	千粒重(g)	41.70	42.98	37.03	41.51	41.78	39.15	37.53

表 7-7　不同水分条件保水剂降水和灌水相对利用效率分析

处理		1	2	3	4	5	6	7
不灌水	产量(kg/hm²)	2 583.0	2 800.5	2 935.5	3 093.0	3 169.5	2 989.5	2 973.0
	降水利用率(kg/(mm·hm²))	13.155	14.265	14.940	15.750	16.140	15.225	15.135
	比 CK 增减		1.110	1.300	2.595	2.985	2.070	1.980
灌一水	产量(kg/hm²)	2 761.5	3 061.5	3 207.0	3 310.5	3 240.0	3 196.5	3 078.0
	水分利用率(kg/m³)	0.397	0.580	0.603	0.483	0.157	0.460	0.233
	比 CK 增减(kg/m³)		0.183	0.206	0.086	−0.240	0.063	−0.164
灌二水	产量(kg/hm²)	3 058.5	3 388.5	3 544.5	3 594.0	3 570.0	3 601.5	3 621.0
	水分利用率(kg/m³)	0.528	0.653	0.677	0.557	0.445	0.680	0.720
	比 CK 增减(kg/m³)		0.125	0.149	0.029	−0.083	0.152	0.192
	比灌一水增减(kg/m³)	0.131	0.073	0.073	0.073	0.288	0.220	0.487

7.1.1.5　水肥耦合对小麦增产效应的影响

水肥对植物的耦合效应可产生协同、叠加和拮抗等三种不同的效果。自从 Amon 提出旱地植物营养的基本问题是如何在水分受限制的条件下合理施用肥料、提高水分利用效率以后，水肥耦合对旱地农作物的影响研究得到广泛重视。

1)小麦水肥的耦合关系及其利用效率的相互影响

作物根系吸收水分和养分是两个独立的过程，但水分和肥料对于作物生长的作用却是相互制约着的。Richard认为，随水分供应的减少，植物体内氮的浓度增加，钾的浓度减少。Vig.A.C发现，土壤水分状况可影响磷肥撒施的效果。在土壤较湿润情况下，小麦吸收磷更多。当小麦吸收土壤磷随灌水而增加时，吸收肥料磷随即下降。小麦吸收土壤磷与土壤水分状况呈线性关系。华天懋提出了不同肥料结构对旱地小麦土壤水分生产效率的影响顺序为农家肥＞氮肥＞磷肥＞麦草。农家肥和氮肥对土壤水分生产效率具有正效应，麦草和磷肥则为负效应，施麦草不利于提高水分利用效率。当施磷量在零水平以上时，随施磷量增加，土壤水分生产效率迅速下降。这说明供试土壤虽也缺磷，但缺氮更重要，所以一定要强调氮磷肥合理配施。Jerry L.H.Lz等总结认为，水分利用效率和降水生产效率的差异最多可达50%。由于农艺措施的使用，使土壤贮水量增加，可提高水分利用效率值。如免耕保持了土壤覆盖，减少土壤侵蚀，降低了蒸发损失，改善了土壤水分的有效性。汪德水等提出，施肥使冬小麦叶水势降低，增加了深层土壤水分上移的动力，使下层暂时处于束缚状态的水分活化，扩大了土壤水库的容量，提高了土壤水的利用率，达到了"以肥调水"的目的。

2)对小麦产量的影响

武继承等试验表明合理的补灌时间和氮磷用量有利于提高旱地小麦的产量和降水利用率。孙志强指出从不同供水条件下的肥水效应看，在底墒不足情况下，充分发挥肥料的促根调水作用，也能获得较高产量和较高水分利用率。徐学选等试验表明，水肥对春小麦产量、收入有明显的主效应及交互效应，在试验范围内，水分平均主效应大于肥料平均主效应。在合理区域内，水肥均呈正效应，且既有互补性，又有协同效应。张和平等研究也得到了类似的结论。水分和肥料是影响冬小麦产量的主要限制因子，但水分和肥料对冬小麦产量的影响强度因小麦生长期降雨量的多少而异。干旱年限制小麦产量的主要因子是水分，湿润年限制小麦产量的主要因子是肥料。渭北东部旱塬试验和辽西低山丘陵半干旱区春小麦试验表明，氮、磷、水三因素配合效应为三因子配合效应＞两因子配合效应＞单因子效应；氮、磷、水三因素配合时，各因素的限制作用均为李比希类型。但两地区试验又有差异，渭北东部旱塬试验表明氮、磷、水对冬小麦的增产顺序为水＞氮＞磷；氮磷和氮水的交互作用为协同作用型，氮、磷、水都为李比希限制因素；磷、水交互作用为拮抗型，磷、水为拮抗限制因素。辽西低山丘陵试验表明氮、磷、水三因素对产量的影响顺序为水＞磷＞氮；氮与水和磷与水配合均表现为协同作用类型，缺水条件下氮、磷配合则表现为拮抗类型。辽西半干旱区农田水肥试验还表明水分是氮、磷因子协调效应发挥的重要制约因子，供水不足时，水分是影响春小麦产量的主导因素，而供水充足时，氮肥对产量的影响作用更敏感。磷、水之间具有相互替代作用，在缺水条件下，适当提高磷肥施用量，能增强小麦抗旱能力。氮、磷和水三因素对春小麦产量的影响均符合报酬递减率，过多的水肥投入将增加生产成本，降低增产效果。

综上所述，在旱区限制小麦产量的主要因子是水分和肥料，在不同地区、不同的土壤上和不同的年份主导作用又有差异。水分和肥料对作物生长的作用不是孤立的，而是相互作用、相互影响，具有明显的耦合效应。因此，因地制宜地调控水分和养分的时空分布，从而达到以水促肥、以肥调水，将会使农业生产既节水节肥，又高产高效和保护环境。

3)水肥对小麦生物学性状的耦合效应

水肥的协同耦合作用对产量的增产作用原因之一是适当的水肥耦合改善小麦的生物学性状。研究表明,合理氮、磷配比和用量可显著增加小麦根系总量,提高根系活力,扩大吸收水分、养分空间和动力;提高光合速率和蒸腾速率,扩大 T/ET 比值(ET 为蒸散量;T 为蒸腾量),降低土壤水分蒸发损失,增加产量,从而大幅度地提高了小麦水分利用效率。张和平认为,水分亏缺严重限制冬小麦根系的生长,灌溉不仅能促进小麦根系前期的生长,而且可以延缓小麦根系后期的衰亡。赵先贵用氯化氯代胆碱(矮壮素)浸种,使黄土高原土壤深层(70cm 以下)小麦根的重量增加 86.4%,对追施氮肥的利用能力较对照提高 20%以上,提高旱地小麦再生新根的能力达 20%以上。汪德水等研究了旱地施肥的促根效应。在水分较少情况下,施肥可增加旱地小麦根系的数量和扎根深度,氮磷配施可明显增加小麦各层的根重和根体积。施肥还提高了根系活力。在干旱条件下磷肥可以明显提高根系的活性吸收面积。梁银丽等报道,土壤严重干旱,氮引起根水势的明显下降,为负效应;轻度干旱氮对根水势无明显作用;在水分良好条件下,氮对根水势具有显著的正向调节效果。随着土壤相对含水量的提高,增施氮肥可导致根系干物重显著增加。磷除作为一种营养物质促进作物根系生长发育外,在水分胁迫条件下,可明显改善植株体内的水分关系,增强对干旱缺水环境的适应能力,提高作物抗旱性。河南农业大学的小麦水氮试验表明,水氮运筹对小麦旗叶净光合速率、叶绿素荧光参数及产量性状均具有明显的调控效应,其中灌水效应明显大于施氮效应,而且水、氮处理间存在显著互作效应。这些说明,合理施肥促进了作物根系的生长,通过改善其生理活性而增强了作物的抗逆性,提高了根系的吸收功能,从而提高了水分和肥料的利用效率。

7.1.2 旱作小麦高效栽培综合技术体系

通过现代节水技术、传统节水技术和抗旱节水品种的筛选与应用,经过提炼、集成、应用和成熟,形成了具有区域特色的保水、减蒸发、增容为一体的农田抗旱节水机制和旱作小麦高效栽培综合应用技术体系。该技术体系将地面覆盖、品种、补水灌溉、水肥耦合和保水剂应用等有机地结合在一起,形成了地膜+品种+保水剂+平衡施肥+农田管理、地面覆盖+品种+补充灌水+水肥耦合+农田综合管理等旱地小麦高效栽培技术模式。以化学节水+地膜覆盖+优良品种+补充灌溉+农田综合管理高效栽培技术为例,通过技术应用和示范,采用该技术正常年份不补充灌水时,每公顷产量 5 250kg 以上,拔节期补灌一水 600m^3/hm^2,每公顷产量达到 6 000kg 以上;轻度缺水年份不补充灌水时,每公顷产量4 500kg以上,拔节期补灌一水 600m^3/hm^2,每公顷产量达到 5 250kg 以上;丰水年份每公顷产量达到 6 000～6 750kg,比传统栽培增产 750～1 500kg。

以保水剂+覆盖+补充灌溉增产效应试验研究为例,试验安排在相对缺水的许昌县寇庄,基础土壤肥力为壤质潮土,主要耕作制为小麦—玉米、小麦/棉花、小麦—大豆,土壤耕层有机质为 11.3g/kg、碱解氮 68.6mg/kg、有效磷 21.4mg/kg。试验用小麦品种为周麦 18,灌水设置全生育期不灌水(CK)、600m^3/hm^2、1 200m^3/hm^2、1 800m^3/hm^2 和2 400m^3/hm^2 等 5 个水平,灌水时期为拔节和孕穗期分两次进行;保水剂用量为 60kg/hm^2,犁地时条带状深施土壤中;秸秆覆盖量为 4 500kg/hm^2。试验结果表明,合理的补充灌溉有利于提高小麦的分蘖数、单位成穗数、株高、千粒重,从而提高小麦的籽粒产量,4 个补充灌溉水平中，以补充灌溉 1 200m^3/hm^2 处理为最佳，增产 13.24%，其次为1 800m^3/hm^2 处理，增产 10.09%（见表 7-8）。同时说明在中产灌区进行合理的节水灌溉有利于提高灌水利用率。

表 7-8　全生育期不同补灌量对小麦发育性状及产量的影响

处理 (m^3/hm^2)	分蘖数 (个/株)	返青群体 (万/hm^2)	成穗数 (万/hm^2)	株高 (cm)	穗长 (cm)	千粒重 (g)	穗粒数 (粒/穗)	穗重 (g/穗)	产量 (kg/hm^2)	较 CK 增减(%)
CK	1.51	1 560.0	560.0	73.2	8.0	40.8	34.55	1.42	7 049.1	
600	1.55	1 480.0	570.0	74.0	7.5	41.3	31.90	1.25	7 315.7	3.78
1 200	1.65	1 500.0	580.0	74.0	7.4	41.6	31.15	1.28	7 982.4	13.24
1 800	1.77	1 470.0	600.0	69.8	8.0	39.8	35.00	1.41	7 760.2	10.09
2 400	2.45	1 600.0	570.0	73.7	7.8	40.6	33.05	1.27	7 351.3	4.29

7.1.3　小麦节水、丰产、高效栽培技术规程

通过小麦高效用水关键技术的研究与应用，研究提炼出旱作区节水丰产高效栽培技术规程。

7.1.3.1　品种选择

根据地力情况和地形特点，在高肥力地块优先选择周麦 18、开麦 18 和济麦 2 号，在中低肥力地块优先选择洛旱 2 号、新麦 12、洛阳 9505、郑州 9023 或石家庄 8 号；平原旱地可选用周麦 18、开麦 18、济麦 2 号、新麦 12、洛阳 9505、郑州 9023 或石家庄 8 号等品种，在丘陵旱地和山地旱地可优先选用洛旱 2 号、洛阳 9505、郑州 9023、济麦 2 号或石家庄 8 号等品种。

7.1.3.2　水肥耦合技术

小麦播种时底肥配比为 $N_{180}P_{90}$，氮素肥料 70%～80%作底肥，其他作追肥，追肥最佳时期为拔节期后 5～10 天；农家肥 15 000～22 500kg/hm^2，农家肥和磷肥均作底肥一次施入。补灌在追肥后，小麦的最佳灌溉时间为拔节期前后（4 月 1 日前后），灌溉水量为 450～600m^3/hm^2，最好采用小畦灌溉或微灌。

7.1.3.3　播种密度

根据小麦生长特性和千粒重等情况，确定不同小麦品种的播种量，小麦播种量为 112.5～115kg/hm^2；原则上每公顷基本苗应保持在 225 万～270 万株。

7.1.3.4　秸秆覆盖和化学节水技术的应用

秸秆覆盖量为 6 000kg/hm^2；抗旱保水剂小麦条施为 15～60kg/hm^2；同时，在播种时均可采用抗旱保水剂拌种（1%～2%稀释）和条施相结合的办法，以达到提高出苗率和促根壮苗的目的。

7.1.3.5　田间管理技术

根据不同小麦品种生长状况，适时防治病虫害、中耕除草，减少土壤蒸发和病害损失，提高水分利用效率。如粉锈病防治、蚜虫等病虫害的防治。

（1）中耕、覆盖：可提高土壤保墒能力，减少地面无效蒸发，促使单位穗数、穗粒数、千

粒重协调发展,提高产量。

(2)防治白粉病和锈病:在小麦起身期和孕穗期用15%粉锈宁1 500g/hm^2,兑1 125 kg水喷施;或采用小麦"一喷三防"药统一防治。

(3)叶面施肥:若小麦发生早衰,可及时用3‰~5‰的尿素水溶液,进行叶面喷施300~450kg/hm^2,一般可增加千粒重1~2g;也可用0.3%~0.4%磷酸二氢钾水溶液,喷施300~450kg/hm^2,可增产5%~8%。

7.2 旱地红薯高效栽培适用技术

红薯(地瓜、甘薯)作为我国农村不起眼的经济作物的食用价值与保健作用已被越来越多的人们所认识,被誉为绿色保健食品,市场需求旺盛,特别是近几年短蔓、早熟、高产、质优的新品种不断涌现,为农民增产增收起到了决定性作用。

7.2.1 品种选择

由于红薯新品种的科研与推广速度跟不上市场需求,一些红薯产区至今还是20世纪70年代的徐薯18和一些地方老品种,单位产量低,仅12 000~22 500kg/hm^2,且抗病性能差。而选用脱毒品种和红薯新品种,具有抗旱、丰产、综合性能好等特点,错季上市,可得到可观的经济效益。以三粉加工为主体的旱地红薯品种可选择脱毒徐薯18、豫薯13、梅营一号,经田间试验在常规条件下旱地栽培其平均产量在33 000~45 000kg/hm^2;鲜食品种可选择豫薯12、SL—02等黄皮、品质好的品种。黑红薯也是目前栽种的经济品种,但产量太低,影响收益,最好的办法是进行多作物套种,有利于提高单位纯收益。

7.2.2 适时播种,强化管理

7.2.2.1 种薯处理

种薯消毒简便易行,成本低。可杀灭种薯病虫。每100kg水加入50%二嗪磷乳油200mL、磷酸二氢钾200g、五硝基创木芬钠40g、49%锦田久皓200g,充分搅匀后浸种30min,捞出后即可播种,浸种液可连续浸种5~6批。浸种后药液可用于菜地、粮食等作物使用,可促使种薯早生快发,生长健壮。

7.2.2.2 科学施肥

红薯施肥氮磷钾最佳比例为1:0.75:1.5。采用稳氮、增磷、补钾的宏观调肥技术。底肥结合起垄集中施肥,农家肥15~30t/hm^2、钾肥150~300kg/hm^2、三元复合肥750 kg/hm^2。移栽成活后,适时喷施叶面肥,可用3‰~5‰尿素喷施,或用尿素75kg/hm^{2}兑水浇施。红薯膨大期最好用磷酸二氢钾及红薯膨大素叶面喷施2~3次,促进薯块膨大。

7.2.2.3 合理定植

红薯生长旺盛,株距根据土壤肥力而定,一般在30~40cm,春红薯33 000~37 500株/hm^2,最多不能超过45 000株/hm^2。夏红薯定苗比春薯提高60%~90%,即单位定苗52 500~60 000株/hm^2。同时精心选苗,"苗好一半收",种苗要选择茎粗节短,健壮无病虫。

7.2.2.4 田间管理

"三分种,七分管,十分收"。这样就要求做好补苗、除草、控蔓、病虫害防治等方面的工作。首先在移栽后要适时查缺补苗,保证全苗。其次,根据墒情和杂草生长的情况,结合中耕进行人工除草,或移栽后用50%乙草胺200g拌细潮土20kg或60%丁草胺乳油

120～180mL 拌细潮土 10kg 撒施，可消除1年生杂草。第三，生长中期要防止雨季受涝，土壤中水分多，造成通气不良，妨碍红薯生长。同时，红薯藤蔓生长势强，长藤蔓品种最好进行人为控制，如人工打顶、切主茎，当然也可以用多效唑进行化学控制，从而促进分枝，增强光合作用。第四，加强病虫害防治。危害红薯的地下害虫主要有地老虎类、蛴螬、黄蚂蚁、金针虫、蝼蛄、蟋蟀和甲虫类，主要危害时期有两个：一是移栽后至成苗期、抽蔓期危害茎蔓；二是地下块茎膨大至收获前危害根茎。防治方法：第1次可在种下种苗后，用10%二嗪磷颗粒剂 7.5kg/hm^2 拌细土 75～150kg/hm^2，于种苗定植时撒于墒面和植苗沟内，盖土即可；也可用50%二嗪磷乳油 900mL 兑水 600～750kg/hm^2，苗移栽后作全园喷雾。第2次防治结合中耕，剂量与施用方法同第1次。危害红薯的食叶性害虫主要有甘薯叶甲（属甘薯叶甲丽鞘亚种即南方亚种）、甘薯麦蛾，局部有甜菜夜蛾、斜纹夜蛾等。此类食叶性害虫可用敌杀死1 000倍液或80%敌敌畏1 000倍液喷雾防治。

7.2.2.5 适时收获

红薯无明显成熟期，早熟栽培可根据市场行情及时收获。红薯在地温15℃时停止生长，薯块在10℃以下较长时会发生冷害。窖贮红薯应在霜降前收完，及时防护，以免发生冻害。

7.2.3 积极引进新技术，提高红薯产量

7.2.3.1 施用保水剂对红薯增产效应的影响

从表7-9可以看出，营养型抗旱保水剂、营养型抗旱保水剂+多元微肥两个处理均有明显的增产效果，产量测定表明保水剂和保水剂+多元微肥处理分别比对照增产14.07%和23.74%，主要是单株重、单块重均有不同程度的增加。而且田间调查表明，抗旱保水剂和抗旱保水剂+多元微肥对红薯黑斑病等病害具有一定的防治效果，抗旱保水剂处理的坏红薯减少83.6%，抗旱保水剂+多元微肥处理坏红薯减少90.7%。说明抗旱保水剂与多元微肥的复合施用为解决红薯的病害问题提供了有效的途径，但其机理和效果尚待进一步的研究。

表7-9 抗旱保水剂穴施对红薯产量的影响

项目	CK		抗旱保水剂		抗旱保水剂+多元微肥	
	单株重(kg)	块重(kg)	单株重(kg)	块重(kg)	单株重(kg)	块重(kg)
1	0.70	0.23	0.80	0.80	0.85	0.43
2	0.70	0.23	0.70	0.18	0.92	0.41
3	1.06	0.21	1.04	0.26	1.21	0.30
4	1.02	0.20	1.04	0.26	1.24	0.31
5	1.04	0.21	1.17	0.59	1.12	0.56
6	0.85	0.85	1.17	0.59	1.32	0.44
7	1.25	0.42	0.65	0.33	0.55	0.28
8	0.85	0.17	1.47	0.29	1.85	0.46
9	0.49	0.25	1.10	0.37	1.40	0.47
10	0.89	0.22	0.98	0.33	1.10	0.37
11	0.54	0.18	0.68	0.34	0.75	0.25
12	0.76	0.38	0.68	0.34	0.75	0.38

续表 7-9

项目	CK		抗旱保水剂		抗旱保水剂+多元微肥	
	单株重(kg)	块重(kg)	单株重(kg)	块重(kg)	单株重(kg)	块重(kg)
13	0.32	0.16	0.85	0.28	1.05	0.35
14	0.70	0.23	0.30	0.30	0.40	0.40
15	0.43	0.22	0.75	0.38	0.80	0.40
平均	0.77	0.24	0.89	0.33	0.96	0.39
单产(kg/hm²)	28 950		33 023		35 820	
比 CK 增产(%)			14.07		23.74	

7.2.3.2 不同保水剂对不同红薯品种的增产效应分析

从表 7-10 可以看出,不同保水剂对红薯具有明显的增产效应,其中徐薯 18 以进口保水剂增产幅度最大,为 21.91%;其次是营养型抗旱保水球,增产 20.26%,营养型抗旱保水剂和博亚高能抗旱保水剂相近,分别增产 14.22% 和 13.12%,枝改型保水剂仅增产 5.44%。

表 7-10 不同红薯品种抗旱保水剂增产效应研究

处理	营养型抗旱保水球	营养型抗旱保水剂	博亚高能抗旱保水剂	进口保水剂(美国)	枝改型保水剂	对照
徐薯 18(kg/hm²)	26 603.55	25 267.2	25 024.35	26 967.9	23 323.7	22 121.0
比对照增产(kg/hm²)	4 482.6	3 146.25	2 903.4	4 846.95	1 202.7	
比对照增减(%)	20.26	14.22	13.12	21.91	5.44	
豫薯 13(kg/hm²)	27 696.75	26 579.25	27 210.9	28 425.6	26 239.1	25 510.2
比对照增产(kg/hm²)	2 186.55	1 069.05	1 700.7	2 915.4	728.85	
比对照增减(%)	8.57	4.19	6.67	11.43	2.86	

豫薯 13 以进口保水剂增产幅度最大,为 11.43%;其次为营养型抗旱保水球,增产 8.57%,博亚高能抗旱保水剂增产 6.67%,营养型抗旱保水剂和枝改型保水剂仅分别增产 4.19%和 2.86%。与徐薯 18 相比,虽然保水剂处理的增产效应是一致的,但其营养型抗旱保水剂处理没有博亚高能抗旱保水剂处理高,说明不同的保水剂对不同耐旱性品种的适应性有一定的差异,尚有待进一步深入研究。

7.3 旱地玉米高效栽培技术

7.3.1 品种选择

套作品种可选择豫玉 22、豫玉 32、郑单 21、农大 108 等品种,纯玉米可选择郑单 958、郑单 22、浚单 22 等高密度和中密度的品种,当然品种的选择一定要根据不同的地力和水肥条件而定。

7.3.2 适时播种

旱地玉米播种受墒情的影响很大,小麦收获前后正是天干地旱的时节。因此,要想出全苗，玉米的播种最好根据墒情而定，墒情好时，可在麦收前播种，收获小麦时不要伤害玉米苗。墒情较差或差时，最好在小麦收获后，点水播种，以保证出齐苗、全苗，为玉米高产奠定基础。旱地玉米播种最好采用宽行种植，行距 80cm，株距视不同品种而定，稀植玉米株距 40cm，中密度品种 30cm，高密度品种 20～25cm；每穴播种 2～3 粒。

7.3.3 田间管理

间苗补苗，出苗后要及时查苗情，如有缺苗，应及时泡种催芽补栽。生长期间及时中耕、除草、培土和除去分蘖。夏玉米追肥在拔节期和抽雄期分两次施用，以提高肥料利用率。追肥量根据品种和地力，每次追施 90～135kg/hm^2 纯氮为宜。

病虫害防治要兼顾各个方面，大斑病用 75%百菌清粉剂 500～800 倍液，在玉米抽雄散粉时喷 1～2 次。玉米螟在心叶末期用 50%1605 乳剂 7.5kg/hm^2，加细沙或细煤渣 150～225kg，制成颗粒，每株 2 勺，灌玉米心叶；在授粉末期用 25%敌敌畏乳油 500 倍液用镊子和棉球将药剂均匀涂洒在果穗顶端及花丝丛中。老鼠可采用高效低毒灭鼠剂诱杀，也可采用物理方法防治。

7.3.4 秸秆覆盖和化学节水技术产品的应用

7.3.4.1 不同保水剂对玉米生育性状和产量的影响

从表 7-11 可以看出，施用保水剂玉米穗长增加明显，平均增幅为 1.08～3.62cm。其中以处理 4 增加最多，增长 3.62cm，其次为处理 7 和处理 3，分别增长 2.34cm 和 2.08cm。就不同保水剂类型而言，博亚高能抗旱保水剂＞全益保水素＞营养型抗旱保水剂。玉米百粒重提高显著，平均增加 5.88g 和 8.73g。其中以处理 3 提高最显著，其次为处理 2 和处理 5，分别提高 8.59g 和 8.04g。就不同保水剂类型而言，以营养型抗旱保水剂提高最显著，即营养型抗旱保水剂＞博亚高能抗旱保水剂＞全益保水素 。玉米单穗重也有不同程度的提高，平均增加 0.17～2.16g。其中以处理 6 和处理 5 提高最多，分别提高 2.14～2.16g。不同保水剂类型之间全益保水素＞博亚高能抗旱保水剂＞营养型抗旱保水剂。

表 7-11 不同保水剂对玉米发育性状和产量的影响

处理	株高(cm)	穗位(cm)	穗长(cm)	百粒重(g)	单穗重(g)	单位产量(kg/hm^2)	比对照增减(%)	单位净效益(元/hm^2)
1	268.82	96.78	19.70	25.37	51.62	7 407.0		
2	259.24	96.52	21.00	33.96	51.85	7 731.0	4.38	421.8
3	261.93	95.52	21.78	34.10	52.39	7 963.5	7.51	722.7
4	258.95	99.44	23.32	32.58	51.79	7 593.0	2.51	241.2
5	244.60	95.08	21.16	33.41	52.92	7 777.5	5.01	482.0
6	268.90	107.20	20.78	31.25	53.78	7 546.5	1.88	181.1
7	258.12	101.22	22.04	32.45	53.76	7 639.5	3.13	301.5

注：试验处理 1～7 分别为：对照、营养型抗旱保水剂 45kg/hm^2、营养型抗旱保水剂 60kg/hm^2、博亚高能抗旱保水剂 45kg/hm^2、博亚高能抗旱保水剂 60kg/hm^2、全益保水素 45kg/hm^2 和全益保水素 60kg/hm^2。

正是对玉米发育性状的影响，从而导致不同保水材料处理产量均有不同的提高，增产幅度分别为 1.88%～7.51%，其中处理 3 增产最明显，增产幅度为 7.51%；其次是处理

5,增产幅度为5.01%;增产幅度最低的是处理6,增产幅度仅1.88%。不同保水剂类型之间以营养型抗旱保水剂提高最显著,其次为博亚高能抗旱保水剂,即营养型抗旱保水剂>博亚高能抗旱保水剂>全益保水素。

7.3.4.2　秸秆覆盖对玉米产量的影响

从表7-12可以看出,有效穗长均有明显增加,平均增加1.21～2.66cm,其中以复合处理增长最多。百粒重较对照均有所提高,提高幅度为0.28～1.27g,其中以处理2增加最多,为1.27g。以上表明秸秆覆盖对改善玉米生育性状具有积极的效果,对实现玉米的高产高效和降水利用率的提高十分有利。与对照相比,平均增产幅度为8.97%～17.94%。其中以处理4增产效果最显著,增幅为17.94%。

同时,秸秆覆盖对提高降水利用效率具有积极效果,分别提高1.65～3.15kg/(mm·hm^2)。说明抗旱保水剂+秸秆覆盖是提高降水利用率和利用效率的最佳途径。

表7-12　秸秆覆盖对玉米发育性状及产量和降水利用的影响

处理	株高(cm)	穗位(cm)	总穗长(cm)	有效穗长(cm)	百粒重(g)	单位产量(kg/hm^2)	比对照增减(%)	降水利用(kg/(mm·hm^2))	比对照增减(kg/(mm·hm^2))
1	270.30	96.10	21.26	20.78	33.23	7 870.5	8.97	18.45	1.65
2	266.00	93.96	22.48	21.01	34.35	7 963.5	10.25	18.60	1.80
3	269.70	97.70	21.66	21.42	33.26	8 101.5	12.18	18.90	2.10
4	275.30	102.92	22.52	22.23	32.96	8 518.5	17.94	19.95	3.15
5	270.00	86.30	21.46	19.57	32.68	7 222.5		16.80	

注:试验处理1～5分别为:覆盖麦秸3 000kg/hm^2、覆盖麦秸6 000kg/hm^2、覆盖麦秸9 000kg/hm^2、营养型抗旱保水剂45kg/hm^2+覆盖麦秸6 000kg/hm^{2}和对照;玉米品种为豫玉22,追肥期为玉米大喇叭口期,追肥量为225kg/hm^{2}尿素。

7.3.5　玉米栽培技术规程

根据以上栽培技术,玉米高效栽培的技术实施规程如下。

7.3.5.1　品种选择

稀植玉米品种选择豫玉32、豫玉22、郑单21;中密度和高密度品种优先选择郑单958、郑单22和浚单22等玉米品种,黑玉米可选择郑黑糯1号。

7.3.5.2　合理密植

玉米种植采用宽窄行种植,窄行距为40cm,宽行距为80cm;其中郑单958株距为25cm,种植密度一般在61 500～67 500株/hm^2,郑单21株距为40cm,种植密度一般在52 500～60 000株/hm^2;黑玉米同常规玉米,但密度增加7 500株/hm^{2}左右。

7.3.5.3　强化田间管理

玉米和黑玉米氮肥追施时期为大喇叭口期,追施量为150～225kg/hm^{2}纯氮。补灌在追肥后,最好采用隔沟交替灌溉,每次灌水量为450m^3/hm^2。重视玉米螟、玉米钻心虫防治、鼠害等病虫害的防治。

7.3.5.4　秸秆覆盖和化学节水技术的应用

为提高降水利用率和单位产出效率,在条件允许的情况下,单位秸秆覆盖量可采用6 000kg/hm^2;抗旱保水剂条施用量为45～60kg/hm^2。

7.4 旱地谷子高效栽培技术

我国是世界上首屈一指的杂粮大国，其中谷子栽培面积及产量均居世界第一位。谷子具有营养价值高、抗旱耐瘠、耐储藏的特点，非常适合北方干旱缺水的自然生态条件，北方人们有食用小米的习俗，但由于谷子品质下降，面积也一度呈下降趋势，又由于小米丰富的营养特性，使得近些年来随着人们生活水平的提高又掀起了世界性食用五谷杂粮的热潮。目前市场上的优质小米出现供不应求的现象，人们急切地盼望着口感好、品质优良的小米上市。

7.4.1 品种选择

旱作区水资源紧缺、土壤耕作层浅、肥力偏低，玉米耗水量大，开展夏谷子品种引进与推广应用，可促进旱作农业种植结构调整，为合理高效利用水资源提供科学依据。“十五”期间我们先后引进了冀优 2 号、谷丰 2 号、冀谷 20、小香米和冀优 1 号等 10 个谷子品种。据田间试验观察，以豫谷 6 号作对照，从病虫害发生程度看，小香米和冀优 1 号病害（谷锈病）发生比较严重，冀优 2 号、谷丰 2 号、豫谷 6 号相对较轻；从抗倒伏性状看，小香米和冀谷 Y－61 倒伏现象较重，其余品种较轻；从穗部性状上看，冀优 2 号谷穗较大，青叶成熟，谷丰 2 号穗亦较大，而豫谷 6 号穗较小，株高在 10 个参试品种中最高。田间试验产量谷丰 2 号居第一位，其次为冀优 2 号，冀谷 20 居第三位，其产量分别为 6 405kg/hm^2、6 195 kg/hm^2 和 6 060kg/hm^2，比对照分别增产 17.3%、13.5%和 11.0%。

7.4.2 适期播种

夏播谷子的适宜播期为 6 月 15 日～6 月 25 日，最迟不晚于 6 月 30 日；春播谷子一般适播期为 5 月 15 日～5 月 30 日。

7.4.3 合理密植

播种行距为 40cm，留苗 60 万～75 万株/hm^2。一般在 3～5 叶期进行间苗，6～7 叶期定苗。

7.4.4 合理施肥

谷子属耐旱、耐瘠薄作物，在水肥管理上的突出特点是拔节前要注意肥水控制。谷子的追肥主要是氮肥的追施，旱地的追肥时期为拔节后至抽穗前，水浇地的追肥时期为孕穗中后期。追肥量为尿素 150～300kg/hm^2。

7.4.5 病虫害的防治

病虫害防治是谷子取得丰产的关键技术环节之一，其主要病虫害有钻心虫、黏虫、蚜虫和线虫、白发病等。

谷子瘟病的防治方法：农业措施主要包括选用适合当地的抗病良种、合理施肥和合理密植，以利于通风透光。药剂防治关键是于叶瘟发病初期或抽穗期喷药防治，可选用 40%克瘟散乳油 500～800 倍液，或 70%甲基托布津可湿性粉剂 2 000 倍液喷雾，或 0.4%春雷霉素粉剂 30～37.5kg 进行喷粉。谷子锈病可用 15%粉锈宁可湿性粉剂 375 g/hm^2，或 20%粉锈宁乳油 525mL/hm^2，加水 750kg/hm^2，于发病初期（病株率 5%）喷洒。大流行年份，隔 7～10 天再施药 1 次。

谷子白发病防治：因地制宜选用抗病丰产良种，重茬病可与小麦、豆类、薯类等轮作。

掌握播种时的气候条件，适时播种、浅播匀播，促使幼苗早出土，减少病菌侵染机会。药物防治可选用35%阿普隆拌种剂，按种子量的0.2%拌种，或25%瑞毒可湿性粉剂按种子量的0.3%拌种。谷子黑穗病用40%拌种双可湿性粉剂，或15%粉锈宁可湿性粉剂，或50%多菌灵可湿性粉剂等，均按种子重量0.2%～0.3%药量拌种处理种子。

谷子红叶病防治：加强栽培管理，增施肥料，合理灌溉，促进植株健壮生长，提高抗病力；药剂处理可用50%抗蚜威可湿性粉剂105～120g/hm^2，或40%氧化乐果乳油750 mL/hm^2，加水750～900kg/hm^2叶面喷雾。粟灰螟在卵盛孵期至幼虫蛀茎前施药，用1.5%1605粉剂30kg/hm^2，或5%西维因粉剂22.5～30kg/hm^2，或50%1605乳油750～1 500mL拌细土225～300kg/hm^2，顺垄撒在植株附近。

7.5 旱地适宜高效种植模式简介

7.5.1 旱地小麦套种红薯地膜栽培技术

7.5.1.1 套种模式

小麦播种前先整地起垄，垄宽80cm，高10cm，垄沟60cm，沟内种植3行小麦，垄上覆盖90cm宽的地膜，覆膜前使用乙草酰胺100g兑50kg水均匀喷施，以防杂草，次年春在垄上种2行春红薯。

7.5.1.2 田间管理

小麦播前施农家肥45～60m^3/hm^2、碳酸氢铵550kg/hm^2或尿素300kg/hm^2、过磷酸钙750kg/hm^2、硫酸钾150kg/hm^2，一次掩底深施；小麦种子用抗旱性种衣剂进行包衣处理，播量75～90kg/hm^2。小麦返青期及时中耕，拔除田间杂草；中后期做好“三防”——防虫、防病、防干热风。红薯3月育苗，用种薯375kg/hm^2，4月中下旬或5月上旬移栽于垄，足墒栽种，密度为37 500～45 000株/hm^2(株距50～60cm)；小麦收获后及时中耕灭茬，并覆盖麦秸，根据红薯墒情、地力可适当追施甘薯专用肥300～450kg/hm^2或尿素150kg/hm^2，封垄前除净田间杂草，一次培垄；中期对地上部进行拉蔓处理，若地上部茎蔓长势过旺，可用15%多效唑粉剂60～70g兑水50kg喷施；加强田间管理；可用80%结晶敌百虫750～1 050g/hm^2(热水化开)或5%高氯灭乳油40～50mL，加水50kg喷雾，防治天蛾、斜纹夜蛾等食叶性害虫。

7.5.1.3 套种品种

小麦抗旱品种科旱1号、石家庄8号、周麦18、开麦18、洛阳9505等及优质麦豫麦34、郑麦9023等。红薯可采用抗旱短蔓、多抗、淀粉加工型品种如豫薯13、梅营1号、徐州18等脱毒红薯品种；若存在严重的茎线虫和根腐病时，可选用抗旱、耐寒、抗茎线虫和根腐病品种如豫薯13、汝薯黄等脱毒红薯品种。

7.5.2 小麦、玉米/花生高产栽培技术

玉米和花生的播种方式可采用2—8式或1—6式，2—8式即每种2行玉米套种8行花生，1—6式则为每种1行玉米就套种6行花生。这种配置方式具有禾本科作物(玉米)与豆科作物(花生)套种，花生可利用玉米根系分泌的有效铁，从而减轻花生“失绿症”或“黄化症”，增加花生生长期内的光合作用强度，提高花生产量。玉米品种可采用豫玉32或郑单21(45 000～52 500株/hm^2)等稀植品种，套种密度和用种量相当于玉米实播的

1/3～1/2。玉米追肥量为180～270kg/hm^{2}纯氮。花生播种与管理同其他间套花生的种植模式。花生产量可达3 000～3 750kg/hm^2、玉米3 750～4 500kg/hm^2，较单一播种花生或玉米增加效益2 250元/hm^{2}左右。

7.5.3　麦棉套种高产栽培技术

种植小麦时预留棉花套种地80cm宽，供棉花移栽或播种用，棉花采用宽窄行，即窄行间距为40cm，宽行间距为1～1.5m（视棉花品种而定）。这种配置方式有利于充分利用季节的光、热、水资源，提高资源利用效率和单位土地效益，而且对于某些小麦、花生连作区，可轮作倒茬、减轻作物病虫害，而同时又提高单位效益。棉花品种可采用33B、35B或99B等不同品种的抗虫棉，播种密度37 500～45 000株/hm^2。氮素追肥为视地力而定，一般为90～225kg/hm^{2}纯氮。棉花产量可达3 000～3 750kg/hm^2。当然，除了上述套种春棉花外，也可采用播种夏棉花，即实播小麦收获后，再播种夏棉品种，其产量可达2 250～3 000kg/hm^2。

7.5.4　地膜花生高产栽培技术

地膜花生要获得高产、高效益，应施用农家肥37 500～45 000kg/hm^2，尿素195 kg/hm^2，过磷酸钙（含$P_2O_5$12%）750kg/hm^2。较常规播种提前15天左右，以促使花生早成熟、早上市；选择健康花生种子，花生种用量225kg/hm^2，播种时用多菌灵拌种。播种时，每穴两粒，行距0.40m、株距0.20m，播种密度不低于124 500穴/hm^2。播种后，在地面适当喷施少量除草剂和多菌灵，然后盖膜，以控制花生出苗后的杂草和病虫害。适时锄草、灌溉。在盛花期，根据花生生长情况和地力状况，可施用适量化肥（尿素150kg/hm^2），促使花生下锥，提高花生坐果率和饱果率。

7.5.5　麦套花生高产栽培技术

在施肥中既要满足小麦获得高产，又要保证花生高效益。因此，这种模式的施肥量在播种小麦时，其基肥施用量为农家肥37 500kg/hm^{2}以上，尿素195～225kg/hm^2，过磷酸钙（含$P_2O_5$12%）750kg/hm^2。小麦生长期内追施拔节肥、灌浆肥（150kg/hm^{2}尿素），收获时可留10～15cm麦茬，提高耕层有机质、水分和地温，促使花生健康生长。花生生长期内可适时追施氮肥，喷施磷酸二氢钾，以保证花生对氮、磷、钾营养元素的需求。选择健康花生种子，花生种用量225kg/hm^2，播种时用多菌灵拌种。播种时，每穴两粒，行距0.40m、株距0.20m（土壤墒情不好时，播种前5天要灌水一次）。小麦收获后，适时灭茬、锄草、灌溉。在盛花下锥期，根据花生生长情况和地力状况，可施用适量化肥（尿素150 kg/hm^2），促使花生下锥，提高花生坐果率和饱果率。

7.5.6　小麦/玉米/红薯栽培技术

玉米和红薯为间套种植，可采用2—6式或1—4式，即每栽6行红薯套种2行玉米或每4行红薯套种1行玉米，充分利用红薯生长期内的光、热、水、土资源，提高光合作用强度和单位土地产出效益。玉米品种可采用郑单21和豫玉32（45 000～52 500株/hm^2）等稀植品种，套种密度和用种量相当于玉米实播的1/3～1/2。玉米追肥量为180～270 kg/hm^{2}纯氮。红薯属于较耐旱的秋季作物品种，具有光合作用强、产量高、经济效益好等特点。可供选用的红薯品种有豫薯12、豫薯13、梅营1号、徐薯18等，采用脱毒苗更好。玉米产量可达3 000～4 500kg/hm^2，较单一播种增加效益1 500元/hm^{2}左右。

参考文献与资料

1 武继承,张长明,王志勇,等.河南省降水资源高效利用技术研究与应用.干旱地区农业研究,2003,21(3):152～155

2 武继承,游保全,汪立刚.我国高效节水型可持续农业发展模式的选择.中国人口资源与环境,2001,11(2):69～72

3 武继承,王志和,何方,等.不同技术措施对降水利用和土壤养分的影响.华北农学报,2005,20(6):73～76

4 武继承,朱鸿勋,杨占平.不同水肥条件旱地小麦水肥利用率研究.华北农学报,2003,18(4):85～89

5 汪立刚,武继承,王林娟.保水剂有效使用的土壤水分条件及对小麦的增产效果.土壤,2003(1):80～82

6 汪德水.旱地农田肥水协同效应与耦合模式.北京:气象出版社,1999

7 孔祥旋,杨占平,武继承,等.不同生育期限量灌溉对冬小麦产量和水分利用的影响.华北农学报,2005,20(5):68～70

8 孔祥元.层次分析法在灌水方法综合决策中的应用.喷灌技术,1994(4):9～15

9 贾朝霞,郑焰. 高吸水性树脂用于水土保持和节水农业的新思路.Agro－environ. And Develop. 1999,16(3):38～41

10 贾大林,孟兆江,王和洲. 农业高效用水及农业节水技术.节水灌溉,1999(4):7～10

11 介晓磊,李有田,韩燕来,等. 保水剂对土壤持水特性的影响.河南农业大学学报,2000,34(1):22～24

12 谭金芳,介晓磊,韩燕来,等.麦田灌溉与优化施肥技术研究开发专题总结报告.北京:中国科学技术出版社,2003

13 刘义新,王晓荣. 聚乙烯醇形成土壤水稳性团粒的效果研究.安徽农业科学,1996,24(3):262～264

14 刘晓勇,吴普特. 雨水资源集蓄利用研究综述.自然资源学报,2000,15(1):189～193

15 刘效瑞,伍克俊,王景才,等.土壤保水剂对农作物的增产增收效果.干旱地区农业研究,1993,11(2):32～35

16 刘卫林.基于GIS的水土保持规划信息管理系统研究:[硕士论文].华北水利水电学院,2004

17 刘韬,骆娟,何旭洪. Visual Basic 6.0数据库系统开发实例导航.北京:人民邮电出版社,2002

18 刘丹,郑坤,彭黎辉. 组件技术在地理信息系统中的研究与应用.地球科学中国地质大学学报,2002,27(3):263～266

19 刘光. 地理信息系统二次开发教程——组件篇.北京:清华大学出版社,2003

20 刘思峰,郭天榜,党耀国,等.灰色系统理论及其应用.北京:科学出版社,1999

21 刘维峰,吴扬俊. 节水灌溉方式的选择.北京农业工程大学学报,1994(1):75～79

22 刘作新,尹光华,孙中和,等.低山丘陵半干旱区春小麦田水肥耦合作用的初步研究.干旱地区农业研究,2000,18(3):20～25

23 何腾兵,杨开琼,张俊,等.VAMA对土壤保肥供肥性能影响的研究.土壤通报,1997,28(6):257～260

24 何腾兵,田仁国,陈焰,等. 高吸水剂对土壤物理性质的影响.耕作与栽培,1996(6):46～48

25 王东晖. 化肥与微肥对保水剂吸水性的影响试验初报.甘肃农业科技,2002(5):22～23

26 王九龄,孙键. 华北石质低山阳坡应用吸水剂抗旱造林试验初报.林业科技通讯,1984(11):16～20

27 王砚田,华猛,赵小雯,等. 高吸水性树脂对土壤物理性状的影响.北京农业大学学报,1990(2):181～186

28 王树谦,陈南祥.水资源评价与管理.北京:水利电力出版社,1996
29 王宏彦,崔丽洁.GIS技术在水文水资源领域的应用.东北水利水电,2002(10):38～39
30 王礼先,张忠,陆守一,等.流域管理信息系统.北京:中国林业出版社,1994
31 王学军.空间分析技术与地理信息系统的结合.地理研究,1997(3):70～74
32 王京,滕锦程.Visual Basic 6.0 中文程序员伴侣.北京:人民交通出版社,2000
33 王伟长.地理信息系统控件(ActiveX)——MapObjects培训教程.北京:科学出版社,2000
34 王正明,易东云.测量数据建模与参数估计.长沙:国防科技大学出版社,1996
35 王惠文.偏最小二乘回归方法及其应用.北京:国防工业出版社,1999
36 王俊鹏,马林,蒋骏,等.宁南半干旱地区谷子微集水种植技术研究.水土保持通报,2000,20(3):42～43
37 王育红,姚宇卿,吕军杰.保持耕作技术对豫西旱坡地土壤养分变化的影响.安徽农业科学,2002,30(3):414～415
38 王斌瑞,王百田.黄土高原径流林业.北京:中国林业出版社,1996
39 王德次.节水灌溉综合评价决策专家系统的研究与应用:[硕士论文].武汉水利电力大学,1997.5
40 王殿武,刘树庆,文宏达,等.高寒半干旱区春小麦田施肥及水肥耦合效应研究.中国农业科学,1999,32(5):62～68
41 王化岑,刘万代,李巧玲,等.从豫西旱地生态条件谈旱作小麦增产技术.中国农学通讯,2004,20(6):276～277,361
42 徐卯林,张洪熙,黄年生,等.高吸水种衣剂在水稻旱育抛秧上的应用.中国水稻科学,1998,12(2):92～98
43 徐建新,沈晋.现代科技在节水灌溉领域中的应用.科学技术与辩证法,1999(3):61～64
44 徐建新,陈南祥.区域水资源规划及灌区节水灌溉专家系统研制.华北水利水电学院,2000.9
45 徐建新,陈南祥,田峰巍,等.专家系统在灌区节水灌溉技术选择中的应用.灌溉排水,1999(3):39～41
46 徐学选,陈国良,穆兴民.春小麦水肥产出协同效应研究.水土保持学报,1994,8(4):72～78
47 左永忠,刘春兰,陆贵巧,等.保水剂蘸根对苗木保湿效果的影响.北京林业大学学报,1994,16(1):106～109
48 雒魁虎.河南省旱地小麦高产理论与技术.北京:中国农业科技出版社,1999
49 任杨军,李建牢,赵俊侠.国内外与水资源利用研究综述.水土保持学报,2000,14(1):88～92
50 任伏虎,邬伦.地理信息系统设计原理.北京:北京大学出版社,1991
51 任国兴,王承启,赵国栋.旱地耕作技术.北京:北京大学出版社,1994
52 赵松岭.集水农业引论.西安:陕西科学技术出版社,1996
53 赵松岭,王静,李凤民.黄土高原半干旱地区水土保持型农业的局限性.西北植物学报,1995,15(8):13～18
54 赵松岭,李凤民,王静.半干旱地区集水农业的可行性.西北植物学报,1995,15(8):9～12
55 赵万锋,刘南,刘仁义,等.基于ArcObjects的系统开发技术剖析.计算机应用研究,2004(3):130～132
56 赵红莉,蒋云忠,陈蓓玉,等.广东省水资源管理GIS.见:GIS技术在水利中的应用研讨会论文集.南京:河海大学出版社,2001
57 赵先贵,肖玲.氯化氯代胆碱提高黄土高原旱地小麦水肥效应机理的研究.水土保持通报,1996,16(2):29～31
58 文宏达,刘玉柱,李晓丽,等.水肥耦合与旱地农业持续发展.土壤与环境,2002,11(3):315～318

59 史兰波，李云荫．保水剂在节水农业中的应用．生态农业研究，1993，1(2)：89～93
60 史福刚，杨稚娟，王志勇．水分条件对保水剂增产效应的影响．见：梅旭荣等．节水高效农业理论与技术．北京：中国农业科学出版社，2004
61 史捍民．区域开发活动环境影响评价技术指南．北京：化学工业出版社，1999
62 史宝忠．建设项目环境影响评价．北京：中国环境科学出版社，1993
63 黄风球，杨立光，黄承武，等．化学节水技术在农业上的应用效果研究．水土保持研究，1996，3(3)：118～124
64 黄杏元，马劲松，汤勤．地理信息系统概论．北京：高等教育出版社，2001
65 蔡典雄，王小彬，Keith Saxton．土壤保水剂对土壤持水特性及作物出苗的影响．土壤肥料，1999(1)：13～16
66 蔡大应．石津灌区水资源管理地理信息系统研究：[硕士论文]．华北水利水电学院，2003
67 杜晓东，王丽娟，刘作新．保水剂及其在节水农业上的应用．河南农业大学学报，2000，34(3)：255～259
68 杜尧东，宋丽莉，刘作新．农业高效用水理论研究综述．应用生态学报，2003，14(5)：808～812
69 杜尧东，刘作新．水肥耦合对丘陵半干旱区春小麦产量的影响．华南农业大学学报(自然科学版)，2003，24(1)：8～12
70 许一飞．国外农业高效用水的研究应用及发展趋势．节水灌溉，1998(2)：30～31
71 许一飞．对节水农业的新认识．节水灌溉，2000(2)：13～15
72 许志芳．节水农业的战略认识和对策．中国农村水利水电，1996(1～2)：6～10
73 张余良，潘洁，邵玉翠，等．农业节水技术的研究现状与发展．天津农业科学，2004，10(1)：33～36
74 张超，王会肖．黄土高原丘陵沟壑区土壤水分变化规律的研究．中国生态农业学报，2004，12(3)：47～50
75 张永涛，汤天明，李增印，等．地膜覆盖的水分生理生态效应．水土保持研究，2001，8(8)：45～47
76 张永涛，杨吉华，高伟．不同保水措施的保水效果研究．水土保持研究，2000，20(5)：46～48
77 张建华，鹿良玉，高永才．节水农业技术的现状．西南农业学报，2001(增刊)：113～116
78 张明泉，曾正中．水资源评价．兰州：兰州大学出版社，1995
79 张家庆，张军．九十年代 GIS 软件系统设计的思考．测绘学报，1994，23(2)：127～134
80 张大海，史开泉，江世芳．灰色系统预测的参数修正法．电力系统及其自动化学报，2001，4(2)：20～22
81 张忠华，吴孟达．船摇数据实时滤波与预报的时序法．中国惯性技术学报，2000(6)：24～30
82 张敬增．河南旱地农业．北京：中国农业科技出版社，1997
83 张庆华，白玉慧，倪红珍，等．节水灌溉方式的优化选择．水利学报，2002(1)：47～51
84 张三力．中国后评价机构的设置．伦敦：英国海外开发署，1995
85 张三力．中国投资项目后评价手册．伦敦：英国海外开发署，1995
86 张三力．项目后评价．北京：清华大学出版社，1998
87 张占庞．水利经济学．北京：中央广播电视大学出版社，2003
88 张和平，刘晓楠．黑龙港地区冬小麦生产中水肥关系及其优化灌水施肥模型研究．干旱地区农业研究，1992，10(1)：32～38
89 张金锁．技术经济学原理与方法(第 2 版)．北京：机械工业出版社，2000
90 苏人琼，陈远生．中国降水量与农田需水量．中国农业科技导报，2000，2(2)：50～53
91 康绍忠．新的农业科技革命与 21 世纪我国节水农业的发展．干旱地区农业研究，1998，16(1)：11～17
92 陈南祥．地下水动态预报模型的精度评价．工程勘察，1999(3)：35～38
93 陈芸云．项目投资现代管理．北京：中国电力出版社，2002

94 陈守煜.工程模糊集理论与应用.北京:国防工业出版社,1998
95 陈守煜. 系统模糊决策理论及应用.辽宁:大连理工大学出版社,1994
96 陈培元,李英,陈建军,等. 限量灌溉对小麦抗旱增产和水分利用的影响.干旱地区农业研究,1992,10(1):48~53
97 陈玉民,孙景生,肖俊夫. 节水灌溉的土壤水分控制标准问题研究.灌溉排水,1997,16(1):24~28
98 余艳玲,熊耀湘,文俊. 土壤水资源及土壤水分调控研究.云南农业大学学报,2003,18(3):298~301
99 毛建华. 农艺节水(非工程节水)技术思考.天津农业科学,2003,9(1):1~5
100 Tanaka D L, Anderson R L.保护耕作制中土壤蓄水量与降水贮存的研究.舒乔生译.水土保持科技情报,1999(1):21~23
101 李俊华,王靖.美国有关覆盖作物对水土流失影响的研究.水土保持科技情报,2002(1):15~17
102 李秧秧,黄占斌. 节水农业中化控技术的应用研究.节水灌溉,2001(3):4~6
103 李春葆,张植民. Visual Basic 数据库系统设计与开发.北京:清华大学出版社,2003
104 李门楼,胡成,陈植华. 河北平原区域地下水资源决策支持系统设计与开发.地球科学——中国地质大学学报,2002(2):222~226
105 李俊奇,车武. 德国城市雨水利用技术考察分析.城市环境与城市生态,2002,15(1):47~49
106 李洪文,陈君达,高焕文,等.旱地表土耕作效应研究.干旱地区农业研究,2000,18(2):13~18
107 李英能.我国节水农业发展模式研究.节水灌溉,1998(2):7~12
108 李振吾,籍增顺. 山西旱地农业高效持续发展模式研究.干旱地区农业研究,2001,19(1):108~114
109 李光永. 以色列农业高效用水研究.节水灌溉,1998(3):38~40
110 李勇,王超,戴连栋. 雨水集蓄农业利用的环境效应及研究展望.农业工程学报,2003(2):18~22
111 李怀甫. 小流域治理理论与方法.北京:中国水利水电出版社,1998
112 李荣钧. 模糊多准则决策理论与应用.北京:科学出版社,2002
113 李法云,宋丽,官春云,等.辽西半干旱区农田水肥耦合作用对春小麦产量的影响.应用生态学报,2000,11(4):535~539
114 李生秀,李世清,高亚军,等.施用氮肥对提高旱地作物利用土壤水分的作用和效果.干旱地区农业研究,1994,12(1):38~46
115 姚建民,殷海善,杨瑞平. 旱地小雨资源渗水地膜覆盖利用技术研究.水土保持研究,2000,7(4):36~38
116 姚鹤岭.GIS在水资源综合开发中的应用.人民黄河,2000,22(3):19~21
117 姚光业.投资项目后评价机制研究.北京:经济科学出版社,2002
118 吴德瑜.保水剂在农业上的应用进展.作物杂志,1990(1):22~23
119 吴彦春,饶文碧,罗小琴. 面向对象原型法在MIS开发中的应用.微机发展,2004(4):73~75
120 吴季松.水资源及其管理的研究与应用.北京:中国水利水电出版社,2000
121 吴添祖.技术经济学概论.北京:高等教育出版社,1997
122 吴普特,黄占斌,高建恩,等.人工汇集雨水利用技术研究.郑州:黄河水利出版社,2002
123 吴秉坚. 模糊数学及其经济分析.北京:中国标准出版社,1994
124 吴海卿,杨传福,孟兆江,等. 以肥调水提高水分利用效率的生物学机制研究.灌溉排水,1998,17(4):6~10
125 吴宝华,胡玉兰,金玉.优质高产粮饲兼用谷子新品种"蒙金谷一号"的选育及栽培技术的研究.内蒙古草业,2006,18(1):33~35
126 龙明杰,曾繁森.高聚土壤改良剂的研究进展.土壤通报,2000,31(5):199~202,223
127 孙进,徐阳春,沈其荣,等.施用保水剂和稻草覆盖对作物和土壤的效应.应用生态学报,2001,12

(5):731～734
128 孙景生,康绍忠. 我国水资源利用现状与节水灌溉发展对策.农业工程学报,2000,16(2):1～5
129 孙桂兰.多层次模糊综合评价法在生态农业评价中的应用.农村生态环境,1998(1):54～57
130 孙志强. 陇东旱地水肥产量效应研究.干旱地区农业研究,1992,10(4):57～61
131 杨永辉,赵世伟,刘娜娜,等.宁南山区雨水高效利用模式分析. 干旱地区农业研究,2005,23(5):138～142,158
132 杨永辉,赵世伟. 西北黄土高原半干旱地区雨水高效利用技术.干旱地区农业研究,2003,21(增刊):82～87
133 邓西平,山仑. 旱地春小麦对有限灌水高效利用的研究.干旱地区农业研究,1995,13(3):42～46
134 邓国凯,张源沛,王平武,等.集雨节灌对地膜春小麦的产量和水分利用效率的影响.干旱地区农业研究,2000,18(1):91～94
135 夏国军,阎耀礼,程永明,等. 旱地冬小麦水分亏缺补偿效应研究.干旱地区农业研究,2001,19(1):79～82
136 河南省农业科学院. 河南小麦栽培学.郑州:河南科学技术出版社,1988
137 河南省农业科学院. 河南小麦栽培学.郑州:河南科学技术出版社,1987
138 河海大学经济学院移民研究中心.投资项目管理学.2002.3
139 魏文秋,于建营. 地理信息系统在水文学和水资源管理中的应用.水科学进展,1997(3):296～300
140 邬伦,刘瑜,张晶,等. 地理信息系统——原理方法和应用.北京:科学出版社,2001
141 边馥苓.地理信息系统原理和方法.武汉:武汉测绘科技大学出版社,1999
142 汤国安,赵牡丹. 地理信息系统.北京:科学出版社,2000
143 党安荣,阎守,肖春生.地理信息系统在中国粮食生产研究中的应用.北京:中国农业科技出版社,1998
144 党安荣,贾海峰,易善桢,等.ArcGIS 8 Desktop 地理信息系统应用指南. 北京:清华大学出版社,2003
145 尹魁浩,翁立达. 地理信息系统技术在水资源开发利用和保护领域中的应用.水资源保护,1999(1):10～13
146 尹光华,蔺海明.旱地春小麦集雨补灌增产机制初探.干旱地区农业研究,2001,19(2):55～60
147 D·R·麦克佛森.GIS在南非水资源管理中的应用.水利水电快报,1995(2)
148 顾明. 软件工程中几种常用软件生命周期模型的简介.计算机时代,2003,3(1):20～21
149 吕梦雅,陈晶. 面向对象的原型法在需求分析中的应用. 河北科学院学报,2002,19(3):141～144
150 吕殿青,张文孝,谷洁,等. 渭北东部旱塬氮磷水三因素交互作用与耦合模型研究.西北农业学报,1994,3(3):27～32
151 侯继雄,贾海峰,程声通. 信息技术支持下的环境决策支持系统开发研究环境科学进展,1998,6(6):42～47
152 曾强聪,殷志云,龚曙明,等. Visual Basic 6.0 程序设计基础教程.北京:清华大学出版社,2004
153 伍键. 分布式构件化 WebGIS空间数据管理研究.北京:北京大学,2000
154 宋关福,钟耳顺. 组件式地理信息系统研究与开发.中国图像图形学报,1998,3(4):313～317
155 白晓东.面向对象空间数据组织方法与应用研究.计算机工程与应用,2002(19):215～217,225
156 白鸿莉.建设项目后评价在水利基本建设管理中的作用.山西水利科技,1997(4):70～72
157 Wayne S. Freeze.Visual Basic 开发指南 COM 和 COM+篇.北京:电子工业出版社,2000
158 朱政. ArcGIS Engine 的开发与部署.ESRI 中国(北京)有限公司,2004
159 朱兴平. 雨水利用的理论与实践.水土保持通报,1997,17(4):32～36

160 朱贵良,许强,石瑞昌.林州市典型深山区旱井水窖雨水集储研究.人民黄河,2001(7):23
161 靳孟贵,梁杏,刘予伟.水资源——环境管理决策支持系统及其研究现状.人民长江,1995(6):47～49
162 唐坤益.论地理信息系统数据模型和数据结构设计.铁路航测,1996(4):6～11,39
163 萨师煊,王珊. 数据库系统概论.北京:高等教育出版社,2000
164 黎连业,李淑春.管理信息系统设计与实施.北京:清华大学出版社,1998
165 万洪涛,周成虎,万庆,等.地理信息系统与水文模型集成研究述评.水科学进展,2001, 12(4):560～568
166 崔信民,黄菊,李砚阁.山西省水资源管理信息系统 GIS.见:GIS 技术在水利中的应用研讨会论文集. 南京:河海大学出版社,2001
167 崔志清,何长宽.桃林口水库一期工程后评价综合评价报告,2002.5
168 崔欢虎,张鸿杰,马爱萍,等.山西旱地小麦栽培技术体系的形成及其发展战略.农业现代化研究,2001,22(3):154～157
169 秦蓓蕾,王文圣,丁晶. 偏最小二乘回归模型在水文相关分析中的应用.四川大学学报,2003,35(4):115～118
170 甘仞初. 动态数据的统计分析.北京:北京理工大学出版社,1991
171 中国水利水电科学研究院,安阳市水利局. 安阳市水资源综合评价.2001.9
172 ESRI 中国(北京)有限公司.ArcGIS 9 新一代空间服务解决方案巡展专刊.中国通讯,2003
173 卢良恕. 21 世纪我国农业科学技术发展趋势与展望.中国农业科学,1998,31(2):1～7
174 侯中田,唐德富. 旱地农业.哈尔滨:黑龙江科学技术出版社,1984
175 陶毓汾,王立祥,韩仕峰,等.中国北方旱农地区水分生产潜力及开发.北京:气象出版社,1993
176 惠士博,谢森传,赵士礼. 北京市平原区汛雨利用回补措施及其水文模拟分析.见:中国雨水利用研究文集. 徐州:中国矿业大学出版社,1998
177 蔺海明,牛俊义,秦舒浩. 陇中半干旱区小麦和玉米补灌效应研究.干旱地区农业研究,2001,19(4):80～86
178 高焕文,李洪文,陈君达.可持续机械化旱作农业研究. 干旱地区农业研究,1999,17(1):57～62
179 高军省. 几种新的节水灌溉技术.节水灌溉,1999(1):18～20
180 蒋定生. 论窖灌农业中水窖的配置模式与窖水高效利用技术.自然资源学报,2000,15(2):184～188
181 梁宗锁,康绍忠,胡炜,等. 控制性分根交替灌溉的节水效益.农业工程学报,1997(4):24～29
182 梁运江,依艳丽,许广波,等.水肥耦合效应的研究进展与展望.湖北农业科学,2006,45(3):385～388
183 山仑,黄占斌. 西北半干旱地区农业可持续发展技术对策. 中国工程院,黄土高原综合治理与农业可持续发展研究,1998
184 管华,张素芳,张玉华. 河南省水资源持续利用问题探讨.河南大学学报,1997,27(3):79～83
185 郭慧滨,史群. 国内外节水灌溉发展简介.节水灌溉,1998(5):23～25
186 郭秀瑞,郑连合,于四安,等. 大力发展节水灌溉促进农业经济可持续发展.节水灌溉,1998(3):14～16
187 郭天财,姚战军,王晨阳,等.水肥运筹对小麦旗叶光合特性及产量的影响.西北植物学报,2004,24(10):1786～1791
188 廖允成,王立祥,温晓霞. 设施农业——我国农业资源高效利用的重要途径.资源科学,1998,20(3):20～25
189 野宏巍. 陇东旱作农业蓄水保墒综合技术.干旱地区农业研究,2001,19(3):7～10

190 马文林,杨春燕,张贤. 宁南山区集雨水窖工程效果评述.水土保持科技情报,2001(6):39～40
191 程吉林. 喷灌工程规划设计多方案优选的语言化与定量化相结合模糊综合评判数学模型.喷灌技术,1992(4):7～10
192 程汝宏,刘正理 ,师志刚,等. 水分高效利用型谷子新品种“冀谷 19”选育研究.河北农业科学,2006,10(1):80～81
193 罗金耀. 节水灌溉技术指标及综合评价理论及应用研究:[博士论文].武汉水利电力大学,1997
194 罗金耀,陈大雕,郭元裕,等.节水灌溉工程模糊综合评价研究.灌溉排水,1998(2):16～21
195 罗金耀,陈大雕,王富庆,等.节水灌溉综合评价理论与模型研究.节水灌溉,1998(4):1～5
196 罗其友. 21 世纪北方旱地农业战略问题. 中国软科学,2000(4):102～105
197 罗文相,赵国晶. 脱毒红薯栽培技术.农村实用科技,2006(3):22
198 路振广,杨宝忠,张玉顺,等.农业节水工程技术研究.河南省水利科学研究所,2001
199 路振广,曹祥华. 节水灌溉工程综合评价指标体系与定性指标量化方法.灌溉排水,2001(1):55～59
200 路振广,曹祥华,李慎群,等. 系统模糊优选熵权模型在节水灌溉项目综合评价中的应用.灌溉排水,2001(3):70～72
201 邹一峰,邹欣.中外投资项目评价.南京:南京大学出版社,1998
202 郑垂勇.项目分析技术经济学.南京:河海大学出版社,1994
203 郑爱丽.引进技术的效果评估研究:[硕士学位论文].北京航空航天大学,2000
204 郑昭佩,刘作新. 水肥耦合与半干旱区农业可持续发展. 农业现代化研究,2000,21(5):291～294
205 韩振中,刘云波. 大型灌区节水改造方案及评价指标体系研究.2001.12
206 水利部农村水利司农水处.雨水集蓄利用技术与实践.北京:中国水利水电出版社,2001
207 水利部农村水利司,中国灌溉排水技术开发培训中心.雨水集蓄工程技术.北京:中国水利水电出版社,1999
208 牛文臣,徐建新,何勇前,等.山丘区人畜饮水工程.西安:陕西科学技术出版社,2001
209 胡运权,郭耀煌. 运筹学教程. 北京:清华大学出版社,1998
210 常茂德,赵光耀,田杏芳,等. 黄河中游多沙粗沙区小流域综合治理模式以及评价.郑州:黄河水利出版社,1997
211 叶守泽,夏军,郭生练,等. 水库水环境模拟预测与评价.北京:中国水利水电出版社,1998
212 贺北方,刘正才. 灰色系统理论方法与应用.北京:气象出版社,1995
213 贺北方. 多级模糊层次综合评价的数学模型及应用.系统工程理论与实践,1989(6):1～6
214 姜启源. 数学模型.北京:高等教育出版社,1996
215 梁银丽,陈培元. 土壤水分和氮磷营养对小麦根系生理特性的调节作用.植物生态学报,1996,20(3):255～262
216 纪瑛. 旱地农业必须走可持续发展的道路.甘肃农业科技,2000(6):23～25
217 薛吉全. 提高旱地作物水分利用率的技术途径.甘肃农业科技,1992(9):9～10
218 华天懋. 不同肥料结构对旱地小麦土壤水分生产效率的影响.西北农业学报,1992,1(4):57～62
219 Williams J R, Ouyang Y, Chen J S, et al. Estimation of infiltration rate in the vadose zone: compilation of simple mathematical models. EPA/600/R—97/128b, EPA, Cincinnati
220 Bedient P B, Huber W C. Hydrology and floodplain analysis. Addison – Wesley Publishing. Reading, Massachusetts. 1989
221 Zaizcn M, Tclrakawa Y, Matsumoto H, et al, The collection of rainwater from dome stadiums in Japan, Urban Water, 1999 (1):355～359
222 Desmer P J J, Govers G. A GIS Procedure for Automatically Calculating the USLE LS Factor on Topo-

graphically Complex Landscape Units. J. Soil and Wate Cons, 1996, 51(5): 427~433

223 Zhou Qiming, et al. Development of a GIS Network Model for Agricultural Water Management in a Floodplain Environment. Proceedings of International Conference on Modeling Geographical and Environment Systems with Geographical Information Systems. Hong Kong: Department of Geography, The Chinese University of Hang Kong, 1998, 179~189

224 Maguire D J. An overview and definition of GIS, geographic information system. London: Longman Inc, 1991.

225 Burough P A. Principle of Geographical Information Systems fro Land Resources Assessment Clarendon Press. Oxford. 1986

226 Coppock J T, Rhind D W. The history of GIS, geographic information system. London: Longman Inc, 1991

227 Egenhofer M J, Herring J R. Advances in spatial databases. In: Proceedings of 4th Int Symposium on SSD'95. [s. l.]: Springer Inc, 1995

228 Exploring ArcObjects ESRI, 2002

229 ArcObjects Object Model Diagrams. ESRI, 2002

230 Hiton G E, Nowlan S J. How learning can guide evolution Complex Systems, 1987, 1

231 Albertson P E, Hennington G W. Groundwater analysis using a GIS following finite - difference and finite - element techniques. Engineering Geology, 1996, 42(2~3): 167~173

232 Burough P A. Dynamic Modeling and Geo computation in Environ mental Modeling. In GIS reader. D. karssenberg & P. A. Burrough(eds.) Faculty of Geographical Sciences, Utrecht University, The Netherlands, 1998

233 Sage A P. Decision Support System Engineering. A Wiley - Interscience Publication. John Wiley&Sons, Inc. 1991

234 Dong mei dui, He yong. Design and Implementation of Intelligent Design Support System for Grain Post-production, Transactions of the CSAE, 2001(1): 38~43

235 Saunders M C, Haessler C W, et al. Grop ES: An Expert Systems for Agricultrue in Pennsylvania, AI Applications, 1998(2): 13~19

236 Plant R E, Looms R S. Model - Based Reasoning for Agriculture Expert Systems. AI Applications, 1991 (5): 17~28

237 Goncalves W M, Zambalde A L, et al. Microcomputers in farm Management: A Demonstrtive Result Model Based on Spreadsheets. Sixth International Conference on Computers in Agriculture. Cancun, Mexico, June, 1996

238 Hansen J P, kristensen T, et al. Computer Aided Advising on Organic Dairy Farms - needs, Developmental and Experiences. Sixth International Conference on Computers in Agriculture. Cancun, Mexico, June, 1996

239 Amsalem michel A. Tech Choice in Developing Countries the MIT Press, 1987

240 EVERETI M. ROGERS & THOMAS W VALENTE Tech Transfe in High Tech Industries, 1990

241 Peter G. Sassone and William A. Schaffer Cost - Benefit analysis a handbook, 1982

242 ARNON I. Physiological principles of Dry and CropProduction. In: Gupta US. Physiological Aspects of Dry—land Fanning. New York: Universal Press. 1975, 13~124